梅兰妮·克莱因经典作品

1921~1945年论文选

爱、罪疚与修复

（奥）梅兰妮·克莱因 （Melanie Klein） 著

段锦矿 译

化学工业出版社

·北京·

图书在版编目（CIP）数据

爱、罪疚与修复 ／（奥）梅兰妮·克莱因
(Melanie Klein) 著 ； 段锦矿译. -- 北京 ：化学工业
出版社，2024. 10. --（梅兰妮·克莱因经典作品）.
ISBN 978-7-122-45909-1

Ⅰ. B844.12

中国国家版本馆CIP数据核字第2024AT3006号

责任编辑：王 越 赵玉欣
责任校对：王 静 装帧设计：关 飞

出版发行：化学工业出版社
　　　　　（北京市东城区青年湖南街13号 邮政编码100011）
印 　 装：大厂回族自治县聚鑫印刷有限责任公司
710mm×1000mm 1/16 印张22½ 字数431千字
2025年6月北京第1版第1次印刷

购书咨询：010-64518888 售后服务：010-64518899
网 　 址：http://www.cip.com.cn
凡购买本书，如有缺损质量问题，本社销售中心负责调换。

定 　 价：68.00元

作为克莱因的经典著作，《爱、罪疚与修复》已经有几个中文译本面世，但随着学者们对其理论观点的理解日益深入、透彻，不少曾被认为适当的中文表述逐渐被更为准确的译法替代，这也为译本的更新带来空间和必要性。因此我在得知出版社想再出版一个版本时，仍然不禁怦然心动。

多年前当我初学克莱因理论时，在大约两三年的时间里，每周都会用一个晚上和几位同行共同"啃"克莱因的作品。后来，我参加了王倩老师组织的"克莱因基本理论与治疗实务"五年系列培训，对克莱因理论有了更深入的学习。面对这次翻译克莱因作品的机会，我毛遂自荐，很想努力做出一个更具可读性和准确性的译本。

我曾经翻译过《克莱因在1959年》，也就是她去世前一年写的自传，她写道：

"我越来越怀疑我的工作能否存活于世，怀疑我做的精神分析的深度是否是许多人能承受的，是否有很多人会进行如此深入的分析。随着时间的推移，我对我的工作能否存活产生了很大的怀疑……"

时至今日，我们可以看到克莱因的理论不仅存活下来，而且被广泛地学习和继承下来。克莱因得到了和弗洛伊德齐名的认可和肯定，人们称她为"精神分析之母"。在国内，心理工作者最近几年对于克莱因学派的理论的兴趣也越来越浓厚，除了克莱因的经典著作，许多克莱因的后继者对于克莱因理论的解读和传承作品也被研读，不同层面的克莱因理论培训项目蓬勃发展。

《爱、罪疚与修复》汇编了克莱因在1921～1945年间撰写的论文，这些论文反映了她的早期工作，特别是她的儿童分析工作。了解克莱因的早期工作，将是非常有趣和有启发性的，因为就像弗洛伊德从成人神经症的分析中发现了童年期的俄狄浦斯情结一样，克莱因从儿童分析中发现了婴儿期的无意识幻想，发现了俄狄浦斯冲突的早期阶段和早期的超我。她的工作将精神分析的探索向前推进了一大步，更深地触及了人类心智的最原始发展。

我想向读者介绍一下克莱因理论发展的脉络。最初使克莱因对精神分析产生浓厚兴趣的是弗洛伊德论梦的一本小册子，她一下子就意识到这就是她一直在寻找的、她所渴望的能满足她智力和情感需要的东西。她开始找布达佩斯的费伦齐（Sándor Ferenczi）进行分析，他是匈牙利最杰出的精神分析师。

在与费伦齐的分析中，他提请克莱因注意到了她在理解孩子上的巨大天赋和兴趣，他鼓励克莱因投身于精神分析，特别是儿童分析。实际上，克莱因对儿童心灵的兴趣可以追溯到她的童年。甚至在八九岁的时候，她就对观察年幼的孩子很感兴趣，但所有这些一直蛰伏着，直到她在精神分析工作中活跃起来，尤其当她有了自己的孩子。许多教育理论没有达到她想要的效果，她相信有一些更深层的东西——如果想要解决儿童的困难，就必须处理无意识。

到1919年，克莱因完成了对一个孩子的分析，她在匈牙利精神分析学会上宣读了一篇论文，引起了广泛的兴趣。正是在这篇论文发表之后，她成为匈牙利精神分析学会的正式成员。也正是在这次会议上，费伦齐介绍克莱因认识了亚伯拉罕（Karl Abraham），后者1920年秋邀请克莱因去柏林定居，并致力于儿童精神分析。亚伯拉罕向她承诺会提供支持，也完全遵守了这一承诺，克莱因写道：

"我只记得在一个重要的时刻，我向亚伯拉罕征求意见，当时，有个孩子的焦虑以一种令我害怕的方式增长。亚伯拉罕或多或少地建议我继续下去，孩子发生了一些非常重要的变化，最终焦虑达到一个顶峰，几天后又消退了。这一经验使我更确定地发展自己的方法。现在我们知道，我们必须分析焦虑，如果能找到导致焦虑的潜意识原因和含义，就能减轻焦虑。"

克莱因作为一位精神分析师的工作，在柏林开始慢慢取得进展。她发表了关于游戏技术及其历史和意义的论文，描述了她是如何很快接触到儿童心灵深处的。针对儿童与成人的不同特点，克莱因在她儿童分析的一开始就独创性地使用了游戏技术，儿童正是通过游戏和绘画呈现了他们的无意识幻想。

但是，在儿童分析的目标和原理上，克莱因认为它和弗洛伊德的成人分析是一致的，这是她和后来的安娜·弗洛伊德的分歧所在。后者认为在儿童分析中应该融入教育性影响，纯粹的精神分析对儿童是不适宜的。

克莱因工作的另一个鲜明特点是她对攻击性的重视。她追随着儿童的焦虑及其成因，通过分析幼儿的施虐幻想和冲动，认识到攻击性在施虐和焦虑成因中的影响，她成功缓解了幼儿的焦虑，从而解除了儿童发展中的许多抑制和病理。

对攻击性的探索使她得出了一些理论结论，她在1927年的论文《俄狄浦斯冲突的早期阶段》中作了阐述。她提出了这样一个假设：在儿童的正常和病理性发展过程中，生命第一年产生的焦虑和罪疚感都与内摄和投射过程、超我发展的最初阶段以及俄狄浦斯情结密切相关；在这些焦虑中，攻击性和对攻击性的防御是最重要的。

基于儿童分析的材料和她的创造性理论构思，克莱因提出了婴儿期的"偏执-分裂心位"和"抑郁心位"概念，以及迫害性焦虑和抑郁性焦虑等概念。她不仅运用她的理论令人信服地解决了一些儿童病例的发展抑制和困难，还明确指出：成人的躁郁症和精神分裂症的根源也是婴儿期在这两个心位发展上的病理性固着，甚至是正常的成年人也会在某些状态下暂时退行到这两个心位状态中。

时至今日，这些概念已成为精神分析理论中像"俄狄浦斯情结"一样的经典概念。帮助来访者从偏执-分裂心位进入抑郁心位，我相信这也是心理咨询工作的目标所在，无论是否采用克莱因流派的方法。

克莱因的工作也引发了许多争议，其中一点是她使用的诠释语言晦涩难懂。在和小孩们的工作中，克莱因发展出非常具体而生动的关于部分客体（乳房、阴茎等）以及身体功能的语言，对孩子们来说，这既有意义又很恰当。但当代克莱因学派的一般趋势是跟病人交谈，尤其对于非精神病患者，较少使用解剖结构（如乳房、阴茎）而更多使用心理功能（例如对视、倾听、思考、放空）有关的表述。

关于克莱因理论的另一个批评是它不重视外部环境和父母养育。我想这体现了一种理论侧重，即无意识幻想对现实经验的加工。克莱因写道：

"只有一部分由压抑造成的伤害可以追溯到错误的环境或其他不利的外部条件。另一个非常重要的部分则来自儿童从小就有的态度……"

实际上，克莱因后来也强调了内部世界和外部环境的相互作用，她在后来的《移情的起源》（*The Origins of Transference*）（1952）一文中写道："在小婴儿的头脑中，每一个外部经验都与他的幻想交织在一起；另一方面，每一个幻想都包含着实际经验的元素。只有深入分析移情情境，我们才能发现过去的现实和幻想两方面。"

后来的克莱因学派分析师也非常重视环境的影响。在我参加的克莱因培训中，分析师菲利普（Philip Crockatt）在讨论他的一个案例时，明确谈到了母亲将自己的某些方面投射给孩子。

　　不同方法之间总是有不同的侧重。比如克莱因关注婴儿期的无意识幻想——"过去的无意识"，但后来的精神分析师更关注移情——"当下的无意识"。还有，针对不同的来访者可能需要关注外部人际互动的材料，等等。篇幅所限，我无法再做更多介绍，读者将在阅读的过程中，以及自己的临床实践中去体会克莱因理论的精髓。

　　最后，尽管我抱着好的愿景尽最大努力进行翻译，但肯定还有许多不足，敬请读者谅解。

段锦矿

目录

1

一个儿童的发展

The Development of a Child

（1921）

Ⅰ 性启蒙与权威弱化对儿童智力发展的影响

引子

"儿童需要性启蒙"这一理念正在逐渐得到普及。许多学校引入了相关的教学，以保护青春期儿童免受性无知的伤害，在此基础上，性启蒙的理念获得了大多数人的支持。然而，精神分析的发现告诉我们，如果养育本身就是一种与儿童的发展相适应的最完整和最自然的启蒙的话，或许不需要任何特殊的启蒙。来自精神分析的确凿证据告诉我们，儿童应尽可能地受到保护，避免任何过度的压抑（repression），从而使其免受疾病困扰，并避免不良的性格发展。因此，通过学习性知识来应对实际的和可见的危险当然是明智的，但除此之外，精神分析也具有同样的功能，能帮助儿童避免实际的危险，即使这些危险不可见（这是因为它们被遮蔽了），却更普遍和更深刻，因此迫切需要留意。精神分析的研究清楚地指出了我们该遵循的路径，也就是说，对每一位病人进行分析时，都要追溯到导致后续病症的婴儿期性欲压抑，并追溯到甚至存在于每一个正常的人类心灵中的致病或抑制（inhibitions）因素。如果我们把整个性领域从建立在情绪和无知基础上的虚伪文明所编织的秘密、谎言和危险黑幕下解放出来（首先需要解放的是我们自己），就可以解除儿童所受的不必要压抑。我们应该让儿童根据其求知欲的增长获取尽可能多的性知识，这既能够消除性的神秘，也能够避免大部分危险。这将确保儿童的那些愿望、想法和感受，不会像我们所经历的那样一部分被压抑，另一部分（压抑失败的话）只能忍受虚假的羞耻和紧张的痛苦。这不仅避免了儿童的压抑和过度的痛苦，也为儿童的健康、心理平衡和性格的良好发展奠定了基础。然而，无论对于个体还是对于人类发展来说，这种宝贵的结果并不是我们从绝对真诚的养育中期待的唯一好处。它还有另一个同样重要的结果，那就是它对儿童的智力发展有着决定性的影响。

我有机会与一位男孩工作，他的成长清楚且无可辩驳地证明了来自精神分析经验和教学的这个结论。

先前成长史

我们所讨论的这个孩子叫弗里茨（Fritz），是个小男孩，他的亲戚就住在我家附近。这使我有机会经常与他无拘无束地共处。此外，由于他的母亲遵循了我所有的建议，所以我能够对他的抚养方面产生深远的影响。这个男孩现在五岁，是一个强壮健康的孩子，他的智力发展正常但缓慢。他在两岁时才开始说话，三岁半以后才能流利地表达自己的观点。即使在那时，小弗里茨也没有什么惊人之语——就像我们有时从天才儿童那里听到的那样。尽管如此，他在外表和行为方面给人的印象是一个机敏而聪明的孩子。他慢慢地有了一些个人想法。他在四岁多的时候才学会分辨颜色，在差不多四岁半的时候才理解昨天、今天和明天的概念。在实践方面，他明显落后于同龄的其他孩子。虽然他经常被带去购物，但（从他提出的问题来看）他似乎很难理解：一个人不应该向别人索取某些东西作为礼物，即便对方有很多这种东西。他难以理解东西是要付钱的，而且要根据它们的价值付不同的价钱。

另一方面，他的记忆力很好。他记得很久之前发生的事情的每一个细节，能够完全掌握那些他所理解的观念或事实。总的来说，他不怎么提问题。在他四岁半的时候，他的智力发展迅速，提问题的冲动也更加强烈。在这个时候，他的全能感［弗洛伊德（Freud）称之为"对全能观念的信念"］也变得非常突出。弗里茨相信，无论说到什么技术或手艺，他都能做得很好，即使事实证明他做得并不好。在其他情况下，爸爸和妈妈在回答他的问题时也曾承认他们对很多事情一无所知，但这似乎并没有动摇他对自己和周围环境的全能信念。即使他完全无法为自己辩护，即使存在相反的证据，他也会宣称："如果再给我示范一次怎么做，我就可以做好！"因此，尽管有种种相反的证据，他仍确信自己能完美地烹饪、阅读、写作和说法语。

"出生问题"期的开端

在他四岁零九个月时，他开始提出一些关于出生的问题。虽然他被迫接受了某些关于出生的结论，但同时他提出一般问题的需求显著增加。

我在这里要强调的是，这个小家伙提出的问题（通常是问他的母亲或我）总是得到了绝对真实的回答，必要时，这些回答还会在科学的基础上符合他的理解能力，而且尽可能简短。他不会再提及曾被解答过的问题，也不会引入新的主题，除非他在重复某个问题，或自发地提出一个新问题。

他曾经问过一个问题❶——"我出生前在哪里？"这个问题后来再次出现，但换了形式——"人是怎么被造出来的？"，并且这个问题几乎每天都以这种刻板的方式重复出现。很明显，这个问题不断出现并不是因为他不够聪明，他显然完全能够理解别人告诉他的关于婴儿是在母亲肚子里长大的知识（父亲所扮演的角色没有被提及，因为他当时没有直接询问这方面）。他之所以不断重复这个问题，是因为存在某种"痛苦"，一种不愿接受的态度（他追求真理的愿望正与这种态度作斗争），这从他的行为可以看出——他心不在焉，谈话刚开始，他就表现得有些尴尬，而且他自己也开始努力回避这个话题。有很短的一段时间，他不再向他的母亲和我提出这个问题，而是向他的保姆（她很快就离开了）和他的哥哥提出这个问题。他们回答说，鹳带来了婴儿，上帝创造了人，但这个回答只满足了他几天，后来他再次找到母亲，问她"人是怎么被造出来的？"这时，他似乎终于更倾向于认为她的回答是真实的❷。

关于"人是怎么被造出来的？"这个问题，他的母亲再次重复了以前经常给他的解释。这一次他变得更健谈了，他告诉她，保姆告诉过他是鹳带来了婴儿（他似乎以前也从别人那里听到过这话）。"那只是个故事。"他的母亲说。"L家的孩子们告诉我，复活节时并没有野兔来，是保姆把野兔藏在花园里的。"❸"他们说得很对。"她回答。"没有复活节的兔子这回事，是吗？那只是个故事？""当然。""也没有圣诞老人吗？""是的，也没有。""那么是谁把树带来，并布置好的？""是父母。""世上也没有天使，这也是个故事吗？""是的，世上没有天使，那只是个故事。"

这番话显然不容易听懂，因为谈话结束时，他停了一会儿，问道："但是锁匠是存在的，对吗？他们是真实存在的，不然谁会做箱子呢？"两天后，他做了一次更换父母的试验，宣布他要把L太太当作他的妈妈，把她的孩子当作自己的兄弟姐妹，整个下午他都这样安排着，直到晚上回家时才改回来❹。第二天早安吻后，他立即问母亲："妈妈，拜托（告诉我），你是怎么来到这个世界上的？"这表明，他的更换父母游戏与之前难以接受的启蒙之间存在着某种因果关系。

此后，他也表现出了更多的兴趣，他开始认真研究这个他反复思考的问题。他询问狗是怎么出生的。然后他告诉我，最近他"偷看了一个破鸡蛋"，但没看到里面有鸡。当我解释了小鸡和人类孩子的区别，以及人类孩子在母亲温暖的身体里待到身体强壮到可以在外面茁壮成长时，他显然很高兴。"但是，谁在母亲体内喂养孩子呢？"他问道。

第二天，他问我："人是怎样长大的？"当我拿他认识的一个孩子为例，并进一步以他自己、他哥哥和他爸爸的不同成长阶段为例时，他说："这些我都知道，但人到底是如何长大的呢？"

晚上，他因为不听话而受到训斥。他为此感到不安，竭力想和母亲讲和。他说："我明天、后天、大后天都会听话的……"他突然停住，想了一会儿，问道："请问，妈妈，大后天要多久？"她问他这是什么意思，他重复道："新的一天还要多久？"紧接着，又问："妈妈，是不是夜晚总是属于前一天？早晨便是新的一天？"❺他的母亲去拿什么东西，当她回到房间时，他正在自己唱歌。她一进屋，他就停止了唱歌，认真地看着她说："如果你现在说我不能唱歌，那我是不是就必须停止唱歌？"她向他解释说，她决不会说这种话，因为他可以做自己想做的事，除非有某些理由不允许他做，并给他举了一个例子。他似乎对此很满意。

关于是否存在上帝的对话

第二天下雨了。弗里茨很懊恼，因为他想去花园里玩，他问母亲："上帝知道他会让雨下多久吗？"她回答说，雨不是上帝造的，是从云层里来的，她向他解释了雨的形成。第二天早上，见到母亲时，他又提出很久不提的那个问题："人是怎么被造出来的？"他的母亲试图弄清之前的解释中他没有理解的地方，他说："是关于生长。"当她再次试图解释脑袋和四肢等是如何生长的时，他说："妈妈，请问，小脑袋和小肚子还有其他东西来自哪里？"她回答说，它们在很小的受精卵里就已经存在了，就像花蕾那样，他便不再问了。过了一会儿，他问道："椅子是怎么做的？"❻与此同时，他的母亲给他穿上了衣服。然后他很自然地问道："难道不是上帝让天空下雨吗？冬妮（保姆）说雨是上帝造的！"在母亲回答后，他问道："上帝会下雨只是一个故事吗？"她的回答是肯定的，他接着说："但真的有上帝吗？"他母亲含糊其辞地回答说，她从来没有见过上帝。"我们看不到他，但他真的在天上吗？""天上只有空气和云。""但上帝真的存在吗？"他再次问道。他母亲没有退路，她做了个决定，说："不，孩子，上帝不是真的。""可是，妈妈，如果成年人说上帝是真的，就住在天上，那还不是真的吗？"她回答道，许多成年人对事物的认识并不正确，也无法正确地讲清道理。他现在已经吃完了早餐，站在通往花园的门口向外张望。他若有所思，突然说："妈妈，我明白怎么回事了，我能看到的东西就真的存在，对吗？我看到了太阳和花园，但我看不到玛丽姨妈的房子，不过它也在那里，不是吗？"她向他解释为什么他看不见玛丽姨妈的房子，他问："妈妈，你也看不见她的房子吗？"并对她的否定回答表示满意。然而，紧接着他又进一步问道："妈妈，太阳是怎么升上去的？"当她有点沉思地说："你知道，太阳这个样子已经很长很长时间了……""是的，但在很久以前，它是怎么升上去的呢？"

在此，我必须解释一下，在上帝是否存在的问题上，他母亲对孩子的态度有些犹豫。她是个无神论者，然而，在抚养弗里茨的哥哥的过程中，她的这一信念并没有被付诸实践。她的孩子们成长的环境的确完全独立于忏悔室，他们对上帝的了解也很少，但她从未否定过来自环境（学校等）的关于上帝的知识；因此，即使很少有人提到上帝，关于上帝的观念也会含蓄地出现在孩子们面前，并在他们的基本观念中占有一席之地。她的丈夫本身持有一种泛神论的神性观念，他非常赞同将上帝的观念引入孩子的教育中，但在这件事上，父母之间并没有明确的决定。碰巧那天她没有机会和丈夫商量，所以晚上弗里茨突然问父亲："爸爸，真的有上帝吗？"他只是回答说："是的。"弗里茨反驳道："可妈妈说真的没有上帝。"就在这时，他的母亲走进房间，他立刻问她："妈妈，求你了，爸爸说真的有上帝。上帝真的存在吗？"她自然大吃一惊，回答说："我从来没有见过他，也不相信上帝存在。"这时，她的丈夫来帮助她，挽救了局面，他说："看，弗里茨，没人见过上帝，有些人相信上帝存在，有些人相信他不存在。我相信他存在，但你妈妈相信他不存在。"弗里茨原本一直焦急地看着父母，现在变得非常高兴，并解释说："我也认为没有上帝。"然而，隔了一段时间，他显然还是有疑问，他问道："妈妈，如果上帝真的存在，他是否生活在天空中？"她再次解释说天空中只有空气和云朵，于是他非常高兴地、明确地重复道："我也认为没有上帝。"紧接着，他说："但是电车是真的，火车也是真的——我曾经乘坐过，一次是去奶奶家，一次是去E地。"

关于上帝的问题，像这样意想不到的解决方式也许有其好处，因为它可以削弱父母的过度权威，削弱儿童认为父母无所不能、无所不知的观念，这使他认识到父母对某些重要的事情持有不同的观点（这是以前从未发生过的）。虽然这种权威的削弱可能会让孩子产生某种不安全感，但是我认为这是很容易克服的，因为仍然有足够的权威来给孩子提供支持感，而且我没有在他平时的行为中观察到任何这种影响的迹象——无论是缺乏不安全感，还是对他父母任何一方的信任破裂。尽管如此，大约两周后他发表的一点评论可能与此有关。在一次散步中，他姐姐让他向别人询问一下时间。"找一位先生，还是找一位女士？"他问道。有人告诉他这无关紧要。"但是，如果某位先生说现在是十二点，而女士说现在是一点零一刻钟，那谁是对的呢？"他若有所思地问道。

在这次关于上帝的谈话之后的六个星期，在我看来，似乎在某种程度上是一个特定时期的结束和高潮。我发现，他在此期间和之后的智力发展受到了强烈刺激，并且在强度、方向和发展类型上都发生了很大的变化（与早期情况相比），这使我能够区分出他从能够流利地表达自己开始，到现在为止的三个智力发展阶段：关于出生的问题开始出现之前的阶段，从这些问题开始出现到解决是否存在上帝这个问题的阶段（第二阶段），以及刚刚开始的第三阶段。

第三阶段

弗里茨在第二阶段如此强烈的提问需求并没有减少，而是换成了不同的方式。

他当然经常回到出生这个话题上，但问的方式表明他已经将这一知识融入了他的观念体系。他对出生和相关事情的兴趣仍然很强，但显然没那么有热情了，这表现在他问得少了，而且对这些知识更确定。例如，"狗也是在它妈妈肚子里长大的吗？"或者其他时候他问："鹿是怎么长大的？像人一样吗？"得到肯定的答复后，他又问："它也在它妈妈的肚子里长大的？"

存在

除了不再以"人是怎么被造出来的？"这种形式提问之外，弗里茨发展出了一种更普遍性的关于存在的探究。我从他这几周提出的大量此类问题中选出了一些，例如，牙齿是怎么长出来的，眼睛是怎么留在眼眶里的，手上的纹路是怎么形成的，树、花、木等是怎么长出来的，樱桃树的茎是不是一开始就和樱桃一起生长，未成熟的樱桃是不是会在胃里成熟，采来的花能否再种，未成熟的种子能否再成熟，泉眼是怎样形成的，河流是怎样形成的，轮船是怎样进多瑙河的，尘土是怎样形成的；此外，还有关于制造各种物品、东西和材料的问题。

对粪便和尿液的兴趣

在我看来，他的问题变得更专业（人是怎么移动的、怎么移动脚、怎么触摸东西？血液是怎么进入人体内的？人的皮肤是怎么到身体上的？万物究竟是如何生长的？人又是如何工作和制造东西的？等等），此外，他探究这些问题的方式，以及不断表达想要了解事物是如何形成的，想要了解它们（衣柜、水系统、管道、左轮手枪）的内部机制的需求，所有这些好奇都显示出，他有一种需要——去探究他最感兴趣的东西，并深入去了解。对父亲在孩子出生过程中所起作用的无意识好奇（到目前为止他还没有直接表达出来），可能是形成这种探究强度和深度的部分原因。这也表现在另一种一度很突出的问题上（虽然他以前没有说过），即关于两性差异的问题。此时，他反复问道，他的母亲、我和他的姐妹们是否一直是女孩？是否每个女人在小时候都是女孩？他是否曾经是个女孩？❼还有，他爸爸小时候是个男孩吗，是否所有人、所有的爸爸一开始都很小？还有一次，当出生问题对他来说变得更加真实时，他问父亲是否也是在他妈妈的肚子里长大的，他用了"在妈妈的胃里"这个表达方式，尽管这个错误已经得到了纠正，但他偶尔还会用这个表达方式。他一直对粪便、尿液和与之相关的一切表现出浓厚的兴趣，这种兴趣一直非常活跃，他有时也会公开表现出对这些东西的喜爱。他给自己非常喜欢的鸡鸡（阴茎）起了一个昵称，有一段时间称它为"pipatsch"，但其他时候通常称它为"pipi"（皮皮）❽。有一次，他把父亲的手杖夹在两腿之间，对他说："爸爸，看，我有一个多么大的鸡鸡啊。"有一段时间，他经常谈起他那漂亮的"便便"（kakis，指粪便），偶尔会对它们的形状、颜色和数量进行思考。有一次，由于身体不适，他不得不进行灌肠，这对他来说是一个非常不寻常的过程，他总是极力抗拒；他吃药也很困难，尤其是药片。他对灌肠感到非常吃惊，因为他感觉到的不是一种固体的运动，而是一种液体在流动。他问现在是"便便"从前面出来了呢？还是从"鸡鸡"出来的水？有人向他解释说，跟往常一样，只不过是流体而已，他问道："女孩也一样吗？你也一样吗？"

还有一次，他提到了他母亲向他解释过的与灌肠有关的肠道过程，并询问了产生"便便"的那个洞。同时，他告诉我他最近看过这个洞，或者想看看这个洞。

他问其他人是不是也用厕纸？然后……"妈妈，你也制造便便，是吗？"当她表示同意时，他说："因为如果你不制造便便，世界上就没有人会造便便了，是吗？"他谈到了狗便便的大小和颜色，还有其他动物的便便，并把他自己的便便拿来比较。他要帮忙剥豌豆，说他给豆荚灌肠，打开"popo"，取出便便。

现实感

随着提问期的开始，他的实践意识（如前所述，在关于出生的问题出现之前，他的实践意识发展得很差，这使得这个小家伙与同龄的其他孩子相比落后）表现出了极大的进步。当他与压抑的倾向进行斗争时，他只能很困难地（但因此更生动地）分辨哪些想法是不真实的，哪些是真实的。然而，现在他表现出一种需要——他想研究这方面的全部知识。自从第二阶段结束以来，这一点就凸显出来了，特别是，他努力探究他长期以来熟悉的事物、反复实践和观察的活动，以及他早已知道的事物的真实性和证据。通过这种方式，他发展出了自己的独立判断，进而又可以借此得出他自己的推论。

显而易见的问题和确定性

例如，他吃了一块硬面包，然后说"面包很硬"；吃完后，他说："我也能吃很硬的面包。"他问我厨房里用来做饭的东西叫什么名字（他想不出这个词）。当我告诉他时，他说："它被称为炉灶（range），因为它就是炉灶。我叫弗里茨，因为我就是弗里茨。你叫阿姨，因为你就是阿姨。"吃饭时，他有一口饭没好好地咀嚼，因此咽不下去。他继续吃，并说道："我没有咀嚼，所以吃不下去。"接着又说："人能吃东西是因为他咀嚼了。"早餐后，他说："如果我搅拌茶中的糖，糖就会进入我的胃里。"我说："确定吗？"他说："是的，因为它不在杯子里了，进了我的嘴里。"

他以这种方式获得的确定性和事实，显然为他提供了用来对比新现象和新观念的标准，这些新现象和观念能够相互印证。他调动智力试着阐述新获得的概念，努力评估那些他已经熟悉的概念，并将其与其他概念进行比较，这带动他对已经获得的概念进行审查和登记，并形成新的想法。

对于"真实的"（real）、"不真实的"（not real）这些他习以为常的词的使用方式，证明他现在对其已经有了完全不同的理解。在他认识到鹳、复活节兔子等都是童话故事，并认定从母亲肚子里出生虽然不那么美好，但似乎是真实的之后，他说："但是锁匠是真实的，否则谁会制造盒子呢？"再一次，当他不再被迫相信那些对他来说不可理解的、无形的、无所不能的、无所不知的存在时，他问道："我看到的东西就是真实存在的，不是吗？……我所看到的就是真实的东西。我看到了太阳和花园等等。"因此，这些"真实"对他来说具有了一种基本的意义，使他能够区分那些看得见的、真实的事物和那些只出现在愿望和幻想中的事物（尽管这些事物很美，但不幸的是它们并不真实存在）。他由此发展出了"现实原则"❾。在与父母交谈后，他站在母亲的无神论一边，他说："电车是真的，火车也是真的，因为我坐过它们。"他先是在有形的事物中找到了衡量模糊的、不可靠的事物的标准，而他对真理的情感使他拒绝了后者。一开始，他只是用物理上的有形来衡量它们，但当他说："我看到了太阳和花园，但我没有看到玛丽姨妈的房子，然而它确实存在，不是吗？"他在这条道路上又向前迈出了一步，从只能看到的现实发展到了思想的现实。基于他当时的智力发展，他将似乎具有启发性的东西（而且只是通过这种方式获得的东西）确定为"真实的"，并采信它，他的进步便发生了。

他的现实感在第二阶段受到强烈刺激和发展，这在第三阶段仍然延续着，但毫无疑问的是，由于他新获得了大量事实，他的现实感在第三阶段的发展主要采用的形式转变为对原有事实的审视和对新获得的事实的发展，即将它们细化成知识。以下例子摘自他此时提出的问题和评论。在关于上帝的对话结束后不久，有一次他醒来时告诉母亲，L家的一个女孩告诉他，她看到了一个瓷器做的孩子，而且会走路。当他的母亲问他这类信息叫什么时，他笑着说："故事。"她接着给他送来了早餐，他说："但是早餐是真实的，不是吗？晚餐也是真的，对吗？"当他因为樱桃还没有成熟而被禁止吃樱桃时，他问："现在不是夏天吗？但樱桃在夏天成熟！"白天，有人告诉他如果被其他男孩打到的话，他应该反击（他太温和、缺少攻击性，因此他的哥哥认为有必要给他这个建议）。到了晚上，他问："妈妈，如果狗咬我，我能也咬它一口吗？"他的哥哥倒了一杯水，把杯子放在有点圆滑的桌边，结果水洒了出来。弗里茨说："不倒翁在那个边缘上都站不稳。"[他把所有的边（edge）以及通常所说的边界（boundaries），比如膝关节，统称为"边缘（border）"]"妈妈，如果我想把杯子放在边缘上，我就应该是想把水洒出来，不是吗？"他经常表达的一个热切愿望是，天气炎热时他在花园里可以脱掉唯一穿的小裤子，能够赤身裸体。因为他的母亲实在找不出令人信服的理由来解释他为什么不能这样做，她回答说，只有很小的孩子才会光着身子，他的玩伴L家的孩子不会光着身子，因为这是不可能的。于是他恳求道："请让我光着身子吧，这样L家的孩子会告诉他父母我可以不穿衣服，他们便会被允许光着身子，然后我就也能够不穿衣服啦。"现在他也终于对金钱问题表现出了理解和兴趣❿。他反复地说，工作可以挣钱，在商店里卖东西可以挣钱，爸爸工作可以挣钱，但他必须付钱才能让别人为他做事。他还问他的母亲，她在家里做家务能否挣钱。有一次，当他再次想要一些东西，但当时市场上买不到时，他问道："战争仍然在继续吗？"当有人解释说东西仍然短缺，而且很贵，因此很难买到时，他问道："它们贵是因为它们很少吗？"后来他想知道哪些东西便宜，哪些贵。有一次他问："当我们送别人礼物时，不会因此得到任何东西作为回报，是吗？"

"权利、愿望、必须、可能和能够"的定义

他明确地表达了一种需求，即要求清晰地界定他的权利和权力。这一点始于某天晚上他提出的问题："新的一天还要多久才来到？"当时他问母亲，如果她不让他唱歌，他是否就必须停止唱歌。起初，他对母亲的保证表示十分满意，她说会尽量让他做自己想做的事，他还试着弄清哪些事情可以，哪些事情不可以。几天后，他父亲给他一个玩具，上面写着，如果他表现好，玩具就是他的。他把这件事告诉了我，并问道："没有人能拿走属于我的东西，是吗？甚至连妈妈和爸爸也不行，对吗？"当我表示赞同时，他非常满意。就在同一天，他对他的母亲说："妈妈，你不会无缘无故禁止我做事情——如果你那样做，总是有某些原因的。"（这大致上是她说过的话）。他对他的妹妹说："我可以做任何我能够做的事——包括我有能力做的事情和那些被允许的事情。"还有一次，他对我说："我可以做任何我想做的事，对吗？只要我不淘气。"此外，他曾在餐桌上问道："是不是我不能再淘气地吃东西了？"父母安慰他说，他淘气地吃东西已经够经常的了，他说："是不是从现在起，我就不能再淘气地吃东西了？"❶。当他在玩耍，或其他时候谈到他喜欢做的事情时，他经常说："我之所以做这个事情，是因为我想做，不是吗？"因此，很明显的一点是，他在这几周内完全掌握了愿望、必须、可能和能够等概念。在谈到一个机械玩具（那是一只会在门打开时从小笼子里跳出来的公鸡）时，他说："公鸡跳出来，是因为它必须跳出来。"当谈及猫的灵巧时，有人说猫能够爬上屋顶，他补充说："只要它想，它就行。"他看到一只母鹅，便问"它会不会跑？"就在这时，母鹅开始跑了。他问："是因为我说了这句话，它就跑了吗？"在这一点被否认后，他接着说，"是因为它想跑吗？"

全能感

几个月前他身上非常突出的"全能感"开始消退，我认为这与他的现实感的重要发展密切相关，他的现实感从第二阶段已经开始发展，但此后取得了更显著的进步。他多次在不同的场合表现出对自己能力局限性的认识，同时，他现在不再向周围环境提出那么多要求。尽管如此，他提出的问题和说的话一次又一次地表明，他不断发展的现实感和根深蒂固的全能感之间（即现实原则和快乐原则之间）的差距只是缩小了，但仍然存在着斗争，这经常导致一种妥协形成（compromise formations），但往往最终屈服于快乐原则。我从他提出的问题和说的一些话中得出了上述推论。例如，在他解决了复活节野兔等问题之后的某一天，

他问我他的父母是如何布置圣诞树的，圣诞树是制作出来的还是真的长出来的。然后他问我，他的父母能否在圣诞节期间装饰很多圣诞树并送给他。同一天，他请求母亲给他一个B地（他夏天要去的地方），这样他就可以马上得到它❷。一天清晨，有人告诉他天气很冷，因此他必须穿得暖和些。后来，他对哥哥说："天冷，所以现在是冬天。现在是冬天，所以有圣诞节。今天是平安夜，所以我们可以从树上拿巧克力和坚果吃。"

愿望

总的来说，他经常全心全意地、坚持不懈地期待和恳求某些事情，不管这些事情是否可能，他表现出许多情绪和不耐烦，这在其他方面并没有那么突出，因为他是一个安静且没有攻击性的孩子❸。例如，当谈到美国时，他说："妈妈，求你了，我想去看看美国，但不想等到长大后——我想马上去看，就是现在。"他经常用"不要等到我长大后——我现在就想要它"这种说法来表达愿望，因为他估计大人们会用"延迟满足"来安慰他。但现在，他经常表现出对可能性和现实的适应，虽然当全能信念非常突出时，他表达愿望的方式显示出他仍然无法分辨这些愿望是否现实。

那次谈话让他对许多东西（复活节兔子、鹳等）的幻想破灭了，但随后第二天他要求得到一片圣诞树森林和B地，他或许是想通过这种方式，试着了解他父母的全能（当然由于这些幻想的丧失而受到很大损害）到底还能扩展到什么程度。另一方面，当他现在告诉我他会从B地给我带来什么可爱的东西时，他总是补充说"如果我能"或"我能做什么"，但是以前在表达愿望或承诺（他长大后会给我和其他人的东西）时，他的表达方式从来没有显示出他考虑到了这些愿望是否可能实现。现在，当讨论他不知道的知识或手工艺（例如装订）时，他说他不会做，并恳求让他学习。但通常只要他占优势，就能让他的全能信念再次活跃起来。例如，他宣布自己可以像工程师一样使用机器（因为他在朋友家学会了用一个小玩具机器），或者当他承认自己不知道某些事情后，他会补充说："如果有人给我示范一下，我就会知道。"在这种情况下，他常常问他爸爸是不是也不知道。这显然反映了一种矛盾的态度。虽然有时他对爸爸、妈妈也不知道某些事情这一点会感到满足，但有时他不喜欢承认这一点，并试图通过相反的证据来修改它。有一次，他询问保姆是否她什么都知道，保姆回答说"是"。尽管后来她收回了这一说法，但在一段时间里，他还是会向她提出同样的问题，并夸赞她的某些技巧，正是这些技巧让他相信她仍像最初说的那样"无所不知"。当他被告知爸爸妈妈对某些事情也无能为力（当时他显然不愿意相信这一点）时，他曾有一两次声称"冬妮什么都知道"（尽管他一直确信她知道的远比他父母少）。有一次他恳求我把街上的水管挖开，因为他想看看里面有什么。当我回答说"我没办法挖出水管，也无法事后修好水管"时，他无视我的反对，说道："但是，如果世界上只有L一家，他和他的父母，谁会做这样的事情呢？"有一次，他告诉妈妈他捉到了一只苍蝇，并补充说："我学会了捉苍蝇。"她问他是怎么学会这样做的。"我试着抓，结果就成功了，现在我知道该怎么做了。"后来他马上问她是否学会了"当妈妈"，我认为他是在取笑她——也许是无意识地，但我想对于这一点我没有搞错。

这种矛盾的态度可以解释为：弗里茨将自己置于有权力的父亲的位置（他希望在某个时候占据这个位置），将自己与父亲认同，但另一方面，他也希望摆脱那些限制他自我的权力。正是这种矛盾的态度，造成了弗里茨在关于父母全知全能这一点上的矛盾行为。

在现实原则和快乐原则之间挣扎

然而，从他日益增强的现实感明显促进了全能感的消退，以及这个小家伙在他的探索冲动的压力下通过痛苦的努力才战胜后者来看，我明白了一点：这种现实感与全能感的冲突也导致了他的矛盾态度。当现实原则在这场斗争中占了上风，并坚持有必要限制自己的全能感时，就会产生一种平行的需要，即通过削弱父母的全能，来找到一种减轻这种痛苦的办法。然而，如果快乐原则占了上风，它会从父母的完美中找到一种支持，儿童总是试图捍卫父母的完美。这也许就是为什么只要有可能，这个孩子就会试图拯救他对自己和父母全能的信念。

当他受现实原则的推动，试着痛苦地放弃自己的全能感时，可能会产生与此相关的一种需要——界定自己和父母权力的界限，这在弗里茨身上非常明显。

在我看来，在这种情况下，弗里茨对知识的渴望（由于发展得更早、更强烈）刺激了他脆弱的现实感，并迫使他克服压抑倾向，确保他获得对他来说新且重要的知识。这种获得（尤其是随之而来的权威的削弱）将更新和加强他的现实原则，使他能够成功地继续他的思想和认识上的进步，这些进步同时开始于全能感发挥影响和被克服。这种全能感的衰退是由削弱父母完美感的冲动（这当然有助于界定他自己和父母的权力之间的界限）所带来的，反过来这又导致了权威的削弱，因此，权威的削弱和全能感的削弱之间就会存在一种相互作用（一种相互支持）。

乐观情绪和攻击倾向

他的乐观情绪迅速发展，当然，这与他几乎没有动摇的全能感有关。他的乐观情绪以前就很引人注目，但现在在各种场合下都更明显。伴随着全能感的下降，他在适应现实方面取得了长足的进步，但他的乐观情绪往往胜过所有现实情况。这在一个非常痛苦的幻灭时刻尤为明显，我想，这可能是他人生中迄今为止最严重的一次幻灭。他的玩伴们与他的愉快关系受到了外部因素的干扰，他们对他的态度完全改变了，不再像以前那样爱他。他们中有几个人比他年长，在许多方面给他很多压力，他们还嘲笑和侮辱他。他既没有攻击性，又温柔，并坚持不懈地试图通过友好和恳求把他们争取回来，有一段时间，他似乎连自己都不承认他们的不友好。例如，他不得不承认但又不愿意承认他们对他说谎，当他的兄弟再次向他证明了这一点，并警告他不要相信他们时，弗里茨恳求道："但他们并不总是说谎。"然而，现在他偶尔的抱怨表明，他已经决定承认自己受到了不公的对待。现在，他的攻击倾向相当公开地出现了。他说真的要用玩具左轮手枪打死他们，对着他们的眼睛开枪。有一次，他被别的孩子打到，他也说过要把他们打死，并且在他的这番话和游戏里，都表达了他的死亡愿望（death-wishes）❶。然而与此同时，他并没有放弃把他们争取回来的努力。当他们再次和他玩的时候，他似乎忘记了过去的一切，他非常满意，尽管偶尔说的话表明他非常清楚关系已经发生了变化。由于他特别喜欢一个小女孩，他在这件事上显然很痛苦，但他还是镇静而乐观地渡过了难关。有一次，当他听说了死亡的事，别人应他的要求向他解释每个人都会死亡时，他对母亲说："那么我会死，你也会死，还有L家的孩子们也会死。然后我们都会回来，他们又会变好。也许吧。"当他找到其他的玩伴（男孩子们）时，他又似乎忘记了这一切，现在他宣称不再喜欢L家的孩子们了。

上帝的存在和死亡

关于上帝不存在的对话之后，他便很少或只是简单地提到这件事，也没有再提到复活节兔子、圣诞老人、天使等等。他倒是又提到了魔鬼。他问妹妹百科全书里有什么，当她告诉他，百科全书里可以查到我们不知道的所有东西时，他问道："里面中有关于魔鬼的知识吗？"她回答"是的，书里说不存在魔鬼"，他对此没有进一步说什么。他似乎只是构建了一个关于死亡的理论，正如他谈到L家孩子时的首次描述："（死了）之后我们会再回来。"在另一个场合，他说："我想有翅膀，想飞。鸟儿死后有翅膀吗？一个人如果不在了就是死了，对吗？"这一次，他没有等待任何答案，而是直接转到了另一个主题。在此之后，他有时会幻想自己拥有翅膀并且能够飞。有一次，当他的姐姐跟他谈及飞艇是人类的翅膀时，他很不高兴。这个时候，他沉迷于"死亡"话题。他曾问父亲他什么时候死；他还告诉保姆，总有一天她会死的，不过到那时她肯定年纪很大了——他安慰她说。在类似的情况中，他对我说，他快死的时候只能慢慢地踱步——像这样（他非常缓慢地移动他的食指而且只移动了一点点）——而且我快死的时候也只能像那样缓慢地走路。还有一次，他问我人在睡觉时是否都无法行动，然后说："是不是有些人会动，而有些人不动？"他在一本书里看到了查理大帝的画像，得知他早已去世。于是他问道："如果我是查理大帝，我是不是就去世很久了？"他又问："如果一个人很长时间不吃东西，他会死吗？要多久才会死去呢？"

教育和心理视角

新获得的知识促进了弗里茨的心智能力大大增强，我将这一观察与其他或多或少发展不良的个案相比较，便发现了一个新的前景。诚实地对待儿童，坦率地回答他们的所有问题，以及由此带给他们的内心自由，会对儿童的心智发展产生深刻而有益的影响。这将保护儿童在思维方面免于压抑倾向（这是制约思维发展的主要危险）的影响，也就是说，这避免了本能能量（这是升华所必需的）的撤回，同时这也避免了与被压抑的情结相关联的观念联想（ideational associations）的压抑，后者会破坏思维的连续性。费伦齐（Ferenczi，1912）在他的文章《俄狄浦斯神话中快乐原则和现实原则的象征性表现》(*Symbolic Representation of the Pleasure and Reality Principles in the Oedipus Myth*) 中说："由于种族和个人的文化教养，这些倾向对意识来说变得非常痛苦，因此受到压抑，并将与这些情结相关联的大量其他观念和倾向压抑下来，使它们无法与其他思维自由交流，或者至少阻碍了它们被科学现实所处理。"

关于这种重大伤害（即对心智能力的伤害，思维联想与思维的自由交流被切断了），我认为伤害的类型也应该被考虑：在什么维度上思考过程受到了影响，在多大程度上思维的方向（即广度或深度）受到了决定性的影响。这种伤害导致儿童在这个智慧觉醒期，对于思想，要么全盘接受，要么将之作为难以忍受的东西而完全拒绝。这种伤害非同小可，因为该过程作为生命的原型会持续存在。儿童在思维上受到的伤害，可能表现在追根究底的思考"深度"方面，也可能表现在多维度思考的"容量"方面，这两方面受影响的程度可能互不相关❶。

无论哪种情况下，这种伤害都不会只造成思考方向的改变，也不会由于某个维度的力量的撤回而助益其他维度。就像强大的压抑导致的所有其他的心理发展形态一样，受到压抑的能量实际上仍然是"被束缚的"（bound）。

如果儿童基于天生的好奇去探究那些未知或猜想的冲动遭到反对和阻碍，那么更深入的探究也会随之受到压抑，因为儿童在无意识中会害怕在这种探究中可能会遇到禁忌的、罪恶的东西。与此同时，对更深层问题进行广泛探索的冲动也受到抑制。儿童会因此厌恶寻根问底，这使得儿童与生俱来的源自探究的快乐止于表面，从而导致他们只发展出一种肤浅的好奇心。另一方面，也可能会导致在日常生活和科学领域中有才能的某一类人虽然有丰富的想法，但往往在解决深刻问题时不知所措。这也会导致某些适应性强、聪明和实际的人，他们能理解表面的事实，但无法发现那些只有通过深层关联才能找到的东西——他们无法分辨真实和权威。他们害怕承认某些权威的想法是错误的，也害怕冷静地坚持某些被否定和忽视的东西确实存在，因此他们回避对自己所怀疑的东西进行深入探究，通常会回避深度思考。在这些案例中，儿童的发展可能会受到求知本能受损的影响，因此也会受到现实感受损（这是由于思考深度受到压抑）的影响。

然而，如果压抑以这种方式——不论是对被隐藏和否定的知识的厌恶，还是对这些禁忌的探究乐趣（以及整体的提问乐趣和探究冲动的数量）都"受到束缚"——影响了儿童的求知冲动，也就是说求知的广度受到影响，那么这就可能导致儿童兴趣的缺乏。因此，如果儿童克服了探究冲动的某个抑制期，且其探究冲动保持活跃或已恢复，虽然之前由于对探索新问题的厌恶而受阻，但现在，他可以把解除束缚的剩余能量全部导向对个别问题的深层探究。这样，我们就可以培养出"研究者"类型的人，他们被某个问题所吸引，可以将毕生的精力投入其中，但不会在适合自己的领域之外发展出特殊的兴趣。另一类学者则是能够深入探索的人，他有能力获取真正的知识，发现新的、重要的真理，但对日常生活中的大小现实状况则手足无措——他是绝对不务实的。说他全神贯注于伟大的任务，不重视小事，这并不能解释这一点。正如弗洛伊德在对动作倒错（parapraxis）的研究中所呈现的那样，注意力的撤回只是一个次要问题。对于动作倒错的根本原因和产生机制来说，这并不重要。它最多只能产生一种诱发影响。即使我们可以假设一个沉迷于伟大思想的思想家对日常生活事务几乎没有兴趣，但我们也看到，他在某些必然会有兴趣的情况下也失败了，这种失败是因为他在实践方面无法应对这些事务。我认为，这种发展问题是因为：在本应探究真实的、有形的、简单的日常事务和想法的发展阶段，他在这方面的求知在某种程度上受到了阻碍——导致这种情况的，肯定不是对眼前简单而直接的事情缺乏兴趣而导致的注意力撤回，根源一定是压抑。我们可以认为，在较早的时候，由于对某些他推测为真却被他人否认的原始事情的探究受到抑制，他对日常生活事物的求知也受到了抑制和压抑。因此，只有通向深层探究（不管他是立即转向它，还是在克服了一定的抑制后才转向它）的发展道路对他仍然是敞开的；这个早期过程会发展为一种原型，即他的求知会缺乏广度，并影响到日常事务的完成。因此，他早年没有踏上的发展道路如今对他来说变得永远无法逾越，即使在以后，他也无法简单而自然地重新踏上这条道路。如果他在早年就了解和熟悉这种方式，他可能会自然地，不需要特别的兴趣就能够完成那些日常事务。他跳过了这个阶段（通过压抑被"锁住"）；恰恰相反的是，另一个"务实"的人只能达到这个日常事务阶段，通往更深层次探究的阶段却受到压抑。

经常发生的一种情况是，那些通过语言（主要是在潜伏期开始之前）表现出杰出的心智能力的孩子，似乎有理由让人们对其未来抱有巨大期待，后来却逐渐落后，他们最终成年后可能相当聪明，但不再那么突出。这种发展失败的原因，可能是心智在某个维度上受到了不同程度的损害。这一点可以从以下事实中得到证明：相当多的孩子，他们对提问的非凡乐趣和问题的数量——或者他们对事物"如何"和"为什么"的寻根问底——让周围的人感到疲惫，但过了一段时间，他们就不再这么爱提问了，最后分别表现出兴趣缺乏或思想肤浅。他们的思维要么在整体上受到了影响，要么在某个维度上受到了影响，无法向其他方向扩展，这阻碍了本该在儿童期完成的重要智力发展。对求知冲动和现实感造成伤害的重要因素，是对性和原始知识的回避和否认，这带来的隔离导致了压抑的产生。然而与此同时，另一种迫在眉睫的危险在威胁着儿童的求知冲动和现实感，这种危险不是回避，而是强加——强迫他们接受某些现成的想法，这使得儿童不敢反抗现实的知识，甚至从不试图自己得出推论或结论，从而受到永久的、带偏见的影响。

我们倾向于强调思想家有"勇气"反抗陈规和权威，能够进行独立研究。然而，如果不是孩子们需要一种特殊的精神来反对最高权威，独立思考那些被否认和禁止的棘手问题，那就不需要这么大的"勇气"了。尽管我们经常看到敌对会激发一种反抗的力量，但这肯定不适用于儿童的心理和智力发展。在发展中与成人的敌对，和无条件服从权威一样，其实都是某种依赖，真正的智力独立是介于这两个极端之间而发展起来的。在儿童发展过程中，现实感与固有的压抑倾向之间不可避免地存在冲突，他们在求知过程中不可避免地会经历痛苦（就像人类历史上科学和文化方面的进步一样），也不可避免会遇到外部障碍，所有这些已经足以提供一种对抗，既能刺激儿童发展，又不伤害其独立性。如果再附加其他东西（对抗或服从权威）和额外的外部阻力，都将是多余且有害的，它可能成为儿童发展的关卡和阻碍❶⑥。虽然人们可能经常会发现，那些存在显而易见的抑制的儿童往往智力非凡，但早期的智力发展仍然受到了不利的影响。人们的智力往往只是看上去属于自己，殊不知其中许多是来自教条、理论和权威，并非通过自由且不受限制的思考独立获得的！虽然成人凭借经验和洞见能够找到方法，去处理那些在儿童期被禁止的、难以回答的、被压抑的问题，但这并不能消除对思维的阻碍，也不能让这些阻碍变得无足轻重。因为，即使后来成人在表面上能够克服童年期思维的障碍，但是他处理智力限制的方式——无论是反抗或恐惧——都一直会是他的整体思考方向和思考方式的基础，后来的学习也无法改变这一点。

儿童最初与权威——父母——的关系，将终生影响着儿童对权威的服从和智力依赖与限制。不仅如此，大量的伦理和道德观念被充分且完整地灌输给儿童，也加强和支持了这种影响，这对他们的思想自由形成了太多障碍。然而，尽管这种灌输不会受到质疑，更有天赋的、反抗能力受损较少的儿童却常常能对它们发起抗争，并取得一定程度的成功。虽然这些观念以权威的、不容置疑的方式被灌输给儿童，但有时也必须依靠某些证据支持，更善于观察的孩子这时就会发现，大人们所认为的自然、良好、正确和恰当的知识，他们自己并不一定会同样看待。因此，这些观念一定存在可攻击的点，或至少可以被怀疑和被攻击。但是，当一定程度上克服了基本的早期抑制后，无法验证的超自然观念又给儿童的思考带来了新的威胁。"存在一个无形的、全知全能的神"的观念对儿童来说难以抵抗，以下两点尤其增强了"神"的力量。一是人类与生俱来的对权威的需求。弗洛伊德在《列奥纳多·达·芬奇及其童年记忆》（*Leonardo da Vinci and a Memory of His Childhood*）（《标准版》第11卷）（译者注：《标准版》指 *Stardard Edition of the Complete Psychological Works of Sigmund Freud*）中提到了这一点："从生物学角度讲，宗教信仰可以追溯到人类幼儿出生后长期的无助感和照护需要；成年以后，当意识到自己在生活的强大力量面前真的如此孤独和脆弱，他对自己处境的感受就会像童年时一样。因此，他试图退行性地重建在婴儿期保护自己的力量，借此否认自己的孤独无助。"当儿童重复人类的发展时，神性观念恰好提供了一种支撑，满足了他对权威的需求。但是，正如我们从弗洛伊德那里和费伦齐（1913）的《现实感的发展阶段》（*Stages in the Development of the Sense of Reality*）中了解的那样，与生俱来的全能感和全能思维是如此根深蒂固并持续存在于人类身上，因此如果我们相信自己全能，便自然会拥护神性观念。儿童关于自己的全能感，使得他认为自己的环境也是全能的。因此，拥有最全能权威的上帝观念——通过创造出一种全能环境并令其长盛不衰——很大程度上满足了儿童的全能感。我们知道，父母的情结也在这方面扮演了重要角色，全能感被第一次出现的严肃情感（译者注：指父母的态度）加强或摧毁的方式，决定了他发展为乐观主义者或悲观主义者，也决定了他的警觉性和进取心，或者对自己内心的犹疑不决。要想使儿童发展出一种乐观主义，而非无边无际的乌托邦主义和幻想，就必须及时加以纠正，而纠正的方法正是通过引导儿童进行思考。弗洛伊德所说的"宗教对思想的强大抑制"证明，对于帮助儿童通过思考及时地从根本上纠正其全能感来说，宗教是一种阻碍。究其原因，在于它以一种强大的、不容置疑的权威覆盖了儿童的思考，因而使全能感的衰退也受到了干扰，而全能感的衰退只有在思想的帮助下才能在早期发生且分阶段发生。然而，儿童在现实原则和快乐原则之间及时作出的抉择，密切影响着现实原则——体现为科学思考——的全面发展。如果儿童成功地解决了这一问题，全能感就会与思考达成某种妥协，愿望和幻想会被承认是属于前者的，涉及思想和既定事实的领域则会由现实原则统治❼。

　　然而，作为全能感的一个强大盟友，上帝观念对儿童来说几乎是不可克服的。这是因为，儿童的心智水平使他们尚无法以成人惯用的方法来认识上帝观念。另外，由于上帝观念所具有的压倒性权威使它不容置疑，因此孩子们甚至不敢尝试与它对抗或质疑它。成年人也许在以后某个时刻能够克服这一障碍，却无法消除它已经带来的伤害。实际上，许多思想家和科学家始终无法跨越这一障碍，从而导致他们的工作停滞不前。这种上帝观念会极大地破坏儿童的现实感，使他们不敢拒绝那些不可思议的、显然不真实的东西。上帝观念给儿童造成一种影响，使他们对有形的、近在咫尺的、"显而易见的"智力问题的认识受到压抑，也同时压抑了深层次的思考过程。然而，我们可以确定的是，下列方式能够为儿童心智的自由发展奠定基础，即：让儿童不受限制地获取这一阶段的知识，通过他们自己的论证和推理来接受简单和美好的事物，允许他们只将真正理解的知识纳入心智系统。儿童的心智发展可能受到不同类型和程度的损害，既可能影响儿童的整体思维，也可能影响思维的某个维度。重要的一点是，这种伤害不会经由随后的开明教养所消除。因此，上帝观念对儿童思维发展的伤害不只体现在幼儿期，它对儿童的日后发展造成的抑制同样非同小可。因此，仅仅在儿童的教育中去除教条和忏悔是不够的，尽管人们已经更普遍地认识到了它们对思考的抑制。我们把上帝观念引入了教育，却把它留给孩子们自己去面对，不管从哪个方面来说，这都不是赋予他们自由。因为，当儿童在心智上还没有准备好面对权威，也无力反抗权威时，权威观念的引入必然极大地影响他们的求知态度。这导致他们再也无法从中解脱出来，或者即便能解脱，也只能以付出巨大的斗争和精力为代价。

II　早期分析

儿童对启蒙的抗拒 ⑱

对成人神经症的分析让我们得出一个无可辩驳的推论，即对儿童的分析既是可能的，也是必要的，成人神经症的病因总是可以追溯到儿童时期。弗洛伊德对小汉斯（Hans）的分析 ⑲ 以及其他工作开辟了一条道路，其他人［尤其是胡格·赫尔姆斯（Hug-Hellmuth）博士］沿着这条道路进行了进一步探索。

在上届精神分析大会 ⑳ 之前，胡格博士发表了一篇非常有趣且富有启发性的论文，她详细阐述了如何针对儿童对精神分析技术进行修改，并根据儿童的心理需求做出调整。她对表现出病理或不良性格发展的儿童进行了分析，并指出精神分析只适用于6岁以上的儿童。

然而，我现在将提出一个问题，即我们从成人和儿童的分析中学到了什么，有哪些适用于6岁以下儿童的心智，因为对神经症的分析让我们熟知的一点是，创伤和伤害的根源是在童年早期（即6岁前）发生的事件、印象或发展。这些发现对于预防儿童发展伤害有什么帮助？在这个从精神分析角度来看极其重要的年龄阶段，除了预防日后的疾病，我们还能为儿童长远的人格形成和智力发展做些什么呢？

最重要且最自然的一个结论是，我们应该设法避免那些被精神分析所证明对儿童心智发展极其有害的因素。因此，我们应该设置一些必要的原则，例如：婴儿从出生起就不应该与父母同住一间卧室；在对待幼儿的强制性道德要求方面要相对宽松；允许他在更长的时间内不受干扰地保持不羁和自然；允许他感受自己的本能冲动和乐趣，而不是立即通过激发他的文明倾向来对抗这种天真；允许他们较慢地发展，为其感受自己的本能留出空间，同时也为本能升华提供空间。与此同时，允许儿童表达逐渐觉醒的性好奇，并且应该逐步满足它，我甚至认为在这方面应该毫无保留。我们应该知道怎样给予儿童足够的关爱，同时避免有害的溺爱；最重要的是，我们应该避免体罚和威胁孩子，可以通过偶尔撤回关爱来确保成长所必需的服从。根据了解的知识，我们可以自然地制定更具体的要求，无须在此一一详述。本文囿于篇幅，无法深入探讨如何在教育领域内既满足这些要求，又不影响儿童发展为符合社会要求的文明人，也不会让他在与一个思想不同的环境互动时产生特殊困难。

现在我只想指出，这些教育要求是能够付诸实践的（我反复认识到这一点），而且明显会对儿童产生积极影响，他们在许多方面能够更自由地发展。如果能让这些要求成为普遍的教养原则，将会带来许多益处。尽管如此，我同时必须有所保留。对于一个未经分析的人，我担心即使他有足够的眼光和善意愿意去实践这些要求，其内在可能也没有足够的能力。但为了简单起见，我将只讨论比较好的情况，即他在意识和无意识层面都能了解和领悟这些教育要求，并能够成功地实施。现在我们回到最初的问题：在好的情况下，这些预防措施能否防止神经症的出现，或防止人格的不良发展？我的观察使我确信，即使在好的情况下，我们也常常只能实现部分目标，只能用到我们所了解的部分教育要求。因为我们从对神经症的分析中了解到，只有一部分由压抑造成的伤害可以追溯到错误的环境或其他不利的外部条件。另一个非常重要的部分则来自儿童从小就有的态度。如果儿童强烈的性好奇受到压抑，他们经常会发展出一种顽固的对所有性议题的厌恶，这种厌恶只有通过彻底的分析才能克服。对成人的分析（尤其是经过了重构的材料）告诉我们，神经症的发展并不总是归咎于恶劣环境和神经症易感性，在这个方面，存在着许多不确定的因素。然而至少能够确定的是，对于具有强烈神经症倾向的儿童来说，来自环境的轻微阻碍就会让他们对性启蒙产生阻抗，并导致过度的压抑，进而妨碍其整体心理发展。我们从对儿童的观察中确认了我们在神经症分析中学到的东西，这些儿童为我们提供了了解神经症发展的机会。例如，即便所有的教育措施都旨在毫无保留地满足儿童的性好奇，后者的需求仍不能自由表达。这种消极的态度可能以各种形式表现出来，最终表现为完全不感兴趣。有时它表现为儿童把兴趣转移到其他事物上，这通常具有一种强迫性的特征。有时这种态度则是在儿童接受部分启蒙之后出现，他们突然表现出强烈的阻抗，拒绝接受任何进一步的启蒙。他们单纯地不再接受启蒙了，之前所表现出的活跃兴趣戛然而止。

在本文第一部分详细描述的案例里，上述有益的教育措施取得了良好的效果，特别是在弗里茨的智力发展方面。到目前为止，他受到的启蒙包括了解胎儿在母体中的发育和出生过程，以及他感兴趣的所有细节。他没有直接询问父亲在分娩和性交中的角色。但即便如此，我认为这些问题也在无意识地影响着他。某些问题虽然获得了详细解答，但仍然经常出现。以下是一些例子："妈妈，小小的肚子、小小脑袋和其他东西是从哪里来的？""人怎么会动，怎么会做东西，怎么会工作？""人的皮肤是怎么长出来的？""它是怎么长上去的？"这些问题在他的启蒙阶段反复出现，在随后智力发展迅速的两三个月内也是如此。一开始，我没有将他的进步归功于这些反复出现的问题，一方面是由于他提问题的乐趣总体增加了，因而我没有意识到这些问题的意义。从他的探索冲动和智力发展方式来看，我认为他毫无疑问存在对进一步启蒙的需要，我应该坚持渐进启蒙的原则，该原则是与那些被有意识地提出的问题相对应的。

这个时期过后，一个变化出现了——他再次提出了以前的问题和其他刻板的问题，而明显出于探索冲动的提问则开始减少，并带有臆测性质。与此同时，他提出的问题大多肤浅、未经思考且毫无根据。例如，"门是用什么做的？""床是用什么做的？""木头是怎么制成的？""玻璃是怎么制造的？""椅子是怎么做的？"还有一些无关紧要的问题："泥土是怎么到地底下的？""石头和水从哪里来？"等。毫无疑问，他已经完全掌握了这些问题的答案，因而这些问题一再出现与智力无关。他在提问时显得漫不经心，这也表明他其实对答案并不在意，尽管他问得很热切。然而，他提问的数量也增加了。这是一个熟悉的画面：儿童经常提一些看上去毫无意义的问题，但怎样回答他都不满意，这让周围的人受不了。

这段时间持续了不到两个月，他在这期间经常沉思或提一些肤浅的问题，后来的情况发生了变化。弗里茨变得沉默寡言，明显不喜欢玩耍。他在玩耍上花的时间不多，玩的游戏也没有什么想象力，但他一直很喜欢和其他孩子玩动作游戏。他常常扮演车夫或司机，用箱子、凳子或椅子来代表各种车辆，会一连玩几个小时。然而，随后这种游戏和活动却停止了，他也不再想和其他孩子交朋友，即使跟他们还有接触，他也不知道该干些什么。最后，他甚至对母亲的陪伴表现出厌倦，这在以前从未出现过。他也表达了不再喜欢听母亲讲故事，但对她仍像以前那么亲切，也同样渴望她的爱。他在提问时经常表现出的心不在焉现在也变得非常频繁。虽然这种变化逃不过敏锐的观察，但他的情况仍然算不上"病态"。他的睡眠和整体健康状况都很正常。虽然说话不多，而且因为活动减少变得比较顽皮，在其他方面，他仍然很友好，可以像往常一样被对待，而且很开朗。最近几个月里，他对食物的偏好也明显有问题。他开始挑剔起来，对某些菜式表现出明显的厌恶，不过他对于喜欢的食物胃口很好。尽管如前所述，他对母亲的陪伴感到厌烦，但他还是更加热切地依恋着母亲。看护者通常不会特别留意到这些变化，或者即使留意到，也不会认为有什么意义。成年人通常有一种习惯，即当他们注意到儿童某种暂时或持久的变化却找不出原因时，会习惯地认为这是正常的发展变化。这在某种程度上是合理的，因为所有儿童或多或少都表现出一些神经症特征。只有这些神经症特征持续发展或变得严重时，才会构成疾病。尤其使我感到吃惊的是，弗里茨变得不愿意听人讲故事，这与他之前享受听故事的情况完全相反。

当把他受到部分启蒙后被强烈激发的提问热情以及后来的沉思或肤浅的提问，与随后对提问的厌恶，甚至不愿意听故事进行比较时，我还回想起他问过的一些刻板问题，我开始相信，弗里茨身上强烈的探索冲动与同样强烈的压抑倾向发生了冲突，后者对抗着他无意识中对于获得解答的渴望，而且完全占了上风。起初，他用许多不同的问题来代替那些被压抑的问题，在随后进一步的发展中他完全回避提问，也回避倾听，因为后者可能会让他听到不想知道的东西，即便他没有提问。

在这里，我想回顾一下关于压抑路径的评论，我在本文第一部分曾做过描述。我在那里谈到，众所周知，压抑对智力造成了有害影响，因为被压抑的本能能量受到了束缚，无法用于升华，思维联想（thought-association）连同情结（complex）一起被淹没在无意识中。与此相关的是，我认为压抑可能会同时影响智力发展的广度和深度。或许我观察到的本案例中的两个阶段，能够说明我之前的这一假设。如果发展路径固着在儿童由于性好奇受到压抑而提出许多肤浅问题的阶段，智力损伤就可能发生在深度方面。如果发展路径固着在不问也不想听的阶段，则会导致兴趣的浅层和广度受损，只往深度方面发展。

短暂的离题之后，现在我回到原来的主题。我越来越确信，被压抑的性好奇是儿童心理变化的主要原因之一，我不久前接收到一个正确的提示证实了这一点。我在匈牙利精神分析学会发表演讲后，安东·弗劳德（Anton Freund）博士在随后的讨论中，认为我的观察和分类肯定符合精神分析原则，但我的解释不是分析性的，因为我只考虑了意识层面，而没有考虑到无意识的问题。当时我回答说，我认为除非有无可辩驳的反对理由，否则仅处理意识层面的问题就足够了。然而现在我认识到，他说得没错，事实证明仅处理意识层面的问题确实不够。

我现在认为，最好还是把弗里茨一直不了解的遗留信息告诉他。他当时提出了一个非常罕见的问题，即哪一种植物是由种子长出来的，我借此机会向他解释道，人类也是由种子诞生的，并启蒙了他关于受孕的知识。然而他表现得心不在焉，用另一个无关紧要的问题打断了我的解释，显示他完全不想了解细节。还有一次，他说他从其他孩子那里听说母鸡下蛋也需要公鸡。然而，他刚提及这个话题，就表现出明显的想放弃的愿望。他给人的印象很清楚，他完全没有理解这个全新的消息，而且他也不愿意理解它。先前描述的心理变化似乎也完全无法受到这一启蒙的影响。

不过，母亲讲了一个像小故事的笑话，再度获得了弗里茨的注意和认可。她在给了他一块糖果时说，糖果已经等他很久了，并编了一个相关的小故事，说有个女人的鼻子上长出了一根香肠，这是她丈夫的愿望。他听得津津有味，说很想再听，随后又兴高采烈地听了几次。此后，他很自然地开始讲一些有长有短的幻想故事，有时源于他听过的故事，但大部分是原创的，这给我提供了大量的分析素材。在此之前，弗里茨不像喜欢玩耍那么热爱讲故事。虽然在第一次解释之后的那段时间，他确实表现出了讲故事的强烈倾向，并尝试过几次，但总的来说那仍然属于例外。弗里茨现在讲的这些故事，缺乏朴实的艺术性——这种艺术性表现在儿童通常在故事中模仿成人的行为，它们具有梦的效果，但缺乏润饰（secondary elaboration）。有时，他会先讲昨夜的梦，接着又讲故事，但开始讲故事后，故事的类型仍然跟梦一样。他兴致勃勃地讲着故事，但尽管我对此小心翼翼地进行解释，他仍不时地会出现阻抗。这时他会中断故事，但不久又会愉快地重新开始。我摘录了其中一些幻想：

"两头母牛走在一起，其中一头母牛跳到另一头的背上，并骑在她身上。然后另一头跳到这头母牛的牛角上，紧抓住不放。小牛也跳到母牛的头上，紧紧抓住缰绳。"（我问他，那些奶牛叫什么，他回答了两个女仆的名字。）"然后它们一起到了地狱，地狱里有一个老魔鬼。他的眼睛很黑，什么都看不见，但他知道有人来了。年轻的魔鬼也有黑眼睛。它们继续向拇指汤姆看到的城堡走去，它们和一起来的那个男人一起进去，走进一个房间里，用纺纱（纺锤）扎了自己。""然后，他们睡了一百年。他们起身去见国王，国王很高兴，问他们——男人、女人以及跟他们一起的孩子——是否愿意留下来。"（我问奶牛去哪里了，他回答说"它们也在那里，小牛也在那里"。）有人谈到教堂墓地和死亡，于是他说："一个人被士兵开枪打死了，但他没有被埋葬，只是躺在那里，因为灵车司机也是一个士兵，他不肯埋葬他。"（当我问"士兵开枪打死了谁？例如？"时，他首先提到了他的兄弟卡尔，但随后有点惊慌失措，又提到了其他亲戚和熟人的名字）❷❶ 还有一个梦："我的棍子跑到你的头上，然后它抓起熨斗，压在你的头上。"他向母亲道了声早安，她抚摸了他一下，他说："我要爬到你身上去，你是一座山，我爬上你。"过了一会儿，他说："我比你会跑，我能跑上楼，而你不行。"又过了一段时间，他又热切地问了几个问题："木头是怎么造出来的？窗台是怎么组装起来的？石头是如何造出来的？"我回答说，它们本来就是这样，他不满意地问，"但它们是从哪里来的呢？"

与此同时，他开始会玩了。他现在可以开心地玩很长时间，特别是跟别人一起玩；他会和哥哥或其他朋友玩他们想到的任何游戏，同时他也开始自己玩了。他玩起了绞刑游戏，宣称他把哥哥姐姐的头砍了下来，他对着被斩首的人头打耳光，说"我可以打他们耳光，他们不会还手"，他还自称"行刑人"。有一次，我注意到他在玩一个棋类游戏：棋子代表人，一个是士兵，另一个是国王。士兵对国王说："肮脏的畜生！"于是他被关进监狱，并判了罪。他受到鞭打，但他感觉不到，因为他已经死了。他用国王的王冠将士兵底座上的洞捅大了一些，士兵就活了过来。国王问他还会这么做吗，士兵说"不了"，这样士兵就只是被关起来，不会死亡了。他最早还玩过这样的游戏：他吹着小号，说他是一个军官，同时还是旗手和号手，他说："我爸爸也是个号手，但他不带我去打仗，那我就带上我自己的小号和枪，这样即使没有他，我也可以去打仗了。"他在玩他的小玩偶，其中有两条狗。他宣称其中一个很漂亮，另一个很肮脏。这一次，狗代表了两个绅士，美丽的那个玩偶是他自己，肮脏的那个是他的父亲。

他的游戏和幻想都表现出对父亲的攻击性，当然也清楚地表现出他对母亲的爱慕。与此同时，他变得健谈和开朗，可以和其他孩子一起玩上几个小时，后来，他表现出对每一门知识和学习的渴望，因此在很短的时间内，他无须帮助就学会了阅读。他在这方面表现得如此热切，几乎像是早熟。他的提问也不再具有刻板的强迫特征。这种变化的原因，无疑是由于他能够自由地进行幻想了，我偶尔做出的谨慎解释只是在一定程度上对此有所帮助。

然而，在描述一段同样重要的对话之前，我必须提到一点：胃对这个孩子来说有着特殊的意义。尽管别人一再告知和纠正他，他还是坚持认为婴儿是在母亲的胃里长大的。在其他方面，胃对他来说也有特殊的情感意义。他经常不分场合地，以一种显然毫无意义的方式，用"胃"来顶嘴。例如，当另一个孩子对他说"到花园里去"时，他回答说"到你的胃里去"。当保姆问他某个东西在哪里时，他会因回答"在你的胃里"而挨骂。吃饭的时候，他有时（虽然不是很频繁）会抱怨"胃冷"，并宣称是由于喝了冷水的关系，他还表现出对各种凉菜的强烈厌恶。大约在这个时期，他表示很想看看他母亲赤身裸体的样子。接着他又说："我想看看你的胃，想看看你胃里的样子。"当妈妈问："你是说生你出来的地方吗？"他回答说："是的！我想看看你的胃里有没有孩子。"后来他说："我很好奇，我想知道世界上的一切。"当被问及他想知道什么，他说："你的鸡鸡和你的便便洞是什么样的？我想（他笑着说）在你上厕所时，偷偷地看看你的鸡鸡和你的便便洞。"几天后，他向母亲建议他们同时上厕所，在别人身上"做便便"——先是他母亲，然后是他哥哥和姐姐，一个坐在另一个上面，最上面的是他。这些零星的表述已经展示出了他的出生理论，这在下面的对话中表现得更清楚。他认为孩子是用食物做的，与粪便是一样的。他曾经描述自己的"便便"是不肯出来的调皮孩子，此外，当我把他的某个幻想中跑上跑下的煤块解释为他的孩子时，他立刻表示赞同。有一次，他对他的"便便"说话，说因为它出来得这么慢，又这么硬，所以他会打它。

现在我来描述一下对话。他一大早就坐在卧室里，解释说便便已经在阳台上了，已经跑上楼了，它不想去花园（他经常把马桶叫作花园）。我问他说：'你指的是在胃里长大的孩子吗？"我发现这引起了他的兴趣，便继续说："便便是用食物做的，但真正的孩子不是用食物做的，"他说，"我知道，他们是用牛奶做的。""哦，不，他们是用爸爸的某些东西和妈妈的卵子做的。"（他现在很专心，想听我的解释）当我开始讲受精卵时，他打断了我，说"我知道"。我继续说："爸爸用他的鸡鸡制造一种看起来很像牛奶的东西，叫作精子。他很像撒尿，只是没那么多。妈妈的鸡鸡跟爸爸是不同的。"（他打断我）"我知道！"我继续说："妈妈的鸡鸡像个洞。如果爸爸把他的鸡鸡放进妈妈的鸡鸡里，并在里面排出精子，精子就会跑到妈妈的身体深处。当精子与妈妈体内的卵子相遇时，卵子就会开始生长，长成一个孩子。"弗里茨饶有兴趣地听着，说："我很想看看孩子是怎么造出来的。"我解释说，在他长大之前这是不可能的，等他长大后才可以，到那时他能够自己做到。"我想对妈妈这样做。""那不可能，妈妈不能成为你的妻子，因为她是你爸爸的妻子，否则你爸爸就没有妻子了。""但我和爸爸不可以都对她做这些事情吗？"我说："不，那不可能。每个男人只有一个妻子。当你长大了，你的妈妈就会老了。然后你会娶一个漂亮的年轻女孩，她会成为你的妻子。"他几乎要流泪，嘴唇颤抖着说："但我们不能和妈妈住在同一个房子里吗？"我说："当然可以，而且你的妈妈永远爱你，但她不能成为你的妻子。"然后，他又询问了各种细节，例如孩子是如何在母体中被喂养的，脐带是由什么组成的，它是如何脱落的，他对此充满兴趣，也没有出现更多阻抗。最后他说："但我只想看看孩子是怎么进去，又是怎么出来的。"

这番对话在一定程度上解决了他在性观念上的困惑，他第一次对以前拒绝的解释表现出真正的兴趣，现在他才真正理解了那一部分。他后来偶尔说的一些话表明，他确实把这些信息纳入了他的知识体系。从这时起，他对胃[22]的兴趣也大大减少了。尽管如此，我不想断言它完全丧失了情感特征，或者他完全放弃了这个理论。关于为何幼儿会部分地坚持某种性理论（尽管它已经被意识化了），费伦齐曾说过这样的观点，即幼儿的性理论一定程度上源自对引发愉悦感的某种功能的抽象化，因此如果这种功能继续引发愉悦感，就会导致该性理论的维持。亚伯拉罕（Abraham）博士在上届大会[23]的论文中提出，性理论形成的根源在于儿童不愿了解异性父母所扮演的角色。罗海姆（Róheim）指出，原始族群的性理论具有相同的来源。在这个案例中，弗里茨对他的性理论的部分坚持，也可能是由于我只解释了一部分分析素材，还有一部分无意识的肛交性欲仍然活跃。无论如何，只有解决了性观念中的困惑，儿童才能克服对了解真实性交知识的阻抗；尽管弗里茨仍然保留着一部分原来的性理论[24]，但他还是接受了真实的性交知识。在某种程度上，他在仍部分固着于他的无意识中的性理论和现实之间达成了妥协，他自己说的话最能说明这一点。他讲述了另一个幻想（不过那是九个月后的事了），在这个幻想中，他把子宫描绘为一个家具齐全的房子，胃里更是装备齐全，甚至还有一个浴盆和一个肥皂盘。他谈到这个幻想时说："我知道它实际上不是真的这样，但我把它看成这样。"

在弗里茨认识真实的性交后，他的俄狄浦斯情结就凸显出来了。我举一个例子，在上述对话三天后，他报告了一个梦，我做了部分解释。他开始描述这个梦："有一辆大汽车，看起来跟电车一模一样。里面也有座位，还有一辆小汽车与大汽车一起开动。车顶都可以打开，在下雨时可以关闭。接着，两辆汽车继续开，撞上了一辆电车，把它撞飞了。然后，大汽车跑到了电车的上面，并把小汽车拖在后面。电车和两辆汽车都靠得很近。电车也有一个连杆。你懂我的意思吗？大汽车有一个漂亮的银杆，小汽车有两个小钩子。小汽车在电车和大汽车之间。然后，他们开上了一座高山，很快又下来了。两辆汽车都在那里过夜。其他电车来到后会把它们撞开，如果有人这样做（他张开双臂），他们会立刻后退。"（我解释说，大汽车是他的爸爸，电车是他的妈妈，小汽车是他自己，他把自己放在爸爸和妈妈之间，因为他非常想把爸爸赶走，独自和妈妈待在一起，做只有爸爸才能做的事。）犹豫了一会儿，他表示同意，但很快又继续说："大汽车和小汽车都离开了，它们在自己的房子里，它们向窗外看去，那是一扇很大的窗户。""然后来了两辆大汽车。一辆是爷爷，另一辆是爸爸。奶奶不在，她（他犹豫了一下，看起来很严肃）……她死了。"（他看着我，但我仍然无动于衷，他接着说。）"然后他们一起开下山。一位司机用脚打开车门，另一位用脚打开一个转动的东西（把手）。""有一位司机开始呕吐起来，那是爷爷。"（他又一次用疑问的眼神看着我，但看到我不为所动，他继续说。）"另一位司机对他说：'你这个肮脏的畜生，你想我打你耳光吗？我马上把你打倒。'"（我问这位司机是谁。）他说："那是我。然后，我们的士兵都下了车。他们以前都是士兵——他们砸了汽车，打他，用煤擦他的脸，还往他嘴里塞煤。"（他安慰地说）"他以为那是糖果，所以他吃进去了，其实那是煤。他们都是士兵，而我是军官。我穿着漂亮的制服。"（他挺直身子）"我这样挺直身子，然后他们都跟着我。他们夺去了他的枪，他只能这样走路（说到这里，他弯着腰）。"他和蔼地继续说："然后，士兵们给了他一枚勋章和一把刺刀，因为他们夺走了他的枪。我是军官，妈妈是护士（在他的游戏中，护士总是军官的妻子），卡尔、莱娜和安娜（他的哥哥和姐姐）是我的孩子，我们也有一个漂亮的房子——从外面看就像国王㉕的房子。它还没有完全完成，还没有门，也没有屋顶，但非常漂亮。我们自己制造需要的东西。"（他现在毫无困难地接受了我对未完工的房子的解释等。）"花园非常漂亮，它在屋顶上。我总是用梯子爬上去。但我总是能轻松上去，卡尔、莱娜和安娜则需要我的帮助。餐厅也很漂亮，里面长满了树和花。这很容易，你放一些土，东西就长出来了。然后，爷爷就这样安静地走进花园。"（他又模仿了那奇怪的步态）"他手里拿着一把铲子，想埋点东西。然后，士兵们朝他开枪。"（他再次显得很严肃）"他死了。"他花了不少时间谈论两位失明的国王，随后说，一位是他的爸爸，另一位是他妈妈的爸爸，他说："国王的鞋子和美国的鞋子一样长，你可以穿进去，而且有足够的空间。穿着衣服的婴儿晚上也睡在里面的床上。"在这个幻想之后，他在游戏中获得的乐趣增加了，并且变得持久。现在，他可以独自一人玩几个小时，跟讲述这些幻想一样开心❷。他也会直截了当地说："现在，我玩的是我告诉过你的东西。"或者"我不告诉你，我自己玩吧。"因此，虽然无意识幻想经常通过游戏表达，但在本案例中，像其他类似的案例那样，对幻想的抑制看上去很可能导致了对游戏的抑制，弗里茨的这两种抑制同时被解除了。我注意到，他以前玩的游戏和活动现在已退居二线，特别是那种没完没了的"司机、车夫"游戏，通常是他推着长凳、椅子或箱子，一个挨着一个，或他坐在上面。每当他听到有车辆经过时，他就向窗户跑去，如果错过一辆，他会非常不高兴。他可以花几个小时站在窗前或前门，主要是为了看过往的车辆。他对于这些活动的热情和专注，表现出一种强迫的性质❷。

后来，即便当他明显感到厌烦时，他也不会再玩以前的这种游戏。有一次，为了给他找些事情做，有人劝他用一种新的方式造马车，因为这样会很有趣，他回答说："那没什么有趣的。"在他能够创造幻想同时也开始玩游戏，或者更确切地说是第一次正式玩游戏时，他的游戏主要借助小人偶、动物、人、手推车和砖块来设计，包括开车和换房子。但这些只是他的部分游戏，他的游戏形式变得多样，并伴随着从未有过的发展迅速的幻想。通常情况下，游戏中最终会出现印第安人、强盗或农夫与士兵之间的战斗，而士兵总是代表着他自己和他的部队。战斗结束时，他的父亲不再是士兵，会放弃自己的部队和装备。弗里茨对此感到震惊，尤其是对于要交出刺刀和步枪的主意。紧接着，他的游戏中出现了农夫来偷士兵的东西的情节。然而，士兵们虐待农夫，杀死了他们。在汽车幻想出现后的第二天，他玩了下面的游戏：一个印第安人被士兵关进了监狱。印第安人承认自己对待士兵很调皮。他们说："我们知道你不只是调皮。"他们向他吐口水，对他撒尿、拉屎，把他放在厕所里，任意虐待。他尖叫着，尿液直接进了他的嘴里。一个士兵走开，另一个士兵问他："你要去哪里？""我去找马粪扔在他身上。"那个淘气的士兵把尿撒到铲子里，然后泼到他脸上。我问他印第安人到底做了什么，他回答说："他很淘气。他不让我们用厕所。"然后他进一步提到，厕所里除了那个淘气的印第安人，还有两个人在制作艺术品。这一次，他嘲笑地对着用来擦屁股的卫生纸说："亲爱的先生，请吃了它。"在回答某个问题时，他说卫生纸是吃粪便的魔鬼。还有一次，他说："有一位先生丢了领带，他到处找。最后他终于找到了。"有一次他又谈到魔鬼，他的脖子和脚都被砍掉了。脖子只有在有脚的时候才能行走。现在魔鬼只能躺着，他不能再行走了。所以人们以为他死了。有一次，他向窗外望去。有人抱住了他，那是个士兵。他把士兵推到窗外，然后士兵就死了。在我看来，这些幻想可以解释他几周前出现的（对他来说不寻常的）恐惧。

当他正望着窗外时，保姆在他身后抱住了他。他很恐惧，保姆放开他，他才平静下来。在随后的幻想中，这种恐惧表现为他对无意识的攻击性愿望的投射[28]。在一个游戏中，敌方军官被杀死，被粗暴对待，然后又活了过来。我问他，这个军官是谁，他说："当然是爸爸。"每个人都对他非常友好，并说（弗里茨的声音这时变得非常温和）："是的，你是爸爸，请到这里来。"在另一个幻想中，船长同样经历了各种各样的虐待，包括失明和侮辱，随后又活了过来，他说，在那之后他对船长很友好，并补充说："我只是以牙还牙，然后我就不再生他的气了。如果我不这么做，我会生气的。"他现在非常喜欢玩面团，说要在壁橱里做饭[29]。壁橱是一个带有凹陷的小纸板箱，他用来做游戏。在有一次玩耍时，他给我看了两个士兵和一个护士，并说那是他自己、他的哥哥和妈妈。当我问他这两个人哪一个是他时，他说："下面有刺的那个是我。"我问他下面的刺是什么东西，他回答说："是鸡鸡。"我问："那会刺人吗？"他说："在游戏中不会，但真的——不，我错了，真的不会刺人，在游戏中会刺人。"他描述的幻想更多且广泛，通常是关于魔鬼，但也与船长、印第安人、强盗和野生动物有关。在他的幻想和相关的游戏中，他对这些人的施虐愿望清楚地表现出来。另一方面，他的愿望与母亲有关。他经常描述自己如何挖出魔鬼、敌方军官或国王的眼睛，或割断他们的舌头。他甚至拥有一支能像水兽一样咬人的枪。他变得越来越强大，无论如何都不能被杀死，他反复说他的大炮巨大，炮弹可以飞到天空。

我认为没有必要做进一步的解释，因此我只是偶尔给出解释，更多地把解释作为一种提示，使某些涉及个人的东西意识化。此外，从他的幻想和游戏的整个趋势，以及他偶尔说的话中，我发现他的一部分情结已经意识化，或至少是进入了前意识，我认为这就足够了。有一次当他坐在马桶上，说要做卷饼。他的母亲走过来对他说："好吧，那就快做你的卷饼吧。"他说："如果我有足够的面团，你会高兴的。"然后马上补充道："我说的是面团而不是便便。""我真聪明，"然后他说，"我造出了这么大的一个人。如果有人给我面团，我会用它做一个人。我需要一些东西做眼睛和徽章。"

从我开始偶尔给他做解释开始，大约两个月过去了。接下来，我的观察中断了两个多月。在这期间，他表现出一些焦虑（恐惧）——这一点已经被预示了：在与其他孩子玩耍时，他不再继续玩他最近喜爱的强盗和印第安人游戏。除了在两三岁时有过一次夜惊之外，他从来没有明显地感到恐惧，或呈现出恐惧的迹象。因此，现在变得明显的是，焦虑可能是分析的进展所显示的症状之一。这也可能源于他试图更有力地压抑那些逐渐意识到的东西。恐惧的产生可能来自格林童话，他最近对童话产生了浓厚的兴趣，并不断地联想到童话[30]。此外，他的母亲有几个星期身体不适，无法关心孩子，而他本来习惯于她的照顾，这可能促进了力比多转化为焦虑，也可能关系到他的恐惧。他的恐惧主要表现在入睡之前，与以前相比他现在需要更长时间才能入睡，而且偶尔还从睡梦中惊醒。他在其他方面也出现了倒退。他独自玩耍和讲故事的次数大大减少了，他对读书的热情很高，看起来显然过分了，因为他经常想连续学习几个小时，并且不断地练习。他也更顽皮，更不快乐。

当我再次有机会——虽然只是偶尔——关注这个孩子时，他跟我描述了一个梦，这个梦与我以前获得的材料——那只是对强烈阻抗的防御——不同，这个梦让他非常恐惧，甚至到了白天时他仍然感到害怕。在梦里，他在看图画书，图画里有一群骑手。突然书页打开，有两个骑手从书中走了出来。他和哥哥姐姐此时紧紧抓住他们的母亲，想要逃走。他们来到一所房子的门口，有一个女人对他们说："你们不能躲在这里。"但他们还是躲了起来，因此那两个骑手找不到他们了。尽管他有强烈的阻抗，但他还是跟我讲了这个梦，然而当我开始对梦做解释时，他的阻抗更加强烈，为了避免过度激发阻抗，我的解释非常简短，也不完整。在他的自由联想方面，我也几乎一无所获，只知道这些骑手手里拿着棍子、枪和刺刀。当我解释说，这代表着他父亲的大鸡鸡，是他既希望拥有但也害怕的，他反驳说："武器是硬的，但鸡鸡是软的。"然而我解释说，鸡鸡也变硬了，因为它希望自己做些什么，他接受了这个解释，没有多大阻抗。然后他进一步说，他有时觉得好像一个男人被塞进了另一个男人里面，所以只有一个男人！

毫无疑问，之前我没有注意到的同性恋成分现在在变得更加突出，正如他后来的梦和幻想所示。然而，他的另一个梦则与恐惧无关：到处都是狼，在镜子和门后面，它们都伸着长长的舌头。他把狼都打死了。他并不害怕，因为他比它们强壮。后来的幻想也涉及狼。有一次，他睡觉前又被吓到了，他说他害怕墙上的那个洞（取暖用的开口）。光线从那里照进来，照在天花板看起来也像个洞。他说有人可能会搭梯子爬上屋顶，从那个洞进来。他还问魔鬼是不是藏在壁炉的洞里，他在一本图画书里读到，一位女士在房间里坐着，她突然发现魔鬼藏在壁炉的洞里，露出了尾巴。他的联想表明，他害怕爬梯子进来的人会踩到他，踩伤他的肚子，最后他承认是害怕自己的鸡鸡受伤。

没过多久，我就听到他说"肚子冷"（现在他很少这样说了）。在一次关于胃和肚子的对话中，他讲述了以下幻想："肚子里有个房间，里面有桌子和椅子。有人坐在椅子上，头靠在桌子上。然后，整个房间塌了，天花板掉到地板上。桌子也塌了。"我问他："那个人是谁，他是怎么进去的？"他回答说："一根小棍子穿过女巫进入肚子，然后进入胃里。"他对我做的如下解释几乎没有阻抗。我告诉他，他想象自己处在妈妈的位置上，希望爸爸能像对待妈妈那样对待他。但是他害怕（他想象妈妈也害怕）如果这个棍子——爸爸的鸡鸡——进入他的鸡鸡，他会受伤，他的肚子和胃里的东西都会被摧毁。还有一次，他说自己害怕格林童话。那是一个女巫故事，女巫给一个男人有毒的食物，但他把食物喂了马，马因此而死。弗里茨说他害怕女巫，因为如果是这样的话，他听到的关于世上根本没有女巫的说法便可能不是真的。格林童话里有美丽的皇后，也有女巫。他非常想知道毒药是什么样子，是固体的还是液体的[31]。我问他为什么害怕母亲发生这么糟糕的事情，他对她做了什么，或者希望她怎么样。他承认，当他生气的时候，他希望妈妈和爸爸都死掉，他有时会产生"肮脏的妈妈"这样的想法。他还承认，当她禁止他玩自己的鸡鸡时，他对她很生气。此外，他还谈到自己害怕士兵对他下毒，还有一个奇怪的士兵，当弗里茨想跳上手推车时，这个士兵在商店橱窗前看着他。我对此解释说，士兵是他的爸爸，爸爸会因为他跳上马车（指妈妈）的调皮想法而惩罚他。他询问了性交的细节，这是他以前从来没有问过的。男人怎样才能把鸡鸡放进去，爸爸是否想再生一个孩子，要多大才能生孩子，阿姨能否和妈妈生孩子，等等。他的阻抗进一步减弱了。在开始讲述事情之前，他非常高兴地询问我，让他感到"可怕"的事情经我解释后是否会变得让人开心，像之前那样。他还说，经我解释过的事情不再让他感到害怕了，虽然他还会想起那些事情。

遗憾的是，毒药的含义没有得到进一步澄清，因为我无法获得他对此更多的联想。总的来说，通过联想的方式进行解释只是偶尔能成功，通常需要随后的想法、梦和故事等信息说明和补全之前的事情。这也就是为什么我的解释有时很不完整。

弗里茨的案例中有丰富的材料尚未得到解释。除了主要的性理论，他还有其他不同的出生理论和想法。它们虽然并行存在，但总是某个理论在一段时期内占主导。在最后提到的幻想中，女巫只是引入了一个当时经常出现的人物，在我看来，这个人物来自他对母亲意象的分裂。他对女性偶尔的矛盾态度也显示出这一方面，最近这变得很明显。总的来说，他对女性和男性的态度都很好，但我偶尔发现，他对小女孩和成年女性都有一种没来由的反感。为了保持他爱着的母亲的理想形象，他对其分裂而产生的第二个女性意象是一个有阴茎的女人，显然正是这个女人使他通往现在明显呈现出的同性恋倾向。对他来说，母牛也代表着有阴茎的女人。他不喜欢母牛，却非常喜欢马[32]。例如，他厌恶牛嘴里的泡沫，说那是牛想对人吐口水。相反的是，马想要亲吻他。母牛对他来说代表着有阴茎的女人，这不仅体现在他的幻想中，也明确体现在他说的话中。他多次在小便时将阴茎与母牛等同起来，例如，"母牛正在把牛奶放进盆里"，或者，当解开裤子时他会说："母牛正往窗外看。"巫婆交给他的毒药的意义，也可能来自他之前的理论——吃东西会怀孕。几个月以前，他对女性的矛盾态度几乎还没有任何征兆。当听到有人说某位女士令人讨厌时，他很惊讶地问："女士会令人讨厌吗？"

弗里茨还提到了一个与焦虑情绪有关的梦，这个梦同样反映出强烈的阻抗。他说这个故事太长了，他要讲一整天才能讲完。我告诉他只需要告诉我其中的一部分。他回答说："但它长得可怕。"我后来发现，原来"长得可怕"指的是梦里所涉及的巨人的鸡鸡。这个巨人还以其他形式反复呈现，例如变成一架飞机，有人把它带到一座建筑里。那里既没有门，也没有地面，窗户里却挤满了人。巨人身上挂满了人，也来抓他。这个幻想关系到父母的身体，也反映了他对父亲的欲望。不过，他的出生理论——通过肛门受孕并生下父亲（有时是母亲）的想法——也在这个梦中有体现。在梦的结尾，他能够单独飞起来，在跑出火车的其他人的帮助下，他把巨人锁在移动的火车里，带着钥匙飞走了。在我的协助下，他自己对梦的许多内容做了解释。总的来说，他对做解释很感兴趣。他会问自己"内心深处"是否有他不知道的事情，是否每个成年人都能做解释，等等。他还谈到一个愉快的梦。他只记得梦里有个军官，衣领高高的，他也穿了一个类似的大衣。他们从某个地方一起出来。天很黑，所以他跌倒了。当我做出解释说，这个梦也与他父亲有关，以及他想拥有跟父亲同样的鸡鸡时，他突然想起了梦里不愉快的事情。那个军官威胁他，按住他并且不让他爬起来，等等。

关于他这次相当乐意地给出的自由联想，我只强调他提及的一个细节，即他和军官一起出来的地点。他想到的是一家商店的院子，他一直很喜欢那里，因为那里有狭窄的铁轨，经常有几辆满载的小货车进进出出。这再次象征着他对妈妈的欲望，他想一起做爸爸跟妈妈做的事情，但他失败了（译者注：这体现在他跌倒了），因此他便将自己对父亲的攻击性投射到父亲身上。在我看来，这显示出强大的肛门性欲和同性恋因素的运作，同性恋因素也体现在魔鬼幻想中，那些魔鬼住在洞里或奇特的房子里。

在重新开始观察和进行联想（主要是关于焦虑的梦）分析的大约六周后，弗里茨的焦虑完全消失了。他的睡眠和入睡恢复了正常，游戏和社交也没有问题。他原来的焦虑还包括轻微的对于街头儿童的恐惧症。事实上，这是由于那些街头男孩一再威胁和骚扰他。他害怕自己过马路，别人的劝说也不起作用。由于最近一次旅行的干扰，我无法分析他的这一恐惧症。然而，除此之外，这个孩子状态良好。几个月后，当我有机会再次见到他时，这种印象更加深刻。在这段时期他以某种方式摆脱了恐惧，他后来告诉我这一点。在我离开后不久，他先是闭着眼睛跑过马路。然后他转头不看跑过去，最后他终于能够相当镇定地走过马路。另一方面，他表现出明显的对分析的厌恶，这可能是由于他的自我治疗尝试——他自豪地向我保证说现在他什么都不怕了！同时，他也不再喜欢讲故事和听童话故事。不过，这是唯一的不利影响。六个月后，我确信他的恐惧症被永久治愈了，难道这只是他自我治疗的结果？或者，至少在一定程度上，它是治疗停止后的后续效果，正如我们经常看到的那样，某些症状会在分析结束之后才消失。

此外，我不愿意将这个案例称作"结案的治疗"。这些观察和偶尔的解释算不上治疗，我更愿意把它描述为"分析性质的教养方式"。同样，我也不认为这种教养方式就止于我所描述的时间点。他表现出如此强烈的分析阻抗和对童话故事的厌恶，这两点就使我觉得，他在成长过程中还会不时地需要分析。

由此引出了我从本案例得出的结论。我认为，儿童的养育离不开精神分析的帮助，这不仅体现在解决养育中的困难，从预防的角度来看这种帮助也是不可估量的。尽管我只是基于弗里茨这唯一的案例，来证明分析对于儿童养育的巨大帮助。但另一方面，我对那些在没有分析的帮助下成长起来的儿童进行了许多观察，这些经验都支持了我的观点。我只举两个我所熟知的案例❸，他们既没有罹患神经症，发展也没有出现异常，是很适合用来举例的正常儿童。这两个孩子的天性很好，而且被非常睿智和慈爱地抚养长大。举例来说，父母遵循的养育原则之一是允许他们提出任何问题，并总是乐意回答。此外，他们受到的约束更少，并被允许自由发表意见，但他们仍然获得抚养者温和且坚定的指导。然而，其中只有一个孩子（且非常有限地）利用了这种自由，在性启蒙上提出问题和获取信息。很久以后（接近成年时）男孩说，他提出的出生问题并没有获得足够的解答，这导致该问题在相当大的程度上一直占据他的脑海。他获得的回答尽管与所问的问题相符，却没有包括父亲所扮演的角色，所以并不完整。然而，值得注意的是，这个男孩虽然私下里很关心这个问题，却从来没有问过任何相关的问题，这也许有他自己都不知道的原因，因为他没有理由怀疑他人是否愿意回答这些问题。在四年级时，这个男孩开始害怕与他人（某些特定的成人）进行亲密接触，此外还患上了甲虫恐惧症。这些恐惧症持续了几年，最后逐渐在情感和习惯的帮助下几乎被克服。然而，他对小动物的厌恶从未消失。此后，这个男孩再也没有表现出对社交的渴望，即使他不再直接表示厌恶。他在心理、身体和智力等其他方面都发展得很好，相当健康。但在我看来，他身上明显的不合群、拘谨和孤僻等相关特质是看似被轻松克服了的恐惧症所遗留的痕迹，这构成了他性格中的永久元素。

第二个案例是一个女孩，她在出生后的头几年里表现出了非凡的天赋和求知欲。然而，从大约五岁开始她的探究冲动大幅减弱❹，她逐渐变得肤浅，失去了学习热情，兴趣也缺乏深度，尽管她毫无疑问已经拥有了很好的智力水平，但至少到目前为止（她现在十五岁）她表现平平。

虽然迄今良好且被认可的教育原则在人类文化发展方面取得了很大成就，但是古往今来最优秀的教育者都认识到，个人的成长仍然是一个几乎无法解决的问题。任何人只要有机会观察儿童的发展，更详细地研究成人的性格，就会知道，某些最有天赋的儿童会在没有任何明显原因的情况下，以各种各样的方式突然出现问题。之前还很好、很听话的孩子会变得害羞、难以管理，或者干脆叛逆、好斗。开朗友好的孩子变得不爱交际和拘谨。还有一些孩子的智力天赋本可以开花结果，却突然被扼杀在萌芽状态。天才儿童往往在一些小任务上遭遇失败，随即失去勇气和自信。当然，这种发展的困难也经常被轻松地克服。然而，虽然那些较小的困难往往被父母的爱抚平，却往往会在以后再次出现，成为巨大的、无法克服的困难，并可能导致崩溃或至少造成许多痛苦。这些影响儿童发展的伤害和抑制数不胜数，更不用说那些后来遭受神经症折磨的人了。

我们确认有必要在儿童养育中引入精神分析，并不意味着要抛弃迄今被认可的好的教育原则。精神分析只是教育的一种辅助和补充，不会触及那些迄今公认正确且被普遍接受的基础❸。真正优秀的教育者一直在无意识地努力追求正确的东西，并通过爱和理解努力接触到儿童更深层次的、有时是如此难以理解且看上去应该受到谴责的冲动。如果他们在这方面不成功或只是部分成功，那么该被责备的不是教师，而是他们使用的权宜之计。有多少父母，他们付出的最大的努力是为了维护孩子的爱和信任，却突然面临这样一种情况：虽然无法理解，他们却不得不承认自己从未真正拥有过孩子的爱和信任。

我们回到前面已经详细阐述的弗里茨案例。之所以要在这个孩子的成长过程中引入精神分析，是因为他在游戏方面的抑制，以及对听故事和讲故事的抑制。他也越来越沉默寡言、过分挑剔、心不在焉，而且内向孤僻。尽管他此时的整体心理状况还算不上生病，但我们仍然有理由对其可能的发展做出类比假设。这些在游戏、讲故事和倾听方面的抑制，以及对琐事的过分挑剔和心不在焉，可能在稍后发展为神经症特质，而沉默寡言和内向孤僻则会成为一种性格特征。我必须在此补充重要的一点：这里提到的特征，在他很小的时候就已经一定程度上存在了，虽然没那么明显；直到它们进一步发展并且加上其他特征，我才关注到它们，并因此认识到采取精神分析干预的必要性。然而，他在此之前和之后都有一种不同寻常的沉思表情，这与当他说话越来越流利以后他所说的正常的（但绝非非常聪明的）话毫无关系。他现在变得更加开朗健谈，表现出对他人陪伴的需求，无论跟其他孩子还是跟大人他都能愉快自由地交谈，这一切都与他以前的性格形成鲜明对比。

然而，我从这个案例中学到了一些别的东西。我指的是在儿童成长的早期介入分析是多么有利和必要，以便在我们能够接触到他的意识时，尽快准备好与他的无意识接触。这样的话，当抑制或神经症特质开始发展时，它们便可能很容易被去除。毫无疑问，一个经常表现出如此活跃兴趣的正常三岁（或更小的）儿童，在智力上已经能够理解给出的解释以及其他东西。对大一点的孩子反而会不利，因为他们在这些事情上已经受到了更强烈的固着阻抗的情感阻碍。而只要养育方面的有害影响还没有扩大太多，小孩子就更接近这些自然事物。精神分析协助下的养育提供给他们的帮助，将比已经五岁的弗里茨要大得多。

对个人和大多数人的一般教育来说，无论这种方式可能会带来多么大的希望，在另一方面我们也不必担心其影响会过于深远。在我们面对幼儿的无意识时，我们肯定也需要面对他的所有情结。这些情结在多大程度上来自种系发生（phylogenetic）和先天因素，又在多大程度上来自个体发生（ontogenetically）？史塔克（A.Stärcke）认为，阉割情结的产生来自一种个体发生因素（ontogenetic root），即婴儿认为母亲的乳房是他自身的一部分，但乳房时常会消失。有人认为，对粪便的厌恶是阉割情结的另一个来源。弗里茨从来没有受到过威胁，他相当坦率和无畏地呈现出手淫的乐趣，尽管如此，他仍然表现出非常明显的阉割情结，可以肯定地说，这部分地是在俄狄浦斯情结的基础上发展起来的。然而无论如何，这个情结的根源太过深层，这使得我们难以深入探索，实际上一般的情结形成（complex-formation）都是如此。在我看来，弗里茨的抑制和神经症特质的基础甚至可以追溯到他开始说话之前。我们当然有可能更早、更容易地克服这些问题，即使不能完全阻断造成这些问题的情结的活动。当然，我们没有理由担心早期分析会产生太深远的影响，即可能会危及个人的文化发展，从而危及人类的文化财富。无论我们向前走多远，总有一个必须停下来的关卡。许多无意识的、与情结纠缠在一起的东西将继续活跃在艺术和文化的发展中。早期分析所能做的，是保护儿童不受严重的冲击，并协助他们克服抑制。这不仅将有助于个人的健康，而且也将有助于文化的发展，因为克服抑制将开辟新的发展可能性。在弗里茨身上，我看到他在满足了一部分无意识的问题之后，他的整体兴趣受到了多么大的激发。另一方面，由于出现了更多的无意识问题，吸引了他的全部兴趣，这导致他的探索冲动又受到了多么大的抑制。

因此有一点是确定的，更具体地来说，愿望和本能冲动的影响只有通过意识化才能被削弱。而且我通过自己的观察确信，就像成人一样，这种意识化对于幼儿也没有任何危险。的确，从我做解释开始，随着分析干预的增多，弗里茨的性格表现出了明显的变化，并表现出一些"不省心"的特征。这个以前温和、偶尔有攻击性的男孩变得咄咄逼人、爱争吵，这不仅体现在他的幻想中，而且体现在现实中。

这个迄今为止温和且偶尔有攻击性的男孩变得咄咄逼人、爱争吵，这不仅体现在他的幻想中，在现实中也是如此。与此同时，成人的权威对他的影响力减弱了，当然这并不是指他无法认可他人。他能够将健康的怀疑态度（即他要看到并理解别人要求他相信的东西）和认可他人（尤其是他深爱和钦佩的父亲和他的兄弟卡尔）的能力结合起来。但是由于其他原因，他对于女性有一种优越感和保护欲。权威的削弱主要体现在他友善的态度上，包括对父母的态度。他很在乎能够有自己的意见和愿望，但同时变得不那么容易服从别人。然而，他善于学习好的东西，通常很顺从地取悦他爱慕的母亲，尽管这对他来说往往很难。综上所述，尽管表现出一些"不省心"的特质，但他的成长并没有遇到什么特别的困难。

在他身上原本就发展的良好的品德丝毫没有减损，事实上是受到激励而增强了。他愿意分享，乐于为所爱的人奉献。他很体贴，也很善良。这里我们再次看到，就像成人分析一样，儿童分析并没有以任何不良的方式影响这些人格特质的成功形成，而是增强了它们。因此，我认为早期分析并不会损害那些已经存在的有效压抑、反应形成（reaction-formation）和升华，相反，它会开辟进一步升华的可能性❸❻。

在此，我仍然必须提到早期分析的另一个困难。由于弗里茨的乱伦愿望被带入意识层面，因此他对母亲的爱慕虽然在日常生活中表现得很明显，却没有任何逾越既定界限的企图，某些多情的小男孩则会如此。他与父亲的关系是友好的，尽管（或因为）他意识到了自己的攻击愿望。在这种情况下，意识层面的情绪比无意识的情绪更容易控制。在承认自己的乱伦欲望的同时，他已经在尝试将自己从这种欲望中解放出来，并将欲望转移到合适的客体上去。在我看来，前面引用的一段对话可以证明这一点，在那段对话中，他带着痛苦的情绪确定，至少他将与他的母亲生活在一起。其他经常重复的对话也表明，他已经开始部分地脱离母亲，或者他至少已经在尝试了❸❼。

因此，我们可以预期他能通过适当的途径，即选择一个与母亲意象相似的客体，完成脱离母亲的过程。

我也很少听说早期分析让儿童在接触不同的思想环境时遇到困难。儿童对即使是最温和的拒绝也非常敏感，因而非常清楚在哪里可以指望被理解，在哪里不能。弗里茨在经过几次尝试不成功后，便完全放弃了向母亲和我之外的人吐露这方面的问题。但在其他事情上他仍然对别人充满信心。

另一件容易造成不便的事情也是相当容易处理的。弗里茨有一种自然的冲动，把分析作为一种获取快乐的手段。晚上该睡觉的时候，他会说他有一个想法，必须马上讨论。或者，他整天用同样的理由来吸引人们对他的关注，并不分场合地讲述他的幻想。总之，他试图用各种方法让分析成为生活中的一部分。关于这一点，弗劳德博士的建议对我大有帮助。我设置了固定的——即使偶尔会改变的——分析时间，虽然我们每天的联系很密切，共处的时间很多，但我仍坚定地维护这个时间设置。经过几次挑战失败后，他默默接受了这个设置。同样地，除了在分析中揭露外，我坚决阻止他试图以任何其他方式发泄对父母和我的攻击性，并要求他遵守通常的礼仪标准。

在这些事情上，他也很快接受了。虽然我这里所讲的是一个5岁多的相对理智的孩子，但我确定对于更小的孩子，我们仍然可以找到方法来解决这些问题。首先，对幼儿的分析工作不像对大一点的孩子那样有那么多详细的对话，而是在游戏或其他机会时偶尔进行解释，这种方式更容易被幼儿自然地接受。此外，即使是按照通常的教养方式，我们也有责任教孩子区分幻想与现实、真相与谎言。愿望和行动（包括愿望的表达）之间的区别很容易与这些联系在一起。一般来说，孩子们都是可教的，也有足够的文化禀赋，所以他们不难理解虽然思维和愿望可以不受限制，但这其中只有一部分可以实现。

因此，我认为我们不需要太过担心。养育孩子不可避免地会遇到困难，当然，与那些优秀的教育家从内心无意识地行动的方式相比，内外一致行动的养育方式给儿童带来的负担会更小。如果养育者内心完全相信这种方法的正确性，那么只要有一点经验，外部的困难就会被克服。我也认为，由于早期分析的帮助而心理上更健康的孩子能够更轻松地应对不可避免的麻烦而不受伤害。

人们很可能会问，是否每个孩子都需要这种帮助。毫无疑问，有许多人完全健康、发展良好，当然也有一些类似的孩子，他们没有表现出神经症特征，或者已经安然无恙地克服了这些特征。然而，从精神分析的经验来看，我们可以肯定地说，属于这一类的成年人和儿童相对较少。弗洛伊德在《一个五岁男孩的恐惧症分析》（*Analysis of a Phobia in a five-year-old Boy*）❸中明确提出，小汉斯对俄狄浦斯情结的意识对他没有坏处，只有好处。弗洛伊德认为其他孩子也有异常频繁的恐惧症，唯一的区别是小汉斯的恐惧症被注意到了。弗洛伊德认为，这可能使他"比其他孩子更有优势，因为他不再携带着被压抑的情结的种子，而这种情结总会对孩子以后的生活产生一些影响，即便不导致随后的神经症倾向，也必然会导致一定程度的性格畸形"。弗洛伊德进一步提出，"无论是儿童还是成年人，神经症病人和正常人之间并没有明确的界限。我们对疾病的概念纯粹是一个实用的概念，一个总结性的问题。在评估一个人是否已经越过了疾病的门槛时，我们必须考虑先天的易感性和可能的生活事件，因此不断有许多人从健康阶层转到神经症阶层"。弗洛伊德在《一例婴儿期神经症的病史》（*From the History of an Infantile Neurosis*）❸中写道，"如果我说很少有孩子能逃脱暂时性厌食症或动物恐惧症的困扰，有些人可能会不同意。但这种说法正是我所期待的论点。我可以断言，成年人的神经症都是基于他童年时期发生神经症，但后者并不总是严重到足以引起注意，并被视为一个问题"。

因此，对大多数儿童来说，关注他们初露端倪的神经症特征是明智的。然而，如果我们想掌握和消除这些特征，早期的分析观察和偶尔的分析干预是绝对必要的。我认为这件事应该有个规范。在下述情况下，儿童可能不需要早期分析：例如，当儿童对自己和环境的兴趣被激发和表达出来时，他能够表现出对性的好奇，并设法逐渐满足自己的好奇心；他没有表现出对性的抑制，并能够完全吸收所受到的启蒙；他能够不受约束地承受游戏和幻想的本能冲动，尤其是俄狄浦斯情结；他津津有味地听诸如格林童话等故事，不会有后续的焦虑，而且总体上保持心理平衡。然而，即使在这些不太常见的情况下，进行早期分析也可能有好处，因为即使是发展良好的人也会遭受或已经遭受许多早期分析可以克服的抑制的影响。

我特别选择"听格林童话时不焦虑"作为儿童心理健康的标志，因为我认识的孩子中很少有人能做到这一点。也许为了避免引起孩子们的焦虑，格林童话已经有了一些修改版本，现代教育更青睐其他不那么可怕、不触及被压抑的（不管是快乐的或是痛苦的）情结的故事。然而，我认为在精神分析的帮助下，我们便无须回避这些故事，而是可以直接将它们作为一种诊断标准和工具。在这些故事的帮助下，儿童潜在的恐惧会变得更明显（取决于压抑的情况），继而可以通过分析更彻底地被处理。

如何将这种基于分析原则的养育方式付诸实践？来自精神分析的经验非常明

确地提出下面一个要求，即家长、保育员和教师应该进行自己的个人分析。然而，可能在很长一段时间内这仍然只是一个无法实现的虔诚愿望。即使这一愿望得到实现，即使我们可能会得到一些保证，即在开始时提到的有益措施将得到执行，但我们仍然无法进行儿童的早期分析。我想在此提出一个不得已的建议，但在以后产生其他可能性之前，它可能是一个有效的过渡期方式。我指的是创办领导层中含有女性分析师的幼儿园。毫无疑问，一位女性分析师，如果她手下有几名由她培训的保育员，她便可以观察一整群孩子，从而认识到分析干预的适用性，并立即实施。当然，这个提议可能会遭到许多反对，包括这会使得孩子很小的时候就会在某种程度上从心理上远离母亲。然而，我认为孩子通过这种方式获得了很多，而母亲最终会从其他方面赢回她在这方面失去的东西。

（1947年附注：我在本文中提出的教育观点，与我当时所掌握的精神分析知识是一致的。由于本书中后面的论文完全没有涉及教育方面的建议，所以我在教育观点上的发展无法像精神分析观点那样体现出来。因此，值得一提的是，如果我现在就教育问题提出建议，我会在很大程度上对本文提出的观点进行补充和修改。）

注　释

❶ 弗里茨之所以提出这个问题，是因为哥哥和姐姐偶然说的一些话，他们在不同的场合对他说："你那时还没有出生呢。"似乎还因为"我并不是一直都存在"这一点明显令他痛苦。因为当他很快了解情况并反复确认后，他用"我一直都在那里"来表达他的满意。然而，这显然不是唯一的诱因，因为在很短的时间内，该问题就换了一种形式出现，即"人是怎样被造出来的？"在他四岁九个月时，另一个问题也不时地出现。他会问"爸爸有什么用？"和"妈妈有什么用？（较少问）由于当时还没有认识到这个问题的真正含义，所以我回答他"我们需要爸爸的爱和关心"。这显然无法令他满意，他不断地重复这个问题，直到慢慢地不再提了。

❷ 与此同时，他还掌握了一些其他的观点，这些观点在出生问题之前的一段时间里被反复讨论过，但显然也没有得到彻底澄清。他甚至试图以某种方式为它们辩护，例如，为了证明复活节野兔的存在，他说L家的孩子（他的玩伴）也有一只野兔，他还说他自己看见远处草地上有魔鬼。要使他相信他看到的是一匹小马，比使他相信魔鬼并不存在要容易得多。

❸ 显然，L家的孩子们提供的信息让他确信没有复活节野兔（尽管他们经常欺骗他）。也许这就是为什么他更仔细地研究"人是如何被造出来的？"这个问题的答案——别人已经多次告诉他答案，但他尚未接受。

❹ 两年前，他离家出走，但没有人知道原因。他被发现在一家钟表店前，正在看橱窗里的展品。

⑤ 他曾经觉得很困难的时间概念，现在变得清楚了。他越来越喜欢问此类问题，他说："昨天已经过去，今天现在还在，明天即将到来！"

⑥ 后来，有一段时间，当我们在讨论他难以理解的成长细节时，他反复提出这个问题。对于"椅子是怎么做的？"这个问题和答案，他已经很熟悉了，所以我不再回答他。不过，他可以借此作为一个标准（或对照）来证实他的新知识的真实性。他用同样的方式使用"真的"（really）这个词。通过这次交流，他便很少问"椅子是怎么做的？"这个问题了。

⑦ 他在3岁左右对珠宝特别感兴趣，尤其是母亲的珠宝（他一直很感兴趣）。他曾说过："当我成为女人的时候，一次要佩戴3枚胸针。"他常说："当我做了母亲……"

⑧ 3岁的时候，有一次，他看见哥哥一丝不挂地在洗澡，就高兴地叫道："卡尔也有皮皮！"然后，他对哥哥说："你去问问琳恩，她是不是也有皮皮！"

⑨ 出自弗洛伊德的《论心理功能的两个原则》（*Formulations on the Two Principles of Mental Functioning*）（《标准版》第12卷）。

⑩ 显然，这些启蒙消除了弗里茨的抑制，这使他的情结变得更加意识化，也很可能因此使他现在表现出对金钱的兴趣和认识。虽然迄今为止他一直相当坦率地表达出嗜粪癖（coprophilia），然而，所受压抑被消除的这一总体趋势很可能也会表现在肛门性欲方面，从而使他有可能将其升华为对金钱的兴趣。

⑪ 他反复恳求姐姐再淘气一次，哪怕就一次，并保证自己会更爱她。当他知道他的父亲或母亲偶尔会做错事时，他也感到极大的满足。有一次，他说："妈妈也会弄丢东西，对吧？"

⑫ 他还让在厨房忙着的妈妈煮菠菜，并要求她把菠菜变成土豆。

⑬ 在情感方面，他更多表现出温柔，尤其是对母亲，对周围的其他人也是如此。他有时会非常暴躁，但通常温柔的时刻更多。虽然在过去一段时期，他的积极提问确实带有某种情绪。在一岁九个月时，他对父亲的爱表现得有些夸张。那时，他爱父亲胜过爱母亲。几个月前，他的父亲在离家近一年后回到了家。

⑭ 他此前对哥哥非常生气时，也提到过"开枪打死他"，虽然很少见。最近，他经常询问可以射杀谁，并宣称："如果有人要开枪射我，我就可以开枪射他。"

⑮ 在奥托·格罗斯（Otto Gross, 1902）博士的书《脑的继发功能》（*Die Cebranale Sekundärfunktion*）中，他认为存在两种不良的心理发展：一种源于"扁平化"的意识，另一种则源于被"压缩"的意识。他把这些发展称为"激发功能的典型结构性改变"。

⑯ 毫无疑问，任何养育方式（即使最理解孩子的方式）都需要某些坚定态度，也因此都会导致孩子的某些反抗和服从。一定程度的压抑是不可避免的，同时，压抑也是文明和教育发展的必要条件。然而，精神分析协助下的养育将把这方面保持在最低限度，并

清楚地了解如何避免给儿童带来抑制和伤害。

⑰ 弗洛伊德在《论心理功能的两个原则》（《标准版》第12卷）中提出的独特案例，可清晰地阐述这一点。

⑱ 1921年2月发表在柏林精神分析学会会议上的一篇论文。

⑲ 出自《对5岁男孩恐惧症的分析》（*Analysis of a Phobia in a five-year-old Boy*）（《标准版》第10卷）。

⑳ 在海牙举办的第六届国际精神分析大会。

㉑ 此前不久，他曾说过："我希望看到有人死去。我指的不是他们死后的样子，而是他们正在死亡的样子，这样的话，随后我也能够看到他们死后的样子。"

㉒ 他的"胃冷"症状只消除了一部分，他不再抱怨胃不舒服。后来，他说自己"肚子冷"，尽管这种情况并不多见。他仍然抗拒吃冷盘。在过去几个月里，他对各种菜肴的反感基本上没有受到分析的影响，但具体品种偶尔会发生变化。他的排便通常是规律的，但往往缓慢而困难。在这方面，分析工作只带来了偶尔变化，而非永久性的改变。

㉓ 指在海牙举行的第六届国际精神分析大会，亚伯拉罕（1920）介绍的论文为《女性阉割情结的表现》（*Manifestations of the Female Castration Complex*）。

㉔ 他曾在午餐时说"布丁会直接滑入食道"，还有一次说"果酱会直接进入鸡鸡"（但果酱是他所厌恶的）。

㉕ 有一次，他母亲亲切地对他说"我的洋娃娃"，他说："洋娃娃更适合琳恩或安娜等女孩，请对我说'我亲爱的小国王'。"

㉖ 这段时期的一天早上，他用床单做了一座"塔"，他爬进里面并宣布："现在我是烟囱清洁工，我要把烟囱打扫干净。"

㉗ 他仍然表现出对车辆、车门、锁匠和门锁的强烈兴趣，然而这种兴趣不再具有强迫和封闭的特征。因此在这种情况下，精神分析没有对那些有益的压抑造成影响，只是克服了强迫力量。

㉘ 在幻想和游戏中，他偶尔表现出对自己的攻击性的害怕和警惕，尤其是在最近的观察期间。在令人兴奋的强盗和印第安人游戏中，他有时会说不想再玩了，他很害怕，但同时他又尽力表现得勇敢。此外，如果不小心撞到了自己，他会说："没关系。这就是对我的惩罚，因为我太淘气了。"

㉙ 当他很小的时候，他一度喜欢用沙子或泥土做模型，但这没有持续多久。

㉚ 在分析开始之前，他强烈厌恶格林童话。但是在出现好的转变后，他就非常喜爱格林童话了。

㉛ 这很可能是最近他对下列问题感兴趣的原因，这些问题包括：为什么水是液体，以及更一般的问题——为什么有些东西是固体或液体。他对此的兴趣或许显示出焦虑更强烈了。

❸❷ 基于我目前获得的材料，我还不太清楚马的含义；它有时代表男性，有时代表女性。

❸❸ 这两个孩子是一对兄妹，来自我熟悉的家庭，因此我能够详细了解他们的发展。

❸❹ 这个孩子从来没有表现出对性启蒙的需求。

❸❺ 根据我的经验，弗里茨的教育几乎没有被明显地改变。我在这里讨论的观察已经结束了十八个月。小弗里茨上学了，他能很好地适应学校的要求。无论在哪里，他都表现出良好的教养。他很随和，表现得自然和得体。本质上的区别在于，在与老师和玩伴的关系中，他的基本态度发生了根本的改变，这一点对于外行的观察者来说难以察觉。因此，一旦孩子们发展出绝对坦率和友好的关系，那些通常只有通过强调权威才能达到的教育要求就很容易实现，因为他们对这些要求的无意识阻抗已经通过分析被克服了。因此，精神分析协助下的养育使得孩子们能够实现通常的教育要求，只是基于的前提完全不同。

❸❻ 在弗里茨的案例中，被克服的只是那些夸张和强迫的不良特质。

❸❼ 在大约一年后，他再次表达出对不能与母亲结婚的遗憾。母亲对他说："当你长大后，你会娶一个喜欢的漂亮女孩。""是的，"他得到了相当的安慰，说道，"但她必须得和你一模一样，一样的脸和头发，她应该被称为沃尔特夫人——就像你一样!"（沃尔特不仅是他父亲的名字，也是弗里茨的第二个教名。）

❸❽ 《标准版》第10卷。

❸❾ 《标准版》第17卷。

2

青春期的抑制和困难
Inhibitions and Difficulties at Puberty

（1922）

我们都知道，刚进入青春期的孩子经常经历心理上的困难和人格上的显著变化。在此，我想谈谈男孩的问题，女孩的发展需要单独讨论。

人们可能会认为，这些困难可以完全解释为男孩缺乏可用的心理资源来应对性成熟和随之而来的主要生理变化。在性欲的狂轰滥炸下，他们感到自己受到欲望的支配，而这些欲望既不能也无法被满足。男孩确实不得不承受沉重的心理负担，但仅凭这一点还不足以充分理解这个年龄段普遍存在的所有深刻而多样的烦恼和问题。

一些以前性情乖巧、快乐开朗的男孩，突然或逐渐变得神秘、叛逆，对家庭和学校怀有敌意，培育者的和蔼和严厉都无法影响他们。有些孩子失去了学习的雄心和乐趣，直到学业失败才引起培育者的注意；还有些孩子陷入了一种不健康的激情。经验丰富的教师意识到，这两种行为背后往往都存在自尊波动或受挫的问题。青春期会引发一系列不同强度的冲突，其中很多以前以温和的形式存在，因而被忽视了；现在，这些冲突可能会表现为最极端的形式，如自杀或一些犯罪行为。这一时期，家长和老师经常难以胜任这些问题带来的沉重要求，这自然会对孩子们造成额外的损害。当孩子需要耐心的时候，许多父母会逼迫他们；当孩子需要信心和信任的时候，父母却没有鼓励他们。很多时候，教师们急于在考试中取得成功，忽视了研究孩子们显而易见的失败，并且缺乏对孩子因失败而产生的痛苦表现出富有同情心的理解。毫无疑问，体贴的成年人是最能帮助缓解儿童的困难的，但过高估计外部因素在解决困难中的作用是错误的。慈爱和善解人意的父母所付出的最大努力可能都无济于事，或许是因为孩子并不清楚是什么折磨着自己以致失败。成熟和有见地的老师同样会因为缺乏对问题背后原因的了解而感到困惑。

因此，除了明显的生理和心理事件之外，我们迫切需要对受折磨的孩子或感到茫然的成年人所不知道的领域进行探索。我指的是在精神分析的帮助下探寻那些无意识因素，在这方面，我们已经从精神分析中获益良多。

弗洛伊德在治疗成人神经症的过程中逐渐认识到幼儿神经症的重要意义。经过多年的成人研究，他和他的学生们已经收集到令人信服的证据，表明精神疾病的起因可以追溯到童年早期。我们的性格是在幼儿时期形成的，而致病因素也同样在这一时期埋下了祸根。在以后的生活中，当不稳定的心理结构承受过大的压力时、这些致病因素就会被触发。因此，感觉上或看起来相当健康，或至多略有点紧张的孩子，即使受到的压力不过分，也可能会陷入相当严重的崩溃。健康与疾病、正常与异常之间的界限一直是流动的，永远无法完全区分。弗洛伊德最重要的发现之一，就是认识到这种流动性是一种普遍的状态。他发现"正常"和"异常"的区别在于数量而不是结构，这一经验在我们自己的工作中不断得到证实。作为漫长文明发展的结果，我们从出生起就拥有压抑本能、欲望及其意象的能力，也就是将它们从有意识心智驱逐到无意识的冰山之下。它们不仅被保存在那里，而且会生存和生长。当压抑失败时，它们可能会引发各种疾病。本能冲动被禁止的强烈程度越高，压抑的力量就越高，尤其是性冲动。我们必须以最广泛的精神分析意义来理解"性"。弗洛伊德的本能理论告诉我们，性欲从生命的一开始就是活跃的。最初的性欲是借由"部分本能"（Partial instincts）的满足来追求快乐，而不是像成年人那样服务于生殖功能。

婴儿的性欲望和幻想首先指向的最直接和重要的客体是父母，特别是异性父母。在三到五岁之间，每个正常的小男孩都会对母亲表现出强烈的爱，至少会有一次宣布他想娶她。不久，他的姐妹将取代母亲成为他渴望的对象❶。这些没有被认真对待的表达宣告了他非常真实的爱和欲望，这尽管是无意识的，却对他的整体发展具有重要意义。这些渴望的乱伦性质激起了社会的苛责，因为它们一旦被实现，就会导致文明的倒退和崩溃。因此，这些欲望注定会被压抑，它们在无意识中形成了俄狄浦斯情结，弗洛伊德认为这是神经症的核心情结。俄狄浦斯神话和诗歌❷证实了杀死父亲和与母亲乱伦的欲望的普遍性。病人和健康人的精神分析也显示这些欲望存在于所有成年人的幻想生活中。

青春期的强烈本能冲动增加了男孩与俄狄浦斯情结斗争的难度，甚至可能会彻底压垮他们。现在，他挣扎在奔涌的欲望、幻想和自我压抑之间，这种斗争过度地消耗了他的力量。自我的崩溃会造成各种问题和抑制，包括明显的疾病。在理想的情况下，相互对抗的各种因素将达成某种平衡。这种对抗的结果将永久性地决定男孩性生活的特质，于是也决定了他未来的发展。我们应该记住，儿童在青春期必须完成的任务是将不一致的部分性本能组织起来，使其具有生殖功能。同样，男孩必须在内心层面摆脱与母亲的乱伦关系，尽管这些关系仍将是他未来爱情的基础和模型。如果他想要成为一个有活力、积极、独立的人，他也需要从外部摆脱对父母的迷恋。

因此，在青春期，男孩在面对复杂的性心理发展所设定的繁重任务时，或多或少会受到抑制也就不足为奇了。有经验的老师告诉我，很多以前很难相处的男孩，当他们安定下来，变得善良、勤奋和听话时，他们的活力、好奇心和感受性似乎都减弱了。

那么，家长和老师能做些什么来帮助男孩克服困难呢？了解问题的根源，将对他们对待孩子的方式产生有益的影响。如果那些蔑视、冷漠和不良行为是可理解的，那么这些行为造成的痛苦和愤怒就会更能够被容忍。教师们可能会意识到，男孩和父亲的俄狄浦斯之争会转移到他们身上。青春期男孩的分析显示，教师往往既承负着强烈的爱和崇拜，也是无意识的恨和攻击的对象。后者带给男孩的内疚和自责也会影响他们与教师的关系。

孩子情感上的困惑和迷惘，可能会使得他们厌恶学校，乃至厌恶学习和知识，有时甚至会令他们感到某种折磨。老师的慈爱和理解可以舒缓这种状况。对孩子坚定的信任可以增强他们脆弱的自尊，减轻罪疚感。最理想的情况是，家长和老师可以自觉主动地保持或创造一种气氛，让男孩可以自由讨论性问题。我们需要避免关于性问题，尤其是青春期常见的手淫问题的警告或威胁。因为这些警告可能造成的无法估量的危害，远远超过你所能想象的好处。性启蒙遭到的拒绝或冷遇可能难以克服。然而儿童在幼时错过了的启蒙良机，可能永远不会再出现。如果能开启一扇开悟之窗，许多困难都可以消除。

家长和老师可能尝试了所有方法仍不奏效，此时就必须寻求更有效的援助。精神分析在这方面是可用的，因为在它的帮助下，我们可以寻找问题的原因，消除有害的后果。精神分析技术在多年实践经验累积的基础上不断发展，这使我们能够发现哪些因素导致了儿童的困难。病人对这些原因的意识觉察，可以帮助他们调整有意识和无意识的需求。使用得当的话，精神分析不会给儿童带来危险，这一点对于成人也一样。许多成功的儿童分析使我相信这一点。人们普遍担心分析会破坏儿童的自发性，但事实证明这种担心是错误的。冲突的混乱使许多孩子失去了活力，但经过分析，他们的活力完全恢复了。即使是很早期的分析也不会把孩子变成不文明和不合群的人。相反，当他们从束缚中解放出来时，他们能够充分利用自己的情感和智力资源来实现文明和社会化目标，促进自身的发展。

注　释

❶ 梅塔·肖普（Meta Schoepp）在她的书《我的男孩和我》（*Mein Junge and Ich*）中给出了一个漂亮的例子，展示了一个小男孩对母亲的爱和对父亲的嫉妒。盖瑞斯塔姆（Geirestam）在《我的小弟弟之书》（*Das Buch vom Bruederchen*）中也谈到了类似的主题。

❷ 我只需要从丰富的例证材料中引用几句：

"如果让这个小野人肆意妄为，如果这种摇篮中的狂热搭配上30岁成人的力量和激情，他便会折断父亲的脖子，并占有他的母亲。"［出自狄德罗（Diderot）的《拉莫的侄儿》（*Rameau's Nephew*）］。

"我在他心灵成长的过程中敦促着：'纯洁意味着你必须憎恶那些与你父亲竞争并成为你母亲的伴侣的本能欲望。'"［出自莱辛（Lessing）的"格拉吉尔"（Graugir）］。

艾克曼（Eckermann）认为［1827年与歌德（Goethe）的交谈］，女孩对哥哥的爱是纯洁的，与性无关的。歌德回答说："我相信姊妹之爱更纯洁。据我所知，兄妹之间可能存在着许多感官倾向，双方可能意识到这种倾向，也可能意识不到。"

"我最亲爱的……我该怎么称呼你呢？我需要一个词，包括所有的意思，朋友、姐妹、亲爱的、新娘和妻子。"［出自《致奥古斯特·祖·斯托尔贝格伯爵夫人的信》（*Letter to the Countess Auguste zu Stolberg*），1775年1月26日］。

这些引文摘自奥托·兰克（Otto Rank，1912）的《诗歌和神话中的乱伦主题》。在书中，他详细论述了俄狄浦斯情结对神话和诗歌的影响。

3

学校在儿童力比多发展中的作用

The Role of the School in the Libidinal Development of the Child

（1923）

（1947年的补充说明：我建议读者将这一篇与下一篇的《早期分析》结合起来阅读，因为这两篇所涵盖的主题是密切相关的，并且基于相同的材料。）

精神分析中有一个众所周知的事实❶，即考试恐惧的根源是性焦虑向知识方面的转移，与考试相关的梦也是如此。塞吉尔（Sadger，1920）在他的文章《论考试焦虑和考试梦》（*Über Prüfungsangst und Prüfungsträume*）中提出，害怕考试（无论是在梦中还是在现实中）就是害怕阉割。

儿童的考试恐惧与在学校的抑制之间的关系是显而易见的。我逐渐认识到，儿童对学习明显不情愿的态度，或看似"懒惰"的表现，乃至其他一些可能的形式，都是抑制的不同形式、不同程度的表现。

上学是孩子们生活中一个严峻的新现实。如何适应学校的要求，往往反映出他们对待生活任务的典型方式。

学校在儿童发展中扮演着极其重要的角色，因为学校和学习活动从一开始就是由力比多决定的，学校的要求迫使孩子升华他的力比多本能。最重要的是，生殖活动的升华在各种科目的学习中具有决定性的作用，因此，阉割恐惧会相应地抑制这些科目的学习。

一旦孩子开始上学，他就走出了构成他的固着和情结基础的环境。他需要独自面对新的客体和活动，这将考验他的力比多的流动性。然而，最重要的是，他现在要开展这些活动，就必须或多或少地放弃他以前不受限制的女性被动态度，而这常常是一项难以完成的新任务。

现在，我将详细讨论一些涉及步行上学、学校、教师和学校活动的例子。从精神分析的角度来看，这些活动具有重要的力比多意义。

13岁的菲利克斯（Felix）不喜欢上学。考虑到他良好的智力，他对学业缺乏兴趣是相当令人震惊的。在他的分析中，他讲述了11岁时的一个梦，当时他所在学校的校长去世不久。这个梦的内容是：他在上学的路上遇到了他的钢琴老师。学校的房子着火了，路边的树枝都被烧毁了，但树干没有倒下。他和他的音乐老师穿过着火的大楼，毫发无伤地走了出来。很久以后，我通过分析才理解了这个梦的含义：学校代表母亲，老师和校长代表父亲。这个梦才得到了完整的解释。这里有一些来自分析的其他例子。菲利克斯抱怨在学校第一次被叫起立时遇到的困难。多年来，他从未学会克服这个困难。他对此的联想是，女孩站起来的方式与男孩截然不同，他用手在生殖器区域比画出勃起的阴茎形状，以此证明男孩站起来方式的不同。他想要像女孩一样对待老师反映了他对待父亲的女性态度；事实证明，他在站立方面的抑制是由阉割恐惧导致的，这影响了他后来对学校的整个态度。有一次，他在学校里突然想到，站在学生面前的老师背靠在书桌上，可能会摔倒、撞翻、砸碎书桌，弄伤自己。这一想法反映了"老师代表父亲、书桌代表母亲"❷，并导致了他关于性交的施虐观念。

他还描述道，孩子们不顾校长的监督，耳语着互相帮助完成一套希腊语习题。他随后幻想如何才能在班上取得更好的成绩❸。他幻想着如何赶上那些比他优秀的人，驱赶他们，杀死他们。他惊奇地发现，这些同学不再是他的同伴，而是敌人。当他们被赶走后，他获得了第一名的位置，从而离校长最近。在班上除了校长，没有人有比他更好的位置。但是，一旦跟校长在一起，他就什么也做不了❹。

在不到七岁的弗里茨身上❺，这种厌恶在分析中以焦虑的形式体现出来❻。他对学校的厌恶扩大到步行上学。当分析过程中愉快取代了焦虑时，他说出了以下幻想：学生们从窗户爬进教室去找女老师。但是有一个小男孩太胖了，无法从窗户进去，所以他不得不在学校前面的街道上学习和做作业。弗里茨称这个男孩为"布丁"（Dumpling），还说他很可笑。例如，当他跳来跳去的时候，他不知道自己是多么的胖和可笑。他的滑稽动作使他的父母和兄弟姐妹都笑了。他的兄弟姐妹们笑着从窗户掉了下去；他的父母笑着跳了起来，撞到天花板上。他们撞到了天花板上一个漂亮的玻璃碗，玻璃碗破了，但它没有碎。后来我发现这个有趣的跳跃"布丁"（也被称为"Kasperle"）代表着阴茎❼插入母亲的身体。

另一方面，女老师也代表着阉割他阴茎的母亲。当他喉咙痛的时候，他想到女老师用缰绳勒住他，像套马一样。

在对9岁的格蕾特（Grete）的分析中，我得知给她留下深刻印象的是她看到的一辆马车和这辆马车驶入校园的声音。另一次，她讲了一辆装满糖果的推车的故事，当时女教师正好路过，所以她什么也不敢买。她把这些糖果说成是一种棉絮，她很感兴趣，但又不敢去探索。最后发现，这两辆车都是她婴儿时期关于父母性交的屏幕记忆（screen-memories），那难以捉摸的棉花糖是精液。

格蕾特在学校唱诗班里负责唱第一声部。女老师走近她的座位，直视着她的嘴。这时，格蕾特有一种无法抑制的冲动，想拥抱和亲吻女老师。分析证明，格蕾特的口吃源自说话和唱歌的力比多贯注。声音的起伏和舌头的运动代表了性交❽。

6岁的恩斯特（Ernst）即将入学。在分析过程中，他先是假装自己是一名泥瓦匠。随后，他中断了建造房子的联想❾，谈起了他未来的职业；他想成为一名"学生"（pupil），将来想上技工学校。当我说这不是终极职业时，他愤怒地回答说，他不想为自己定下一个职业，因为他的母亲可能不同意，而且无论怎样都会生他的气。过了一段时间，当他继续他造房子的联想时，他突然问："这是庭院学校还是技工学校（Hofschule or Hochschule）？"

这些联想表明，对他来说，成为一名学生代表着了解性交，而职业代表着实施性交❿。因此，在他的房屋建筑（这与学校和"庭院"学校密切相关）中，他只是一个泥瓦匠，而且始终需要建筑师的指导和其他泥瓦匠的帮助。

还有一次，他把沙发上的垫子叠起来，然后坐在上面，他扮演牧师在演讲。他也是一名教师，他想象有一些学生坐在周围，他们必须从牧师的手势中学习或猜测一些东西。他举起两个食指，互相摩擦（他说这意味着洗衣服和摩擦取暖）。他跪在垫子上，跳上跳下。分析发现，他经常作为游戏角色使用的坐垫代表了（母性）阴茎，而牧师的各种手势代表了性交。牧师向学生们展示了这些手势，却没有任何解释。他代表着一个好父亲，引导着儿子们性交，或者更确切地说，允许儿子们在性交过程中作为旁观者在场❶。

我举一些分析的例子来说明学校的任务意味着性交或手淫。在上学之前，小弗里茨就表现出了对学习的兴趣和对知识的渴望，自己学会了阅读。然而，他很快就对学校产生了极大的厌恶，并表现出对所有学校任务的强烈反感。他一直幻想着被要求在监狱里完成"艰巨任务"，其中一项任务是在8天内建造一所房子❷。他也说学校的任务是"艰巨任务"，他曾经说过某项任务就像盖房子一样困难。在他的一次幻想中，我也被关进监狱，被迫做一些艰苦的工作。我必须在几天内建一座房子，在几个小时内写一本书。

菲利克斯在完成所有的学校任务方面都受到了严重的抑制。尽管受到良心的折磨，他还是把作业留到了第二天早上。事后，他非常后悔没有早点做作业。但下一次他仍然把它拖到最后一刻。他得先看报纸，随后，他匆匆忙忙地开始写作业。他一会儿做这一科，一会儿又做另一科，结果两科都没有完成。到了学校后，他带着一种糟糕的不安全感，慌慌张张地抄这个或抄那个。他描述了自己对学校任务的感受："一开始，我很害怕，然后我开始着手去做，但之后，我有一种不好的感觉。"关于学校的一次作业，他说，为了尽快摆脱它，他开始写得很快，越来越快，然后越来越慢，最后无法完成。分析表明，这个"快—更快—慢下来—完不成"的过程也同样适用于他此时开始的手淫❸。在他现在能够手淫的同时，他的学习也有了进步，我们能够从他在课堂和学校作业中的表现来确定他的手淫态度❹。菲利克斯也经常试图抄袭别人的作业，他通过这种方式寻找盟友来对抗父亲，诋毁父亲的成就，但他也为此感到内疚。

对弗里茨来说，女教师批改作业时评定的"优秀"是一种宝贵的财富。在看到一次政治谋杀报道后，他表现出了夜间焦虑的迹象。他说，刺客可能会突然袭击他，就像他们袭击被谋杀的政客一样。这些刺客想夺取政治家的勋章，所以他们也会抢走他的奖状。勋章、奖状和成绩单对他来说意味着阴茎，是具有阉割威力的母亲（包括女教师）返还给他的性能力。

弗里茨写字的时候，练习本上的线条代表道路，字母是骑在一辆摩托车（钢笔）上的。"i"和"e"一起骑摩托车，通常由"i"驾驶。它们温柔地爱着对方，这在现实世界中并不为人所知。因为它们总是一起骑摩托车，它们变得非常相似，几乎没有区别。"i"和"e"的开头和结尾是一样的（他说的是小写的拉丁字母），但中间有一些区别："i"有一个小笔画，"e"有一个小洞。提到哥特字体中的"i"和"e"，他解释说，它们也骑摩托车，但型号不同。不同的是，"e"有一个小方框，而不是像拉丁字体"e"那样有一个洞。"i"灵巧、聪明、出众。它有许多锋利的武器。它们住在山洞里，山洞之间有山、花园和港口，它们代表阴茎和性交的通道。另一方面，字母"l"代表愚蠢、笨拙、懒惰和肮脏。它们住在地下洞穴里。"L"镇的街道上满是灰尘和纸张。在那些肮脏的小房子里，它们把从"I"地区买来的染料和水混在一起当酒卖。他们不能正常走路或挖土，因为他们的铲子拿反了，等等。显然，"l"代表粪便。他的许多幻想也与其他字母有关 ❺。

因此，他总是只写一个"s"而不是两个"s"，直到他的一个幻想让我明白了他为什么会产生这种抑制，并提供了一个解决方案。在他的幻想中，一个"s"代表他自己，另一个"s"代表他的父亲。他们一起乘坐摩托艇，因为笔也代表着船，抄写本也代表着湖。代表自己的"s"钻进其他"s"船，迅速驶向湖中。这就是为什么他没有把这两个字母写在一起。他经常用普通的"s"来代替长"s"（译者注：此处指哥特式字体）。分析发现，这是因为长"s"的省略部分留给了他自己，"就像一个人想要拿走另一个人的鼻子"。原来，这代表了他想阉割父亲的愿望，经过解释，这个书写错误消失了。

今年6岁的恩斯特一直满怀喜悦地期待着开学，但开学后不久，他就表现出明显的厌学情绪。他告诉我，他们刚学会的字母"i"给他带来了麻烦。一个大些的男孩就因为被要求在黑板上演示字母"i"的书写时写得不够好被老师打了。还有一次，他抱怨说功课太难了。因为写字时总要画上上下下的笔画，学算术时总要画小凳子。总之，一笔一画都得听老师的，老师会在旁边监督。描述完这些信息后，他表现出明显的攻击性。他把沙发上的垫子扯下来，扔到房间的另一边。然后他打开一本书，给我看一个大写字母"I"的"包厢"。他说，包厢（在剧院里）里"只有一个人待着"，即大写的字母"I"单独在里面。周围只有黑色的小写字母，让他想起粪便。大写的"I"是大的阴茎，它想独自待在妈妈的身体里，但这是恩斯特没有的，因此他必须抢走父亲的阴茎。他想象自己用一把刀切下了父亲的阴茎，而父亲用一把锯子切下了他的阴茎。简而言之，结果就是他拥有了父亲的阴茎，然后他砍下了父亲的头。从那以后，父亲对他无可奈何了，因为父亲看不见了，但他的眼睛还能看见。之后他突然投入阅读中，表现出极大的乐趣。这证明他的阻抗已经被克服了。他把垫子放回原处，解释说它们也做了一次"上下"的旅行。事实上，它们只是从沙发到了房间的另一端，再回到原位。为了性交，他从母亲那里获得了阴茎（垫子）。

17岁的丽莎（Lisa）在联想时说，她不喜欢字母"i"。它是一个愚蠢的蹦蹦跳跳的男孩。它总是在傻笑，这个世界根本不需要它。她对它感到莫名其妙的愤怒。她称赞字母"a"的严肃和庄重给她留下了深刻的印象。这个联想清晰地指向了父亲的形象，他的名字也是以"a"开头的。但是她认为也许"a"有点太严肃了，至少应该加上一点活泼的"i"。"a"代表被阉割后仍然严厉的父亲，"i"代表阴茎。

对弗里茨来说，"i"顶部的点——就像通常的句号和冒号一样——代表阴茎的插入❶❻。有一次，他对我说，你必须用力压住句号，他同时抬起并压低了骨盆位置，写冒号时也重复了这一点。9岁的格蕾特把字母"u"的曲线和男孩小便的曲线联系在一起。她特别喜欢画漂亮的卷轴。对她来说，这些卷轴是男性生殖器的一部分。同样的原因，丽莎会遗漏所有的花体字。格蕾特羡慕一个朋友能像成年人一样拿笔，食指和第三指之间能挺直，还能向后画出"u"的曲线。

在恩斯特和弗里茨身上，我发现书写和阅读（所有进一步学校活动的基础）的抑制是从字母"i"发展而来的。而字母"i"中这个简单的"上下"动作是所有书写的基础❶❼。

在这些例子中，笔杆的性象征意义是显而易见的，尤其是弗里茨的字母骑摩托车（笔尖）的幻想。我们可以观察到笔杆的性象征意义是如何融入书写动作的。同样，阅读的力比多意义也来自书和眼睛的象征意义。当然，在这方面，成分本能（component instincts）还提供了其他决定因素，比如阅读时的"偷窥"，书写时的暴露癖和攻击性施虐。笔杆的性象征意义可能来自武器和手。阅读是一种更被动的活动，相应地，写作是一种更主动的活动。这两种活动的抑制也来自前生殖期（pre-genital stages）的各种固着。

对弗里茨来说，数字"1"是一位生活在热带国家的绅士。因此，他赤裸着身体，只有下雨的时候才穿上斗篷。他的骑马和驾车技术非常娴熟，有五把匕首，非常勇敢，等等。很明显，他认同了"皮皮将军"（阴茎）❶❽。对弗里茨来说，数字通常代表生活在热带国家的人，它们对应的是有色人种，字母则代表白色人种。对恩斯特来说，数字"1"的"上下"动作和字母"i"是一样的。丽莎告诉我，她在数字"1"的下方划了一道"小划痕"，这同样来自她的阉割情结。因此，数字"1"象征着阴茎，它是计数和算术的基础。在对儿童的分析中我反复观察到，数字"10"的意义来源于手指的数量，而手指在无意识里相当于阴茎，这决定了数字"10"的情感基调。因而引出了一种幻想，即一个孩子的出生需要10次性交或10次阴茎插入。数字"5"的特殊意义与此相似，这在分析中已反复得到了证明❶❾。亚伯拉罕（1923）指出，数字"3"具有俄狄浦斯情结的象征意义，即父亲、母亲和儿子的三元关系，这比"3"常被视为男性生殖器更为重要。在这方面，我只举一个例子。

丽莎认为数字"3"是不可容忍的，因为"第三人当然是多余的"。"两个人可以一起比赛"（争夺旗子），但第三人无权参与。丽莎对数学很感兴趣，但在数学方面却存在抑制。她告诉我，事实上，她只理解加法的概念。她能理解"同样的东西可以加起来"，但如果它们是不同的东西，怎么能加起来呢？这种想法受到了她的阉割情结的限制，涉及男性和女性生殖器的区别。最后发现，她的"加法"概念代表着父母的性交。另一方面，她能很好地理解乘法中用到了不同的东西，所以结果也不一样。这里的"结果"意味着孩子。丽莎只能认同男性生殖器，却把女性生殖器留给她的姐妹们。

恩斯特拿了一盒色彩鲜艳的玻璃球，按颜色分开，然后开始做算术[20]。他想知道1比2少多少。他先用玻璃球来表示，然后用手指比画。他先伸出一根手指，又举起另一截手指。他向我展示，如果一根手指被拿走，当然就只剩下"0"了。但是另一根手指（举起的那半截手指）还在那里。他伸出手指，又向我展示"2加1等于3"。他说："这个是我的皮皮（阴茎），另外两个是爸爸和妈妈的皮皮。我把它们都抢过来。妈妈从她孩子身上抢了两个皮皮，我又从她手里抢过来。这样，我就有五个皮皮了！"

在分析过程中，恩斯特在一张纸上画了双行线。他告诉我，老师说如果他在双行线之间写字，就会写得更好。他认为这是因为那样他就拥有两条线。他对此的联想是，这两条线代表两个皮皮。然后他画了一些垂线，把这两条线隔成了方格。他说："在做算术的时候，不适合使用小的方格，因为这样的方格太小，放不下数字。"他向我展示了他的意思，在方格里写下了"1+1=2"。他写第一个"1"的方格比其他方格都大。他说："第一个1是爸爸的皮皮，第二个1是妈妈的皮皮，他们之间的+是我。"他进一步解释说："+里的水平那一笔与父亲无关，父亲的皮皮是竖直的那一笔。"因此对他来说，加法也代表着他父母之间的性交。

还有一次，他在分析开始时提出了一个问题："'10+10'或'10−10'是多少？"（与数字"1"有关的阉割恐惧被转移到数字"10"上。）他在安慰自己，他有"十根阴茎"（手指）可以使用。与这个问题相关，他试图在一张纸上写下尽可能多的数字，要我算出来。然后他解释说，由几个1和0交替组成的一串数字（100010001000）是一种"对抗门"[gegentorische（gegen=对抗，tor=门）]式的算术。他对此作了如下解释：有一个小镇（他曾经幻想过这个小镇），那里有很多门，因为所有的窗户和开口都叫门。这个镇上也有很多铁路。[21]然后，他指给我看，当他站在房间的尽头时，一排不断缩小的圆圈从对面的墙延伸到他面前。他把这些圆圈称为"门"，他在纸上画的一排数字"1"和"0"就来自这些门。然后他为我指出，也可以设置两个"1"相互对抗。这样就得到了一个图形，代表着印刷体的字母"M"，他在上面又画了一个小圆圈，并解释说"这里有另一扇门"。与"0"交替出现的"1"代表阴茎（"对抗门"）；"0"代表阴道，它的个数代表着身体开口的数量（许多门）。当他向我解释了这个"对抗门"算术后，他拿起一个碰巧在那儿的钥匙圈，用一根发夹穿过它，有些困难地向我展示发夹"终于进去里面了"，但这个过程中"钥匙圈必须得分开，而且要保持分离状态"，这再一次呈现了他对于性交的施虐观念。他还解释说，这个钥匙圈实际上只是一个直的物品被弄弯曲了（实际上也像一个"0"）。在这一点上（以及在其他方面），很明显地体现了母性阴茎这个想法对他的影响，在他看来，母性阴茎是隐藏在阴道里的，在性交时，他必须撕裂或摧毁它[22]。在分析过程中出现的特殊的攻击性，既与此有关，也与前面的算术幻想有关。像往常一样，他从我的长沙发椅上撕下垫子，两脚在上面跳，也在长沙发椅上跳来跳去——在他的分析中，这常常代表着对母亲的阉割，随后又与她性交。这之后，他立即开始画画。

弗里茨在做除法运算方面有明显的抑制，所有的解释都无济于事，他能够理解这些解释，但还是把这些除法弄错。有一次，他告诉我，在除法时，他首先要把被除的数字拿下来，然后他便爬上去，抓住它的胳膊，把它拉下来。当我问这意味着什么时，他回答说，这个数字肯定感觉很痛苦——就好像他的母亲站在一块13码（译者注：约12米）高的石头上，有人走过来抓住她的胳膊，把她拉下来，然后把她切割开。在这之前不久，他曾幻想过马戏团里有一个女人被锯成几块，然后又活了过来，现在他问我这是否可能。他接着说（也与之前描述的幻想有关），实际上每个孩子都想要母亲的一部分，母亲将被切成四块；他非常准确地描绘了她是如何尖叫的，因为嘴里塞着纸，她叫不出来，以及她的脸色如何，等等。他描述了她是如何被切割的：一个孩子拿着一把非常锋利的刀，首先是横着切整个胸部，然后切腹部接下来是纵切，所以"皮皮"（阴茎）、脸和头都从正中间被切开来，这样"感觉"（sense）❷❸就被从头部取出来了。母亲的头部再一次被斜切，就像"皮皮"被横切一样。其间，他不断地咬他自己的手，说他为了好玩也会咬他的妹妹，但肯定是因为爱她。他继续说，然后每个孩子都拿走了自己想要的那块母亲的肉，并同意把切下来的母亲也吃掉。现在看来，他之所以总是把除法中的余数和商搞混淆，而且总是写错位置，是因为在他的头脑里，这是他在无意识地处理着的母亲的血肉碎块。这些解释完全消除了他对除法的抑制❷❹。

丽莎在谈起学校时抱怨说，校长让这么小的孩子用这么大的数字做算术是多么愚蠢。把一个很大的数字除以一个较小但仍然挺大的数字，对她来说是非常困难的，如果除不完整，还有一个余数，那就更困难了。这让她联想到一匹马，这匹马很可怕，有着悬垂的残缺的舌头、短小的耳朵等等，这匹马想跳过篱笆，这一想法激起了她最强烈的阻抗。她进一步联想到了一个童年记忆，那是她家乡的一个老地方，她在那里的一家商店里买东西。她幻想着自己在那里买了一个橘子和一支蜡烛，先前对那匹马的厌恶和恐惧，突然就被一种非常愉快和安慰的感觉取代了。她自己也认识到，橙色和蜡烛是男性器官，而那匹残缺不全的马是女性器官。把大的数除以一个小的数，代表着她和她母亲以一种无效（无能）的方式进行的性交。

这里的除法也代表着一种切割，实际上是施虐和食人阶段中的性交。

我从丽莎那里了解到，她只能理解含有一个未知数的数学方程式❷❺。她认为100芬尼等于1马克是很清楚的，这种情况下如果有一个未知数，那是很容易算出来的。她对"两个未知数"的联想是，桌子上放着两个盛满水的杯子，她拿起一个，把它扔到地上——更远处，云雾中有几匹马。最终发现，"第二个未知数"代表着多余的第二个阴茎，也就是说，是她在对父母性交的婴儿期观察中，想要除掉的那根阴茎，因为她想占有父亲或母亲中的一个，因此她想除掉另外一个。同样，第二个未知数也代表着对她来说非常神秘的精液，而她已经意识到的第一个未知数代表着方程式：粪便=阴茎[26]。

因此，计数和算术也具有一种生殖象征意义；从其中起重要作用的部分本能活动（component instinctual activities）中，我们观察到肛欲、施虐和食人倾向，它们以这种方式实现升华，并在生殖的主导下相互协调。然而，阉割恐惧对于这种升华具有特殊的重要性。总体来说，克服阉割恐惧的倾向——男性的抗议（masculine protest）——是计数和算术发展的根源之一。但是，它也导致了抑制（而且是决定因素）。

为了说明语法的力比多意义，我使用在《早期分析》中所引用的几个例子。在我们的分析涉及句子时，格蕾特谈到了一只烤好的兔子被肢解和切割[27]。她以前一直很喜欢吃烤兔子，后来她觉得恶心，因为那代表着母亲的乳房和生殖器。

丽莎的分析让我了解到，研究历史的人必须把自己代入到"古代人类所做的事情"中。对她来说，历史就是对父母彼此关系和孩子关系的研究，当然，根据性交的施虐观念，战争、屠杀等婴儿期幻想也起到了重要作用。

我在《早期分析》中对地理中的力比多因素作了详细的介绍。我认为，由于对母亲子宫的兴趣受到抑制——这是方向感受到抑制的基础，自然科学的兴趣也经常受到抑制。

例如，我在菲利克斯的案例中发现，他在绘画方面受到强烈抑制的一个主要原因是：他无法想象一个人是如何画草图或绘制平面图的，他根本无法想象一座房子的地基是如何铺设在地上的。对他来说，绘画是对被描绘对象的创造——不能绘画就是无能。我在其他地方指出过，画代表着孩子或阴茎。儿童分析反复证明，在绘画和摄影的背后，还有一个更深层次的无意识活动：它是被表征对象无意识的生殖和生产。在肛门期，它意味着粪便的升华生产，在生殖期（genital stage）意味着孩子的生产，实际上这确实是通过极小的运动进行的一种生产。虽然已经发展到了更高的阶段，但儿童似乎还是通过绘画找到一种"魔术姿势"[28]，从而实现自己思想的全能。然而，绘画也包含破坏性的贬低倾向[29]。我举一个例子：恩斯特用鼻烟盒（在他的游戏中这代表母性生殖器）的轮廓画圆圈[30]，使它们重叠，最后画上阴影，使里面有一个椭圆形，在里面他又画了一个小圆。通过这种方式，他使"妈妈的阴茎更小"（是椭圆形而不是圆形）——然后他就能拥有更多。

菲利克斯经常告诉我，物理对他来说是非常难以理解的。他举了一个例子，他不明白声音是如何传播的。例如，他只能理解钉子是如何钉进墙里的。还有一次，他谈到了一个不漏气的密封空间，他说如果我的房间是一个密闭空间，那么如果有人要进来，也一定会有些空气跟着进去。分析证明，这也与对性交的想法有关，其中空气代表精液。

我努力证明，在学校里进行的基本活动是力比多流动的渠道，而且以这种方式，本能成分得以在生殖器占主导地位的情况下实现自己的升华。这种力比多的投入，从最基础的学习（阅读、写字和算术）延续到更广泛的努力活动和以这些活动为基础的兴趣，因此，最重要的是，我们可以从早期学习的抑制（经常表面上会消失），找到后来的抑制（包括职业方面的抑制）的根源。而这些早期学习的抑制是建立在游戏抑制的基础上的，因此最终我们可以看到，所有对生命和发展如此重要的后来的抑制，都是由最早的游戏抑制演变而来。我在《早期分析》中指出，力比多固着在最原始的升华（语言和来自运动的乐趣）上，为升华能力提供了先决条件，自此出发，不断延伸的自我活动和兴趣，通过寻求性象征意义来实现力比多贯注，从而在不同的阶段不断实现新的升华。我在上述论文中详细描述的抑制机制，由于有共同的性象征意义，能够从一种自我活动或趋势转换到另一种活动或趋势。由于消除最早的抑制也意味着避免进一步的抑制，因此必须非常重视学龄前儿童的抑制，即使这些抑制不是非常明显。

在我上文提到的那篇论文中，我试图表明，阉割恐惧是这些早期抑制和之后所有抑制的共同基础。阉割恐惧会干扰自我活动和兴趣，因为包括其他的力比多决定因素，它们从根本上总是具有生殖器的象征意义，即性交意义。

阉割情结对神经症形成的深远意义是众所周知的。弗洛伊德在他的论文《论自恋：一篇导论》（On Narcissism: an Introduction）中，确立了阉割情结对性格形成的重要性，并在论文《一例婴儿期神经症的病史》中反复提到了这一点❸。

那些影响学习和后续发展的抑制的形成，起源于婴儿期性欲第一次爆发，即三岁到四岁之间。这些婴儿期性欲随着俄狄浦斯情结的出现，最大程度地导致了阉割恐惧。这继而导致了对活跃的男性成分的抑制（无论是男孩还是女孩），这就是导致学习受到抑制的主要基础。

女性成分对升华的贡献可能总是体现为接受和理解，这是所有活动的重要组成部分；然而，作为所有活动的本质特征的驱动执行部分，是源于男性力量的升华。一个人对父亲的女性态度（与对父亲阴茎及其成就的仰慕和认可有关），通过升华，成为理解艺术和其他成就的基础。我在对男孩和女孩的分析中反复看到，阉割情结对于这种女性态度的压抑影响极大。作为每一种活动的基本组成部分，对它的抑制在很大程度上导致了对所有活动的抑制。在对男性和女性病人的分析中我们可以观察到，由于阉割情结的一部分变得意识化，病人的女性态度变得更加自由，他们往往会表现出对艺术和其他方面的强烈兴趣。例如，在对菲利克斯的分析中，当部分阉割恐惧得到解决后，他对父亲的女性态度变得明显，他在音乐方面的天赋也开始显现，表现为他对指挥家和作曲家的仰慕和认可。只有经由各种活动的发展，他才能培养出一种严厉批判的能力，即将他人与自己相比较并因此努力模仿他人的成就。

一个经常被证实的观察是，一般来说，女孩在学校比男孩做得更好，但她们后来的成就却比不上那些男性。在这里，我只简单地指出其中的几个重要因素。

一部分的抑制（这对以后的发展更重要）来源于生殖活动的抑制，这直接影响了自我活动和兴趣。另一部分的抑制来自对老师的态度。

因此，男孩在对待学校和学习的态度上承受了双重的负担。指向母亲的生殖愿望的所有升华，导致了男孩对教师罪疚意识的增加。课程（学习）在无意识中意味着性交，这带来了一种老师是报复者的恐惧。因此，通过自己的努力来让老师满意的有意识愿望❸❷，与对此的无意识恐惧在搏斗，从而导致无法解决的冲突，这是产生抑制的一个重要方面。当男孩的努力不再受老师的直接控制，他可以在生活中更自由地发挥时，这种冲突的强度就会减弱。这种投入更广泛活动的可能性因人而异，因为阉割恐惧不仅影响了活动和兴趣本身，更重要的是影响了对老师的态度。因此，你可能会看到非常不称职的学生在以后的生活中取得成就；但是，对于那些在兴趣方面受到抑制的人来说，他们在学校里失败的方式仍然是他们后来成就的原型。

在女孩身上，由于阉割情结而产生的抑制及其对所有活动的影响尤为重要。与男教师的关系对男孩来说可能是一种负担，但对女孩来说，这种关系更像是一种激励（如果女孩的能力不太受抑制的话）。在女孩与女教师的关系中，源自俄狄浦斯情结的焦虑态度，一般来说，远不如男孩的焦虑态度那么强烈。女人在生活中的成就通常比不过男人，这是因为她通常没有那么多的男性活动可以用来升华。

这些差异和共性，以及其他运作因素，都需要进行更详尽的讨论。但这里由于篇幅限制，我只能进行简短而不充分的说明，这必然使我的描述显得过于简略。我也无法从本文所述材料中总结出许多理论和教学观点，我只简要谈及最重要的一点。

如前所述，我们可以看到学校的角色整体来说是被动的。事实证明，它已经足够成为一块用来检验儿童的性发展的试金石。那么，学校的积极作用是什么呢？它能为儿童的力比多发展和整体发展提供必要的帮助吗？很明显，一个理解孩子的教师，如果能够考虑到儿童的情结，会比不理解甚至是残忍的老师，减少更多的抑制，从而带来更有利的结果，因为从一开始，教师就代表着孩子的具有阉割威胁的父亲。另一方面，我在一些分析中发现，即使在最佳的学校条件下，也会出现十分强烈的学习抑制，而教师极度不明智的行为，也绝不总是导致抑制。

我将简要总结教师在儿童发展中所起的作用。教师的富有同情心的理解对儿童是有益的，因为这可以大大减少教师作为"报复者"所导致的那部分抑制。同时，睿智和善的老师能够被用作男孩的同性恋成分和女孩的男性成分的客体，让他们以升华的形式来运作生殖器活动，正如我前面谈到的，这些形式包括各种类型的学习。反之，我们也可以推断，教师在教学方式上的错误，或简单粗暴的教学过程可能会造成伤害。

当生殖活动的压抑已经影响到职业和兴趣本身时，教师的态度可能会减弱

（或加剧）儿童的内心冲突，但不会影响到任何与儿童的成就有关的重要方面。即使是一个好的老师，也极可能无法缓解这种内在冲突，因为这些限制是由孩子的情结结构（特别是他与父亲的关系）所决定的，孩子的情结结构预先决定了他对学校和老师的态度。

这就解释了为什么在强大的抑制影响下，多年的教学能力也无法获得相应的成果。然而，这些抑制通过精神分析能够在相对较短的时间内被消除，儿童在学习中的全部乐趣得以恢复。因此，最好的方式是逆转这一过程：首先，我们可以通过早期分析消除或多或少存在于每个孩子身上的抑制，学校的工作应该在这个基础上展开。当学校不再浪费自己的力量，对儿童的情结进行令人沮丧的打击时，学校将能够更有效地完成促进儿童发展的工作。

注　释

❶ 参见史塔克（W.Stekel，1923）的《紧张性焦虑症及其治疗》（*Conditions of Nervous Anxiety and Their Treatment*）和弗洛伊德的《梦的解析》（*The Interpretation of Dreams*）。

❷ 无论在本案例中还是其他案例中，讲台、书桌、石板和所有可以书写的东西的母性意义，以及笔架、石笔、粉笔和所有可以用来书写的东西的阴茎意义，对我来说变得如此明显，并不断得到证实，所以我认为这是典型的。这些物品的性象征意义，也在其他的孤立案例分析中得到了证明。塞吉尔（Sadger）在他的文章《论考试焦虑和考试梦》（*Über Prüfungsangst und Prüfungsträume*）中，展示了书桌、石板和粉笔在偏执型痴呆初期病例中的象征性性意义。约克尔（Jokl，1922）在《书写痉挛的心理发生》（*Zur Psychogenese des Schreibkrampfs*）中也展示了在书写痉挛的案例中笔杆的象征性性意义。

❸ 在他的学校里，孩子们按成绩高低就座。在他看来，他的母亲应该重视他在课堂上的地位，而不是他的"成绩单"。"成绩单"对他来说就像对弗里茨（见下文）那样，代表着阴茎和孩子；他在课堂上的地位代表着他在母亲心中的地位，代表着她跟他性交的可能性。

❹ 这里的校长代表着一个同性恋的欲望客体。但是，一个对于同性恋的产生很重要的动机凸显出来，也就是，与母亲性交而不是与父亲性交（本案例中指的是想要获得班里的第一名）的愿望受到压抑，这加强了同性恋愿望。同理，在他上台说话的愿望背后，是迫使校长（或父亲）成为被动的聆听者，他对母亲的欲望也是活跃的，因为讲台和课桌对他来说具有一种母性意义。

❺ 参见《一个儿童的发展》。

❻ 参见《早期分析》（本书第4篇）；在那篇论文中，我更详细地阐述了弗里茨关于母亲子宫、生殖和出生的许多幻想，如何掩盖了他通过性交进入母亲子宫的被强烈压抑的愿

望。费伦茨（1938）在他提交给学会的论文《塔拉萨》（*Thalassa*）中提出，在无意识中，似乎只有通过性交才有可能回归母体；他还提出了一个假设，从物种进化过程中可以推断出这种反复可见的幻想。

❼ 参见琼斯（Jones, 1916）的《象征的理论》（*The Theory of Symbolism*）。

❽ 参见《早期分析》。

❾ 这里的建造房屋代表了性交和生育孩子。

❿ "职业"的这种无意识含义是很典型的。这一点在分析中不断得到证实，这也无疑大大增加了选择职业时的困难。

⓫ 这个男孩和父母同住一间卧室已经很多年了，这种幻想和其他幻想可以追溯到他在婴儿时期对性交的观察。

⓬ 参见建造房屋对恩斯特和菲利克斯的意义。

⓭ 他三岁时，阴茎受到了一次非手术性的医疗干预，因此后来手淫时，他存在严重的道德顾虑。在十岁时再次进行了这种医疗干预后，他完全放弃了手淫，但受到一种抚摸焦虑的折磨。

⓮ 他一再遗漏学校作业中的结束语部分；还有一次，他在练习的中间过程忘了什么东西。等这方面有了进步，他又把整个课本压缩成尽可能小的两脚规，等等。

⓯ 参见《早期分析》。

⓰ 对于小格蕾特来说，句号和逗号也以类似的方式被定义。参见《早期分析》。

⓱ 在柏林精神分析学会的一次会议上，赫尔·罗尔（Herr Rohr）在精神分析的基础上详细讨论了汉字字体（Chinese script）及其解释。在随后的讨论中，我指出，早期的图画字体（这也是我们的字体的基础）仍然活跃在每个孩子的幻想中，因此，我们现在的字体中各种笔画、点等只是早期图画的一种简化，是浓缩、置换和我们在梦和神经症中熟悉的其他机制的结果，这些早期图画在每个人身上仍然有迹可循。

⓲ 参见《早期分析》。

⓳ 我要指出的是：在罗马字体中，Ⅰ、Ⅴ和Ⅹ是基本的数字，从Ⅰ到Ⅹ的其他数字都是衍生于这些基本数字，而Ⅴ与Ⅹ也是由数字Ⅰ的直笔画所形成的。

⓴ 这清楚地呈现了算术的肛门期基础。失去粪便的恐惧先于与阴茎有关的阉割恐惧产生，因此这确实是一种"原始阉割"。参见弗洛伊德的《论肛门性欲中的本能转换》（*On Transformations of Instinct as Exemplified in Anal Erotism*）（《标准版》第17卷）。

㉑ 类似于弗里茨关于铁路横穿城镇的幻想（参见《早期分析》）；对恩斯特来说，城镇也象征着母亲，铁路象征着阴茎，骑乘象征着性交。

㉒ 参见伯姆（Boehm, 1922）的《同性恋心理论文集Ⅱ：同性恋的梦》（*Beitrage zurPsychologie der Homosexualitat: Ⅱ. ein Traum eines Homosexuellen*）。

㉓ "感觉"代表着阴茎。

㉔ 第二天在学校里，他和他的女教师惊讶地发现，他现在能正确地做所有的算术题了。（他没有意识到解释和消除抑制之间的联系。）

㉕ 这些联想与一个梦有关，她在梦中需要解一道数学题："$2x=48$；x的值是多少？"

㉖ 也请参见塞吉尔在论文《论考试焦虑和考试梦》中对于"未知"的诠释。

㉗ 在那篇论文中，我还证实了这样一个事实，即口欲、肛欲和食人的倾向也在言语中实现了升华。

㉘ 参见费伦茨（1913）的《现实感发展的阶段》（*Stages in the Development of the Sense of Reality*）

㉙ 因此，从根源来说，漫画不仅是一种嘲弄，而且是对所代表的对象的一种真实的歪曲。

㉚ 就像我所说过的那样，这幅画是和一种明显的攻击性联系在一起的，给他带来计算困难的阉割恐惧得到处理后，他的攻击性便被解放出来。

㉛ 出自《标准版》第17卷。在亚历山大（Alexander，1923）的论文《性格形成中的阉割情结》（*The Castration Complex in the Formation of Character*）中，他在对一个成年人的分析中展示了阉割情结对性格形成的影响。在一篇未发表的论文《婴儿焦虑及其对人格发展的意义》（*Die infantile Angst und ihre Bedeutung für die Entwicklung der Persönlichkeit*）中，我结合亚历山大博士的这项工作，试图通过对儿童的分析材料来证明这一点，我指出了阉割恐惧对运动、游戏、学习和整体人格的抑制具有深远的影响。

㉜ 在无意识中，这种愿望对应于试图超越父亲，取代父亲与母亲建立关系，或者对应着一种同性恋愿望，即赢得父亲，此时父亲是被动的爱慕客体。

4

早期分析
Early Analysis

（1923）

我们在精神分析中经常发现，对于天赋的神经症抑制来源于压抑，这些压抑压倒了与这些特定活动相关联的力比多冲动，因此同时也压倒了活动本身。在对婴儿和年龄较大的儿童进行分析的过程中，我发现的一些材料引领我展开对某些抑制的研究，这些抑制只有在分析过程中才被认识到。事实证明，下列出现在某些案例中的表现是典型的抑制：在游戏和体育运动中表现出的笨拙和厌恶；在课堂上缺乏或丧失乐趣；对某一特定科目缺乏兴趣；或者更常见的，不同程度的所谓"懒惰"；很多时候，能力或兴趣比常人弱本质上也是一种"被抑制"。在某些情况下，人们并没有认识到这些表现是真实的抑制，而且由于类似的抑制构成了每个人人格的一部分，它们不被认为是神经症性的。通过分析解决这些问题，我们发现，正如亚伯拉罕在患有运动抑制的神经症病人的案例中所呈现的那样❶，这些抑制的基础也是一种强烈的原始快感，这种快感由于其性特征而受到压抑。打球、玩铁环、滑冰、滑雪、跳舞、体操、游泳——事实上，各种体育运动都有性欲的贯注，生殖器象征一直是其中的一部分。这同样适用于上学的道路、与男女教师的关系，以及学习和教学本身。当然，决定主动和被动、异性恋和同性恋的还有其他许多重要因素，这些决定因素因人而异，并源于不同的本能成分。

与神经症抑制类似，这些"正常"的抑制是基于一种天生的快乐能力和它们的性象征意义之上的。重点在于性的象征意义。正是性的象征意义，通过影响力比多的贯注，在某种程度上（程度如何尚不确定）增强了原始的倾向和快感。同时，正是性的象征意义激发了压抑机制（因为压抑针对的是与活动相关联的性快感基调），并导致对这种活动或倾向的抑制。

我开始看到，在这些抑制中（无论是否被识别出来），扭转机制的工作更多地是通过焦虑完成的，特别是通过"阉割恐惧"。只有当这种焦虑得到解决时，才有可能在消除抑制方面取得进展。这些观察让我对焦虑和抑制之间的关系有了一些了解，我现在将更详细地讨论这一点。

小弗里茨的分析在很大程度上揭示了焦虑和压抑之间的内在联系❷。在第二部分已非常深入的分析中，我发现这样一个事实，即焦虑是跟随着分析的过程而产生的（一度非常强烈，但到了一定程度后逐渐消退），它始终是一个抑制即将被移除的指标。每当焦虑得到解决时，分析都向前迈进了一大步。与其他分析进行的比较，证实了我的印象：我们在消除抑制方面的成功程度，与焦虑显现的清晰程度和被处理的程度❸成正比。我所说的成功消除，并不是简单地说，抑制本身被减轻或消除，而是说，分析能够成功地恢复儿童对于活动的主要乐趣。这种分析对于幼儿无疑是可行的，而且孩子越小，就会越早见效，这是因为年纪越小，逆转抑制机制所必须经过的路径就越短，越没那么复杂。在弗里茨身上，抑制得到解除之前，有时会先出现短暂的症状❹。同样地，这些抑制和症状的消除是追随着焦虑来实现的，这一事实无疑表明焦虑是它们的根源。

我们知道焦虑是最主要的情感之一。"我曾说过，被压抑的力比多的直接转换就是转化为焦虑——更准确地说是以焦虑的形式释放。"❺ 自我通过焦虑来反应的这种方式，重复了在出生时就成为所有焦虑原型的那些情感，焦虑因此就成了一种"通用的货币，可以用作一切情感冲动的交换物"❻。弗洛伊德发现，各种神经症是自我用来试图逃脱焦虑的方式，他由此得出结论："因此，从抽象意义上说，症状的形成只是为了逃脱势必会产生的焦虑。"❼ 因此，在儿童身上，焦虑总是先于症状形成，并且是最初的神经症表现，可以说，焦虑为症状的出现铺平了道路。另外，我们有时也无法说明为什么早期的焦虑往往没有表现出来或被忽视。

无论如何，几乎所有孩子都遭受过夜惊的折磨，我们也许有理由认为，所有的人都或多或少出现过某种程度的神经症性焦虑。"事实证明，压抑的动机和目的无非是避免不愉快的感觉。因此，与意念（idea）的变化相比，表征所承载的情感部分（the quota of affect）的变化更为重要，这一事实对于我们对压抑过程的评估具有决定性意义。如果压抑不能成功地阻止不愉快感觉或焦虑的产生，我们就可以说它是失败的，即使就意念部分而言它可能已经达到了目的。"❽ 如果压抑失败，其结果就是症状的形成。"在神经症的过程中，这些过程在起作用，它们努力约束（bind）焦虑的产生，甚至以各种方式成功地做到了这一点。"❾

那么，在成功压抑的情况下，如果某种情感消失了却没有导致症状的形成，会发生什么呢？对于这种被压抑的情感的命运，弗洛伊德说："本能表征的数量方面有三种可能的变化，正如我们从对精神分析观察的粗略研究中所看到的：要么本能被完全压制，无迹可寻；要么它以某种方式或其他性质的情感出现；要么它被转换为焦虑。"❿

在成功的压抑中，情感的释放是如何被压制的呢？我们可以合理地假设：每当压抑发生时（成功的情况下也不例外），这种情绪就会以焦虑的形式释放出来，这个阶段中的焦虑有时并不明显，很容易被忽视，这在焦虑性癔症中很常见。我们也可以认为，在癔症尚未实际发展出来时，焦虑就已经存在了。在这种情况下，焦虑有时确实会无意识地出现，"甚至会不可避免地出现一些奇怪的连结，如'无意识罪疚感'，或另一种模糊的'无意识焦虑'"⓫。在讨论"无意识情感"一词的使用时，弗洛伊德说："不可否认，这些词的使用是合乎逻辑的；但是，如果将无意识情感与无意识观念进行比较，我们会发现一个显著差异，即无意识观念在压抑之后继续成为系统无意识中的一种实际形态，而在同一系统中，与无意识情感相对应的只是一种潜在的倾向，它的进一步发展被阻止了。"⓬

然后，我们看到，通过成功的压抑而消失的情感负荷肯定也经历了转化为焦虑的过程，但当压抑完全成功时，焦虑有时根本没有表现出来，或者只是相对微弱地表现出来，并且在系统无意识中仍然保留为一种潜在的倾向。"约束"和释放焦虑（或焦虑倾向）的机制，与我们所看到的导致抑制的机制是相同的。精神分析显示，每个人的发展过程中都或多或少存在抑制，至于这些抑制是"健康的"还是"病态的"，仅仅取决于量的因素。

这就产生了一个问题：为什么一个健康的人能够以抑制的形式释放焦虑，而神经症病人的抑制则导致了神经症？以下是我们所认为的抑制的区别特征：①某些自我倾向受到强烈的力比多贯注；②大量的焦虑分散在这些倾向中，因而不再以焦虑的形式出现，而是以"痛苦"❸、精神损害、尴尬等形式出现。分析表明，这些形式代表的仍然是焦虑，只是程度不同且没有直接呈现为焦虑。因此，抑制意味着一定数量的焦虑已经被某种自我倾向（ego-tendency）所吸收，而这种自我倾向之前就已经被贯注了力比多。因此，成功压抑的基础将是自我本能（ego-instincts）的力比多贯注，并以这种双面的方式伴随着抑制的结果。

压抑机制运作得越完美（即使是以厌恶的形式），就越不容易认识到焦虑的原貌。在那些相当健康、似乎完全没有压抑的人身上，它最终只以减弱或部分减弱的倾向的形式出现❹。

如果我们把通过自我倾向中的贯注而使用多余力比多的能力，等同于升华能力，我们可以认为，保持健康的人之所以成功，是因为他在自我发展的早期阶段拥有更强的升华能力。然后，压抑便作用于被特意选择出来的自我倾向，并由此产生抑制。在其他情况下，神经症的机制会或多或少地投入运作，并导致症状的形成。

我们知道，俄狄浦斯情结以非常特殊的力量启动了压抑，同时产生了阉割恐惧。我们可以认为，由于早期的压抑，已经存在的某些焦虑（可能只是一种潜在的倾向）加强了随后这股巨大的焦虑"浪潮"。就像阉割焦虑来自"原始阉割"，后者早已在发挥作用❺。我在分析中反复发现，出生焦虑是一种激活了早期经验的阉割焦虑，并且解决阉割焦虑可以消除出生焦虑。例如，我在一个孩子身上发现了某种恐惧，当他在冰上时，冰会在他脚下裂开，或者他会从桥上的一个洞里掉下来，这两种恐惧显然都是出生焦虑。我反复发现，这些恐惧是由一种不太明显的愿望驱动的（通过滑冰、桥梁等的性象征意义而发挥作用），那就是通过性交回到母亲体内的愿望，正是这个愿望引发了对阉割的恐惧。这也使我们很容易理解为什么儿童在无意识中经常将生殖（generation）和出生视为性交，并且认为儿童会以同样的方式进入母亲的阴道（即使是得自父亲的帮助）。

不难推断，儿童在两岁或三岁时发生的夜惊是在压抑俄狄浦斯情结的第一阶段释放的焦虑，这些焦虑接着以各种方式绑定和释放某些症状❻。

俄狄浦斯情结在受到压抑时产生的阉割恐惧，现在转移到了某些自我倾向（ego-tendencies）上，这些活动接收了力比多的贯注。然后，阉割恐惧又通过这种新的贯注被约束和释放。

我认为很明显的是，由于儿童发展出的升华活动丰富且稳定，所以贯注在这些升华活动中的焦虑也将完全且不被察觉地分布其中并得到释放。

通过弗里茨和菲利克斯的案例，我发现运动乐趣所受到的抑制，与学习乐趣以及其他各种自我倾向和兴趣所受到的抑制是密切相关的（在此不作详述）。在这两个案例中，抑制或焦虑之所以能够从一组自我倾向置换到另一组自我倾向上，显然是因为这两组自我倾向具有某些共同特征，而这些特征被贯注了性方面的象征意义。

在13岁的菲利克斯身上（我将用对他的分析来说明我在本文后面部分的观点），这种置换体现在，他在游戏和功课方面受到的抑制是交替出现的。在他上学的头几年里，菲利克斯一直是个好学生，但另一方面，他在各种游戏中都非常胆小和笨拙。父亲从战场回来后，常常因为这个孩子的懦弱而殴打和责骂他，这些方法奏效了。菲利克斯变得擅长游戏，对游戏充满热情，但伴随着这种变化，他对学校以及所有的学习和知识失去了兴趣。他的这种厌恶后来发展为一种毫不掩饰的反感，这也正是他来分析的原因。共同的性象征贯注使得两组抑制之间存在着联系，他父亲的干预也是一部分因素，这使得菲利克斯将游戏视为更符合自我（consonant with his ego）的升华，因而将整个抑制从游戏置换到功课上。

我认为，"符合自我"这一因素，在决定被压抑的力比多（作为焦虑释放）将指向哪一种倾向，以及哪个倾向将因此受到一定程度的抑制方面，是很重要的。

在我看来，这种从一种抑制置换到另一种抑制的机制与恐惧症的机制类似。恐惧症中的置换只是意念内容（ideational content）让位给另一种替代形式，而总体情感（sum of affect）没有消失，但是在抑制的过程中，同时发生了总体情感的释放。

"正如我们所知，焦虑的发展是自我对危险的反应，也是准备逃跑的信号；因此不难想象，自我也试图以神经症焦虑这种方式逃离自己的力比多欲望，并把这种内部的危险当作外部的危险来对待。这便证实了我们的预期，即产生焦虑的地方一定会存在某些令人恐惧的东西。我们进一步进行类比。就像促使人们试图逃离外部危险的紧张感，可以被某些行动——坚守阵地并采取适当的防御措施——化解那样，神经症焦虑的发展也导致了症状的形成，后者使焦虑被'约束'（bound）。"❶⓿

在我看来，类似地，我们可以把抑制看作一种强制性的限制，这种限制现在来自内在，是针对危险的过于强烈的力比多的限制。然而，在人类历史的某个时期，这种限制是以外部强迫的形式出现的。在一开始，自我控制力比多威胁的最初反应是焦虑——"逃跑的信号"。但是，这种驱动逃跑的力量后来让位于"坚守阵地并采取适当的防御措施"——这对应于症状的形成。另一种防御措施是限制力比多倾向，也就是抑制。但是，只有主体成功地将力比多转移到与自我保存本能（self-preservative instincts）相关的活动上，并因此在自我倾向方面产生本能能量和压抑之间的冲突，才有可能实现抑制。因此，成功的压抑所带来的抑制既是文明的先决条件，也是文明的结果。这样来看，在心理生活的许多方面与神经症病人相似的原始人❶⓼应该已经发展出了神经症机制，因为他们没有足够的升华能力，也可能缺乏成功的压抑机制。

他们虽然已经达到了受压抑制约的文明水平，但主要采用神经症的机制进行压抑，因此他们无法超越这种特定的婴儿式文明水平。

我想重申我的结论：一个人是否具有某种能力（或具有多大能力），看似单纯由体质因素决定而且是自我本能发展的一部分，但事实证明，这些能力也依赖于其他的力比多因素，并且能够通过精神分析加以改变。

其中一个基本因素是力比多贯注，这是抑制的必要前提。这一结论与精神分析中反复观察到的事实是一致的。我们发现，即使在没有产生抑制的地方，自我倾向的力比多贯注仍然存在。每一种才能和兴趣都会包含力比多贯注这个组成部分（这在婴儿分析中呈现得特别清晰）。因此，我们认为，对于某种自我倾向的发展来说，不仅体质倾向是重要的，下列方面也是重要的：这种自我倾向是如何与力比多结合的？这种结合发生在什么时期？数量多少？——这种结合发生在什么条件下？因此，自我倾向的发展也取决于与之相关联的力比多的命运，也就是说，依赖于力比多贯注的成功。这就降低了先天因素对才能的重要性，就像弗洛伊德在疾病方面所证明的那样，"偶然"因素是非常重要的。

我们知道，在自恋阶段，自我本能和性本能是合并在一起的，因为在生命最初，性本能在自我保存本能领域中占有一席之地。对移情神经症的研究告诉我们，它们随后会分开，作为两种独立的能量形式运作，并以不同的方式发展。虽然我们承认自我本能和性本能之间的差异是确实存在的，但另一方面，从弗洛伊德那里我们知道，性本能的某些部分在一生中始终与自我本能联系在一起，并为它们提供了力比多成分。我之前所说的，属于自我本能的某种趋势或活动中的"性象征贯注"，就对应于这种力比多成分。我们将这种力比多贯注过程称为"升华"，并且这样解释升华的起源：它为多余的力比多（因为它没有获得足够的满足）提供了释放的可能性，从而减轻或结束了力比多的受阻。这一构想也与弗洛伊德的主张一致，即升华的过程为性欲的各种成分所产生的过强刺激开辟了一条释放途径，并使它们能够应用于其他方面。因此，他说，当主体存在体质方面的异常时，多余的兴奋可能不仅会从性倒错（perversion）或神经症中找到出口，还会在升华中找到出口[19]。

斯珀伯（Sperber，1915）通过对言语的性起源的研究发现，性冲动在言语的演变中发挥了重要作用，最早的口语是伴侣对伴侣的诱人呼唤，这种基本言语是作为一种工作时有节奏的伴奏而发展起来的，因此与性快感有关。琼斯认为，升华是斯珀伯所描述的这一过程在个体发展中的重复[20]。与此同时，这些制约言语发展的因素对于象征的形成也有重要影响。费伦齐认为：作为象征形成的预备阶段，认同（identification）存在一个基础——儿童在其发展早期所遇到的每个客体上，试图去重新认识自己的身体器官及其活动。婴儿在自己的身体上建立起一种相似比较，他可能会在自己的上半身找到与下半身每个具有情感意义的重要细节的等价物。根据弗洛伊德的说法，对主体自身身体的早期定位能让婴儿发现新的快乐来源。很可能，正是这一点使得不同器官和身体区域之间的比较成为可能。根据琼斯的说法，通过这个比较，我们会有一个与其他客体相认同的过程，在这个过程中，快乐原则使我们根据快乐的特质或兴趣的相似性来比较两个完全不同的客体❹。但我们有理由认为，另一方面，这些客体和活动本身并不产生快乐，而是通过这种认同——性快乐被转移到它们身上——才成为快乐的源泉，正如斯珀伯所设想的那样，它们被置换到原始人类的工作上。然后，当压抑开始运作，认同开始迈向象征形成，这个过程为力比多提供了一个机会，使其置换到其他客体和具有快乐特质的自我保存本能活动上。在这里，我们便触及了升华的机制。

由此可见，认同不仅是象征形成的预备阶段，同时也是言语发展和升华的预备阶段。后者是通过象征形成与达到的，即力比多幻想以性象征的方式固定在特定的客体、活动和兴趣上。下面，我对这句话做进一步解释。在我所提到的运动（游戏和体育活动）中的乐趣中，我们可以认识到运动场、道路的性象征意义（象征母亲），而行走、跑步和各种体育运动都代表着进入母亲身体。同时，进行这些活动的脚、手和躯体——在早期认同的作用下——被等同于阴茎，承载着一些真正与阴茎有关的幻想，以及相关的满足感。连接它们的是器官活动所带来的快感，或者更确切地说是器官的快感（organ-pleasure）本身。在这一点上，升华不同于癔症症状的形成，尽管到目前为止二者经历了相同的过程。

为了更准确地阐述症状和升华之间的相似和区别，我会参考弗洛伊德对列奥纳多·达·芬奇（Leonardo da Vinci）的分析。弗洛伊德从达·芬奇的回忆——或者更确切地说是幻想——出发，他的回忆是当他还在摇篮里的时候，一只秃鹫飞向他，用尾巴撑开他的嘴，几次把尾巴压在他的嘴唇上。达·芬奇本人说道，这样一来，他对秃鹫的专注和浓厚兴趣在他很小的时候就确定了，弗洛伊德向我们展示了这种幻想在达·芬奇的艺术及对自然科学的热爱中是多么的重要。

从弗洛伊德的分析中我们了解到，这个幻想中包含的真正记忆内容（memory-content）是孩子被母亲哺乳和亲吻的情境。嘴里含着鸟的尾巴（对应于口交）的意念，显然是以一种被动的同性恋形式对幻想的重塑。与此同时，我们看到它代表了达·芬奇早期婴儿性认识的浓缩，这让他以为母亲拥有阴茎。我们经常发现，在孩童期，当求知本能与性兴趣联系在一起时，往往导致抑制、强迫性神经症和默念躁狂（brooding mania）。弗洛伊德继续指出，达·芬奇通过成分本能的升华而逃脱了上述结果，使这一本能因此没有成为压抑的受害者。我现在想问：达·芬奇是如何摆脱癔症的？因为在我看来，似乎可以从他幻想里的"秃鹫尾巴"这一浓缩成分识别出癔症迹象，这种成分在癔症中经常出现，例如咽喉被异物塞住的感觉所表达的口交幻想。根据弗洛伊德的说法，在癔症的症状中，我们发现了一种置换性欲区域的再创造能力，这体现在儿童的早期定向和认同中。因此我们看到，认同也是癔症症状形成的预备阶段，正是这种认同使癔症病人能够实现从下到上的特征置换。如果现在我们假设，实现通过口交获得满足感（在达芬奇这里固着下来）的路径，与导致癔症转换的路径（认同—象征形成—固着）是相同的，那么在我看来，二者的分歧点发生在固着这里。在达·芬奇身上，愉悦的情境并没有变得太固着，他把它转移到了自我倾向上。他可能在很小的时候就有能力对周围的事物产生深刻的认同。达芬奇的这种能力，可能要归功于他从自恋到客体力比多（object-libido）的异常早期和广泛的发展。另一个促成因素似乎是他保持力比多处于暂时悬置（suspension）状态的能力。另一方面，我们可以假设，升华能力还有另一个重要因素——它很可能是一个人天生具有的才能中相当大的一部分。我指的是自我活动或倾向在承受力比多贯注时的轻松程度及相关的接受程度；在身体层面上我们可以做一个类比，身体某一特定部位接受神经支配的准备程度，就对应着这一因素在癔症症状发展中的重要性。这些因素可能构成了我们所理解的"倾向"（disposition），会形成一个互相补充的系列，就像我们在神经症病因中熟知的那些因素一样。在达芬奇的案例中，不仅在乳头、阴茎和鸟尾巴之间建立了一种认同，这种认同也融入了对这个客体的运动、鸟本身、鸟的飞行和飞行空间的兴趣。那些令人愉悦的情境，无论是实际经历过的还是想象过的，都确实保持着无意识和固着，它们以某种自我倾向的形式在发挥着作用，因此能够被释放。通过这种固着的表现形式，它们的性特征就被解除了；它们变得与自我和谐一致，如果升华成功——如果它们融入自我倾向中——它们就不会受到压抑。到那时，它们便向这些自我倾向提供了总体情感，刺激和推动才能的发展。同时，自我倾向为它们提供了一个自由的空间，使其能够以与自我和谐一致的方式被运用，因而这些幻想能够不受限制地展开，从而获得释放。

　　与此不同，在癔症的固着中，幻想如此顽固地执着于快乐情境，以至于在升华成为可能之前，便被压抑和固着；因此，如果其他致病因素发挥作用，它便被迫通过癔症症状来表达和释放。达芬奇对鸟类飞行的科学兴趣的发展表明，在升华过程中，对幻想及其所有决定因素的固着也在继续发挥作用。

　　弗洛伊德对癔症症状的本质特征进行了全面的总结㉒。如果我们将他描述的检验应用到达芬奇与秃鹫幻想有关的升华上，我们将看到症状与升华之间的相似。我认为，这种升华符合弗洛伊德的构想，即癔症的症状通常表达了一种无意识的性幻想，且包含男性和女性两个方面。在我看来，在达芬奇这里，女性的一面通过口交的被动幻想来表达；男性幻想似乎体现在弗洛伊德从达芬奇的笔记中引用的一段预言中："这只大鸟将从它的大天鹅的背上开始它的首次飞行；它将令整个宇宙感到惊奇，很快便声名远扬，荣宗耀祖。"这不就意味着他的生殖器成就赢得了母亲的认可吗？我认为，这种幻想（表达了婴儿早期的愿望）与秃鹫幻想一起，在他对鸟类飞行和航空的科学研究中得到了体现。因此，就实际的本能满足而言，达芬奇的生殖器活动所起的作用很小，但完全融入了他的升华。

根据弗洛伊德的说法，癔症发作只是幻想的一种哑剧表现，其中幻想被转化为一种动作语言，并投射到动作上。类似的推断也同样适用于艺术家的那些幻想和固着，这些幻想和固着由身体动作的动感所代表，无论是通过艺术家自己的身体，还是通过其他媒介。这一说法与费伦齐和弗洛伊德关于艺术与癔症之间的相似与联系，以及癔症发作和性交之间的相似与联系的论述是一致的。

现在，正如癔症发作使用幻想的特殊浓缩作为其材料一样，艺术兴趣或创造才能的发展，将部分取决于升华所代表的固着和幻想的丰富及强度。这不仅与所有相关的体质因素和偶然因素的数量，以及它们之间的协调程度有关，而且与生殖器活动可以转化为升华的程度有关。同样，在癔症中，生殖区域的首要地位总是确定的。

天才与才能的区别不只是量的方面，也在本质方面。尽管如此，我们可以假设它与才能具有相同的发生条件。然而要能够产生天才，必须所有相关因素足够完备，以形成一个独特的具有某种相似本质的单元的组合，这里的相似本质指的是力比多的固着。

在讨论升华的议题时，我认为升华成功的决定因素是，以升华为目标的力比多固着不应过早地受到压抑，因为这会破坏发展的可能性。因此，我们可以认为，在症状形成和成功升华之间存在一个互补序列（complementary series）——其中包括不太成功的升华。在我看来，那些导致症状的固着已经在通往升华的路上，但被压抑切断了。压抑发生得越早，固着就越能保留真正的快乐情境的性特质，也就越能将那些贯注力比多的自我倾向性欲化（sexualize），而非融入这些倾向。另外，这些倾向或兴趣也会更加不稳定，因为它将持续受到压抑的制约。

我想补充说明不成功的升华和抑制的区别以及联系。我提到了一些"正常的"抑制，它们发生在那些压抑成功的情况下；当通过分析解决这些问题时，我发现这些抑制部分建立在强烈的升华上。事实上这些升华已经形成了，只不过被完全或部分抑制了。它们不具有那些不成功升华的特征，后者会在症状形成、神经症特征和升华之间摆荡。只有在分析中，它们才被识别为抑制。它们以消极的形式表现出来，表现为缺乏某些意愿或能力，或只是在这些方面有所削弱。正如我在本文开头所说的那样，抑制是通过将多余的性欲（以焦虑的形式释放）转移到升华而形成的。因此，这种表现为抑制的压抑削弱或破坏了升华，但避免了症状的形成，这种释放焦虑的方式类似于癔症的症状形成。因此，我们可以认为，正常人是通过抑制和成功的压抑来达到健康状态的。如果投入抑制的焦虑数量超过了投入升华的数量，就会导致神经症抑制，因为力比多和压抑之间的拉锯战不再由自我倾向决定，因此与神经症中绑定焦虑相同的过程也被启动了。当升华不成功时，幻想在升华的过程中遭遇压抑，从而变得固着，我们可以这样假设：将要被抑制的升华，一定曾经以升华的形式实际存在过。在这里，我们也可以认为在症状和成功的升华之间存在一个互补序列。不过我们可以认为，在另一方面，当大部分升华获得成功时，需要被抑制并作为焦虑释放的力比多很少，因此抑制的必要性就很小。我们也可以确定，升华越成功，就越不需要压抑。我们可以再次假设这里存在一个互补序列。

我们知道手淫幻想在癔症症状和癔症发作中的重要性。让我来举例说明手淫幻想对升华的影响。十三岁的菲利克斯在分析中产生了以下幻想。他正在和一些漂亮的女孩玩耍，她们赤身裸体，他抚摸着她们的乳房。他看不见她们的下半身。他们在一起踢足球。这种单一的性幻想（对菲利克斯而言是手淫的替代品），在分析过程中被许多其他幻想所接替，作为手淫的替代品，往往都与游戏有关。其中一些以白日梦的形式出现，另一些出现在夜晚。这些幻想展示了他的一些固着是如何发展为对游戏的兴趣的。在最初的性幻想（这只是一个片段）中，性交已经被足球所取代❷❸。他的兴趣和野心已经完全被这个游戏和其他游戏所吸引，因为作为一种保护，这种升华被反应（way of reaction）所强化，以对抗其他被压抑和被抑制的与自我不协调的兴趣。

这种反应性或强迫性强化通常是破坏升华的决定性因素，这种破坏有时会通过分析发生，尽管我们的经验是，分析通常只会促进升华。当固着被解除，其他释放力比多的渠道被打开时，症状——作为一种代价颇大的替代形式——就被放弃了。但是，当作为升华基础的这些固着被带入意识后，通常会产生一种不同的结果：升华往往会得到加强，因为它是释放（未被满足的）力比多的最有利的、也许是最早的替代渠道。

我们知道，对"原始"场景或幻想的固着是神经症发生的有力原因。我将举一个例子来说明原始幻想在升华发展中的重要性。将近七岁的弗里茨讲述了许多关于"皮皮将军"（生殖器）的幻想，这个"皮皮将军"带领着士兵们——"皮皮弟弟"——在街上走；弗里茨准确地描述了这些街道的情况和位置，并将它们与字母表中的字母形状进行了比较。将军把士兵们带到一个村庄，他们在那里驻扎。这些幻想的隐含内容是与母亲的性交、伴随的阴茎运动以及它所走的路。从背景来看，这些也是他的手淫幻想。我们发现，在他升华的过程中，这些因素与其他一些我目前还无法了解的因素一起发挥着作用。当他骑"滑板车"时，他特别重视调头和转弯❷❹，就像他在各种幻想中描述的他的皮皮。例如，他曾经说他为皮皮发明了一项专利。这项专利是，不需要用手去碰皮皮，只要扭动和转动他的整个身体，皮皮就会从内裤的开口露出来。

他不断地幻想着发明一些特殊类型的摩托车和汽车。他想象这些车的目的❷❺，总是获得操纵和转弯的特殊技巧。他说："女性或许可以掌舵，但她们转弯不够快。"他还有一个幻想是，所有的孩子，无论是男孩还是女孩，一出生就有了自己的小摩托车。每个孩子可以用摩托车载上三四个孩子，并在路上把他们扔到自己喜欢的任何地方。摩托车急转弯时，顽皮的孩子从车上摔了下来，其余的孩子在终点下车（出生）。谈到字母S，他有很多幻想，他说字母S的孩子们是小s，孩子们在跑、跳和各种身体灵活性方面都比成年人强。他们还在襁褓中就可以射击和驾驶汽车了。他们都有摩托车，骑一刻钟就能比成年人一小时走得更远。他还幻想过拥有各种各样的交通工具，一旦有了这些交通工具，他就会带着母亲或妹妹一起去上学。有一次，想到要把汽油倒进发动机的油箱里，他很担心，因为有爆炸的危险；事实证明，在给大型或小型摩托车加满汽油的幻想中，汽油代表了"皮皮水"或精液，他认为这是性交所必需的，而对摩托车的熟练操纵和频繁地调头、转弯，代表了性交的技巧。

在他还很小的时候，他就表现出了对道路和与之相关的所有兴趣的强烈固着。然而，在他五岁左右的时候，他非常讨厌出去散步。在这个年龄，他对时间或空间距离缺乏理解也同样让人非常吃惊。因此，当我们走了几个小时后，他以为他还在家附近。与他不喜欢外出散步有关的是，他完全没有兴趣熟悉他住的地方，也完全没有任何定向方面的能力或感觉。

他对车辆的浓厚兴趣，表现在透过窗户或门厅看手推车，可以一看几个小时，以及他对驾驶的热情。他常常假装自己是一名车夫或司机，椅子被堆到一起组成车辆。他似乎陷入一种强迫，只是安静地坐在那里，全神贯注地玩这个游戏，对其他游戏完全不感兴趣。就在这个时候，我开始了他的分析，几个月后，他不仅在这方面，而且在总体上都发生了巨大的变化。

此前，他一直没有焦虑，但在分析过程中，强烈的焦虑出现了，并在分析中得到了解决。在分析的最后阶段，他表现出对街头男孩的恐惧症。这与他在街上多次被那些男孩骚扰的事实有关。他表现出对他们的恐惧，无论别人怎么劝，他始终不愿独自上街。我无法从分析的角度理解这种恐惧症。由于外部原因，我们的分析无法继续，但我了解到，在我们分开后不久，他的恐惧症就完全消失了，随之而来的是一种闲逛的特殊乐趣❷❻。

与此同时，他对空间定位产生了更加生动的兴趣。起初，他的兴趣主要集中在车站、火车车厢的门上，一踏上这些地方，他就对它们的出入口产生兴趣。他开始对有轨电车的铁轨和它所经过的街道产生了浓厚的兴趣。分析消除了他对游戏的厌恶，事实证明，有很多因素导致了他的这种厌恶。他对汽车的兴趣在他很小时就已经发展起来了，并且具有一种强迫特质，现在在许多游戏中他又表现出对汽车的兴趣，但是与早期单调的司机游戏不同，现在这些游戏包含了丰富的幻想。他还对电梯表现出了浓厚的兴趣，并经常乘坐电梯。大约在这个时候，他生病了，不得不卧床休息，于是他设计了下面的游戏。他钻进被窝里说："这个洞越来越大了，我很快就会钻出来。"说着，他慢慢地把床那头的被褥掀起来，直到有一个大洞可以让他爬出来。接着他又玩下面的游戏：他在被窝里面旅行；他有时从一边出来，有时又从另一边出来，爬到顶上时，他说他现在是在"地上"了，他的意思是说跟地下铁路相反。他曾经看到地下铁路从地面的一个站点出来，继续在地面上运行，这情景给他留下了异常深刻的印象。在玩被窝游戏时，他非常小心，不在旅途中把被褥从两边抬起来，所以他只有在他称之为"终点"的一端出现时才会被人看见。还有一次，他用被褥玩了一个不同的游戏，其中包括在不同的地点爬进爬出。一次在玩这些游戏时，他对他的母亲说："我要进入你的肚子。"大约在这个时候，他产生了以下幻想。他正往地下铁路里走，那里有很多人，列车员正快速地上下几级台阶，给人们车票。他乘着地下列车，坐到线路交会的地方，那里有一个洞和一些草。在床上的另一个游戏中，他反复制作一个玩具马达，让一名司机开车把被褥碾成一个土堆。然后他说："司机总是想翻过这座山，但那是一种糟糕的方式。"然后，他让司机走到床单下面，"这是正确的方法"。他对电气化铁路的一部分特别感兴趣，那里只有一条线路，形成了一个环线。他说，这里必须有一个环线，以防另一列火车从相反的方向开过来，发生碰撞。他向母亲说明了这种危险的情形："你看，如果两个人从相对的方向走来（他这样向她跑过去），他们就会撞到一起，就像是两匹马像这样走来也会撞到一起一样。"他经常幻想母亲身体内部是什么样子；尤其是在她的肚子里有各种各样的玩意儿。接着他描述了一些关于秋千或旋转木马的幻想，上面有许多小人儿，一个接一个地爬上去，从另一边下来。有人推着什么东西，帮助小人儿上下。

他对四处闲逛的兴趣和其他新的兴趣爱好持续了一段时间，但几个月后，他又恢复了过去不喜欢散步的习惯。当我最近再次开始分析他时，这一点仍然存在。当时他快7岁了❷。

在接下来对他的深入分析中，这种厌恶逐渐增强，明显地表现为一种抑制，直到背后的焦虑显现出来，然后才能得到解决。尤其是上学的路，让他产生了巨大的焦虑。我们发现他不喜欢上学的路的原因之一是路上有树。相对地，他认为两边都有田地的道路非常漂亮，因为那里可以开辟道路，如果种花浇水❷，道路可以变成花园。他对树木的厌恶在一段时间内表现为对森林的恐惧，事实证明，这是由一棵树被砍倒的幻想所导致的，这棵树可能会压到他身上。这棵树代表着他父亲的大阴茎，他害怕它，想割掉它。我们从各种各样的幻想中了解到他在上学路上的恐惧。有一次，他告诉我在他上学的路上有一座桥（它只存在于他的想象中）❷。如果上面有个洞，他可能会掉下去的。还有一次，他看到路上有一条很粗的绳子，这让他很担心，因为这让他想起了一条蛇。这时，他也试着跳着走一段路，理由是他的一只脚被砍掉了。他在一本书中看到的一幅图片，让他产生了关于一个女巫的幻想，他会在去学校的路上遇到她，她会在他和他的书包上倒一瓶墨水。在这里，墨水瓶代表母亲的阴茎❸。然后他又自发地补充说，他很害怕，但同时他也说墨水瓶很好。还有一次，他幻想着他遇到了一个美丽的女巫，他聚精会神地看着她头上戴的王冠。因为他目不转睛地盯着她看（kuckte），所以他是一只布谷鸟（Kuckuck）[译者注：德语中Kuckte指"盯着看"，发音与Kuckuck（布谷鸟）类似。]，而她把他的书包从他手中夺过来，把他从一只布谷鸟变成了一只鸽子（他认为鸽子是雌性动物）。

我将举一个在后面分析中出现的幻想的例子，在这个幻想中道路的原初快乐意义是显而易见的。他有一次告诉我，如果不是因为这条路的话，他很想去上学。他现在幻想着，为了避开大路，他在自己房间的窗户和他的女教师的窗户之间架起一架梯子，这样他就可以和母亲一级级地爬梯子过去了。然后他告诉我有一根绳子，也从一扇窗户延伸到另一扇窗户，他和他的妹妹就是顺着绳子被拉到学校的。有一个仆人把绳子扔过来帮助他们，那些已经在学校的孩子们也帮了忙。他自己把绳子扔了回去，用他的话说，"他会移动绳子"❸❶。

在分析过程中，他变得活跃多了，他接着给我讲了一个"拦路抢劫"的故事：从前有一位绅士，他非常富有和幸福，虽然他很年轻，但他想结婚。他走到街上，看到一位美丽的女士，就问她叫什么名字。她说："这与你无关。"然后他问她住在哪里。她又对他说这与他无关。他们说话的声音越来越大。这时来了一个一直监视着他们的警察，他把这个男人带上了一辆豪华马车——那种绅士坐的豪华马车。他被带进了一所窗户前有铁栅栏的房子——一所监狱。他被指控拦路抢劫。"就是这样。"❸❷

他关于道路的原初快乐与他跟母亲性交的愿望相对应，因此在阉割焦虑得到解决之前，将无法完全投入运作。同样地，我们可以看到，与此密切相关的是，他对探索道路和街道的热爱（这是他方向感的基础）是随着性好奇的释放而发展起来的，而这种好奇此前同样由于阉割恐惧而受到压抑。我会举一些例子。他曾经告诉我，当他小便的时候，他不得不踩刹车（他通过按压自己的阴茎来做到这一点），否则整个房子都可能塌下来❸❸。在这方面，许多幻想表明，他受到了他关于母亲身体内部的心理意象的影响，并且由于他对母亲的认同，关于自己身体的心理意象也影响了他。他把它想象成一个城镇，或是一个国家，后来又把它想象成一个由铁路贯穿的世界。在他的想象中，这个地方为居住在那里的人和动物提供了一切必需的东西，并配备了各种现代化的设备。

那里有电报和电话、各种铁路、电梯和旋转木马、广告等。铁路的建造方式各不相同。有时是环形铁路，有多个车站，有时就像有两个终点站的城镇铁路。铁轨上有两种火车：一种是"皮皮"火车，由皮皮弟弟指挥，另一种是"便便"❸❹火车，由便便驾驶。"便便"火车通常被描述为普通客运列车，而"皮皮"火车则是特快列车或电动列车。两个终点是"嘴"和"皮皮"。其中有一个地方，火车必须穿过一条下坡的轨道，这条轨道两边都是陡峭的山坡。接着发生了一场碰撞，一辆载着孩子（"便便"孩子）沿着这条轨道行驶的火车撞上了另一列火车。受伤的孩子被带到信号箱❸❺。我后来发现，这是"便便"洞，作为到达或离开的站台，他在后来的幻想中经常提到它。当火车从另一个方向驶来时，也就是当他们从

"嘴"进入时，也发生了碰撞。这代表着通过吃而受孕，他对某些食物的厌恶就是由这些幻想导致的。

还有其他一些幻想，他提到这两条铁路有同一个发车站台。然后，列车沿着同一条线路运行，在较低的地方分岔，从而通向"皮皮"洞和"便便"洞。从一个幻想——其中他在小便时被迫"进行了七次刹车"——可以看出通过嘴受孕的想法对他有多么强烈的影响。我发现，停七次的想法源于他当时服用的一种药的滴数，他非常反感这种药，因为在分析中发现，他把这种药等同于尿液。

他关于城镇、铁路❸、车站和道路的这些幻想展现出极其丰富的意象，我还要提到其中的一个细节。另一个经常出现的幻想是有一个车站，他给它起了不同的名字，我称它为A。除了这个站，还有另外两个站，B站和C站。他常常把这两个地方想象成大车站。A是一个非常重要的站，因为各种货物都是从这里转运过来的，有时乘客也会进来，例如铁路官员，他用手指代表他们。A是嘴，食物从那里经过。铁路官员是"皮皮"，这又引出了他的通过嘴巴受孕的想法。B和C用于卸货。B站里有一个花园，没有任何树木，但有一些相互连通的小径，花园有四个入口——不是门，而是简单的洞。这些原来是耳朵和鼻子的开口。C是头骨，B和C合起来就是整个头部。他说，头只是粘在嘴巴上，这个想法在一定程度上是由他的阉割情结所带来的。胃也经常是一个站，但这种安排经常变化。升降机和旋转木马在这里扮演了重要的角色，它们只用来运送"便便"和孩子们。

当这些幻想和其他的幻想得到解释后，他的方向感和定向能力变得越来越强，这在他的游戏和兴趣中表现得很明显。

因此，我们发现他的方向感——以前被强烈地抑制，但现在以一种显著的方式发展——来源于他进入母亲身体并探索其内部（包括进出的通道和怀孕、出生的过程）的渴望❸。

我发现，力比多对于方向感的这种影响是非常典型的，方向感的良好发展依赖于它，或者相反，力比多的压抑会造成方向感的抑制。事实证明，这方面能力（例如对地理和方向的兴趣）的部分抑制，即一定程度的能力缺乏，即生命的阶段和将要升华或已经升华的固着被压抑的程度，取决于某些（我认为是）形成抑制的基本因素。比如，如果对定向的兴趣没有被压抑，那么这方面的快乐和兴趣就会被保留下来，并且儿童对于性知识的探索越成功，他的能力就越能得到发展。

我要在此提请大家注意这种抑制的重要性，它影响到各种各样的兴趣和研究，不止对于弗里茨，对于其他儿童也是这样。除了影响对地理的兴趣之外，我发现它也影响儿童的绘画能力❸，影响对自然科学以及与探索地球有关的一切事物的兴趣。

在弗里茨身上我还发现，他在空间上缺乏方向感和在时间上缺乏方向感之间有着非常密切的联系。他对自己在子宫内的位置的兴趣被压抑了，与此相对应的是，他对自己何时在子宫内的时间细节也缺乏兴趣。因此，"我出生前在哪里？"

和"我什么时候在那里？"这两个问题都被压抑了。

在他的许多说法和幻想中，睡眠、死亡和在子宫内这三者之间明显存在一种无意识的等同（unconscious equation），与此相关的是他对这些状态的持续时间及其时间顺序的好奇。看来，从子宫内到子宫外的变化，作为所有周期性事物的原型，是儿童的时间概念和时间方向概念的来源之一❸⁹。

还有一件事我要提一下，它让我认识到方向感的抑制对儿童非同寻常。我发现，弗里茨对启蒙的阻抗（与他的方向感的抑制紧密相连），源于他对"肛门儿童"（anal child）的幼稚性观念的坚持。分析表明，正是俄狄浦斯情结造成的压抑，才使得他固守着这种肛门儿童理论，他对启蒙的阻抗并不是由于他还没有达到性器期的水平，无法理解生殖过程。恰恰相反，事实上是这种阻抗阻碍了他迈向性器期，并加强了他在肛门期的固着。

在这方面，我必须再次提到启蒙受到阻抗的后果。对儿童的分析一次又一次地证实了我的观点。我不得不把它视为一种重要的症状，它是抑制的一种征兆，而这种抑制会影响整个后续的发展。

在弗里茨身上，我发现他对学习的态度也是由相同的性象征贯注（sexual-symbolic cathexis）决定的。分析表明，他对学习的明显厌恶是一种非常复杂的抑制，这种抑制是由对不同本能成分的压抑所导致的，与不同的学校科目有关。就像对步行、游戏和方向感的抑制一样，它的主要决定因素是基于阉割焦虑的对所有这些兴趣所共有的性象征贯注（即通过性交进入母亲身体的想法）的压抑。在弗里茨的分析中，这种力比多贯注，以及与之相伴的抑制，显然从最早的运动和游戏发展到上学的路上、学校本身、他的女教师和学校中的活动。

因为在他的幻想中，练习本上的线条就是道路，练习本本身就是整个世界，字母是骑着摩托车（即钢笔）进入练习本的。他还幻想：笔是一艘船，练习本是一个湖。我们发现，弗里茨的许多错误（这些错误相当长一段时间无法克服，直到经过分析才得以解决，然后它们就毫无困难地消失了）都是由他对不同字母的种种幻想所决定的，这些字母要么彼此友好，要么互相争斗，而且有各种各样的经历。总的来说，他认为小写字母是大写字母的后代。他视大写字母S为长日耳曼语s的皇帝，它的末端有两个钩子，以将它与只有一个钩子的皇后（即s）区分开来（译者注：此处指哥特式字体）。

我们发现，说话和写字对他来说有同样的意义。词语代表阴茎或孩子，而舌头和笔的运动代表性交。

我只想简单地提一点，对儿童的分析表明，力比多贯注对婴儿期言语的发展及其特点，乃至整个言语的发展具有普遍意义。在口语中❹⁰，口腔施虐和肛门施虐的固着在多大程度上成功升华，取决于生殖器固着占主导的情况下这些早期固着被领会（comprehended）的程度。我认为，所有的升华中都存在这一过程，正是该过程使反常的固着得以释放。情结的运作引发了各种强化和置换，这二者具有退行或反应（reaction）的性质。如前所述，这些都为个体提供了无限的可能性，使其在自己特殊的语言特征和一般语言的发展中保持语言的典范（the example of speech）。

在弗里茨身上，我发现说话——无疑是最早的升华之一——从一开始就被抑制了。通过分析，这个开口说话异常滞后，随后又显得沉默寡言的孩子变成了一个非常健谈的小家伙。他不厌其烦地讲着自编的故事，其中展现出幻想的发展——在分析以前他没有这样的倾向。很明显，他乐于真实地说话，他与语言本身有着一种特殊关系。同时，他对语法产生了浓厚的兴趣。为了说明这一点，我将简单地引用他所谈到的语法的意义。他告诉我"这个词的词根不会移动，只有词尾会移动"。他想在妹妹生日那天送她一个笔记本，上面写着每个事物能做什么。某个事物能做什么？"某个东西会跳，某个东西会跑，某个东西会飞"，等等。这代表了阴茎能做什么，既是他想在笔记本上写的，也是他想在母亲身上做的。

我发现，正如亚伯拉罕在一个谎言癖案例中所报告的那样，说话所具有的生殖活动意义，在每一个案例中都或多或少地起着作用。在我看来，这一点（指生殖活动意义）和肛门决定机制都是有代表性的。这在一个口吃的女孩身上尤为明显，她有强烈的同性恋固着。这个女孩名叫格蕾特，年仅九岁，她把说话和唱歌看作男性的活动，把舌头的运动看作阴茎的运动。她特别着迷于躺在沙发上背诵某些法语句子。她说："当我的声音像梯子上的人一样上下起伏时，真是太有趣了。"她对此的联想是，梯子是在一只蜗牛身体内搭起来的。但是在蜗牛体内还有空间容纳它吗？（蜗牛是她对生殖器的称呼。）逗号和句号，就像说话时对应的停顿一样，意味着一个人"上上下下"了一次，然后再重复这个动作。词代表着阴茎，句子代表着性交时阴茎的插入，也代表整个性交。

在许多情况下，很明显，戏剧和音乐会——实际上任何有东西可看或有东西可听的演出——总是代表父母的性交，听和看代表着事实上或幻想中的观察，而落下的幕布代表妨碍观察的东西，如床单、床的一侧等等。我将引用一个例子。小格蕾特跟我讲了剧院里的一出戏。起初，她因没有足够好的座位以致不得不与舞台保持着相当远的距离而感到苦恼。但她发现她的视野比坐在舞台附近的人更好，因为他们看不到整个舞台。然后她联想到自己家的儿童床的位置，她和弟弟的床都在父母的卧室里，弟弟的床刚好靠近父母的床，但是床的侧边让他很难看到父母。她的床虽然离得更远，但她可以清楚地看到他们。

十三岁的菲利克斯之前没有表现出音乐天赋，在分析过程中他逐渐对音乐产生了明显的热爱。这是因为分析将他对性交的早期婴儿式观察的固着带入了意识。我们发现，他从父母的床上听到的一些声音，以及他想象出来的其他声音，构成了对音乐强烈兴趣的基础，这种兴趣很早就受到抑制，通过分析再次获得解放。这种对音乐的兴趣和天赋的决定机制，在其他案例中也存在（和肛门决定机制并存），我认为这是有代表性的。

我发现H夫人身上的情况与此类似，她对颜色、形状和图像的突出艺术鉴赏力也受某些因素决定，不同之处在于，在她身上，早期婴儿式观察和幻想与能够看到的东西有关。例如，对她来说，图片中的某种蓝色调直接代表了男性元素；这是她对阴茎勃起时颜色的固着。这些固定来自对性交的观察，后者引发了她对阴茎在不勃起时的颜色和形状的比较，对在不同光线下阴茎颜色和形状的变化、与阴毛的对比等的观察。在这里，对色彩感兴趣的肛门基础始终存在。我们可以反复证明，力比多的贯注使得绘画代表着阴茎或孩子（这一点也适用于一般的艺术作品），而画家、艺术大师和创造性艺术家代表着父亲。

我再举一个例子来说明图画作为孩子和阴茎的意义——这是我在分析中反复遇到的。五岁半的弗里茨说他想看妈妈裸体，并补充说："我想看看你的肚子里面的照片。"当她问："你是说你曾经待过的地方吗？"他回答说："是的，我想看看你的肚子，看看里面有没有孩子。"在那时，在分析的影响下，他的性好奇心更加自由地表现出来，他的"肛门儿童"理论凸显出来。

总结一下我所说的，我发现艺术和智力的固着，以及那些随后导致神经症的固着，都有一些非常强大的决定因素，即原始场景或对它的幻想。重要的是哪一种感觉更强烈地被激发，兴趣更多地适用于能够看到的东西，还是能够听到的东西。另一方面这也可能取决于想法（译者注：指性观念）是通过视觉还是听觉呈现给主体。毫无疑问，体质因素在这方面发挥了很大的作用。

弗里茨固着于阴茎的运动，菲利克斯固着于他听到的声音，其他一些人则固着于色彩印象（colour-effects）。当然，要发展才能或志向，我前面详细讨论过的那些特殊因素必须发挥作用。在对原始场景（或幻想）的固着中，活动程度（这对于升华本身非常重要）无疑也决定了主体是否具有创造或再生产的才能。因为活动程度肯定会影响认同的方式。我的意思是，这些活动是否会用于欣赏、研究和模仿他人的杰作，或者是否会努力通过主体自己的表现来超越这些，这是一个问题。在菲利克斯身上我发现，他通过分析表现出来的对音乐的第一个兴趣完全是对作曲家和指挥家的批评。随着他的活动逐渐被释放，他开始尝试自己模仿他听到的内容。但在更进一步的活动阶段，幻想出现了，他把年轻的作曲家与年长的作曲家相比较。尽管在该案例中显然不存在创造才能的问题，但我观察到他的活动变得更加自由，这影响了他在所有升华中的态度，也使我对于活动对才能发展的重要性有了一些了解。他的分析让我理解，批评总是源于对父性生殖活动的观察和批评，其他分析也证实了这一点。在菲利克斯身上，很明显，他既是旁观者，又是评论家。在他的幻想中，他还以管弦乐队成员的身份参与了他的所见所闻。到了活动获得释放的后期阶段，他才能相信自己能担当起父亲的角色；也就是说，只有到那时，他才能鼓起勇气去让自己成为一名作曲家（如果他有足够的技能）。

让我总结一下。言语和运动中的快乐总是包含了力比多的贯注，并具有一种生殖象征（genital-symbolic）的性质。这是通过阴茎与脚、手、舌头、头和躯体的早期认同来实现的，由此推进到后者的活动，并且赋予了后者一种性交意义。性本能首先利用了与哺乳有关的自我保存本能，之后便转向下一个自我活动——言语和运动。因此，语言不仅有助于象征的形成和升华，而且本身就是最早升华的结果。这样看来，一旦具备了升华的必要条件，始于这些最基本的升华并与之相关联的固着，就会继续发展为对进一步的自我活动和兴趣的性象征贯注。弗洛伊德证明，人类追求完美的冲动，源自人类对满足的渴望（所有可能的反应性替代形式和升华都无法满足这种渴望）和他在现实中得到的满足之间的差距所产生的张力。我认为，这一动机不仅可以归结为格罗迪克（Groddeck，1922）所称的制造象征的冲动，还可以归结为象征的不断发展。因此，个体会不断地通过固着的方式，把对于新的自我活动和兴趣的力比多贯注从根本上（即通过性象征）相互联系起来，并创造出新的活动和兴趣，正是这一过程推动了人类文明的发展。这也解释了我们是如何通过日益复杂的发明和活动发挥象征的作用的，正如儿童不断地从原始的象征、游戏和活动发展到其他象征、游戏和活动，把以前的象征抛在脑后。

此外，在这篇文章中，我试图指出某些抑制——它们算不上神经症——的意义。它们本身似乎没有任何实际意义，只能在分析中被视为抑制因素（可能只有在进行婴儿分析时才具有完整含义）。表面上看，这些只是缺乏某种兴趣，或无关紧要的厌恶——简单来说，这是健康个体身上的一种经过各种伪装的抑制。但如果考虑到为了这种健康，个体牺牲掉了大量本能能量，我们就会意识到这些抑制的重要性了。"如果我们不把注意力放在精神阳痿（psychical impotence）这一概念的延伸上，而是关注其症状的分级，我们就不难得出如下结论：在当今文明世界中，男人的恋爱行为总是带有一种精神阳痿的特征。" **❹**

在《精神分析引论》中，弗洛伊德讨论了关于向教育工作者介绍某些预防措施的可能性。他得出的结论是，即使是对儿童的严格保护（这本身是一件非常困难的事情）也可能对体质因素无能为力，如果这种保护太成功地达到了目的，也是危险的。这一说法在小弗里茨的案例中得到了充分证实。这个孩子从小就得到受精神分析影响的养育者的精心抚养，但这并没有阻止他产生抑制和神经症性格。另一方面，弗里茨的分析表明，那些导致抑制的固着也可能正是卓越能力的基础。

一方面，虽然我们必须尽一切努力避免对孩子造成精神上的伤害，但我们不能过分强调所谓的分析性教养的重要性。另一方面，本文的论证也说明了对幼儿进行分析的必要性，这对各方面的教育都是有帮助的。我们无法改变那些导致升华或抑制以及神经症发展的因素，但早期的分析使我们有可能在这种发展仍在进行的时候，以一种根本的方式影响它的方向。

我试图证明，力比多的固着决定了神经症和升华的产生，而且在一段时间内，这两者沿着同一条道路发展。正是压抑的力量决定了这条道路通往升华，还是转向神经症。因此，早期分析才成为可能，它在很大程度上可以用升华代替压抑，从而将通往神经症的道路扭转为通向发展技能的道路。

注　释

❶ 亚伯拉罕（1914）的《运动焦虑的一个体质基础》（*A Constitutional Basis of Locomotor Anxiety*）。

❷ 参见《一个儿童的发展》。

❸ 在弗里茨身上，它以暴力的形式出现（这在我看来非常重要），并伴随着与之相适应的整体情感。在其他分析中，情况并不总是如此。例如，在13岁的男孩菲利克斯身上（我也将在本文中反复提到他的分析），我常常可以发现焦虑本身，但它并没有经历如此强烈的情感。亚历山大（1923）博士在他的论文《性格形成中的阉割情结》中指出了这种情感"经历"（living-through）的重要性。这就是精神分析在早期的目标，称为"宣泄"（abreaction）。

❹ 参见S.费伦齐（1912a）的《分析过程中的暂时性症状形成》（*Transitory Symptom-formation during the Analysis*）。

❺ 出自弗洛伊德《精神分析引论》（*Introductory Lectures on Psycho-Analysis*）（《标准版》第15～16卷，第410页）。

❻ 同上。

❼ 通过几个分析案例，我能够确定这样一个事实：孩子们经常对周围的人隐瞒相当多的焦虑，好像他们无意识地觉察到了焦虑的含义。对于男孩来说，还有一个事实是，他们认为这些焦虑代表着懦弱，并为此感到羞愧，事实上，如果他们承认自己的焦虑，的确通常会受到责备。这些可能就是童年焦虑容易被遗忘，并且被彻底遗忘的原因。我们可以肯定，童年的遗忘背后总是隐藏着一些原始的焦虑，只有通过真正深入的分析才能被重新构建出来。

❽ 出自《压抑》（*Repression*）（《标准版》第14卷，第153页）。

❾ 出自《精神分析引论》，第410页。

❿ 出自《压抑》（《标准版》第14卷，第153页）。

⓫ 出自《无意识》（*The Unconscious*）（《标准版》第14卷，第177页）。

⓬ 同上。

⓭ 在谈到梦中的"痛苦"和焦虑之间的联系时，弗洛伊德说："对于未扭曲的焦虑之梦来说成立的事实，同样适用于那些部分扭曲的梦，以及其他不愉快的梦，在这些梦中，痛苦的感觉可能对应着一种焦虑的形式。"

❶ 即使是这种成功的压抑（焦虑所经历的转变使它变得完全不可识别），也毫无疑问有可能导致大量力比多的消退。我在对一些案例的分析中发现，个人习惯和特质的发展受到了力比多观念（libidinal ideas）的影响。

❶ 参见弗洛伊德的《论肛门性欲中的本能转换》（《标准版》第17卷）、史塔克（Stärcke）的《精神分析和精神病学》（Psychoanalyse und Psychiatrie）以及亚历山大（1923）的论文。

❶ 压抑的结果随后（在三四岁或更大时）以一种引人注目的方式出现，其中一些表现为完全形成的症状——俄狄浦斯情结的影响。很明显（但事实仍然需要验证），如果有可能在夜惊症发生时或之后不久对儿童进行分析，并解决这种焦虑，那么神经症的根源就会被切断，并开启升华的可能。我自己的观察让我相信，对这个年龄段的孩子进行分析性探索并不是不可能的。

❶ 参见弗洛伊德的《精神分析引论》。

❶ 参见弗洛伊德《图腾与禁忌》（Tetem and Taboo）。

❶ 《性学三论》（Three Essays on Sexuality）（《标准版》第7卷）。

❷ 见琼斯（1919）的《象征的理论》（The Theory of Symbolism）。另见，《精神分析对人文学科的意义》（Die Bedeutung der Psychoanalyse für die Geisteswissenschaften）（Rank & Sachs，1913）。

❷ 见琼斯（1919）的《象征的理论》。

❷ 见《癔症幻想及其与双性恋的关系》（Hysterical Phartasies and their Relation to Bisexuality）（《标准版》第9卷）。

❷ 从对男孩和女孩的分析中，我发现足球的这种含义，以及各种球类游戏的这种含义都很典型。我将在其他地方说明这一点；现在我只想说，我得出了这个结论。

❷ 他在这方面最初表现出的是笨拙和厌恶，此后才发展出巨大的乐趣和技巧。在分析过程中，首先出现了享受和厌恶之间的摇摆——这也发生在他的其他游戏和体育运动中。后来，他获得了一种持久的快乐和技能，取代了由阉割恐惧所导致的抑制。同样的影响也体现在他在雪橇运动的抑制（以及随后的乐趣）上。在这一点上，他又一次特别强调了运动时的不同姿势。我们发现他对所有运动和田径游戏都抱有类似的态度。

❷ 很明显，他幻想的独特装置和结构总是着眼于皮皮（阴茎）的动作和功能，他的发明是为了使皮皮更加完美。

❷ 在他两岁零九个月的时候，他曾经跑出家门，毫无畏惧地穿过繁忙的街道。这种逃跑的倾向持续了大约六个月。后来，他开始对汽车表现出非常明显的谨慎（分析表明，这是神经症焦虑），逃跑的欲望和四处游荡的乐趣似乎终于消失了。

❷ 这孩子又复发了，部分原因是，出于谨慎，我的分析不够深入。然而，所取得的部分结

果是持久的。

㉘ 与种花有关的是他习惯在路上的某些特定地点小便。

㉙ 出自S.费伦齐（1921）的《桥的象征意义》（*The Symbolism of the Bridge*）。

㉚ 他对被墨水弄脏的联想是油和炼乳，正如他的分析所显示的那样，这两种液体在他的脑海中代表着精液。这是一种粪便和精液的混合物，他认为这两种物质都存在于父母的阴茎中。

㉛ 这是一段很长且很明确的幻想的一部分，它为怀孕和生育的各种理论提供了素材。他还对自己发明的一种机器产生了其他联想，通过这种机器，他可以把绳子扔到镇上的不同地方。这个幻想再次揭示了他的理论，即他是由他的父亲生育的，这与他自己的性交理论混在一起。

㉜ 这一幻想揭示出是什么导致了他早期对街头男孩的恐惧，现在这种恐惧暂时消失了。第一次分析不够深入，未能充分解决恐惧症和他的抑制背后的固着因素，使他有可能复发。这一事实，再加上对儿童分析的进一步经验，在我看来，似乎证明了一点，即婴儿分析以及后来的分析应该尽可能深入。

㉝ 我们在第一次分析的过程中发现了他的这些观念（参见《一个儿童的发展》）。由于分析不够深入，与这些观念关联在一起的幻想无法被释放。只有到第二次分析时，这些幻想才出现。

㉞ 粪便。

㉟ 这里我要再次提到《一个儿童的发展》中的一个幻想，在这个幻想中"便便"孩子从阳台跑下几级台阶进入花园（房间）。

㊱ 他幻想中的环形铁路也出现在他所有的游戏中。他建造了绕圈运行的火车，绕着他的大圆圈转了一圈又一圈。他对街道方向和名称的兴趣逐渐增加，并发展为对地理的兴趣。他假装要在地图上旅行。所有这一切都表明，他的幻想从家乡拓展到城镇、国家和整个世界（这是一种进步，一旦幻想被释放，它就会显现出来），这也对他的兴趣产生了影响，因为它们的范围越来越广了。在此，我要提请大家注意，从这一观点来看，游戏中的抑制也有非常重要的意义。游戏中兴趣的抑制和限制会导致对学习的潜力和兴趣减少，并损害整体智力的进一步发展。

㊲ 在柏林学会会议上就我未发表的论文《东方罪人》（*Über die Hemmung und Entwicklung des Orientierungssinnes*）进行的讨论（1921年5月）中，亚伯拉罕指出，儿童从很早开始对母亲身体的定向产生兴趣，这先于他对自身身体定向的兴趣。这当然是对的，但这种早期的定向似乎只有当对母亲身体定向的兴趣被压抑时才会受到压抑，当然是因为这种兴趣与乱伦的愿望联系在一起；因为在无意识中，儿童渴望通过性交的方式回到子宫，并对其进行探索。例如，弗里茨让一只小狗（它反复代表他幻

想中的儿子）沿着他母亲的身体滑行。当他这样做时，他幻想着他在一些国家间游荡。在她的胸前有山，在生殖器附近有一条大河。但突然这只小狗被仆人——玩具人偶——拦住了，他们指控它犯了一些罪，说它损坏了他们主人的马达，幻想以争吵和打架告终。还有一次，他对小狗的旅行有了进一步的幻想。它找到了一个很好的地方，他想在那里安顿下来，等等。但结果还是很糟糕，因为弗里茨突然宣布他必须射杀那只小狗，因为它想夺走他的木屋。更早的迹象也表明了这种"母亲身体的地理环境"。不到五岁的时候，他把身体所有的四肢和膝盖关节都称为"边界"，他把母亲称为他"正在攀登的山"。

❸❽ 例如，弗里茨在这个时候进行了他的第一次绘画尝试，尽管他的作品确实没有表现出天赋的迹象。他的这些图画描绘了铁路线，还带有车站和城镇。

❸❾ 关于结论方面，我同意霍洛斯博士（Hollós，1922，Über das Zeitgefühl）的观点，他从不同角度出发得出了相同的结论。

❹⓿ 在这里，我要提到S.斯比尔林（S.Spielrein，1922）博士的一篇有趣的论文。在这篇论文中，她以一种极富启发性的方式，将儿语"爸爸"和"妈妈"的起源追溯到吮吸行为。

❹❶ 出自弗洛伊德的《论爱情领域普遍存在的贬低倾向》（*On the Universal Tendency to Debasement in the Sphere of Love*）（《标准版》第11卷）。

5

论抽动症的心理成因 [1]

A Contribution to the Psychogenesis of Tics

（1925）

下面我将描述的是一个相对较长的案例摘要，我想通过这个案例来研究抽动症的心理成因。对于病人菲利克斯来说，抽动似乎只是一个次要的症状，他的分析材料与抽动的联系并不多。尽管如此，抽动症对于他的整体人格发展、性欲发展、神经症和性格方面都产生了极其重要的影响。这些影响是如此深远，以至于当我们的分析成功治愈了抽动症后，他的治疗也就宣告成功结束。

菲利克斯在13岁时被带来我这里分析，他令人印象深刻地表现出亚历山大所说的"神经症性格"。虽然没有实际的神经症症状，但他的智力兴趣和社交关系都受到严重的抑制。虽然他的心智能力很好，但除了运动，他对任何事都提不起兴趣。他与父母、兄弟和同学都很疏远。另一个引人注目的方面是他缺乏情感。他的母亲只是顺口提到他曾经有几个月出现过抽动症状。因为这些症状只是偶尔出现，所以没有引起她的注意。至少有一段时间，我也没有特别注意它们。

由于他每周只做三次分析，且治疗多次中断，他花了三年半的时间，总共完成了370个小时的分析。这个男孩来找我时还没有进入青春期，长期的治疗使我深入地了解到：随着青春期的开始，他面临的种种困难愈演愈烈。

以下是他成长过程中的一些重要情况。他在三岁时接受了包皮拉伸手术，这种拉伸对他的手淫产生了深刻的影响。他的父亲禁止他手淫，多次警告甚至威胁他，这促使菲利克斯放弃了手淫。但即使在潜伏期内，他也只能偶尔做到不手淫。在他11岁时，他不得不进行一次鼻腔检查，这重新激活了他三岁时的手术创伤，并导致他重新挣扎于手淫问题。但是这次他完全戒除了手淫，他的父亲从战争中归来，再次发出威胁，对他的戒除起了重要作用。阉割焦虑和随后的手淫困扰深深地影响了这个男孩的成长。还有非常重要的一点是，他在六岁以前都和父母同住一间卧室，对父母性交的观察给他留下了深刻的印象。

三岁时——也就是婴儿性欲的高潮期——的手术创伤强化了他的阉割情结，使他从异性恋态度转向同性恋。但是，这种反向的俄狄浦斯情结也受到了阉割焦虑的破坏。这使得他的性发展退行到肛门施虐的水平，并呈现出进一步退化到自恋状态的倾向。这导致了他对外部世界的拒绝，他的社交退缩态度也越来越明显。

他很小的时候就喜欢哼歌，但是在他三岁的时候突然停止了。直到接受分析后，他的音乐天赋和兴趣才得以恢复。他很早就出现了身体上的多动（physical restlessness）现象，并且有增加的趋势。在学校里，他的腿不能保持静止。他总是在座位上坐立不安，做鬼脸，揉眼睛，等等。

菲利克斯七岁时，弟弟的出生在很多方面加重了他的困难。他对温柔的渴望越来越强烈，但对父母和环境的冷漠却越来越明显。

菲利克斯在学校的头几年是个好学生。然而，游戏和运动在他心中引起了强烈的焦虑，他对它们表现出极大的厌恶。在他11岁的时候，他的父亲刚从战场上回来，因为他在运动方面的懦弱而威胁要惩罚他。这个男孩成功地克服了焦虑。

他甚至转向了另一个极端❷，成为一个狂热的足球运动员，开始练习体操和游泳，尽管他的焦虑会时不时地复发。另一方面，他的父亲坚持督促他做作业，这使他对功课失去了兴趣。他越来越厌恶学习，去学校渐渐成了一种折磨。在此期间，他在手淫方面的挣扎再次出现。在治疗的第一阶段，他对运动的热情和对学校作业的厌恶在很大程度上成为关注的焦点。分析清楚地表明，对他来说，比赛和其他体育活动是手淫的替代品。在他的分析开始时，他能记得的唯一自慰幻想是：他正在和一些小女孩玩耍；他抚摸她们的乳房，和她们一起踢足球。在比赛中，女孩们身后的一间小屋不断让他分心。

分析表明，小屋是一个厕所，代表他的母亲，表达了他对她的肛门固着，也有贬低她的意义。这场足球比赛代表了他性交幻想的一种行动化（acting out），这取代了手淫，成为他父亲鼓励甚至要求的一种释放性紧张的方式。同时，比赛给了他利用过度身体活力的机会，这与他对抗手淫密切相关。但这种升华只取得了部分成功❸。

在阉割焦虑的压力下，比赛与性交的等同（equation）导致了他对游戏的爱的抑制。由于父亲的威胁，他成功地将这种焦虑转移到了学习上。然而，因为求知和性交之间也有一种无意识的联系，所以它现在就像之前游戏一样，成为一种被禁止的活动。在我的论文《学校在儿童力比多发展中的作用》中，我更具体地解释了这种联系，并解释了它在这个特殊案例中的更广泛的应用。这里我只想指出，菲利克斯不可能通过比赛、学习等升华来成功应对焦虑。焦虑一次又一次地出现。在分析的过程中，他越来越清楚地意识到，比赛是一种不成功的对焦虑的过度补偿，是一种不成功的手淫替代品。不出所料，他对比赛的兴趣减弱了。同时，他逐渐对学校的各种学科产生了兴趣。与此同时，他的"Berührungstangst"（触摸生殖器的恐惧）减弱了。经过多次失败的努力，他逐渐克服了长期以来对手淫的恐惧。

值得注意的是，此时他的抽动频率增加了。这在分析前几个月首次出现，其促发因素是菲利克斯偷偷目睹了他父母的性交。随后，他出现了抽动症状，包括面部抽动和后脑勺向后倾斜。他的抽动分为三个阶段。起初，菲利克斯有一种感觉，他脖子后面的凹陷处被撕裂了。因为这种感觉，他不得不向后倾斜头部，然后从右向左旋转。第二个动作伴随着一种有什么东西在破裂的感觉。最后的第三个动作是下巴尽量往下压。这给了菲利克斯一种钻进某种东西的感觉。有一段时间，他连续三次表演这三个动作。"三"的一个意思是菲利克斯在抽动中扮演了三个角色（我稍后会详细讲回这一点）：被动的母亲角色、被动的他自己和主动的父亲角色。被动角色主要由前两个动作表示。虽然"裂开"的感觉也包含了主动的父亲角色的施虐元素，但施虐的元素在第三个动作中表现得更加充分，也就是要钻进什么东西。

为了能够分析抽动，分析师必须了解病人对抽动的感受以及他对引起抽动的环境的自由联想。一开始他的抽动只是不规律地偶尔出现，过了一段时间，他的抽动症状越来越频繁。直到分析成功地穿透了被压抑的深层同性恋倾向（相关材料最初体现在他对比赛的热情和与比赛相关的幻想中），抽动的意义才被揭示出来。他的同性恋倾向后来表现在他对音乐会的兴趣上（目前尚未显露），尤其是他对指挥家和音乐家个人的兴趣。他对音乐的热爱逐渐显现，并发展为一种真正持久的音乐欣赏能力。

菲利克斯三岁时的哼歌表现了他对父亲的认同。然而在经历创伤之后，就像他其他不利的发展一样，他对唱歌的兴趣也被抑制了。在分析揭示了相关的儿童早期屏幕记忆后，这种兴趣被恢复了。当他还是个小男孩的时候，有一天早上，他起床后看到自己的脸映在三角钢琴光滑的表面上，扭曲的映像使他害怕。另一个屏幕记忆是，有一天晚上，他听到父亲的鼾声，看到他的前额长出了角。这让他想起了他在朋友家看到的一架黑色钢琴，后来又想起了他父母的床。这说明他在床上听到的声音，虽然最初极大地促进了他对声音和音乐的兴趣，但后来导致了这些方面的抑制。在听了一场音乐会后，他在分析中抱怨说，大钢琴把艺术家完全遮住了，这让他联想到一种记忆：他的小床放在父母的床脚，床尾挡住了他的视线，但并没有妨碍他听和观察。越来越明显的是，他对指挥家的兴趣源于他们与他父亲在性交方面的等同。虽然他还是一个旁观者，但他想积极参与正在发生的事情。这个愿望在下面的联想中浮现出来：他想知道指挥家是如何让演奏者如此准确地跟随他的节拍的。在菲利克斯看来，这是一件非常困难的事情，因为指挥家有一根相当大的指挥棒，而演奏者只用手指演奏❹。成为一名音乐家并与指挥家一起演奏的幻想是他压抑的手淫幻想的重要组成部分。虽然他的手淫幻想开始升华为对音乐节奏和运动元素的兴趣，但它被过早的、暴力的压抑所阻碍。对此，三岁手术造成的创伤是一个很重要的原因。他对运动的需求因此通过身体上的多动得到了释放。在他的发展过程中，这些运动需求也以其他的方式表现出来，我在后面会讲到。

这个男孩对取代母亲与父亲发生关系的幻想，即被动的同性恋态度，被主动的同性恋幻想（即取代父亲的幻想）所掩盖，表现为与男孩发生性关系的欲望。这种幻想是他在自恋层面上的同性恋客体选择的体现，即他选择了自己作为自己的恋爱对象。他的这种自恋形式的同性恋是由创伤引起的阉割焦虑决定的。此外，他的自恋式退行导致他在选择爱的对象时先后放弃了母亲和父亲。这也是他回避社交的原因。然而，在他手淫幻想的同性恋内容背后，我们可以通过很多细节（比如他对三角钢琴和乐谱的兴趣），看到菲利克斯对父亲最初的认同，即与母亲发生性关系的异性恋幻想。在菲利克斯三岁的时候，他通过哼唱表达了这种认同，但后来就终止了。

他的手淫幻想中的肛门元素变得明显起来。例如，他想知道音乐听起来这么低沉是不是因为管弦乐队被放在了剧院的舞台下面。这种幻想来自他对父母床上声音的肛门期理解。他对年轻作曲家过分使用管乐器的批评，让人想起了他小时候对放屁的兴趣。肛门元素对他的音乐敏感性产生了深远的影响，所以他也认为自己是一个音乐家。对他来说，只有他的肛门成就能与他父亲的生殖器成就相媲美。值得注意的是，这种对声音的强烈兴趣在某种程度上是他视觉兴趣被抑制的结果。由于他在成长的早期经历的原初场景增强了窥淫癖，这导致视觉成为被压抑的对象。这在分析过程中再次变得明显起来。看完歌剧后，他以指挥家乐谱上的黑点和线条为基础，产生了幻想。他坐在舞台附近，试图读懂乐曲。（在这里，我们再次将其与他的异性恋欲望联系在一起。对菲利克斯来说，指挥家面前的乐谱就相当于他母亲的生殖器。）他短暂的眨眼和揉眼睛可以让我们更好地理解这一点。

菲利克斯刚开始来分析的时候，他有一个非常明显的倾向，就是不看离他最近的东西。他不喜欢电影❺。他认为电影只有科学价值，这与窥淫癖受到压抑有关，即原初场景增强了窥淫癖，而使其受到压抑。

菲利克斯对指挥家的崇拜证明了他的性观念，即性交是一种施虐行为。指挥家对观众和他们的掌声无动于衷。他可以一边指挥一边快速翻阅乐谱，听起来像撕裂。他声称，即使在自己的座位上，他也能听到翻页的声音——这种声音让他感兴趣，让他想起革命和暴力。但他怀疑这是不可能的，因为指挥家离他太远了。听到它的感觉与婴儿期原初场景有关。这种猛烈的撕裂声对他来说代表着一种强烈的撕裂和穿透，表明这是他手淫幻想中一个重要的施虐元素。我们将在稍后的抽动分析中讨论这一点。

他对诗人、作家和作曲家的兴趣与日俱增，这与他早期对父亲的崇拜有关，后来这种崇拜被深深压抑了。在这方面，他第一次体验到直接的同性恋兴趣是在读了一本描述一个男人对一个男孩的爱的书之后。他对一个男孩产生了浪漫的迷恋。除了被很多男生喜欢，这个男生也是其中一位老师的最爱。显然，全班都有充分的理由认为他们之间有恋情。男孩和老师之间的关系在很大程度上决定了菲利克斯的客体选择。分析表明，菲利克斯喜欢的男孩A一方面代表了对菲利克斯自身的理想化，另一方面也代表了一种介于男性和女性之间的形象，即一个有阴茎的母亲。A和老师的关系代表了菲利克斯实现了他未被满足的愿望，即作为儿子被父亲爱，在与父亲的关系中取代母亲的位置。他对男孩A的爱主要基于认同，对应的是一种自恋的客体关系。这份爱从未得到回报。事实上，菲利克斯几乎不敢接近他爱的男孩。他和另一个同学B分享了这段不幸的爱情，然后选择了B作为他的恋爱对象。分析显示，学生B的外貌等方面让菲利克斯想起了他的父亲，并用B取代了他父亲。这段关系导致他们互相手淫。考虑到所有的复杂性，我认为有必要阻止这两个男孩之间的关系，这对分析是有益的。

菲利克斯重新唤起了他对音乐的兴趣，表现出同性恋，并再次开始手淫。在这些发展的同时，他的抽动频率明显下降。即使抽动偶尔出现，我们也能理解它在无意识里的含义。当菲利克斯告诉我他觉得自己已经克服了对A和B的爱时，他的抽动又变得越来越严重。这清楚地显示了抽动的含义，即被压抑的同性恋冲动，或者更确切地说，通过幻想或手淫释放这些冲动。在童年早期的冲突中，菲利克斯被阉割焦虑所驱使，压抑着对父母的渴望。现在，部分是在我的要求下，他重复了这个过程，离开A和B。因此，抽动似乎是一种替代品，就像过去通过身体多动取代手淫和手淫幻想一样。现在我可以对他的同性恋倾向做一个更全面的分析。他的直接同性恋倾向明显下降，随后有了一些升华，尤其是他在这个时期开始了他与其他男孩的友谊。

对抽搐的进一步分析使我们多次将其起源追溯到儿童早期。有一次，菲利克斯和一个朋友一起做作业。他下定决心要先解决一道数学题，但朋友先解决了，然后他便出现了抽动。联想表明，与朋友的竞争失败再次唤起了父亲的优越感，激活了菲利克斯的阉割情结。结果，他觉得自己（在与父亲的关系中）又扮演了一个女性角色。还有一次，当他不得不向英语老师承认自己跟不上学习进度，希望能有一些私人课程来弥补自己的不足时，抽动又出现了。对他来说，这也意味着承认自己的失败（与他的父亲有关）。

以下事件尤为典型。菲利克斯想买一场音乐会的票，但是票都卖光了。他和许多其他人站在音乐厅的入口处。在人群中，一名男子打破了一块玻璃，一个警察过来处理。这时，他的抽动又出现了。分析表明，这种特定的情境是对童年时期他偷听原初场景的重复，这与抽动的起源密切相关。他自己认同了打破窗户的那个人，因为和他一样，他早年也想强迫进入一场"音乐会"，也就是父母之间的性交。这名警察代表了发现他的企图的父亲。

抽搐的进一步减少体现在两个方面。一方面，抽动变得不那么频繁了。另一方面，抽动从三个动作减少到两个，然后又减少到一个动作。起初，他感到脖子后面有什么东西被撕裂了，这使他第一次抽动，但这种感觉消失了。接着，伴随第二个动作的那种破裂感也消失了。剩下的就是钻入某种东西的感觉。这种感觉有双重含义：肛门的压力和阴茎插入。这种感觉与他幻想摧毁父亲和母亲的阴茎有关。他幻想用他的阴茎钻到他的父母身上。在这个阶段，他的抽动被压缩成一个动作，但前两个动作的痕迹仍然可以被观察到。

被动同性恋所决定的撕裂感和破裂感消失了。与此同时，他的手淫幻想也发生了类似的变化，其中的同性恋内容由被动转向主动。然而，性交的节奏隐含在撕裂、破裂和钻探中。菲利克斯体验了一种强烈的紧张感，他忍受着这种紧迫感，并能够抑制住抽动。这种感觉先增后减。有一段时间，它主要是撕裂，然后破裂，然后只是钻。过了一段时间，抽动完全消失了，取而代之的是一个把肩膀往后推的动作。下面的事件揭示了它的意义：在与校长交谈时，菲利克斯突然有一种无法控制的冲动，想要挠背，随之而来的是肛门刺激和括约肌收缩。很明显，这证明了他压抑着用污言秽语侮辱校长，用粪便玷污校长的欲望。这让我们回到了原初场景。当时，他对父亲也有同样的愿望，并通过一连串动作和尖叫来表达。

在抽动分析的后期，他用揉眼和眨眼代替抽动。对于这一变化的解释是，学校的黑板上有一段中世纪的铭文，菲利克斯无缘无故地觉得他不能正确地解读它。于是他开始揉眼睛和眨眼。他的自由联想显示，黑板❻和黑板上的文字代表着——就像在分析过程中的许多其他场合一样——他母亲的生殖器，那是他看到的原初场景中不可知、不可理解的部分。黑板上的铭文可以类比于指挥家的乐谱，他在剧院里从座位上试图解读乐谱上的黑线。这两个例子显示，他的眨眼可能来自被压抑的偷窥欲。同时通过揉眼，他的手淫愿望以一种置换的方式获得了表达。通过分析，我们也能够充分理解这些情境与他在学校常见的退缩状态之间的联系。他有时茫然望着空中，这与如下的幻想有关：当他观看和聆听雷雨时，他想起了幼时经历的一场暴风雨。暴风雨过去后，他探出窗外，想看看花园里的房东和房东太太有没有受伤。然而，事实证明，这段记忆也是与原初场景有关的屏幕记忆。

对抽动及其替代形式的分析取得了进一步的进展。最后，甚至连眨眼和揉眼睛都消失了。只有在一些特殊的场合，他仍然有抽动的想法。当这些场合与被压抑的手淫欲望和原始场景之间的联系被揭示出来时，连抽动的想法都消失了，他的抽动被彻底而永久地治愈了。与此同时，分析在其他方向上也取得了重要进展。异性恋的欲望首先通过他对女演员的崇拜表现出来。这种客体选择与菲利克斯一贯的认同❼是一致的，即戏剧、音乐会等与性交之间的认同，以及表演者与父母之间的认同。正如我所展示的，他自己扮演着旁观者和旁听者的角色。同时，他也是一个通过认同父母扮演不同角色的表演者。

有一次菲利克斯不得不在等候室等我。他告诉我他透过窗户看到了对面的公寓。这时，他体验到一种奇怪的感觉。他看到人们在许多窗户后面走动。他试着想象他们在做什么。在他看来，这就像在一个剧院里，演员们扮演着各种各样的角色，他也觉得自己在和这些人分享正在发生的事情。

菲利克斯的第一个异性恋客体选择，很大程度上受到他的同性恋态度的影响。在他看来，这位女演员很有男子气概，她是个有阴茎的母亲。这种态度仍然存在于他与第二个异性恋客体的关系中。他爱上了一个比他大的女孩。在他们的关系中，女孩扮演了主动的角色。他对童年母亲的印象是妓女，也是一个比他优越的阴茎母亲，这个女孩成为这些幻想的化身。这种移情对我来说太强烈了，我确信这段关系应该暂时停止❽。因为菲利克斯已经意识到他的焦虑与这些关系密切相关，他的客体选择是为了避开那些指向我的幻想和欲望。直到现在，这些幻想和欲望才在分析中呈现出来。我们现在可以看到，这种对他最初深爱的但又是情欲禁忌的母亲，加强了他的同性恋态度，也加强了关于阉割性母亲的可怕幻想。

菲利克斯从同性恋到异性恋的转变以及异性恋的内在变化也体现在自慰幻想的发展变化上。这一分析将我们带回到他最早的手淫幻想，直接与他对父母性交的观察有关。我将按照实际的时间顺序概述这些幻想的发展。

菲利克斯六岁之前一直和父母住在同一间卧室里。他想象自己面前有一棵大树，树干指向相反的方向，那是他父母的床。一个小个子男人从树上滑下来，向他走来。这个人一半是老人，一半是孩子，这是他父亲和他自己的缩影。这反映了他的自恋性质的同性恋客体选择。后来，他看见一个人的头，一个希腊英雄的头朝他飞来。在他的脑海中，这些头象征着炮弹和重物。这变成了一些材料，然后他在这些材料的基础上发展了他对足球的幻想，并发展了他踢足球的技巧，以此来补偿他对被父亲阉割的恐惧。

随着青春期的开始，菲利克斯有了新的尝试，这影响了他对异性恋客体的选择。这体现在他的自慰幻想中，与和他一起踢足球的小女孩有关。幻想中的（小女孩）的头也被他修改了，就像前面提到的希腊英雄的头一样，目的是让他所爱的真实客体无法辨认。在分析过程中，随着手淫的逐渐恢复（手淫随着抽动的减少而增加），他的手淫幻想逐渐发展为以下内容：起初他想象有个女人躺在他身上。然后那个女人时而躺在他身上，时而躺在他身下。最后，女人完全躺在了他的身下。他性幻想的细节与这些不同的体位相对应。

事实证明，分析菲利克斯的手淫幻想是治疗他抽动的决定性因素。禁止手淫导致了其他动作的释放，比如做鬼脸、眨眼、揉眼睛，以及各种形式的多动、运动，最后演变为抽动。

但是，如果我们回顾他被压抑的具体自慰幻想的演变过程，我们会发现，其中一些与行动的释放有关，而另一些则包含了他的升华尝试。他对运动的热爱是基于与抽动有关的自慰幻想，也就是说，他认同了性交中的父母双方。在他看来，他既是一个旁观者，也是一个被爱的对象。他对比赛的兴趣和关于比赛的报告在他的分析中起到了很大的作用。因此，我有足够的材料来证明他的比赛幻想背后存在着相同的认同。足球场上的对手象征着阉割性的父亲的威胁，他必须防守。另一方面，球门和操场代表他的母亲。通过分析，我们还可以看到母亲形象在其他方面的表现，甚至这也体现在他的同性恋倾向上。这与后来与抽动有关的幻想是一样的。比赛和多动在避免抽动或更确切地说是手淫方面发挥着作用。但由于阉割焦虑的反复出现，这种升华只能部分实现。因此，菲利克斯与比赛的关系仍然不稳定。但我们发现，这些自慰幻想也是他对待学习的矛盾态度的原因，因为学习也与这些活动密切相关。

一天，男老师上课时靠在桌子边。菲利克斯有一个愿望，希望老师把桌子掀翻并弄坏，并在这个过程中伤到自己。对菲利克斯来说，这代表了他注视下父亲与母亲的性交的新版本。他和男老师的关系从一开始就和他和父亲的关系一样，也是由被压抑的同性恋因素所决定的。他在课堂上给出的每一个答案，在学校做的所有作业，都有与父亲发生同性性行为的意思。但在这里，就像他在比赛中与同伴或对手的关系一样，他与母亲的原始关系也隐藏在同性恋的背后，虽然隐藏得很好。他在学校坐的桌子、老师倚着的桌子、他写字的黑板、教室、学校的建筑——所有这些与老师相关的东西，都代表着与老师（父亲）发生性关系的母亲，就像球门、学校的操场等等。他对学习和玩耍的抑制来自阉割焦虑。这让我们明白了为什么菲利克斯在最初的几年里是一个好学生，虽然他有些拘谨。因为当时由于战争，父亲不在家，所以他与学习有关的焦虑减少了。他父亲一回来，他就对学校产生了反感。另一方面，菲利克斯在一段时间内将自己的自慰幻想升华为父亲要求的体育活动。事实上，这在某种程度上是有效的，因为它补偿了他的焦虑。

如我所示，自慰幻想内容的变化也体现在他对音乐的热爱上。这种升华被更强烈地抑制，但通过分析逐渐释放。这同样是由于自慰幻想引起的焦虑，导致了这种更早也更强烈的抑制。

菲利克斯的例子表明，抽动与病人的整体人格、性取向、神经症、升华发展、人格发展和社会态度密切相关。这种联系源于他的自慰幻想。菲利克斯的这些幻想对他的升华、神经症和人格都产生了很大的影响，这一点变得尤为明显。

同样，在另一个病人身上，我也发现自慰幻想的意义和结构决定了抽动的发展。这并不是一个明显的抽动问题，而是一个在许多重要方面与抽动非常相似的动作释放问题。沃纳（Werner）九岁时来找我。他是个神经质的孩子。在一岁半的时候，他表现出一种过度的身体多动，而且这种多动正在增加。五岁时，他就养成了用手和脚模仿发动机的特殊动作习惯。从这个游戏中，他发展出了所谓的"乱动"，逐渐主导了他所有的游戏活动。最初的发动机游戏很快就不再是他游戏的唯一内容。九岁时，他经常"四处走动"几个小时。"这很有趣，但也会带来麻烦。我不能在我想停下来的时候停下来，例如，当我应该做作业的时候。"他说。

分析表明，很明显，他在压制自己的多动时引起的不是焦虑，而是一种紧张感——这个时候，他总是要想着乱动。像菲利克斯一样，当他压制抽动时，释放的不是焦虑，而是紧张感。我在他的幻想中发现了更重要的相似之处。通过分析，我发现了沃纳所说的"乱动想法"。他告诉我说《人猿泰山》（Tarzan of the Apes）里的动物引起了他的乱动 [9]。猴子们正在穿过丛林，他想象自己走在它们后面，努力跟上它们。这些联想清楚地表明了他对与母亲发生性关系的父亲（猴子＝阴茎）的崇拜，以及他想以第三人身份参与的欲望。这种对父母的认同也构成了许多其他"乱动"想法的基础，所有这些都可以被视为自慰幻想。重要的是，他在乱动的时候，必须用右手的手指转动铅笔或尺子，而且在别人面前不能"很好地乱动"。

下面是伴随着他的乱动的另一个幻想：他看到前面有一艘船，是用特别坚硬的木头做的。船上装有非常坚固的梯子，这样人们就可以安全地爬上爬下。下面有一个粮仓和一个充气的大气球。如果水上飞机遇到危险，它可以降落在这艘"救援船"（他这样称呼它）上。这个幻想表达了他指向父亲的女性态度所引起的阉割焦虑，以及对这种态度的防御。遇险的水上飞机代表他自己，船体代表他的母亲，气球和粮仓代表他父亲的阴茎。像菲利克斯一样，阉割焦虑导致了沃纳的自恋式退行，即把自我作为爱的对象。在他的幻想中，"小个子"扮演着重要的角色。他既要参与，又要竞争，还要证明自己比"大个子"更熟练；例如，他是小个子的发动机，或者是小个子的小丑。"小个子"不仅仅指阴茎，与他的父亲相比，还代表了他自己。通过这种方式，他表达了对自己的仰慕，展现了他对力比多的自恋式解决。

这两个案例的另一个相似之处是，声音在沃纳的幻想中也扮演着重要的角色。沃纳还没有形成明显的音乐意识，但他对声音表现出了浓厚的兴趣。分析表明，这种兴趣与他观察父母性交时的幻想密切相关。当他5个月大的时候，他暂时和父母同住一间卧室。他在这么小的时候观察到什么——至少在他的分析的这个阶段❿——是不确定的。另一方面，分析证明，当他18个月大的时候，他多次从父母卧室敞开的门里听到的声音的重要性是毋庸置疑的。正是在这段时间里，他变得过于活跃。下面的例子说明了声音在他的自慰幻想中的重要作用：他告诉我他"四处走动"是因为他想要一台留声机。像往常一样，他的乱动是为了模仿某些动作。在这里，它指的是给留声机上弦和移动唱针的动作。然后他想象了一辆他想拥有的摩托车，并以同样的方式描述了它的运动。他把自己的幻想画了下来。这辆摩托车有一个巨大的引擎，很明显像一个阴茎的样子，而且，就像"救援船"上的气球一样，这次它也装满了汽油。摩托车上坐着一个女人，她启动了摩托车。曲柄的声音以尖尖的光线的形式落在一个"可怜的小家伙"身上，他被这声音吓坏了。与此同时，沃纳产生了一个关于爵士乐队的幻想。他模仿乐队的声音说他在"四处走动"。他向我展示了号手如何吹奏，队长如何指挥，鼓手如何打鼓。我问他是什么让他在这里"走动"，他回答说就是他参加的这些活动。然后他在纸上画了一个巨人。它有一双大眼睛，头上有天线和无线设备。一个小矮人想看巨人，所以他爬上了埃菲尔铁塔。图中，埃菲尔铁塔与摩天大楼相连。在这里，他对父亲的崇拜表现为对母亲的崇拜。在被动的同性恋态度背后，我们可以看到他的异性恋态度。

和菲利克斯一样，沃纳对听觉的强烈兴趣必须通过节奏来表达，这与对窥淫癖的压抑有关。我刚才描述了他对爵士乐队（由巨人代表）的幻想，然后沃纳告诉了我一些关于他去过的电影院的事情。事实上，他不像菲利克斯那么明显地厌恶电影。但有一天，当我有机会看他和其他孩子欣赏戏剧表演时，我注意到他表现出一些被压抑的窥淫癖的迹象。很长一段时间，他的眼睛都不在舞台上。他说，这一切既无聊又不真实。在此期间，他有一段时间很着迷，盯着舞台上的场景，但随后又恢复了原来的态度。

和菲利克斯一样，沃纳的阉割情结也非常强烈。虽然无法抗拒自慰的诱惑，但他仍然试图通过其他动作释放来替代自慰。是什么创伤性的印象导致了他强烈的阉割情结和对自慰的恐惧？目前还无法通过分析确定。毫无疑问，他在5岁时（也是通过敞开的门）通过听觉观察性交，然后最有可能在6到7岁之间，当他短暂地与父母合住一个房间时，他通过视觉观察性交。这两个方面加重了他的困难，包括当时已经发生的"乱动"。毫无疑问，他的"乱动"和抽动是相似的。我们可以认为多动症状是真正的抽动发展的初始阶段。菲利克斯也是如此，他的弥漫性多动从童年早期就很明显，直到青春期才被抽动取代，这是在一种特殊的经历作为诱因之后。也许经常发生的情况是，抽动最终只出现在青春期，那时许多困难已经达到了极点。

现在，我将把我的结论与精神分析文献中关于抽动的内容进行比较。我想引用一下费伦茨（1921）和亚伯拉罕（1921）在柏林精神分析学会发表的论文《关于抽动的精神分析观察》（*Psycho-analytical Observations on Tic*）。费伦茨的结论之一，即抽动等同于手淫，在我描述的两个案例中都得到了证实。费伦齐也强调了儿童在独处状态下发泄抽动的倾向，这在沃纳的案例中可以看到，我们能够观察到这种状况的发展；独处成为他能够"乱动"的必要条件。费伦齐的结论是，在分析中，抽动与其他症状的作用不同，在某种程度上难以分析。我也可以证实这一点，尽管只是在一定程度上。在相当长的一段时间里，我也在菲利克斯的分析中有这样的印象，他的抽动与其他症状相比，有一些非常不同的地方，其他症状的意义能够更早、更清楚地得以揭示。我还发现菲利克斯并不介意抽动，这再次符合费伦齐的结论。我也同意费伦齐的观点，即所有这些差异的原因都在于抽动的自恋本性。

然而，这里出现了一些我与费伦齐的基本分歧。他认为抽动是一种原始的自恋症状，与自恋性精神病有着共同的根源。经验告诉我，只要分析没有成功地揭示抽动所基于的客体关系，抽动就无法获得治愈。我发现在抽动的背后是指向客体的生殖器施虐、肛门施虐和口腔施虐冲动。的确如此，分析必须深入到儿童发展的最早阶段，而且直到对婴儿时期的先天固着进行了彻底的探索，抽动才完全消失 ⓫。费伦齐认为，抽动症状背后根本没有任何客体关系，我不赞同这一观点。在我所描述的两个案例的分析过程中，原始的客体关系非常清晰地呈现出来；它们只是在阉割情结的压力下，退行到了自恋阶段。

亚伯拉罕谈及的肛门施虐客体关系在我的病例中也很明显。对菲利克斯来说，他抽动后的肩膀的收缩是对括约肌收缩的一种替代，后者也是抽动中的旋转运动的基础。与此相关的是，他出现了对校长进行谩骂的冲动。抽动中的"钻探"运动，即第三阶段，不仅与钻入，而且还与钻出-排便是一致的。

当抽动被弥漫性的多动取代后，菲利克斯养成了一个习惯，当男老师经过时，他会不停地抖脚，就像踢他一样。虽然这个习惯给他带来了麻烦，但他无法克服。他身体多动中的这种攻击性成分（后来通过抽动再次表现出来），也在沃纳的案例中很明显地表现出来，它们具有十分重要的联系，清楚地表明了在抽动的释放中包含着施虐冲动。在分析治疗期间，一系列充满激情和强迫性的问题被证明是对原初场景的好奇心（一岁半的孩子无法理解那些细节）的表达，紧随其后的是爆发的愤怒。在这个时候，沃纳用彩色铅笔弄脏窗台和桌子，还企图弄脏我，用他的拳头和剪刀威胁我，试图踢我，发出放屁的声音，用各种方式辱骂我，做鬼脸并吹口哨；其间，他反复把手指放进耳朵里❶❷，突然说他能听到一种奇怪的声音，好像是从远处传来的，但他不知道是什么声音。

我想引述另一个事实，它提供了明确的证据，证明这是原初场景导致的攻击性运动的反复释放。在愤怒爆发期间，沃纳经常走出房间到大厅里，将球穿过敞开的门扔向我。这显然重复了他在18个月大的时候想要隔着敞开的门虐待和伤害父母的情形❶❸。

许多被证明与抽动有关的幻想，例如，菲利克斯觉得他通过管乐器参与父母的性交，都体现出一种肛门期性质的客体关系。沃纳通过"乱动"模仿爵士乐队里的小号手（他代表着性交中的父亲），并运用吹口哨和模仿放屁的声音来表达。

在我看来，这些肛门施虐成分不仅进入抽动症结构中，而且被证明是其重要因素，这似乎证实了亚伯拉罕的观点，即抽动是肛门施虐层面的转化症状。费伦齐在回应亚伯拉罕的问题时表示同意这一观点，他在论文中还提请读者注意肛门施虐成分对抽动的重要性及其与秽语症的关系。

在上述材料中，我们还可以清楚地看到生殖期的客体关系。在他的手淫活动中，我们可以看到与抽动有关的性交幻想初现端倪。在分析过程中，当他与手淫（在焦虑的压力下被长期回避）有关的同性恋客体选择再次出现时，这一点变得更明显。最后被揭示出来的是他的异性恋客体选择，伴随着手淫幻想的进一步改变。由此，分析得以清晰地重构出他儿童早期的手淫活动。

在这里，我可以引述费伦齐论文中的一段话，它似乎弥合了费伦齐和我之间的观点分歧。费伦齐写道："对于那些出现抽动的'体质性的自恋者'（constitutional narcissist）来说，他们的生殖器区域的主导地位总体上似乎还没有完全确立，因此普通的刺激或不可避免的干扰导致了这种移置（displacement）。这使得手淫成为一种半自恋的性活动，既有可能转变为与另一个客体性交的正常满足，也可能退行到自体性爱（auto-erotism）。"

我的上述材料展示了一个退行，即病人通过手淫从已经实现的客体关系退却到次级自恋（secondary narcissism）；由于某些有待详细讨论的原因，手淫再次成为一种自体性爱活动。然而，在我看来，这似乎澄清了费伦齐的观点和我的观点之间的差异。根据我的发现，抽动不是一种原发的自恋症状，而是一种次级自恋症状。正如我已经指出的，在我的个案身上，抽动消失后，出现的不是焦虑，而是一种紧张感，这与亚伯拉罕的说法是一致的。

在某种程度上，我的结论可以被认为是对费伦齐和亚伯拉罕的观点的补充。我发现抽动是次级自恋症状，而且正是基于对抽动背后的原始肛门施虐和生殖器客体关系的揭示，我才得出了这个结论。此外，抽动似乎不仅仅是手淫的等价物，也与手淫幻想紧密相关。只有在对手淫幻想进行了最深入的分析之后，抽动的分析探索和消除才成为可能。我必须追溯到手淫幻想的最早的表现，这需要揭示整个童年期的性发展。因此，事实证明，对手淫幻想的分析是理解抽动的关键。

与此同时，我发现抽动在一开始似乎是一种偶然的、孤立的症状，它与非常严重的抑制和不合群性格的发展有着密切的、有机的联系。我一再指出，当升华成功时，每一种天赋和兴趣都部分以手淫幻想为基础。在菲利克斯身上，他的手淫幻想与他的抽动密切相关。他的手淫幻想在众多兴趣领域的升华，与抽动的瓦解和消除是同步发生的。分析最终对病人产生了深远的影响，他的抑制和性格缺陷都显著减少。对沃纳的分析也揭示了"乱动"的核心意义，以及它与他的严重抑制和不合群行为的联系。

尽管沃纳的分析还没有深入到对这一症状产生治疗效果的程度，但我们已经很清楚地看到他丰富的幻想生活在多大程度上被这一症状所占用，从而让他失去了其他兴趣。他的分析还表明，他的人格抑制早已日渐加深。

在我看来，这些事实表明，我们有必要从以下几个角度来考虑抽动的意义：我们不仅要认识到抽动在多大程度上表明儿童存在抑制和不合群问题，而且要认识到抽动在这些问题发展中的根本意义。

我想再一次指出抽动的心理发生的特定因素，正如我在所提供的材料中看到的那样。抽动背后的手淫幻想当然不是特定的，因为我们知道，它们对几乎每一种神经症症状都具有同样的重要性，正如我反复尝试展示的那样，对幻想生活和升华也具有同样的重要性。但是，即使是在我的两个案例中常见的手淫幻想的特殊内容（在自我参与的同时，同时认同父亲和母亲），本身似乎也不是特定因素。这种类型的幻想肯定会出现在许多其他没有抽动的病人身上。

但在我看来，一个更特定的因素在于认同形式的发展。起初，对父亲的认同被对母亲的认同所掩盖（被动的同性恋态度）。由于一种特别强烈的阉割焦虑，这种态度后来让位于一种新的主动态度。一种对父亲的认同再次发生，但不再成功，因为父亲的特质与病人的自我融合了，病人自己（被父亲所爱的）成为新的被爱的客体。

然而，有一个明确的特定因素，它既会促进自恋式退行（源于阉割情结），也会引发基于这种退行的抽动。和沃纳一样，菲利克斯对父母性交的观察主要集中在性交的声音上。在这里，费利克斯对声音的兴趣增强了，因为他的窥淫癖受到了极大压抑。毫无疑问，沃纳观察到他父母在隔壁房间性交，所以他主要依靠听觉，这导致了他对声音的兴趣的发展。他的多动虽然可能起源于体质因素（费伦齐），但其增强似乎与这种兴趣有关❶❹。他最初通过有节奏的手淫动作来模仿❶❺他听到的东西。当他在阉割焦虑的压力下放弃手淫时，他不得不借由其他动作来再现这些声音。例如，这两个案例身上都存在与指挥家保持音乐节奏的幻想。我们可以认为，他们对听觉的兴趣不仅受到环境的影响，而且来自一种共同的成分因素——这两个案例都包含了强烈的肛门施虐成分。这些都是通过他们对放屁声的兴趣和多动背后的攻击性而暴露出来的。

这些特定因素在我观察到的病例中发挥着重要作用，至于它们是否适用于其他病例的抽动成因，只有通过积累更多经验才能确定。

附录：添加新证据（1925）

自从写了这篇论文，我开始分析一个叫沃尔特（Walter）的男孩，他的主要症状是一种刻板动作。病人年龄尚小，分析也取得了进展（目前已持续6周），使我们能够深入探究症状背后的相互作用因素，这些探索对近期症状产生了非常有效的作用。该男孩患有强迫症和早期性格缺陷，有必要进行进一步深入分析。前两个案例的决定性因素也影响了他。为了简短起见，我只指出，他两岁时无意中听到隔壁房间的性交。就在那时，他出现了多动和对敲打声的恐惧。在分析过程中，沃尔特每个星期都强迫性地重复着木偶剧《卡佩尔》（Kasperle）的变奏曲［类似于《潘趣与朱迪》（Punch and Judy）］。一开始我都被要求扮演这些演出中的指挥家。我必须用一根棍子或类似的东西敲敲打打，这代表音乐，而他跟着音乐节奏表演一些杂技。许多细节证明，《卡佩尔》代表性交，他取代了母亲的位置。他对手淫的恐惧是显而易见的，这与他三岁时的创伤事件有关。到目前为止，这些戏剧都伴随着愤怒的爆发、攻击性动作的释放，以及肛门和尿道性质的攻击——所有这些都指向性交中的父母。我们可以清楚地看到多动症状的肛门施虐基础。第三个案例证实了我的结论。特别值得注意的是，这些案例属于不同的发展关键期。现在看来，抽动障碍的根本原因在于儿童早期经常发生的多动和身体躁动，因此需要认真对待。儿童的这种弥漫性多动是否总是受到他们对父母性交的听觉观察的影响（即使它不会发展成抽动），只有进一步了解后才能确定。无论如何，它们是我分析的三个案例中的一个基本因素，在这些案例中，这些过度的活动确实发展成抽动或类似抽动的动作。和沃纳一样，沃尔特在六岁时也出现了多动症状。费伦齐提到，抽动在潜伏期经常作为一种暂时的症状出现。在我的三个病例中，两位儿童的创伤性印象（译者注：指原初场景）肯定是导致他们未能克服俄狄浦斯和阉割情结的原因，而第三个病例尚未在这方面进行充分的分析。俄狄浦斯情结的消退，引发了一场对抗手淫的激烈挣扎，这促使多动症状成为手淫的替代物。我们可以假设，在其他案例中，潜伏期短暂出现的抽动和刻板的动作可能会进一步发展为真正的抽动症。特别是在青春期，甚至后来，一旦幼儿时期的冲突或创伤经历再次出现，就可能成为诱发抽动的因素。

注 释

❶ （1947年附注）我必须感谢巴内特（D. J.-Barnett）小姐在翻译这篇论文时给予我的帮助。

❷ 关于热爱游戏和热爱学习之间的交替，参见本书第四篇论文《早期分析》。我在其他病例中也遇到过这种情形，尽管没有那么明显。

❸ 在《早期分析》一文中，我就升华理论提出了自己的见解，也讨论了这个案例，以及在

放弃不成功的升华背后的因素，就像这里所提到的一样。

❹ 这种对跟上节拍的欲望也通过其他方式表达出来，例如，当年长的男孩走路超过了他时，他的情绪反应。

❺ 类似地，在另一个抽动病例（一个15岁的男孩，他的抽动似乎也只是一个无关紧要的症状）中，对电影的厌恶与对观察性交所引发的偷窥欲的压抑有关。此外，他对自己的眼睛感到极度恐惧。我无法对这个男孩进行充分的分析，因为他在得到初步改善后就结束了分析。他的抽动也包括头部的动作，但并没有得到分析。尽管如此，我仍然获得了一些数据，它们与本文讨论的材料是一致的。

❻ 关于桌子、课桌、笔杆、书写等等的象征意义，请参阅《学校在儿童力比多发展中的作用》。

❼ 我发现，所有儿童分析中的原初场景特征都与戏剧、音乐会、电影和各种表演存在一种等同（equation）。这在本书《早期分析》中有描述。

❽ 与我通常的习惯相反，我不得不对他的这段关系施加禁令（像他之前的那段关系一样），以便尽可能继续分析。

❾ 这指的是《人猿泰山》系列中的一本，他看过这本书的插图，然后把它作为他幻想的主题。

❿ （1947年附注）我写这篇论文时，沃纳的分析还在进行中；事实上，当时它只进行了大约三个月。

⓫ 在我看来，这似乎也诠释了为什么在对成年人的分析中，正如费伦齐所说，我们最后发现抽动似乎不属于神经症复杂结构的范畴。成年人可能经常无法进行深入的分析，以揭示导致抽动的早期固着和客体关系。在这种情况下，抽动症——由于其半自恋（semi-narcissistic）特征——就永远无法被分析。菲利克斯的分析不仅成功地重建了决定他手淫幻想和抽动形式的早期发展细节，而且借助记忆，使它们再次完全意识化。我们可以认为，抽动中的自恋因素导致了在分析中难以了解这种症状，这种困难随着病人年龄的增长而增加。因此，抽动症的治疗应该在抽动症状出现后尽早进行。

⓬ 在这个病例中，吹口哨、捂住耳朵等，是在分析过程中反复出现的阻抗现象；但他在家里也经常这样做。

⓭ 他的父母证实，在这些听觉观察发生的时候，也就是18个月大的时候，这个孩子经常在晚上打扰他们，早上经常发现他躺在自己的排泄物里。正如我已经提到的，他的第一个多动表现就出现在这个时候，首先是他拿着从附近的木材场捡来的木片不停地来回跑。

⓮ 听觉印象与其在运动中的再现之间的联系，正如当我们听到舞曲时会产生一种想跳舞的冲动，这是一种正常现象。

⓯ 对于菲利克斯和沃纳来说，这是在模仿性交中的父亲。费伦齐还提到，抽动症病人有模仿和行动的冲动。

6

早期分析的心理学原则

The Psychological Principles of Early Analysis

（1926）

在下面的文章中，我打算详细讨论幼儿和成人的心理生活之间的某些差异。这些差异要求我们的分析技术适应幼儿的心智发展。我将证明有一种特定的分析性质的游戏技术可以满足这一要求。该技术基于我提出的某些理论观点而设计，我将在本文中详细讨论这些观点。

　　正如我们所知，儿童通过将力比多指向那些带给自己快乐的客体来与外部世界建立关系，而最初时这些力比多完全黏附于儿童自己的自我上。儿童与这些有生命或无生命的客体的关系，最初都具有一种纯粹的自恋性质。然而，正是通过上述方式，他们发展出了与现实之间的关系。我现在想用一个例子来说明幼儿与现实的关系。

　　特鲁德（Trude）是一个三岁零三个月的女孩，只做了一个小时的分析后她便和母亲一起去旅行了。六个月后，她继续进行分析。过了很久，她才说起这段时间里发生在她身上的事情，起因刚好是她跟我谈到的一个梦：她梦见她又和母亲去意大利旅行，她们在一家熟悉的餐馆里。女服务员没有给她树莓糖浆，因为已经没有了。关于这个梦的诠释显示出的内容之一是，这个孩子在断奶时仍然遭受着被剥夺母亲乳房的痛苦；此外还有她对妹妹的嫉羡。通常，特鲁德会告诉我一堆看上去毫不相干的事情，也会反复提到六个月前的第一节分析。但只有与她所经历的剥夺有关的事情，才会让她想起自己的旅行，否则她对旅行一点也不感兴趣。

　　从很小的时候起，现实给孩子们带来的剥夺就促进了他们对现实的认识。而且，他们会通过否认现实来保护自己。然而，最根本的一点，也是影响他们日后适应现实的能力的一点，是他们对俄狄浦斯情境所造成的剥夺的容忍程度。因此，即使在幼儿身上，夸张地否认现实（通常隐藏在表面的“适应”和“温顺”之下）也是神经症的表现。这与成人神经症病人逃避现实的区别在于表现形式的不同。因此，即使对幼儿进行分析，最终的目标之一也是成功地适应现实。这在儿童身上的表现之一是克服他们在受教育过程中遇到的困难，换句话说，使他们能够忍受真正的剥夺。

　　我们经常观察到，儿童在第二年开始时就表现出对异性父母的明显偏好，以及其他早期的俄狄浦斯倾向。然而，随后的冲突开始的时间，即儿童何时真正被俄狄浦斯情结主导，就不那么清楚了，因为我们只能从儿童身上的某些变化来推断它的存在。

　　通过对一个两岁零九个月的孩子、（另）一个三岁零三个月的孩子和几个四岁左右的孩子的分析，我发现，早在生命的第二年，俄狄浦斯情结就对他们产生了强烈的影响❶。我将通过一个小病人丽塔（Rita）的成长来说明这一点。丽塔在她刚步入人生的第二年时偏爱母亲；此后，她转而对父亲表现出了惊人的偏爱。例如，当她15个月大的时候，她会反复要求和他单独待在房间里，坐在他的腿上，和他一起读书。然而，在18月大的时候，她的态度又改变了，她再一次喜欢上了她的母亲。同时，她开始受到夜惊和害怕动物的困扰。她也逐渐对母亲产生了过度的固着，并且非常明显地表现出对父亲的认同。在她刚步入人生第三年时，她表现出越来越多的矛盾倾向，而且很难抚养，所以在她两岁零九个月的时候被带来接受精神分析治疗。这几个月来，她在游戏中表现出严重的抑制，并且无法忍受剥夺，对痛苦过度敏感，以及明显的喜怒无常。下列的早年经验促成了这一发展困难：丽塔两岁之前一直睡在父母的房间里，分析清楚地揭示了原初场景对她的影响。然而，她的神经症爆发，却是在她弟弟出生之际。此后不久，更大的困难涌现，并迅速恶化。毫无疑问，她早期经历的俄狄浦斯情结对她产生了深刻的影响，这与她的神经症密切相关。我不确定，究竟是因为儿童患有神经症，所以俄狄浦斯情结的早期运作产生了如此强烈的影响，还是因为俄狄浦斯情结出现得太早，所以儿童患上了神经症。但是，可以肯定的是，我在这里提到的早期经验将加剧儿童的冲突，从而加剧神经症或导致其爆发。

现在我将从这个案例中选取有代表性的特征，这些特征也表现在其他不同年龄段儿童的分析中。尤其是在对幼儿的分析中，体现得最为直接。我分析过几个小孩子的焦虑发作。事实证明，这些发作是在第二年结束时和第三年开始时发生的夜惊的重复。这种恐惧不仅受到俄狄浦斯情结的影响，也是俄狄浦斯情结神经症的表现。许多类似的现象使我们对俄狄浦斯情结的影响有了一些肯定、积极的结论❷。

这些明显与俄狄浦斯情境密切相关的表现包括：孩子经常摔倒和受伤的方式、过度敏感、难以忍受剥夺、游戏中的抑制、对节日和礼物的高度矛盾的态度，以及在养育过程中过早出现的各种困难。但我发现这些常见现象的原因是一种特别强烈的罪疚感，现在我将详细研究它的发展。

我将用一个例子来说明，即使在夜惊中，也有一种非常强烈的罪疚感。特鲁德在四岁三个月大的时候，经常在晚上的分析时间玩游戏。但是，我们最后都得上床睡觉。然后她从她称之为自己房间的角落里走出来，悄悄地走到我面前，威胁我。她说会刺我的喉咙，把我扔到院子里，烧死我，或者把我交给警察。她想把我的手脚绑起来。她掀开沙发套，说她在做"po-kaki-kucki"❸。

原来，她是在母亲的"波波"（popo）里寻找便便（kaki），便便对她来说代表着孩子。还有一次，她想打我的肚子，说她要把"a-a"（粪便）拿出来，掏空我。然后她把一直叫作"孩子"的坐垫拉下来，和坐垫一起藏在沙发的角落里。她怀着强烈的恐惧蜷缩在那里，把自己盖起来。她吮大拇指，还尿湿了裤子。她攻击我之后就会这样。然而，她的态度与不到两岁患上严重夜惊时非常相似。那时候，她经常在夜里跑进父母的卧室，却说不出自己想要什么。她的妹妹出生时她只有两岁。分析成功地揭示了她当时的想法，以及她焦虑和尿床的原因，也成功地消除了这些症状。当时，她希望从母亲肚子那里抢走孩子，然后杀了母亲，代替她与父亲发生性关系。这些仇恨和攻击倾向是她对母亲固着（这种固着在她两岁时变得特别强烈）、焦虑和内疚的原因。在特鲁德的分析中，当这些现象最严重的时候，她几乎总是在分析时间之前先伤害自己。我发现她伤害自己的东西（桌子、橱柜、炉灶等）对她来说代表着她的母亲或父亲（基于她原始的婴儿式认同），他们在惩罚她。总的来说，我发现，尤其是非常小的孩子，他们经常"在打仗"，摔倒并伤害自己，这与阉割情结和罪疚感密切相关。

我们可以从他们的游戏中得出一些关于儿童早期罪疚感的结论。早在丽塔两岁的时候，她周围的人就惊讶于她对自己的淘气行为（无论多么微不足道）的自责，以及对批评的极度敏感。例如，当她的父亲开玩笑地恐吓绘本里的一只熊时，她突然哭了起来。因为，她也害怕被真实的父亲批评，这导致了她对熊的认同。同样地，她的内疚导致了她在游戏中的抑制。在她两岁三个月大的时候，她在玩娃娃时反复宣称自己不是娃娃的妈妈（她不太喜欢这个游戏）。分析结果显示，她不敢扮演母亲的角色，因为洋娃娃代表了她的弟弟。她想把弟弟从母亲肚子里抢走，尽管母亲当时只是怀着孕。但在这里，对她婴儿期愿望的禁止不再来自真实的母亲，而是来自一个内在的母亲。这个内在的母亲角色在很多方面都是我的活现，她对丽塔的影响比她的真实母亲更加严厉和残酷。丽塔两岁时出现的强迫症状之一是睡眠仪式，这浪费了很多时间。重点是她坚持用被子紧紧裹着自己，因为她担心"一只老鼠或一个小屁屁会从窗户爬进来，咬掉她的小屁屁（生殖器）"❹。此外，她的游戏还揭示了其他决定因素：丽塔必须像卷自己一样把娃娃卷起来，有一次她在床边放了一只玩具大象。这只玩具大象被她用来阻止娃娃站起来；否则它会溜进父母的卧室，对他们造成伤害，或者偷他们的东西。玩具大象（父亲的形象）起到了阻碍作用。从15个月到2岁，当她想取代母亲，与父亲建立关系，从母亲那里偷走胎儿，伤害和阉割父母时，内在父亲在她心中扮演着这个角色。这些游戏中对"孩子"的惩罚所引起的愤怒和焦虑反应也表明丽塔在心中扮演着两个角色：权威的法官和被惩罚的孩子。

在儿童的角色扮演游戏中存在一种基本而普遍的机制，用来将儿童身上运作的不同身份认同区分开来，这些认同具有一种整合的倾向。通过角色的划分，儿童成功地将在俄狄浦斯情结的形成过程中融入自己的父亲和母亲形象驱逐到外部，从而使自己免于其严厉要求的折磨。这种驱逐给儿童带来了一种解脱感，这在很大程度上帮助他们从游戏中获得快乐。虽然这类角色扮演游戏往往看起来很简单，只代表原始的认同，但这只是一种表面现象。洞察这一表象的潜在因素，对于儿童的分析是非常重要的。但是，只有揭示所有潜在的认同和决定因素，最重要的是找到罪疚感的原因，才能产生全面的治疗效果。

显然，我分析的孩子在很小的时候就表现出了罪疚感的抑制作用。他们的情况与我们所知的成年人的超我是一致的。在我看来，这些观察并不与之前的理论相矛盾，即俄狄浦斯情结在生命的第四年左右达到顶峰，而超我的发展是俄狄浦斯情结的最终结果。当俄狄浦斯情结达到顶峰时，这些现象变得足够清晰和典型，我们可以观察到它们的存在。它们经历了多年的发展才消退。对幼儿的分析表明，一旦俄狄浦斯情结出现，他们就开始了修通过程，并由此发展出超我。

这种婴儿期超我对儿童的影响类似于超我对成年人的影响，但对于较弱的婴儿期自我来说，这种影响带来的负担要大得多。对儿童的分析告诉我们，当分析过程抑制了超我的过度要求时，我们就能够加强他们的自我。毫无疑问，小孩子的自我不同于大孩子或成年人的自我。但是，当我们把他们的自我从神经症中解放出来后，事实证明，他们完全符合现实的要求，因为他们遇到的现实要求还不像成年人那么严酷❺。

就像小孩子的思想不同于大孩子一样，他们对精神分析的反应在童年早期和后期是不同的。我们常常惊讶于我们的诠释在某些场合竟然如此容易被接受，有时孩子们甚至表示对这些诠释相当满意。这一过程与成人分析不同的原因是，在儿童思维的某些层次，意识和无意识之间的沟通要容易得多，因此从一个步骤追溯到另一个步骤要简单得多。这解释了为何我们的诠释能够迅速产生效果，当然，除非有足够的材料，否则我们不会给出诠释。然而，孩子们常常出人意料地快速带来各种材料。即使孩子们似乎根本不接受这种诠释，其效果也往往令人惊讶。儿童身上由于阻抗的影响而中断的游戏又恢复了，并且不断地变换和扩展，呈现出更深的心智层面。儿童和分析师之间的联系重新建立起来。在作出诠释之后，儿童明显地重新获得游戏的乐趣，这也是由于这样一个事实：在作出诠释之后，儿童原本用于压抑的能量不再需要被耗费。但很快，我们会又一次遇到阻抗，此后的问题便不再像我描述的那样简单。事实上，在这种时候，我们必须与巨大的困难作斗争。当我们遇到罪疚感时尤其如此。

在他们的游戏中，孩子们象征性地表达他们的幻想、愿望和体验。在这里，他们使用同样的语言，同样古老的、由种系发展所获得的表达方式，就像我们熟悉的梦。只有用弗洛伊德诠释梦的方法来研究它，我们才能完全理解它。象征只是其中的一部分。如果我们想正确地理解儿童在分析中的整体行为，就不仅需要考虑在游戏中经常清晰呈现出来的象征意义，还必须考虑梦的运作（dream-work）中使用的所有表征方式和机制。我们还必须牢记，检查所有现象的整体联系是非常必要的❻。

如果我们采用这种技术，就很快会发现，孩子们对游戏的不同特征产生的联想，不亚于成年人对他们梦中元素的联想。游戏的细节为细心的观察者指明了方向。在此期间，孩子们会讲述各种各样的事情，我们必须像对待自由联想一样给予它们充分的重视。

除了这种古老的表现方式，儿童还采用了另一种原始的机制，即他们用行动（思维最初的前身）代替了语言。对儿童来说，做（acting）游戏起着重要的作用。

在《一例婴儿期神经症的病史》❼一文中，弗洛伊德说道："对神经症儿童进行的分析，本身理所当然地会看起来更可信，但它缺乏非常丰富的材料，许多语言和想法需要我们帮助他们表达。而且即便如此，最深的底层仍可能无法被意识穿透。"

如果我们用分析成人的技术来研究儿童，就肯定无法成功地深入探索儿童的内心生活。但正是这些深入的层次，对分析的价值和成功来说至关重要。然而，如果我们考虑到儿童和成人之间的心理差异，并牢记这样一个事实：在儿童的心智中，无意识仍然与意识并肩运行，最原始的倾向与我们所知的最复杂的发展（例如超我）并肩运行；也就是说，如果我们正确地理解了儿童的表达方式，所有这些疑点和不利因素就会得到克服。因为我们发现，就分析的深度和广度而言，我们对儿童的期望完全可以与对成年人的期望一样高。更重要的是，在分析儿童时，我们可以追溯他们的经历和固着，但在分析成人时，我们只能重构（reconstruct）这些经历和固着。在儿童这里，这些经验和固着是直接表现出来的❽。以露丝（Ruth）为例，她还是个婴儿的时候，由于母亲没有奶水给她，她饿了一段时间。在四岁零三个月的时候她玩洗脸盆，她把水龙头叫作奶水龙头。她说奶水正流进嘴里（污水管的孔），但只有很少的奶水。这种未被满足的口唇欲望在她无数的游戏和戏剧中出现，并表现在她的整体态度中。例如，她声称自己很穷，只有一件外套，几乎没有东西吃——所有这些说法都不符合事实。

另一个小病人（患有强迫症）是6岁的厄娜（Erna），她的神经症源于她在如厕训练期间的感受❾。她把这些感受演绎得淋漓尽致。有一次，她把一个小娃娃放在一块石头上，假装它在排便，让其他的娃娃站在它周围，它们在欣赏这个小娃娃。在排演完这个戏剧后，厄娜将同样的素材带入了一场表演游戏。她想让我扮演一个裹在褓褓中的脏兮兮的婴儿，她是婴儿的母亲。这个婴儿备受宠溺，令人羡慕。随后，厄娜表现得很愤怒，她扮演了一个残忍的老师，把婴儿打倒在地。就这样，厄娜在我面前活现（enact）了她经历的第一个创伤：为训练她如厕而采取的措施——在她的想象中，这意味着失去她在婴儿期受到的过度宠溺。她的自恋因此受到了沉重的打击。

总的来说，在对儿童的分析中，我们不能高估幻想的重要性，也不能高估幻想在强迫性重复的驱使下被转化为行动的重要性。当然，幼儿在更大程度上使用行动作为载体，但即使是年龄较大的儿童也会不断采用这种原始机制，尤其是当分析消除了他们的一些压抑时。孩子们应该拥有与这种机制相关的快乐，这对于儿童分析是必不可少的，但这种快乐必须始终只是达到目的的一种手段。正是在这里，我们看到了快乐原则凌驾于现实原则之上。我们无法像在年长儿童身上那样，在幼儿身上唤起现实感。

正如儿童的表达方式不同于成人一样，儿童分析中的分析情境也显得完全不同。然而，这两种情境在本质上是一样的。始终如一的诠释，逐步解决阻抗，持续追溯移情的早期情境，这些要素构成了儿童和成人的正确分析情境。

我曾说过，在对幼儿的分析中，我一次又一次地看到这些诠释是多么迅速地起作用。一个引人注目的事实是，尽管有许多明确无误的迹象表明分析产生了效果：游戏的发展、移情的巩固、焦虑的减轻等，但在相当长的一段时间里，儿童并不能有意识地领悟这些诠释。然而，我已经能够证明，这种领悟是在以后才开始的。例如，孩子们开始区分"假装的"母亲和真正的母亲，以及木制娃娃和真实的弟弟。然后他们会冷静地说，他们想这样或那样伤害的只是玩具宝宝。对于真正的婴儿，他们会说，他们当然是爱护的。只有当非常强大和长期的阻抗被克服后，孩子们才会意识到他们的攻击行为是指向真实客体的。然而，在承认这一点后，即使很小的孩子也通常会在适应现实方面迈出显著的一步。我认为，这种诠释一开始只是无意识地被儿童同化了。直到后来，它与现实的关系才逐渐渗透到他们的领悟中。启蒙的过程是类似的。在很长一段时间里，分析只揭示了儿童的性理论和出生幻想材料，并对这些材料进行了没有任何"解释"（explanation）的诠释（interpret）。因此，启蒙是随着对抗它的无意识阻力的消除，一点一点地发生的。

因此，精神分析的第一个结果是，与父母的情感关系得到改善；在此之后，有意识的领悟才会发生。这种领悟在超我的命令下获得了允许。分析工作使得超我的要求得到缓和，自我不再像之前那么受压迫，因此得到增强，从而能够忍耐和执行这种领悟。这样，孩子们就不会突然被迫接受他们与父母的全新关系，或者一般来说，被迫接受使其不堪重负的知识。根据我的经验，这些逐渐被领悟的知识的确能够让孩子们放松下来，并从根本上帮助他们与父母建立一种更有利的关系，从而增加其适应社会的能力。

此时，孩子们也能够在某种程度上用理性的拒绝来取代压抑。以下事实说明了这一点：在分析的后期阶段，孩子们已经远离了各种肛门施虐或食人渴望（这在早期阶段仍然非常强烈），以至于他们现在有时可以对它们采取一种幽默的批评态度。此时，我甚至听到一些幼儿开玩笑说，不久前他们真的想吃掉他们的妈妈或把她切成碎片。当这种变化发生时，孩子们的罪疚感意料之中地减少了，同时他们也能够升华以前完全被压抑的愿望。这在实践中表现为游戏中抑制的消失，以及众多兴趣和活动的开始。

总结一下我所说的：儿童心理生活的特殊原始特性需要一种适合他们的特定分析技术，包括分析他们的游戏。通过这些技术，我们可以触及儿童被压抑的最深层的体验和固着，从而使我们能够从根本上影响儿童的发展。

这只是技术差异的问题，而非治疗原则的问题。弗洛伊德提出的精神分析方法的标准，即以移情和阻抗作为出发点，考虑婴儿式的冲动、压抑及其影响、遗忘和重复性强迫，以及深入探索原初场景，正如他在《一例婴儿期神经症的病史》中所要求的那样，所有这些标准都在游戏技术中被完整地保留下来。这种游戏方法保留了所有精神分析的原则，并取得了与经典技术同样有效的结果。不同的是，在技术手段的使用上它适应了儿童的心理。

注　释

❶ 我在此想简要提及跟这个结论密切相关的另一个结论，即在对许多儿童的分析中，我发现这个小女孩选择父亲作为爱的客体是在断奶后发生的。断奶带来的剥夺和随后的如厕训练（在孩子看来，这是一种新的、痛苦的爱的撤回），使她松开了与母亲的联系，并使异性吸引力发挥作用。父亲的关爱加强了这种吸引力，这在她的体验中是一种诱惑。作为爱的客体，父亲对于儿童来说也首先被用于口欲的满足。在我1924年4月在萨尔茨堡学会上宣读的那篇论文中，我举了几个例子，说明孩子们最初认为性交是一种口腔行为，并渴望参与性交。

我认为，这些剥夺对男孩俄狄浦斯情结的发展既有抑制作用，又有促进作用。这些创伤的抑制作用体现在这样一个事实上，即每当男孩试图摆脱对母亲的迷恋，随后就会回到创伤中，这强化了男孩倒转的俄狄浦斯态度（inverted Oedipus attitude）。正如我所看到的，为阉割情结铺平道路的创伤来自母亲的这种情况，这也是在无意识的最深层中，母亲作为阉割者而特别令人恐惧的原因。

然而，另一方面，爱的口腔剥夺和肛门剥夺似乎促进了男孩俄狄浦斯情境的发展，因为这迫使他们改变自己的力比多位置（libido-position），进而将母亲作为一个生殖期的爱慕客体来渴望。

❷ 我在《早期分析》中探讨焦虑与抑制之间的关系时，已经论证了这些论述与焦虑的密切联系。

❸ Popo（波波）＝屁股，Kaki（便便）＝粪便，Kucki（库奇）、Kucken（库肯）＝看。

❹ 丽塔的阉割情结表现在一系列神经症症状以及性格的发展上。她的游戏也清楚地表明了她强烈的父性认同（father-identification），以及她对无法胜任男性角色的恐惧——这是一种来自阉割情结的焦虑。

❺ 孩子们不能改变他们生活的环境，而成年人在分析结束后往往会这样做。但是，如果我们通过分析，让孩子在现有的环境中更加自在，能够更好地发展，这对孩子是非常有帮助的。此外，儿童神经症的清除通常会减少他们所处环境的困难。例如，我已经多次证明，当经过分析孩子发生了有利的变化时，母亲的反应就不那么神经质了。

❻ 分析反复地表明，玩偶（以此为例）在游戏中有许多不同的含义。有时它们代表阴茎，有时代表从母亲那里偷来的孩子，有时代表小病人本身，等等。只有通过检查游戏中最细微的细节和它们的意义，才能清楚地使用这些联系，诠释才会产生效果。孩子们在一节分析中产生的材料，从他们玩玩具到自导自演的戏剧，再到玩水、剪纸或绘画；他们以怎样的方式做这些事情；游戏内容发生转换的原因；他们选择的表达方式——所有这些杂糅的因素，虽然往往看起来很混乱和毫无意义，却是一致的和充满意义的，如果我们像梦一样诠释它们，我们就会发现潜在的来源和想法。此外，孩子们经常通

过游戏表达他们之前讲述过的梦所呈现出的相同内容，他们经常通过随后的游戏与梦产生联系，这是他们最重要的表达自己的方式。

❼ 出自《标准版》第17卷。

❽ 1924年，在萨尔茨堡举行的第八届国际精神分析大会上，我论证了儿童游戏和所有随后的升华中的一个基本机制是手淫幻想的释放。这是所有游戏活动的基础，也是游戏的持续刺激（重复的冲动）。游戏和学习中的抑制，来源于对这些幻想的过度压抑，以及随之而来的对所有幻想的过度压抑。性体验与手淫幻想联系在一起，并通过游戏得以表达和发泄。在被戏剧化的体验中，原初场景的表征扮演着重要的角色，它们经常出现在幼儿分析的显著位置。只有经过大量的分析，部分地揭示了原初场景和生殖期的发展，我们才能够开始发现生殖期之前的体验和幻想。

❾ 厄娜曾认为这是一种残酷的胁迫行为，但实际上这种训练没有采用任何严厉的手段，而且很容易就完成了，在她一岁的时候，她的习惯完全没有问题。一个强大的动机是她不同寻常的、过早发展的雄心，然而，这种雄心使得她从一开始就将所有训练她的措施视为一种侮辱。这种早期的雄心导致了她对责备的敏感，也导致了她早发而显著的罪疚感发展。但是，我们经常可以看到，这些罪疚感已经在如厕训练中扮演着非常重要的角色。并且，我们可以从中识别出超我的最初开端。

在儿童分析研讨会上的报告 ❶

Symposium on Child-Analysis

（1927）

1947年的补充说明：下面的论文是我在一次儿童分析研讨会上的发言，这次研讨会的关注点是安娜·弗洛伊德（Anna Freud）1927年出版的《儿童分析技术导论》（*Introduction to the Technique of the Analysis of Children*）。1946年，安娜·弗洛伊德在伦敦出版了该书的增订版，书名为《儿童的精神分析治疗》（The Psycho-Aralytical Treatment of Children），增订版中一些经过修改的观点与我的观点更为接近。我在本文末尾的附言中对此进行了讨论，但这篇附言仍然是对于我自己的观点的阐述。（本文引用的是1946年Imago出版的版本。）

首先，我将简要回顾一下儿童分析的发展。儿童分析始于1909年，当时弗洛伊德发表了《一个五岁男孩的恐惧症分析》。这篇文章具有极其重要的理论意义，它证实了弗洛伊德基于成年人的分析所发现的存在于儿童身上的事实。他在这个五岁男孩身上验证了这些事实。然而，这篇文章还有另一个在当时根本无法估量的重大价值。我指的是，文章中谈及的分析注定要成为日后的儿童分析的基石。因为，它不仅展示了俄狄浦斯情结在儿童身上的存在、发展和运作形式，它还表明，我们可以安全地将这些无意识带入意识，而且这是对儿童有益的。弗洛伊德本人对这一发现做了如下的描述❷："但我现在必须考虑的是，把汉斯身上的情结——这些情结不仅被孩子们压抑，也让他们的父母感到恐惧——揭露出来，是否对汉斯造成了什么伤害。对于所欲求的母亲，这个小男孩是否真的采取了一些行动？或者，他对父亲的敌意是否被付诸为攻击行为？许多医生无疑也会有这样的疑虑，事实上他们误解了精神分析的本质，错误地认为意识的觉醒会强化邪恶的本能。"

弗洛伊德在另一个段落中写道："恰恰相反，分析带来的唯一结果是汉斯恢复了，他不再害怕马了。而且，他和父亲的关系也变得相当融洽，他父亲开心地证实了这一点。不管孩子对他父亲的尊敬是否被削弱，父亲都赢回了孩子对他的信任。汉斯说：'我想，就像你了解那匹马一样，你知道一切。'由于分析并不能消除压抑的影响，以前被压制（suppressed）的本能仍然被压制，但导致这种同样的压制效果的方式变得不同。被分析者应用高级心理功能产生节制的有意控制，取代了自动的、过度的压抑过程。一言以蔽之，精神分析用拒绝（condemnation）取代了压抑。这似乎是人们期待已久的证据，证明意识具有生物学功能，一旦无意识被意识化，它可以带来重要的有益发展。"

赫尔姆斯是第一个对儿童进行系统分析的人，她的一些先入之见贯穿于她的作品中。在这一领域工作了四年后，她写成的论文《关于儿童分析的技巧》（*On the Technique of Child-Analysis*）（Hug-Hellmuth，1921）让我们对她采用的原则和技巧有了清晰的了解。她明确表示不赞成对非常年幼的儿童进行分析，她认为有必要满足于"分析的部分成功"，不要对儿童进行太深入的分析，以免过于强烈地激起他们被压抑的倾向和冲动，或提出他们的同化能力无法满足的要求。

这篇文章以及她的其他著作显示出，她根本没有对俄狄浦斯情结进行深入探索。她在文章中坚持的另一个假设是，分析师不仅需要对儿童进行分析性治疗，而且需要对其施加明确的教育影响。

早在1921年我的第一篇论文《一个儿童的发展》中，我就得出了截然不同的结论。在我对一个5岁3个月男孩的分析中，我发现深入探索俄狄浦斯情结是完全可能的，也是有益的，我后来的所有分析工作都证实了这一点。通过这种探索，我们可以获得至少与成人分析同样的成果。但与此同时我发现，分析师在分析工作中不仅没有必要试图施加教育影响，而且这二者是不相容的。我把这些发现作为我工作中的指导原则，并在我所有的文章中极力倡导它们。基于这一点，我开始尝试分析相当小（即3～6岁）的儿童，事实证明我的工作是成功的，而且充满希望。

现在让我们首先关注安娜·弗洛伊德书中的四个主要观点。在这里，我们再次遇到了我提到过的赫尔姆斯的基本思想，即不应过分对儿童进行分析。更直接的结论是，对于孩子与父母的关系，我们不应该过多处理，也就是说，我们不应该对俄狄浦斯情结进行深入探究。事实上，安娜·弗洛伊德的确没有对她的病例进行俄狄浦斯情结的分析。

她的第二个主要观点是，对儿童的分析应与对儿童的教育影响相结合。

值得注意和思考的是，尽管儿童分析在大约18年前就开始了，并一直进行着实践，但我们必须面对这样一个事实，即儿童分析的最基本原则还没有被明确阐明。如果我们将此与成人精神分析的发展进行比较，我们会发现，在一个相似的时期，所有的成人分析的基本原则不仅自提出以来一直被采用，而且都得到了经验的检验和无可指责的证明。尽管精神分析的技术已经发展，其细节也确实有所改进，但其基本原则从未动摇过。

如何解释这样一个事实，即仅仅因为它是对儿童的分析，就应该在其发展过程中被拒绝？在精神分析学界经常听到的儿童不适合进行分析的论点似乎站不住脚。赫尔姆斯确实非常怀疑其在儿童身上的结果，说她"必须满足于部分成功，同时允许复发"。此外，她只对有限的病例进行治疗。安娜·弗洛伊德也对儿童分析的适用性设定了非常明确的限制，但另一方面，她对儿童分析的潜力的看法比赫尔姆斯更乐观。她在书的最后说："尽管我列举了儿童分析中的所有困难，但我们确实带来了改变、改善和治疗结果，这是我们在分析成人时甚至无法想象的。"

为了回答我提出的问题，我现在想提出一些论断，并将在下文中证明这些论断。我认为，与成人分析相比，儿童分析在过去的发展要差得多。这是因为它没有像成人分析那样被以自由和公平的探究精神对待，而是从一开始就被某些先入之见所阻碍和压迫。如果我们回顾最早的儿童分析（即弗洛伊德对小汉斯的分析）——它是所有其他分析的基础，我们会发现它并没有受到这种限制。当然，由于当时没有具体的技术。孩子的父亲在弗洛伊德的指导下进行了部分分析，而他在分析实践方面也完全没有经验。尽管如此，他还是有勇气在他的分析中走得很远，并取得了良好的结果。在我在本文前面提到的总结中，弗洛伊德说他自己也希望更进一步。由此可以看出，他认为彻底分析俄狄浦斯情结不会有任何危险，而且显然他不认为从原则上不应该分析儿童身上的俄狄浦斯情结。但是，多年来在这一领域几乎独树一帜、无疑卓有成效的赫尔姆斯从一开始就提出了这些原则。这些原则必然会限制她的工作，从而降低其成效。这些限制不仅体现在实际效果、适用分析的病例数量等，也体现在理论发现方面。因为这些年来，我们有理由期待儿童分析对精神分析理论的发展有直接的贡献，但它并没有在这方面取得任何进展。安娜·弗洛伊德和赫尔姆斯都认为，对于儿童的分析不仅不能发现更多关于生命早期的信息，实际上比成年人分析发现的还少。

在这里我要提及另一个理由，它是造成儿童分析领域发展缓慢的另一个原因。有一种说法是，在分析中儿童的行为明显不同于成人，因此必须使用不同的技术。我认为这一说法是错误的。如果说"心灵造就身体"，同样，我认为是态度和内在信念引导我们找到必要的技能。我必须重复我说过的话：如果我们以开放的心态对待儿童分析，我们将找到进一步探索的方法和途径。然后，基于这一过程的结果，我们将认识到什么是儿童的真实本性，我们也将认识到，没有必要对分析施加任何限制，无论是在探索的深度上还是在工作方式上。

我所说的已经触及了我用来批评安娜·弗洛伊德的书的主要观点。

我认为，安娜·弗洛伊德使用的技术手段可以从两个角度进行解释：①她认为无法在儿童身上建立起分析情境；②对于儿童来说，她认为不包含任何教育因素的纯粹分析是不合适或有问题的。

她的第一个推论是直接根据第二个假设得出的。

如果我们将这与成人的分析技术相比较，我们会发现，毫无疑问，真正的分析情境只能通过分析来创造。我们应该认为，采取安娜·弗洛伊德在她的书第一章中描述的措施来确保病人的正性移情，或者利用病人的焦虑使他顺从，或者以其他方式通过权威来恐吓病人或赢得病人的支持，都是严重的错误。并且，即使这样的引入确保了我们能够部分接触到病人的无意识，我们仍然无法建立真正的分析情境，并进行触及心灵深处的完整分析。我们知道必须不断地分析这样一个事实，即病人希望将我们视为权威，无论是憎恨我们还是爱我们。只有通过对病人的这些态度进行分析，我们才能触及更深层次的问题。

安娜·弗洛伊德特别强调，某些方法在分析儿童时是有用的，尽管这些方法被公认为不适用于成人分析。她的目的是引入一种她认为有必要的治疗方法，即所谓分析的"切入"（breaking-in）。然而很明显，以这种"切入"方法，她将永远无法完全成功地建立一个真正的分析情境。令我感到惊讶和不合逻辑的是，安娜·弗洛伊德一方面没有使用必要的措施来建立分析情境，而是用与此不同的其他方式来替代，但另一方面，她仍然坚持她的假设（并试图从理论上证明这一点），即不可能建立儿童的分析情境，因此也不可能进行成人分析意义上的纯粹分析。

安娜·弗洛伊德给出了许多理由，以证明她认为有必要对儿童采用一些复杂而麻烦的手段，以创建使分析工作成为可能的情境。在我看来，这些理由听起来并不合理。她在很多方面背离了已被证明的分析规则，因为她认为儿童与成年人是如此不同。然而，所有这些精心设计的措施的唯一目的是让儿童在对待分析的态度上像成年人一样。这似乎是矛盾的，我认为这是因为在她的比较中，安娜·弗洛伊德将儿童和成年人的意识部分和自我放在了突出的位置，而我们尽管有必要考虑自我的重要性，但肯定必须首先与无意识部分合作。但在无意识层面（这里我的陈述是基于对儿童和成年人的深入分析），前者与后者没有什么根本上的区别。只是孩子们的自我还没有得到充分的发展，因此他们更容易受到无意识部分的影响。如果我们想要了解儿童的真实面貌并对其进行分析，我们就必须解决这一问题，并将其作为我们工作的重点。

我不认为安娜·弗洛伊德如此热心地追求的方法有助于实现我们的目标——使儿童以与成年人类似的态度来对待分析。我也认为，如果安娜·弗洛伊德确实通过她所描述的方法实现了这个目标（这只能发生在有限的特定病例身上），其结果也会异于她的工作所预期的那样。她成功地在孩子身上唤起的"对疾病或淘气的承认"，源自她出于自己的目的而在孩子身上调动的焦虑，即阉割焦虑和罪疚感。（在这里，我不会深入讨论的问题是，在多大程度上，成年人的合理和有意识的康复愿望只是掩盖了这种焦虑表象。）对于儿童，我们不能指望意识层面的目的能够为我们的分析工作奠定持久的基础，我们知道，即使在成年人中，意识目的也不会长久地作为分析的唯一支撑。

安娜·弗洛伊德也确实认为，这个目的在一开始作为工作的准备是必要的。但她进一步相信，一旦有了这个目的，她就可以在分析的过程中依靠它。我认为这种想法是错误的。当她诉诸这种观点时，她实际上依靠的是儿童的焦虑和罪疚感。这本身并没有什么可反对的，因为焦虑和罪疚感无疑是使我们的工作成为可能的最重要的因素。我只是认为，我们有必要弄清楚什么是我们所依赖的支持，以及我们如何使用这些支持。分析本身并不是一种温和的方法，它不能使病人免受痛苦，这一点同样适用于儿童。事实上，它不得不迫使痛苦进入意识并引发宣泄，才能使病人以后免于永久的、更致命的痛苦。因此，我的批评并不是说安娜·弗洛伊德激起了焦虑和负罪感，相反，她没有充分解决这些问题。在我看来，这对儿童来说是一种不必要的苛刻，比如她在第11～12页中所描述的那样，她把焦虑带入他的意识，以免他发疯，而没有立即从无意识的根源上攻击这种焦虑，从而尽可能地再次减轻焦虑。

但是，如果我们在工作中真的要依靠焦虑和内疚感，为什么我们不把这两个因素视为考量因素，并从一开始就系统地运用它们工作呢？

我自己一直是这样做的，我发现我可以完全依赖这种技术——其原则是考量焦虑和罪疚感的强度并分析性地运用它们。儿童的这些焦虑和内疚的强度如此之高，因此比成年人更清晰可见，也更容易掌握。

安娜·弗洛伊德指出（p.34），我们不能因为儿童的敌意或焦虑的态度，就立即得出结论认为分析工作中存在负面移情。她说，这是因为"一个小孩子对自己的母亲越温柔，他对陌生人的友好冲动就越少"。我不认为我们可以像她那样将此与害怕陌生人的小婴儿相提并论。我们对小婴儿的了解不多，但我们可以从对一个三岁孩子的心理的早期分析中学到很多东西。我们可以看到，只有非常矛盾的神经质儿童才会对陌生人表现出恐惧或敌意。我的工作经验证实了我的信念，即如果我将这种拒绝理解为儿童的焦虑和负面移情感觉，并把它与儿童此时呈现的材料联系起来，然后追溯到儿童的原始客体——母亲，我便可以立即观察到，儿童的焦虑减轻了。这体现在，他们开始发展出一种更积极的移情，随后他们的游戏也更有活力。年龄较大的儿童也表现出类似的情况，尽管在细节上有所不同。当然，我的方法的前提是，我从一开始就愿意吸引负面移情和积极移情到自己身上，并且进一步地在俄狄浦斯情境中探索它的根源。这些方法都完全符合分析原则，但安娜·弗洛伊德以我认为没有根据的理由拒绝了它们。

我认为，我们对待儿童的焦虑和罪疚感的态度存在一个的根本区别，即安娜·弗洛伊德利用这些感觉让儿童与她产生眷恋，而我从一开始就让它们为分析工作服务。无论如何，当儿童身上产生了焦虑，这些焦虑就不可避免地阻碍分析工作的进展，甚至会完全破坏分析，除非我们马上着手用分析的方法解决它。

据我从安娜·弗洛伊德的书中了解，她只对特定的病例使用这种方法。对于其他病例，她千方百计地促成一种积极的移情，以满足她认为工作所必需的条件，即依靠自己的人格与儿童建立联结。

在我看来，这种方法同样是不可靠的，因为我们当然可以通过纯粹的分析手段更确定、更有效地工作。并不是每个孩子从一开始就对我们充满恐惧和厌恶。我的经验证明，如果一个孩子对我们的态度是友好和顽皮的，我们便有理由认为存在一种积极的移情，并且可以在分析工作中利用这一点。我们还有另一种久经考验的分析利器，我们可以像在成年人分析中那样使用它，尽管在成年人那里我们没有如此迅速和明确的机会进行干预。我指的是对这种正性移情的诠释，也就是说，这些正性移情可以追溯到原初的客体，无论是儿童分析还是成年人分析。总的来说，我们可能会同时注意到正性移情和负性移情。如果我们从一开始就以分析的方式处理这两个问题，我们就能够推进分析工作。解决负性移情的一些部分，能够促进正性移情的增加，这与成年人的分析是一样的。由于儿童时期的矛盾心理，不久之后，负性的一面又会重新出现。这才是真正的分析工作，分析情境已经建立起来了。同时，我们找到了儿童自身发展所依靠的基础，这通常在很大程度上不需要依赖对儿童所处环境的了解。简而言之，我们已经达到了分析所需的条件，我们不仅避免了安娜·弗洛伊德所描述的费力、困难和不可靠的措施，而且（这一点似乎更重要）我们可以确保分析的整体价值和成效在各方面与成年人分析毫无二致。

然而，安娜·弗洛伊德在她的书的第二章"儿童分析采用的方法"中，就这一点提出了不同意见。要按照我描述的方式工作，我们必须从孩子的联想中获得材料。安娜·弗洛伊德和我，可能还有所有分析儿童的人都同意，儿童既不能也不会像成年人那样产生联想，因此，光靠语言是无法收集到足够的材料的。安娜·弗洛伊德提出了一些帮助弥补言语联想不足的方法，我发现其中一些方法在我的工作中也是有用的。如果我们更仔细地研究这些方法，例如画画或讲述白日梦等等，我们会发现，它们的作用在于，以不同于按规则进行联想的其他方式来收集材料。这些方法对于促进儿童自由地进行幻想是至关重要的。关于如何实施这些方法，在安娜·弗洛伊德的论述中有所提及。这的确是值得我们认真考虑的。她说："没有什么比让孩子理解梦的诠释更容易的了。"她还说（p.19）："即使是那些不聪明的孩子，他们在其他方面可能存在困难，但在梦的诠释方面却从来没有失败。"我认为，如果安娜·弗洛伊德在其他方面以及在梦的诠释中，更多地利用他们表现得如此明显的理解象征的能力，这些孩子也许完全是适合进行分析的。因为根据我的经验，如果采用这样的方法，没有一个孩子是不适合被分析的，即使是最不聪明的孩子。

这正是我们在儿童分析中必须使用的工具。如果我们沿着这条道路跟随孩子，相信他讲述的内容是象征性的，他便会给我们展现出丰富的幻想。在第三章中，安娜·弗洛伊德提出了许多理论观点来反驳我，特别是我将游戏技术用于分析目的，而不只是用于观察。她认为，将儿童游戏中呈现的戏剧内容解释为象征性的是否合理是值得怀疑的，并认为这些内容很可能只是由于实际观察或日常生活经验而产生的。在这里我必须说，从安娜·弗洛伊德对我的技巧的描述中，我可以看出她有一些误解。"如果孩子打翻了一根灯柱或一个玩偶，她会认为这是对父亲的一种攻击性冲动；两辆车之间的故意碰撞，被视作孩子看到父母性交的证据。"（p.29）我永远不会尝试对儿童游戏进行任何如此"野蛮"的象征性诠释。相反，我在最近的一篇论文《早期分析》中特别强调了这一点。只有当我发现某个孩子通过各种重复方式表达了同样的精神材料——通常是通过各种各样的媒介，例如玩具、水、剪纸、绘画等等，并且当我观察到这些特定的活动大多伴随着一种罪疚感，要么表现为焦虑，要么其表现意味着过度补偿——这是一种反应形成的表达，也就是说，只有当我洞察到了某些联系时，我才对这些现象进行诠释，并将其与无意识和分析情境联系起来。进行诠释的实践条件和理论条件与成年人的分析完全相同。

我提供的工具包括小玩具，还有纸、铅笔、剪刀、细绳、球和积木等，最重要的是水。如果孩子喜欢的话，他们可以随意使用，这些工具都只是用来了解他们的幻想，并促进他们自由地进行幻想。有些孩子在很长一段时间内不会碰玩具，或者可能连续几个星期只会用剪刀剪东西。对于完全被抑制的儿童来说，玩具可能只是一种更深入地研究他们抑制的原因的手段。一些孩子，通常是非常小的孩子，一旦玩具给了他们一个机会，将那些支配他们的幻想或体验戏剧化，他们通常会把各种玩具都用起来，用于他们想象出的各种游戏，他们自己、我房间里的各种物品和我都必须参与其中。

我之所以详细地介绍我的技术，是因为我想阐明一个原则，根据我的经验，这个原则使我们能够最大限度地处理儿童的联想，并深入到无意识的最深处。

如果我们相信儿童比成年人更深地受到无意识及其本能冲动的影响，我们就可以更快、更有把握地与儿童的无意识建立联系，缩短成年人分析中与无意识接触的过程，并与儿童的无意识直接建立联系。很明显，如果儿童的无意识的确存在这种优势，我们也应该预计，无意识所常用的象征表达模式对儿童来说比成年人更自然，事实上，儿童是受它支配的。让我们沿着这条路走下去，也就是说，让我们接触他们的无意识，通过我们的诠释来充分使用他们的无意识语言。践行这一方法，我们就可以获得对儿童本身的了解。当然，这并不会像看上去那么容易和迅速地被完成；如果是的话，对幼儿的分析只需要很短的时间，而事实并非如此。在儿童分析中，我们将一次又一次地在儿童身上发现与成年人一样明显的阻抗，通常表现为对他们来说更自然的形式——焦虑。

因此，在我看来，如果我们想要深入了解儿童的无意识，这是非常重要的第二个因素。如果我们去观察那些代表了他们心理变化的态度转变（无论是游戏的转换还是终止，还是焦虑的直接爆发），并尝试弄清楚引发了这些变化的材料之间的联系，我们会确定无疑地发现罪疚感的存在，并且必须反过来对此做出诠释。

我发现，这两个因素是儿童分析技术中最可靠的辅助因素，它们相互依赖，并互为补充。只有当我们能够诠释儿童的焦虑从而减轻他们的焦虑时，我们才能接触到他们的无意识，让他进行自由的幻想。然后，如果我们遵循这些无意识幻想所包含的象征意义，我们很快就会看到焦虑再次出现，我们的分析工作也因此持续推进。

我对这些技术的描述，以及我对儿童行为中包含的象征意义的重视，可能会被误解为我在暗示儿童分析无须借助于真正意义上的自由联想。

在这篇文章的前面段落中，我指出，安娜·弗洛伊德和我以及我们所有从事儿童分析工作的人都同意，儿童不能也不会像成年人那样进行联想。我想在这里补充一点，可能主要的是孩子们不能自由联想，这不是因为他们缺乏将自己的想法用语言表达出来的能力（这在某种程度上只适用于非常小的孩子），而是因为焦虑阻碍了语言联想。更详细地讨论这个有趣的特殊问题超出了本文的范围。我将简要地提及一些经验事实。

与口头的表达相比，借助于玩具的表达（这些表达实际上通常是象征性表达，因为它们在某种程度上已经从主体自身抽离出来了）更少涉及焦虑。那么，如果我们成功地缓解了焦虑，并在第一时间理解了更多的间接表达，毫无疑问，我们便可以激发孩子最充分的语言表达能力，从而能够开展分析。然后我们会反复发现，当焦虑变得更加突出时，间接表征再次占据显著位置。让我简单地举例说明。当我对一个五岁男孩的分析取得了相当大的进展时，他做了一个梦。我对这个梦的诠释非常深入，也获得了丰硕的成果。对梦的诠释占据了全部分析时间，所有的联想都是口头表达的。在接下来的两天里，他又做了一些梦，这些梦是第一个梦的延续。但是，这个男孩对于第二个梦的言语联想变得非常困难，只能被逐个地引出。他表现出明显的阻抗，以及比前一天更强烈的焦虑。不过，他求助于玩具盒，并利用玩偶和其他玩具为我描绘了他的联想。每当他克服一些阻抗，他就再次用语言表达自己。到了第三天，前两天所揭露的材料增强了他的焦虑。他的联想几乎完全是通过玩玩具和玩水产生的。

　　如果我们能够合乎逻辑地应用我所强调的两个原则，即追随儿童的象征性表征模式，并考虑到儿童会因此产生焦虑，我们也将能够将他们的联想作为一种非常重要的分析手段，但正如我说过的那样，这只能偶尔使用，并作为备选方法之一。

　　因此，我认为安娜·弗洛伊德的说法是不完整的，她说："那些非有意引导的、自发产生的联想，比有意引导出的联想更频繁出现，也更有用。"（p.25）联想是否出现，完全取决于分析工作中某些明确的态度，而绝不是偶然的。在我看来，我们可以在更大程度上利用这一手段。它反复架起了通往现实的桥梁，这就是为什么，比起不真实的间接表达模式，它与焦虑的联系更密切。因此，直到我最终成功地让孩子们尽可能地用语言表达他们的联想，并尽可能地将其与现实联系起来，否则我不会认为任何孩子的分析应该结束，即使对很小的孩子也是如此。

　　总之，儿童分析和成年人分析在技术方面完全可以类比。唯一的区别是，我们发现儿童在更大程度上受无意识的支配，因此无意识的表达方式在儿童身上远比成年人占主导地位，而且我们还必须考虑到儿童更容易产生焦虑。

　　不过，上述特征也确定无疑地适用于处于潜伏期和青春期前的儿童的分析。甚至在某种程度上，对青少年的分析也是如此。在许多分析中，当病人处于上述某个发展阶段时，我必须对我所采用的儿童分析技术进行一些修改。

　　我认为，我刚才的阐述已经足以削弱安娜·弗洛伊德用于反对我的游戏技术的两个意见。她质疑：①我们是否有理由认为儿童游戏的象征性内容是其主要动力；以及②我们是否可以将儿童游戏等同于成年人的言语联想。因为，她认为，儿童的游戏缺乏成年人在分析时所具有的意图，而这种意图"使成年人在联想时能够排除对思维流（trains of thought）的有意识引导和影响"。

　　对于后一种反对意见，我想进一步回答说，成年病人的这些意图（根据我的经验，这些意图并不像安娜·弗洛伊德认为的那样有效）对儿童来说是相当多余的，我这里指的不是很小的孩子。

从我所说的可以清楚地看出，孩子们在很大程度上被他们的无意识所支配，他们真的没有必要刻意排除有意识的想法❸。安娜·弗洛伊德本人也曾权衡过这种可能性（p.49）。

我花了这么多的篇幅来讨论儿童分析应采用的技术，因为在我看来，这似乎是整个儿童分析的基础。当安娜·弗洛伊德拒绝游戏技术时，她的意见不仅指向对幼儿的分析，在我看来，她也指向我所理解的对大一点的孩子进行分析的基本原则。游戏技术为我们提供了丰富的素材，让我们接触到儿童心灵的最深层。如果我们善加利用，就可以顺利地达成对俄狄浦斯情结的分析。而一旦达成，我们就不能为分析划定任何界限。因此，如果我们真的不希望分析俄狄浦斯情结的话，我们就不应该使用游戏技术，即使是将其修改后应用于大一点的孩子。

由此可见，问题不在于对儿童的分析是否能像成年人分析那样深入，而在于对儿童的分析是否应该深入。为了回答这个问题，我们必须考察安娜·弗洛伊德在她书的第四章中所给出的反对深入分析的理由。

然而，在这之前，我想首先讨论安娜·弗洛伊德在她书的第三章中给出的，关于移情在儿童分析中所起的作用的结论。

安娜·弗洛伊德描述了成年人和儿童的移情情境之间的某些本质区别。她得出结论，后者可能会存在令人满意的移情，但不会产生移情神经症（transference-neurosis）。为了支持这一说法，她引用了以下理论论点。她说，儿童还没有像成年人一样准备好进入他们爱情关系的新版本，因为他们的原始爱恋客体——父母，在现实中仍然作为客体存在。

为了反驳这个我不赞同的观点，我必须对儿童的超我结构进行详细的讨论。但由于后面的篇章包含了这些讨论，所以我在这里只给出几个论断，作为我随后的论述的支持。

对年幼儿童的分析告诉我，即使是一个三岁的孩子，也会早已遗忘他的俄狄浦斯情结发展中的最重要部分。因此，压抑和罪疚感使儿童已经远离了原始的欲望客体。儿童与他们的关系也被扭曲和转变，现在的爱慕客体其实是原始客体在当下的意象。

因此，对于分析师来说，在所有根本性的也是决定性的方面，儿童可以很好地进入他们的爱情关系的一个新版本。但这里我们遇到了第二个理论性的反对意见。安娜·弗洛伊德认为，分析师在分析儿童时不可避免地会强加禁令和允许满足，无法做到成年人分析中那样"非个人化、隐匿，像一块让病人自由描绘幻想的空白屏幕"。但根据我的经验，儿童分析中一旦建立了分析情境，分析师就可以做到这一点，而且也应该这样做。儿童分析师的活跃只是表面上的，因为即使当他完全投入儿童的游戏幻想中，以遵循儿童特有的表达模式时，他做的事情也与成年人分析师并无二致，我们知道，成年人分析师也愿意跟随病人的幻想。但除此之外，我不允许儿童病人获得任何个人满足，无论是礼物或安慰，还是分析之外的个人接触等等。简而言之，我总体上遵守成年人分析的公认规则。我给予儿童病人的是分析性的帮助和缓解，即使他们之前并没有意识到自己的病情，他也能很快感受到这些获益。除此之外，我将完全真诚和诚实地对待他们，以回应他们对我的信任。

然而，我必须对安娜·弗洛伊德的结论和她的前提提出质疑。依据我的经验，儿童实际上是能够产生完全的移情神经症的，其方式与成年人的神经症相似。在分析儿童时，我注意到他们的症状会发生变化，根据分析情境而加重或减轻。我在他们身上看到了情感的宣泄，这与分析工作的进展、我们的关系密切相关。我观察到，孩子们在分析情境中会产生焦虑，但这些反应会被自行解决。有些细心观察孩子的父母经常告诉我，他们惊讶地看到，孩子身上某些早已消失的怪癖又回来了。我没有发现孩子们在家里或只是跟我共处就会消除这些焦虑反应。在大多数情况下，它们都在分析时间内得到解决。当然，有时确实会发生下述情况，孩子们爆发非常强烈的情感，其亲属会注意到某些骚动，但这只是暂时的，在成年人的分析中也无法避免。

因此，在这一点上，我的经验与安娜·弗洛伊德的观察完全不同。这种差异的原因很明显，这来自她和我处理移情的不同方式。让我总结一下。安娜·弗洛伊德认为，正性移情是所有儿童分析工作的必要条件。负性移情是不受欢迎的。她写道："儿童对分析师的负面冲动虽然在很多方面可能具有启发性，但它们本质上是棘手的，应该尽快处理。真正富有成效的工作总是伴随着正性依恋产生。"（p.31）。

我们知道，分析工作中的一个主要因素是对移情的处理，这要求我们严谨、客观，以事实为依据，以我们从精神分析理论中学习到的正确方式进行。移情的彻底解决被认为是分析圆满结束的标志之一。在此基础上，精神分析制定了许多重要的规则，事实证明这些规则对于每个病例都是必要的。安娜·弗洛伊德在儿童分析的大部分时候都把这些规则放在了一边。在她这里，被公认为分析工作的一个重要条件的移情，变成了一个不确定和可疑的概念。她说，分析师"可能不得不与父母分享孩子的爱或恨"。并且，我不明白"拆毁或修改"这些棘手的负面倾向的用意是什么。

在这里，前提和结论陷入了一个循环。如果分析情境不是通过分析性手段产生的，如果正性移情和负性移情没有被合乎逻辑地处理，那么我们就既不会引出儿童的移情神经症，也不能期望他们的反应在与分析和分析师的关系中得到解决。在本文的后面，我将更彻底地讨论这一点，但目前我只会对我的阐述做简要总结。需要指出的是，安娜·弗洛伊德通过一切可能的方式吸引正性移情到她自己身上，并削减那些指向她的负性移情。在我看来，这种方法不仅在技术上是不正确的，而且实际上，对父母的不利影响远大于我的方法。因为，这自然会导致儿童的负性移情继续指向那些在日常生活中与他们打交道的人。

在第四篇演讲报告中，安娜·弗洛伊德的某些结论在我看来再次显示了这种恶性循环，这一次特别清楚。我曾在别处解释过"恶性循环"一词，意思是从某些前提中得出结论，然后用这些结论来论证相同的前提。在我看来是错误的结论之一（我想引用安娜·弗洛伊德的原话），即在儿童分析中，不可能克服儿童不完全掌握语言的障碍。她的确有所保留，因为她用了"就我目前的经验而言，用我所描述的技术"这样的表述。但接下来的这句话包含了一般理论性质的说明。她说，我们分析成年人时所获得的关于童年早期的发现，"正是通过这些自由联想和对移情反应的诠释方法来揭示的，这些方法并不适用于对儿童的分析"。安娜·弗洛伊德在她书中的许多章节中都强调，为了适应儿童的心理，儿童分析的技术必须做出改变。然而，她对我提出的这项技术的怀疑是基于一些理论上的考虑，而没有进行临床检验。但我已经通过临床应用证明，这项技术能够帮助我们获得比成年人分析更丰富的联想，从而使儿童分析比成年人分析深入得多。

依据我自己的经验，我真的只能坚决反对安娜·弗洛伊德的说法，即成年人分析中使用的两种方法（即自由联想和对移情反应的诠释）不适用于对儿童的分析。我甚至相信，儿童分析这一特殊领域，特别是对幼儿的分析，能够对我们的理论做出宝贵贡献。因为对儿童的分析可以深入得多，因此可以揭示在成年人身上看不到的细节。

安娜·弗洛伊德将儿童分析师的处境与人种学家的处境进行了比较，后者"如果只研究原始族群而不是文明种族，也是无法找到通往史前的捷径的"（p.39）。这再次让我震惊，这是与实际经验相矛盾的理论陈述。对幼儿和大龄儿童的分析——如果足够深入的话——非常清楚地说明了发展的复杂性，甚至对于非常小的儿童也是如此。分析也证明，哪怕仅仅三岁的儿童已经经历了并且仍在经历严重的冲突，因为它们已经受到了文明的影响。套用安娜·弗洛伊德的比喻，我认为，从研究的角度来看，儿童分析师正面对着一个人种学家从未遇到的良机，即找到与原始人关系最密切的文明人，并通过这种难得的联系，来获得关于最早的年代和后来的时代的宝贵信息。

我现在将更详细地讨论安娜·弗洛伊德关于儿童超我的概念。在她书的第四章中有一些论断具有特殊的意义，这既是因为它们所涉及的理论问题非常重要，也是因为安娜·弗洛伊德从这些论断中得出了广泛的结论。

对儿童，尤其是幼儿的深入分析，使我对童年早期的超我形成了一幅完全不同于安娜·弗洛伊德主要出于理论考量所描绘的图景。可以肯定的是，儿童的自我无法与成年人的自我相比。另一方面，儿童的超我与成年人的超我非常接近，不像自我那样受到后期发展的根本影响。儿童对外部客体的依赖自然大于成年人，这一事实产生的结果是无可争辩的，但我认为安娜·弗洛伊德高估了这一点，因此没有正确地做出诠释。因为这些外部客体肯定与儿童已经发展的超我并不相同（identical），尽管它们曾经影响了儿童超我的发展。只有这样，我们才能解释这样一个惊人的事实：在三岁、四岁或五岁的孩子身上，我们会发现一个严苛的超我，这种超我往往与实际的爱慕客体——父母——非常矛盾。我想举一个四岁男孩的例子，他的父母不仅从来没有惩罚或威胁过他，而且真的非常友善和慈爱。这个病例（这只是许多病例中的一个）的自我和超我之间存在的冲突表明，他的超我具有一种幻想般的严苛特征。依据我们都熟知的无意识理论，基于他自己的食人和施虐冲动，这个孩子预期自己会受到诸如阉割、被切成碎片、被吃掉等惩罚，并持续生活在恐惧中。他温柔慈爱的母亲完全不同于给这个孩子带来惩罚威胁的超我，这说明了一个事实，即我们绝不能将真实客体与儿童内摄的客体等同起来。

我们知道，超我的形成是在各种认同的基础上发生的。我的研究结果表明，这个过程在儿童很小的时候就开始了，它随着俄狄浦斯情结的消失而终止，也就是随着潜伏期的开始而终止。在我的上一篇论文中，基于我对幼儿的分析发现，我指出，俄狄浦斯情结产生于婴儿断奶时经历的剥夺之后，即在生命第一年的结束或第二年的开始。

但是，与此同时，我们看到了超我形成的开端。对幼儿和年长儿童的分析，清楚地说明了超我发展的各种因素，以及超我发展的不同层次。我们可以看到，在潜伏期开始之前，超我的演变经历了几个阶段。这个案例实际上已经到了终结的阶段，因为与安娜·弗洛伊德的观点相反，对儿童的分析告诉我，他们的超我具有强烈的抗拒特征，本质上是不可改变的，与成年人没有根本上的不同。唯一不同的是，成年人的自我更成熟，更能适应他们的超我。然而，这往往只是表面上的情况。此外，成年人可以更好地防御那些在外部世界代表超我的权威，儿童则不可避免地更依赖这些权威。但这并不意味着，儿童会像安娜·弗洛伊德所总结的那样，即便分析消除了他们的神经症，他们的超我仍然"太不成熟，太依赖客体，无法控制本能的需求"。即使对儿童来说，这些客体（父母）也不等同于超我。他们对儿童的超我的影响，完全类似于外部客体对某些相似的情境下的成年人的影响，例如当成年人处于某种特殊的依赖状态时。我们对这些成年人的分析可以证明这一点。令人恐惧的权威对考试、军官服役等方面的影响，与安娜·弗洛伊德在"儿童超我和爱慕客体之间的持续相关性（可以被比作两个有沟通管道的容器）"中所感受到的效果相当。在我提到的这种现实境遇（或其他类似情况）的压力下，成年人的反应会增加他们的困难，这与儿童是类似的。这是因为旧的冲突在残酷的现实中被重新激活或加强，而在这里，超我的强化运作恰恰发挥了主要作用。这与安娜·弗洛伊德所说的过程完全相同，也就是说，客体对（儿童）超我的影响仍然存在。的确，相较于成年人，对性格和其他依赖关系的好或坏的影响施加给儿童的压力更大。然而，对于成年人来说，这些影响无疑也很重要❹。

安娜·弗洛伊德引用了一个例子（p.42～43），她认为这个例子特别好地说明了儿童在主张自我理想时的弱点和依赖性。一个即将进入青春期的男孩有一种无法控制的偷窃冲动，事实证明，影响他的最主要因素是他对父亲的恐惧。她认为这是一个证据，证明在这里，实际存在的父亲仍然可以代替男孩的超我。

我认为我们经常能在成人身上发现类似的超我发展。有许多人最终（通常贯穿一生）控制他们的社会化不良的（asocial）本能，只是源于对一个"父亲"的恐惧，这种恐惧往往被伪装成不同的形式：警察、法律、种姓的丧失等等。安娜·弗洛伊德在儿童身上观察到的"双重道德"也是如此。不仅仅是孩子们对成人世界有一种道德准则，对自己和他们的伙伴又有另一种。许多成年人的行为方式也是如此，当他们独处或与同龄人相处时采取一种态度，而对待上级和陌生人时则采取另一种态度。

我认为，安娜·弗洛伊德和我在这个非常重要的问题上意见不同的一个原因是：就我所理解的超我来说（在这里，我完全同意弗洛伊德教给我们的关于超我发展的知识），通过俄狄浦斯客体的内摄而产生的俄狄浦斯发展所带来的能力，随着俄狄浦斯情结的消解，已经呈现出一种持久的、不可改变的形式。正如我已经解释过的，这种能力，无论是在它的演化过程中，还是在它完全形成后，都与那些启动它发展的客体有根本的不同。当然，儿童（也包括成年人）会树立各种自我理想，树立各种"超级自我"，但这肯定发生在更为肤浅的层面上，在底层是由一个牢固植根于儿童身上、其本质不变的超我所决定的。安娜·弗洛伊德所认为的，在父母本人身上仍然对儿童起作用的超我，并不等同于真正意义上的内在超我，尽管我并不怀疑它本身的影响。如果我们想要帮助儿童获得真正的超我，减少它的运作力量并影响它，唯一的方法就是分析。但我所指的，是一种考察俄狄浦斯情结和超我结构的整体发展的分析。

回到我之前提到的安娜·弗洛伊德的例子。有些男孩用来对抗本能冲击的最高级武器就是他对父亲的恐惧，在这样的男孩身上，我们看到的是一个当然还不成熟的超我。我宁愿不把这样的超我称为典型的"幼稚"。再举一个例子：我在前面提到的那个四岁男孩，他承受着阉割和食人的超我的压力，这与他和善和慈爱的父母完全不同。我发现，他身上存在与他的真实父母密切相关的认同，尽管这种认同与他们一点也不相同。他认同的这些人物看起来很善良，乐于助人，宽宏大量，他称他们为"神仙爸爸和神仙妈妈"。当他对我的态度是积极的时候，他允许我在分析中扮演"神仙妈妈"的角色，他会向她坦白一切。在其他时候——总是在负性移情再次出现时——我扮演的是一个邪恶的妈妈，他幻想出来的一切邪恶的东西，她都预料到了。当我是神仙妈妈的时候，他能够提出最特别的要求和最令人满意的愿望，这在现实中是不可能实现的。我要帮助他，在夜里给他带来一件代表他父亲阴茎的东西作为礼物，然后把它切开吃掉。他和她一起杀了他的父亲，这是"神仙妈妈"想要满足的愿望之一。当我是"神仙爸爸"的时候，我们要对他的母亲做同样的事情。当他自己接手这个角色，我扮演儿子的时候，他不仅允许我和他母亲性交，还给我提供了相关信息。他鼓励我，还向我展示了父亲和儿子如何与母亲同时进行幻想的性交。这个孩子身上的一系列多样的认同彼此对立，起源于截然不同的层次和时期，并且与真实的客体从根本上不同，它们形成了一个给人的实际印象是正常和发展良好的整体超我。我从许多类似的案例中选择这个男孩的另一个原因是，这是一个看上去完全正常的儿童，他只是出于预防的目的而接受分析治疗。直到我们做了一段时间的分析，对他的俄狄浦斯情结的发展进行了深入的探索，我才能够认识到这个孩子超我的完整结构和不同部分。他表现出很高道德水平上的罪疚感反应。他谴责任何他认为是错误的或丑陋的东西，其方式虽然符合一个孩子的自我，却类似于一个成年人的高道德水平上的超我功能。

儿童超我的发展不亚于成人超我，同样取决于多种因素，这里不需要更详细的讨论。如果出于某种原因，这种发展没有全部完成，认同没有完全成功，那么焦虑——超我的整个形成起源于焦虑——就会在超我的运作中占主导地位。

在我看来，安娜·弗洛伊德所引用的案例似乎并不能证明任何事情，只能证明超我的这种发展是存在的。我不认为这是一个特定的"幼稚"（childish）发展实例，因为我们在那些超我未发展好的成年人身上遇到了同样的现象。所以我认为她从这个案例中得出的结论是错误的。

安娜·弗洛伊德在这方面的说法给我的印象是，她认为超我的发展，包括反应形成和屏幕记忆，在很大程度上发生在潜伏期。对幼儿的分析经验，迫使我在这一点上与她截然不同。我的观察告诉我，所有这些机制都是在俄狄浦斯情结产生时启动的，并被该情结激活。随着俄狄浦斯情结的消解，这些机制便完成了基础工作；随后的发展和反应更像是建立在基质上的超结构（super-structure），该基质已经形成了固定的形式并保持不变。在特定的时间和特定的环境中，反应形成会被加强，同样，当来自外界的压力增强时，超我将会更强大地运作。

然而，这些现象并不是童年所特有的。安娜·弗洛伊德所认为的，在潜伏期和青春期之前的超我和反应形成的进一步拓展，只是儿童对外部世界的压力和要求的表面外在适应，并非超我的真正发展。随着年龄的增长，孩子们（就像成年人一样）学会了如何处理"双重道德准则"，他们比那些对事情不那么循规蹈矩的孩子和那些更诚实的幼儿更有技巧。

关于儿童超我的依赖性和与羞耻和厌恶情绪有关的双重道德准则，安娜·弗洛伊德提出了一些论断，现在让我们来看看她基于这些论断得出的某些推论。

安娜·弗洛伊德在她书的第45页指出，儿童在这方面与成年人不同：当儿童的本能倾向被带入意识时，不应指望超我对这些本能的发展方向承担全部责任。

因为她认为，在这一点上，如果让孩子们自己决定，他们只会寻求"一条简单而方便的途径——直接满足"。安娜·弗洛伊德不愿意（并为此提供了充分的理由）将如何使用从压抑中解放出来的本能力量的决定，留给负责儿童训练的人来做。因此，她认为唯一要做的事就是精神分析师应该"在这个重要的点上引导孩子"。她举了一个例子来说明分析师进行教育干预的必要性。让我们看看她怎么说。如果我对她的理论主张的反对是正确的，那么它们必须经得起一个实际例子的检验。

这是她在书中讨论过的一个案例：一个患有强迫症的六岁女孩。这名儿童在治疗前表现出抑制和强迫症状，但在治疗期间变得顽皮和缺乏自制。安娜·弗洛伊德得出结论，在这一点上，她应该以教育者的角色介入。她认为她认识到，当孩子从压抑中解脱出来时，他们会在分析之外满足自己的肛欲冲动，这表明她自己犯了一个错误，过分依赖了幼稚的自我理想的力量。她认为，这种尚未建立起来的超我需要分析师暂时的教育影响，因此在这一点上儿童的超我无法在没有帮助的情况下控制冲动。

为了支持我的观点，我想我最好也提供一个与安娜·弗洛伊德相反的案例。我将引用的是一个非常严重的病例，这是一个六岁的女孩，她在分析开始时患有强迫症❺。

厄娜在家里的行为令人难以忍受，她在所有关系中都表现出明显的社会化不良倾向，她有严重的失眠、严重的强迫症、学习上的完全抑制、极度抑郁的情绪、强迫性的沉思，以及其他一些严重的症状。她接受了两年的分析治疗，结果她被治愈了，这一点从以下事实可以明显看出：她在一所原则上只接受"正常儿童"的学校学习了一年多，她正在经受那里生活的考验。毋庸多言，这个患有严重强迫症的孩子受苦于过度的抑制和深深的自责。她表现出典型的人格分裂：魔鬼与天使、善良与邪恶的公主等等。在她身上，分析也自然地解放了大量的情感以及肛门施虐冲动。在分析过程中，异乎寻常的宣泄发生了：她把愤怒发泄在我房间里的东西上，如垫子等；她还弄脏和破坏玩具，用水、橡皮泥、铅笔等污损纸张。这些表现让这孩子看上去无拘无束，而且似乎对这些非常放肆的行为感到特别高兴。但我发现，这不仅仅是她对肛欲固着的"无拘无束的"满足，还有其他因素在起着决定性的作用。她绝不像人们第一眼看到的那样"快乐"，也不像安娜·弗洛伊德引用的例子中孩子的亲属所认为的那样"快乐"。在很大程度上，厄娜"缺乏自制"的背后是焦虑，以及惩罚的需要，这迫使她重复自己的行为。这里也有明显的证据表明，所有的仇恨和挑衅都可以追溯到她接受如厕训练的那段时期。当我们分析了这些早期的固着、它们与俄狄浦斯情结发展的联系，以及与之相关的罪疚感时，情况完全改变了。

在这段时期，当肛门施虐冲动以这样的力量被释放出来时，厄娜表现出一种短暂地在分析之外发泄和满足冲动的倾向。我得出了与安娜·弗洛伊德相同的结论：

精神分析师一定是犯了某种错误。只是我的结论是，我在分析方面存在某些失误，而不是在教育方面。这可能是我们观点中最显著和最根本的差异之一。我的意思是，我意识到我没有在分析时间内完全消除她的阻抗，也没有完全释放她的负性移情。这个病例和其他病例让我认识到，如果我们想让儿童更好地控制自己的冲动，而不让他们受苦于与这些冲动的艰苦斗争，就必须尽可能彻底地从分析的角度揭露俄狄浦斯情结的发展过程，并从最开始就探索由此产生的憎恨和罪疚感❻。

现在，如果我们看看那些让安娜·弗洛伊德认为有必要用教育方法来代替分析方法的点，我们会发现这个小病人自己给了我们相当准确的信息。在安娜·弗洛伊德清楚地向她证明（p.25），人们只能对他们讨厌的人做出如此恶劣的行为后，这个孩子问道："为什么我对深爱的母亲怀有如此敌意的情绪？"这个问题是有充分理由的，它体现了对分析的本质很好地理解，而这一点在某些强迫类型的小病人身上也经常被发现。这个问题指出了分析本应采取的方式，它本应更深入。然而，安娜·弗洛伊德并没有这样做，因为我们读到"在这里，我无法提供进一步的信息，因为我所了解的也仅限于此"。然后，这位小病人试着自己找到一种方式，以走得更远。她重复了一个她曾提到的梦，这个梦的意思是责备她的母亲，因为她总是在孩子最需要她的时候离开。几天后，她又做了一个梦，清楚地表明了她对弟弟和妹妹的嫉妒（jealousy）。

然后安娜·弗洛伊德停了下来，停止了进一步的分析，就在她必须分析孩子对她母亲的仇恨的时候，也就是它真正意味着第一次理清整体俄狄浦斯情境的时候。我们看到，她确实释放了一些肛门施虐冲动，并让其发泄出来，但她没有追踪这些冲动与俄狄浦斯发展之间的联系。相反，她将自己的调查局限于肤浅的意识或前意识层面，因为从她所写的内容来看，她似乎也忽略了追踪孩子对弟弟妹妹的嫉妒，以及指向他们的无意识死亡愿望。如果安娜·弗洛伊德进行了探索的话，她还会发现孩子指向母亲的死亡愿望。而且，在此之前她一定也没有分析这个孩子与母亲竞争的态度。否则，病人和分析师到此时一定已经知道了这个孩子恨她母亲的原因。

在她书的第四章中，安娜·弗洛伊德引用了这一分析，来说明分析师以教育角色介入的必要性，她显然也正在考虑我刚才讨论的那个分析工作中的转折点。但我想象当时发生了如下的情况：这个孩子部分地意识到她的肛门施虐倾向，但没有获得机会进一步分析她的俄狄浦斯情境，进而在很大程度上、从根本上摆脱这些倾向。在我看来，现在的问题不是引导她艰难地掌握和控制从压抑中释放出来的冲动。我们需要的是对这些冲动背后的动力进行更深入、更全面的分析。

但我对安娜·弗洛伊德给出的其他一些病例也有同样的批评。她多次提到她从病人那里得到的对于手淫的悔恨。这个九岁的女孩在她讲述的两个梦中承认了这一点（p.20），我认为她说的远不止这些，还有一些非常重要的事情。她对火的恐惧和梦到的热水炉爆炸——她的错误行为引发了这些，并且她因此受到了惩罚——在我看来，清楚地表明了她对父母性交的观察。这在第二个梦中也很明显，里面有"两块不同颜色的砖"和一所"即将着火"的房子。根据我对儿童的分析经验，我认为这些通常代表了原初场景。在我看来，就这个小女孩所梦到的火来说，确实如此，从她画的怪物（来自安娜·弗洛伊德的描述，p.23）和女巫拔出巨人的头发中可以看出这一点。安娜·弗洛伊德把这些画解读为孩子的阉割焦虑和手淫，这肯定是正确的。但我毫不怀疑，阉割巨人的女巫和"咬人者"代表着父母的性交，被孩子感觉为一种施虐的阉割行为；此外，当她产生这个感觉时，她自己也对她的父母产生了施虐欲望（她在梦中引起的热水炉爆炸）；她的手淫也与这些现象有关联，因此，从它与俄狄浦斯情结的联系来看，它涉及一种深深的罪疚感，并且在此基础上，也涉及强迫性重复和部分的固着。

那么，安娜·弗洛伊德的解释遗漏了什么呢？她遗漏的是所有能更深入探索俄狄浦斯情境的东西。然而，这意味着她忽略了解释罪疚感和固着的更深层次原因，并使后者变得不可能减少。我不得不得出与那个小强迫症病人相同的结论：如果安娜·弗洛伊德对本能冲动进行了更彻底的分析，就没有必要教孩子如何控制它们了。同时，治疗也会更加彻底。因为我们知道俄狄浦斯情结是神经症的核心；因此，如果对该情结的分析被削弱，便无法解决神经症。

那么，安娜·弗洛伊德没有进行彻底的分析，即毫无保留地探索孩子与父母和俄狄浦斯情结的关系，原因是什么呢？我们在这本书的不同段落中发现了一些重要的论点。让我们总结一下，并思考它们究竟是什么。

安娜·弗洛伊德认为，她不应该介入孩子和父母之间的关系，如果孩子对父母的反抗被唤醒，孩子的家庭教育就会受到威胁，并引发冲突。

现在我认为，这一点主要决定了安娜·弗洛伊德和我的观点的不同，以及我们迥然不同的工作方法。她自己说（p.8），如果她把自己和孩子的父母对立起来，她就会感到不安，因为他们是她的雇主。对于一位对她怀有敌意的护士（p.13），她尽一切可能使孩子对这位护士产生偏见，并让孩子放弃对护士的积极感觉，继而将其转移到她自己身上。在父母存在问题的情况下，她不愿让孩子对父母产生偏见，我认为她是完全正确的。我们观点的不同之处在于：我从未试图以任何方式使孩子对他的亲属产生偏见。但是，如果孩子的父母委托我对他进行分析，或者是为了治疗神经症，或者是为了其他原因，我认为我有理由采取我认为对孩子最有利和唯一可能的方法。我指的是毫无保留地分析他与周围人的关系，特别是与他的父母和兄弟姐妹的关系。

安娜·弗洛伊德在分析孩子与父母之间的关系时发现了一些危险，她认为这些危险产生于她所认为的儿童超我的脆弱性。让我列举其中的一些。当移情被成功解决后，儿童无法再回去找到原来的爱慕客体，"他可能会被迫再次走上神经症的道路，或者如果分析治疗的成功结果关闭了这条路，儿童则会走上公开叛逆的相反道路"（p.37）。还有：如果父母利用他们的影响力来反对分析师，结果会是，"因为孩子在情感上依附于双方，这种情况类似于不幸福的婚姻，其中孩子成了争夺的对象"（p.46）。还有："如果一个儿童的分析不能被有机地移植到他的生活中，而是像一个令人不安的异物一样侵入到他的其他关系中，那么给孩子造成的冲突可能比治疗解决的问题更多。"（p.50）

安娜·弗洛伊德认为儿童的超我还不够强大，她因此担心，当他们从神经症中解脱出来后，会无法令人满意地适应教育和周围人的必要的要求。对此我会做如下的回应：

我的经验告诉我，如果我们在分析一个孩子的时候不带任何先入之见，我们就会获得一个关于他的不同的形象，因为我们能够进一步深入到两岁之前的那个关键时期。然后，孩子的超我的严厉就会在更大程度上被揭示出来，安娜·弗洛伊德自己偶尔也会发现这一点。我们发现，我们需要的不是强化这种超我，而是淡化它。我们不要忘记，儿童受到的教育影响和教化要求在分析过程中并不会暂停，即使分析师作为一个相当中立的第三人，并不需要对它们负责。如果超我已经强大到足以导致冲突和神经症，它肯定会保留足够的影响力，即使在分析中被我们一点一点地修正。

我从来没有在完成一项分析时感到这种影响力被削弱得过多了；相反，我希望超我过强的力量在分析结束时还可以进一步被削弱。

安娜·弗洛伊德恰如其分地强调了这样一个事实：如果我们能够确保儿童产生正性移情，他们就会有更多的贡献，例如表现得更合作，或做出其他形式的牺牲。但我认为，这无疑证明了，除了严厉的超我，儿童对爱的渴望也提供了充分的保证，即只要通过分析解放儿童的爱的能力，他们就会有足够强烈的动机来遵守合理的教化要求。

我们不能忘记，现实对成人自我的要求，远比儿童弱小的自我所面临的要求要沉重得多。

当然，如果孩子不得不与缺乏洞察力、神经质或其他对他有害的人交往，结果可能是我们无法完全消除他的神经症，或者他周围的环境可能会再次引发他的神经症。然而，根据我的经验，即使在这些情况下，我们也可以做很多事情来缓解问题，促进更好的发展。此外，神经症在将来再次被引发时会更温和，更容易治愈。安娜·弗洛伊德担心，一个被分析过的孩子，如果仍然处在完全不利于分析的环境中，他会因为不再依附于自己的爱慕客体而变得更加反抗这些客体，从而更容易陷入冲突。在我看来，这似乎只是理论上的考量，并没有获得经验的支持。即使在这种情况下，我也发现，通过分析，孩子们能够更好地适应环境，从而更好地经受住不利环境的考验，比被分析之前遭受的痛苦更少。

我已经多次证明，当一个孩子变得不那么神经质时，他周围那些本身就神经质或缺乏洞察力的人也就不会那么讨厌了。这样一来，分析也只会对他们的关系产生有利的影响。

在过去的八年里，我分析了大量的儿童。在对于儿童分析至关重要的这一点上，我的发现不断得到证实。我想总结一下，安娜·弗洛伊德所担心的危险，即分析孩子对父母的负面情绪会破坏他们的关系，在任何情况下都是永远不存在的。而且，事实恰恰相反。这不仅适用于儿童，同样的事情也发生在成年人身上。对俄狄浦斯情境的分析不仅释放了孩子对父母和兄弟姐妹的负面情绪，而且在一定程度上解决了这些情绪，从而使他们的积极冲动得到极大的加强。正是对儿童最早时期的分析，揭示了早期口欲剥夺、如厕训练和与俄狄浦斯情境相关的剥夺所产生的仇恨倾向和罪疚感。而正是这种将它们揭露出来的方式，在很大程度上解放了孩子们。最终的结果是儿童与周围的人有了更深、更好的关系，而不是一种疏远意义上的脱离（detachment）。这同样适用于青春期的孩子，只是在这一时期，分析有力地加强了在该特定发展阶段所必需的脱离和移情能力。到目前为止，在分析结束后，甚至在分析进行的过程中，我从未收到过孩子与周围人的关系恶化的投诉。当我们回想他们关系的矛盾特征时，这种变化具有重要的意义。另一方面，我经常收到一些肯定的反馈，说孩子们变得更合群，更容易接受训练。最终，我在改善父母和孩子之间的关系这方面也有帮助。

毫无疑问，父母在分析过程中和分析后都应该支持我们的工作，这是可取的，也是有帮助的。然而，我必须说，这样令人满意的情况绝对是少数。它们代表了理想的情况，我们的方法不能以此为基础。安娜·弗洛伊德说（p.50）："（分析的适应证）并不仅仅包括孩子患有某种疾病这个事实。儿童分析本质上应该归入分析情境，目前必须要求孩子的父母是分析师，或是那些被分析过的人，或是以一定的信心和尊重来看待分析的人。"

我想说的是，我们必须清楚地区分父母的意识态度和无意识态度，我反复发现，安娜·弗洛伊德所期望的上述条件无法保证父母的无意识态度。父母可能在理论上完全相信分析的必要性，可能有意识地希望尽其所能帮助我们，但出于无意识的原因，他们可能会一直阻碍我们的工作。另一方面，我不断发现，那些对分析一无所知的人——有时只是凭借个人信心来见我的普通保姆——是最有帮助的，因为他们有良好的无意识态度。然而，根据我的经验，儿童分析师必须考虑到保姆、家庭教师甚至母亲的某种敌意和嫉妒，并且必须尝试在不受干扰或对抗这些情绪的情况下完成分析。乍一看，这似乎是不可能的，这肯定是儿童分析中的一个特殊的、相当大的困难。然而，在大多数情况下，我并不认为它是无法克服的。当然，我的前提是，我们不必"与父母分享孩子的爱与恨"，而是以一种使我们能够建立分析情境并依赖它的方式来处理正性移情和负性移情。令人惊讶的是，孩子们（即便是幼儿）通过他们的洞察力和求助动机来支持我们，并且，我们能够将孩子的亲属带来的这些阻抗纳入我们的工作中。

因此，我的经验逐渐使我在工作中尽可能地将自己从这些人那里解放出来。虽然他们提供的资料有时可能是有价值的，即他们告诉我们孩子们正在发生的重要变化，并使我们了解真实情况，但我们必须能够在没有这种帮助的情况下工作。当然，分析的确可能会因为孩子周围人的错误而失败。但我只能说，只要父母把他们的孩子送去接受分析，我看不出有什么特别的理由，仅仅因为他们的态度显示出缺乏洞察力或其他缺点，就无法进行分析。

我已阐述清楚，关于不同病例进行分析的可行性，我的立场在许多方面与安娜·弗洛伊德的完全不同。我认为分析不仅对明显的精神障碍和发育缺陷的病例有帮助，而且也是减少正常儿童的困难的一种手段。这种方法可能是间接的，但我相信不会太难、太贵或太繁琐。

在我论文的第二部分中，我试图证明分析师不可能兼顾分析工作和教育工作，我希望说明为什么会这样。安娜·弗洛伊德将这些功能（p.49）描述为"两种困难且截然相反的功能"。她又说："同时进行分析和教育，等于（分析师）必须同时允许和禁止，放松再进行约束。"我可以这样总结我的论点，即这两者中的一种活动实际上抵消了另一种活动。如果分析师——即使只是暂时的——成了教育机构的代表，如果他承担了超我的角色，此时分析师就阻挡了本能冲动通往意识的道路——他成了压抑能力的代表。我要更进一步说，以我的经验，我们对儿童和成人所要做的，不仅要通过各种分析手段建立和维持分析情境，避免一切直接的教育影响，更重要的是，如果一个儿童分析师想要成功，他必须拥有和成人分析师一样的无意识态度。分析师必须真正愿意只分析，而不是希望塑造和指导他的病人的思想。

如果分析师能够耐受焦虑，便能够冷静地等待正确结果的发展，以这种方式，成果会自然达成。如果分析师做到这些，便可以证实我用以反对安娜·弗洛伊德的第二个原则，即，我们必须完全和毫无保留地分析孩子与父母的关系，以及他的俄狄浦斯情结。

附言（1947年5月）

在她新书的序言和第三部分中，安娜·弗洛伊德对她的技术进行了许多修改。其中一些修改涉及我在上述论文中讨论的问题。

我们的观点的分歧之一在于她在分析儿童时使用了教育方法。她当时解释说，考虑到儿童的脆弱超我尚没有完全发展，这项技术是必要的，即便孩子正处于潜伏期（当时她认为只有在这个年龄才应该对儿童进行分析）。她现在在新书的序言中指出，儿童分析师工作中的教育方面不再必要（因为父母和教育机构已经变得更加开明），分析师"现在可以将精力集中在任务的纯分析方面，除了极少数例外"（p.xi）。

同样，在安娜·弗洛伊德1926年出版的书里，她不仅批评了游戏技术（这是我为分析幼儿而发展起来的），而且还原则上反对分析潜伏期之前的幼儿。她在新书的序言中说道，她现在将年龄范围"从最初建议的潜伏期降低到两岁……"，而且，她似乎在某种程度上接受了游戏技术，将其作为儿童分析的必要组成部分。此外，她还扩大了病人的范围，不仅在年龄方面，还包括疾病类型，现在她认为可以分析"属于精神分裂症类型"的儿童（p.x）。

下面是一个更加复杂的议题，因为我们虽然在方法上出现了一些相似之处，但仍然存在着重要的差异。安娜·弗洛伊德在谈到她在儿童分析中的"引入阶段"时说，她对自我防御机制的研究让她找到了"发现和解决儿童分析中最初的阻抗的方法和途径，从而缩短了治疗的引入阶段，在某些情况下，使其变得不再必要"（p.xi–xii）。回顾我在研讨会上发表的上述论文，你会发现我反对安娜·弗洛伊德"入门阶段"的论点的实质在于：如果分析师从一开始就用分析的方法来处理孩子的即时焦虑和阻抗，移情情境就会被立即建立起来。除了精神分析的措施外，不需要或不建议采取其他措施。因此，在这个问题上我们现在有一个共同观点，即如果找到了解决最初阻抗的分析方法和途径，那么引入阶段是不必要的（尽管安娜·弗洛伊德似乎只在某些病例中允许这样做）。在我发表于研讨会的论文中，我主要从幼儿的强烈焦虑这个角度来处理这个问题。然而，我的《儿童心理分析》（*Psycho-Analysis of Children*）一书中的许多病例表明，在焦虑不那么严重的情况下，我从一开始就重视对防御的分析。事实上，不分析防御就不可能分析阻抗。然而，尽管安娜·弗洛伊德没有提到对强烈焦虑的分析，她似乎主要强调对防御的分析，但我们的下述观点是一致的，即从一开始就通过分析手段进行分析是可能的。

我所列举的安娜·弗洛伊德观点中的这些改变，实际上减少了她和我在儿童精神分析方面的一些重要分歧，虽然她没有明确说明这一点。

还有一点我应该提及，因为它从根本上关系到我早期分析的原则和技术方法，我在本书中阐述了这一点。安娜·弗洛伊德说（p.71）："梅兰妮·克莱因和她的追随者反复表示，在游戏技术的帮助下，几乎可以对任何年龄的儿童进行分析，从最早的婴儿期开始。"我不知道这句话的依据是什么，在本书和《儿童心理分析》这本书中没有任何段落证实这一点，也找不到对两岁九个月以下儿童进行分析的材料。当然，我非常重视对婴儿行为的研究，特别是考虑到我对早期心理过程的发现，但这种分析性观察与进行精神分析治疗本质上是不同的。

在此，我还要提请大家注意，在她的新版书（p.69-71）中，安娜·弗洛伊德重复了她20年前对我的技术的错误描述，因为她推断我主要依赖象征性的解释，很少（即便有）使用儿童的语言、白日梦、夜梦、故事、想象游戏、绘画、孩子的情绪反应和他们与外部现实（例如在家里）的关系。我在上述发表于研讨会的论文中明确纠正了这种误解，在我《儿童精神分析》和此后的许多著作面前，这种误解一直持续，这令人费解。

注　释

❶ 该研讨会举办于1927年5月4日～18日的英国精神分析学会会议之前。

❷ 出自《标准版》第10卷，第144页。

❸ 我需要进一步说明。我认为问题不在于让儿童在分析中"排除他的思维流带来的有意识指导和影响"，而在于我们必须致力于引导他认识到他无意识之外的一切，不仅是在分析时间里，而且是在一般的生活中。正如我在上一篇论文《早期分析的心理学原则》（1926）中更详细地指出的，儿童与现实的特殊关系建立在这样一个事实上：他们努力排除和否认一切与他们的无意识冲动不一致的东西，在这里面包括了更广泛意义上的现实。

❹ 亚伯拉罕（1921—1925）在他的《性格形成的精神分析研究》中说道："但是，力比多的总体演变对于性格特征的影响并不局限于生命中的某一特定时期，而是普遍适用于整个生命过程。谚语'年少轻狂'（Jugend kennt keine Tugend）表达了这样一个事实：幼年时期的个体往往性格不成熟，缺乏稳定性。然而，即使在以后的岁月里，我们也不应该高估性格的稳定性。"

❺ 我在沃尔茨堡德国分析师会议（1924年秋季）上和1925年夏天在伦敦的一次演讲中更详细地讨论了这个个案发展史（case-history）。我计划以后出版这段个案史。随着分析的进行，我发现严重的强迫症背后隐藏着一种偏执。

❻ 安娜·弗洛伊德的小病人也非常正确地认识到了这一点，在讲述了她如何在与魔鬼的斗争中获胜后，她这样定义了自己分析的目标："你必须帮助我，让我不要因为必须比魔鬼强大而如此沮丧。"（p.13）然而，我认为，只有当我们能够清除最早的口腔和肛门施虐固着，以及与之相关的罪疚感时，这个目标才能完全实现。

8

正常儿童的犯罪倾向
Criminal Tendencies in Normal Children

（1927）

精神分析的基础之一是弗洛伊德的发现，即我们可以在成年人身上看到他所有的早期发展阶段。成年人的无意识中包含着所有早年被压抑的幻想和倾向。我们知道，压抑机制主要是由负责评判和批评功能的超我来主导的。很明显，最深的压抑针对的是那些最不合社会规范的倾向。

就像个体在生物学上的发展会重复人类的发展那样，在心理上的发展也同样如此。我们发现某些被压抑的和无意识的阶段，与在原始部落中仍然可以观察到的食人和各种杀戮倾向相吻合。人格中的这一原始部分与人格中被教化的部分完全对立，实际上正是后者引发了压抑。

儿童分析，尤其是早期分析，也就是对3到6岁儿童的分析，给出了一幅非常有启发性的图景，说明了人格中被教化的部分和原始部分之间的斗争是多么早就开始了。我通过对幼儿的分析工作发现，早在生命的第二年，超我就已经在发挥作用。

这个年龄的孩子已经经历了心理发展的最重要阶段。他已经经历了口腔固着阶段，在此我们必须区分口腔吸吮固着和口腔撕咬固着，后者与食人的倾向密切相关。事实上，我们可以经常观察到婴儿撕咬母亲的乳房，这证明了这种固着的存在。

在第一年，婴儿也会经历很大一部分的肛门施虐固着。肛门施虐性欲这一术语表示从肛门性感带和排泄功能中获得的快感，以及虐待、控制或占有等方面的快感，人们发现，后者与肛门快感密切相关。在这些倾向中，口腔施虐和肛门施虐的冲动发挥了最大的作用，我打算在这篇论文中研究这些倾向。

我刚刚提到，我们发现早在第二年，超我就在起作用，当然它仍处于发展的阶段。正是俄狄浦斯情结的出现促进了超我的形成。精神分析表明，俄狄浦斯情结在人格的整个发展中发挥着巨大的作用，无论是在那些将变得正常的人身上，还是在那些将变得神经质的人身上。精神分析工作已经越来越多地证明，整个性格的形成也源于俄狄浦斯的发展，性格的各种困难，从轻微的神经质到犯罪，都是由它决定的。在这个方向上，对犯罪的研究只是迈出了第一步，但这些步骤有望取得深远的进展❶。

通过这篇论文，我想说明每个孩子身上都存在一些犯罪倾向。并且，关于这些犯罪倾向是否会在孩子的性格中表现出来的决定因素，我想提出一些想法。

我现在必须回到我的研究的起点。根据我的研究结果，当俄狄浦斯情结在第一年年底或第二年年初出现时，早期阶段中的口腔施虐和肛门施虐就已经在发挥作用了。因此这些施虐冲动与俄狄浦斯倾向联系起来，指向了俄狄浦斯情结发展的对象——父母。小男孩恨父亲，认为父亲是竞争母亲的爱的对手，他会用仇恨、攻击和源于口腔施虐和肛门施虐固着的幻想来实现这一点。在每个男孩的分析中，都不缺少闯入卧室并杀死父亲的幻想，即使他是一个正常的孩子。我想提一个特殊的例子，一个非常正常，在各方面都发展得令人满意的四岁男孩，名叫杰拉尔德（Gerald）。这个案例在很多方面都很有启发性。杰拉尔德是一个非常活泼，看起来很快乐的孩子，从来没有人注意到他有任何焦虑，他只是出于预防的原因而被带来做分析。

在分析的过程中，我发现这个孩子经历了强烈的焦虑，并且仍然处于这种焦虑的压力之下。稍后我将向大家展示一个孩子是如何能够很好地隐藏自己的恐惧和困难的。我们在分析中确定了他的焦虑对象之一是一只野兽，它只是有某些野兽的习性，但实际上是一个人。这只野兽在隔壁房间里发出很大的声音，他就是隔壁卧室里发出声音的父亲。杰拉尔德想要进入隔壁卧室，弄瞎父亲的眼睛，阉割他，并杀死他，这种欲望使他害怕自己也会被野兽以同样的方式对待。某些瞬间的小怪癖，比如手臂的移动，通过分析证明是在推开野兽，正是出于这种焦虑。杰拉尔德有一只小老虎玩偶，他对这只动物非常喜爱，部分原因是希望它能保护他不受这只野兽的伤害。但事实证明，这只老虎不只是保护者，有时也是攻击者。杰拉尔德提议把它送到隔壁房间里去，以便对父亲实施他的攻击欲望。在这种情况下，父亲的阴茎也会被咬下来、煮熟并吃掉，这种欲望一部分来自他的口腔固着，一部分是作为对抗敌人的手段；对于一个没有其他武器的孩子来说，一种原始的方式就是使用他的牙齿作为武器。在这种情况下，老虎代表了人格的这一原始部分，正如我后来所确定的那样，老虎就是杰拉尔德本人，但他不希望自己意识到这一点。但杰拉尔德也有将父亲和母亲切成碎片的幻想，这些幻想与肛门动作有关，即用粪便弄脏父亲和母亲。此后，他幻想自己安排了一次宴会，结果发现在宴会上他和母亲一起吃父亲。很难说明，像他这样一个善良的孩子，是如何忍受这种幻想的折磨的，他人格中被教化的部分必定在强烈谴责这种幻想。这个男孩无法对他的父亲表现出足够的爱和友好。并且，在这里我们看到他抑制了自己对母亲的爱，一个强有力的原因是母亲导致他产生了这种幻想。因此，他保持着对父亲的双重固着，这可能形成以后永久的同性恋态度的基础。

简单地说一个小女孩的类似案例。这个女孩对父亲的竞争，以及取代母亲来获得父亲的爱的欲望，也导致了形式多样的施虐幻想。在这里，希望破坏母亲的美貌，残害她的脸和身体，把母亲的身体占为己有——这种非常原始的撕咬和割伤的幻想——与强烈的罪恶感联系在一起，后者加强了对母亲的固着。在这个年龄，也就是2岁到5岁之间，我们经常看到小女孩对母亲过于深情，但这种深情部分是基于焦虑和罪疚感。随后，小女孩会表现出对父亲的疏远。因此，这种复杂的心理状况由于以下事实而变得更加复杂，即为了保护自己不受被超我所谴责的那些倾向的影响，儿童诉诸自己的同性恋倾向，加强这种倾向，并发展出我们所说的"反向"俄狄浦斯情结。这种发展表现在小女孩对她的母亲、小男孩对他的父亲的一种非常强烈的固着上。再往前走一步，这种关系就会发展到无法维持的阶段，孩子会疏远父母双方。这无疑是不合群人格的基础，因为与父亲和母亲的关系决定了儿童生命中所有随后的关系。还有一种关系起着根本的作用，就是与兄弟姐妹的关系。分析显示，所有的孩子都存在对弟弟妹妹和哥哥姐姐的强烈嫉妒。即使是看起来对出生一无所知的幼儿，也对婴儿在母亲的子宫中成长这一事实有着非常明显的无意识认识。由于嫉妒，儿童对母亲子宫里的婴儿产生了巨大的仇恨。就像在母亲怀着另一个孩子时的典型幻想那样，他们有破坏母亲子宫的欲望，即通过撕咬和切割来破坏子宫里的婴儿。

儿童的施虐欲望也经常指向新出生的婴儿。此外，这些施虐欲望也会指向年长的姐姐和哥哥，因为与年长的孩子相比，儿童觉得自己受到了轻视，即使事实并非如此。但这些仇恨和嫉妒的感觉也会给孩子带来强烈的负罪感，这很容易永远影响到他们与兄弟姐妹的关系。例如，小杰拉尔德有一个小布偶娃娃，他非常细心地照料它，而且常常用绷带包扎它。这个布偶娃娃代表了他的弟弟，根据他残暴的超我来看，当弟弟还在母亲的子宫里时，他就对弟弟进行了肢解和阉割。

在所有这些情况下，当面临负面情绪时，孩子就会以早期施虐性的发展阶段所特有的仇恨的力量和强度做出反应。但是，由于儿童憎恨的客体同时也是爱的客体，所产生的冲突很快就会对脆弱的自我造成难以承受的负担；唯一的回避方式是通过压抑来逃离，这种整体冲突情境因此永远无法被清除，仍然活跃在无意识心灵中。尽管心理学和教育学一直认为儿童是幸福的，没有任何冲突，只有成年人才承受着现实的压力和艰辛，但我不得不指出，事实恰恰相反。我们通过精神分析对儿童和成人的了解表明，后来岁月的所有痛苦在很大程度上都是这些早年痛苦的重复，每个儿童在生命的最初几年都经历了无法估量的痛苦。

不可否认的是，这些说法与看上去的情况很不同。尽管通过仔细观察我们可以发现一些困难的迹象，但儿童似乎或多或少都能克服这些困难。稍后，我将解释儿童的表现和实际心理状况之间的差异，届时我们将讨论儿童用来克服困难的各种途径和方法。

我必须回到我刚才提到的儿童的负面情绪。这些负面情绪都是指向同性父母和兄弟姐妹的。但是，正如我提到的，情况并非这么简单，因为负面情绪也会指向异性父母，部分原因是这位异性父母也给儿童带来了挫败，部分原因是为了逃避冲突，儿童在回避他爱的客体，把爱转变为厌恶。但情况仍然会更加复杂，因为儿童的爱的倾向被他们对于性的观念和前生殖期典型的幻想所影响，他们的负面情绪也是如此。从对成年人的分析中，我们发现了许多婴儿式的性观念。但是，对于与儿童打交道的分析师来说，他们会发现各种各样令人惊讶的性观念。我只想谈谈从儿童那里获取这些材料的方法。如果我们从精神分析的视角观察孩子的游戏，并使用特殊的技术来减少其抑制，我们便可以引出儿童的这些幻想和观念，发现他们的过往经历，并观察到他们内心活跃着的各种冲动和反应性的评判。这项分析技术并不简单，它需要分析师深度认同孩子的幻想，需要对孩子抱有特殊的态度。但这种技术是非常有效的，它将我们引向儿童的无意识深处，甚至连成人分析师都对其感到惊讶。慢慢地，分析师通过向儿童诠释他的游戏、绘画和整个行为的含义，解决了他们对游戏背后的幻想的压抑，并解放了这些无意识幻想。儿童使用布偶娃娃、男人、女人、动物、汽车和火车等等，代表各种各样的人，例如母亲、父亲、兄弟姐妹，并通过玩具演绎出被压抑的无意识材料。本文限于篇幅，不可能更全面地讨论我的技术细节。我只能说，我从这么多不同的表演中得到了丰富的材料，因此能够准确了解其中的含义。诠释工作产生的消解和解放作用，也证明了这一点。原始并且反应性的评判倾向，也逐渐放松下来。例如，如果孩子通过游戏表现出，一个小个子男人通过搏斗战胜了一个大个子男人，那么经常发生的情况是，大个子男人死后被放在一辆马车里，带到屠夫那里，屠夫把他切成碎片，然后煮成食物。小个子男人高兴地吃着肉，甚至邀请了一位女士来参加这场盛宴。这位女士有时代表着母亲，她接受了那个小杀人犯而不是被杀的父亲。当然，情况可能完全不同。同性恋固着可能会凸显出来，我们也可能会看到母亲在烹饪和吃肉，以及两兄弟将食物分而食之。正如我所提到的，各种各样的幻想都会显现出来，即使在同一个孩子的分析的不同阶段也是不同的。但是，在这种原始倾向的表达之后，总是伴随着焦虑，也伴随一些表演，这些表演展示了他们试图改正和弥补自己所做的事情。有时他试图修补刚刚被他弄坏的人偶、火车等等，有时他们的绘画、建筑等也表现出同样的反应倾向（reactive tendencies）。

我想说明一点。我所描述的提供分析材料的游戏，与通常观察到的孩子们玩的游戏有很大的不同。我的意思是，分析师以一种非常特殊的方式获取分析材料，他对待孩子的联想和游戏的态度完全不带伦理和道德上的评判。这确实是可以建立移情和进行分析的方式之一。这样，儿童将向分析师展示他永远不会向其母亲或保姆透露的东西。这样做的理由很充分，因为如果他们注意到自己的那些攻击性和不合社会规范的倾向，他们会非常震惊，那是他们接受的教育所排斥的。此外，正是分析工作解决了他们受到的压抑，并以这种方式促进了无意识内容的表达。这是一步一步地慢慢获得的，我提到的一些游戏是在分析过程中出现的，而不是在一开始就有。然而，我必须补充的是，即使是在分析之外，孩子们的游戏也是非常有启发性的，它们也为这里讨论的许多冲动提供了证据。但是，只有一个受过特殊训练的、了解象征和精神分析方法的观察者，才能识别出这些冲动。

儿童关于性的观念是各种施虐性的原始固着的基础。我们从弗洛伊德那里知道，儿童显然是通过种系发生（phylogenetic）的方式获得了一些无意识知识，其中包括父母的性交、孩子的出生等知识，但这些知识具有一种相当模糊和混乱的特征。根据儿童自己所经历的口腔施虐和肛门施虐阶段，性交对他们来说意味着一种表演，其中吃、煮、交换粪便和各种施虐行为（殴打、切割等）扮演着主要角色。我想强调这些幻想和性之间的联系在以后的生活中是多么重要。到那时，所有这些幻想显然都将消失，但它们的无意识作用将对性冷淡、阳痿和其他性障碍具有深远的影响。我们在分析中可以从幼儿身上相当明显地看到这一点。爱慕着母亲的小男孩会因此表现出强烈的施虐幻想，他试图通过选择父亲意象而不是母亲客体来逃避。如果他的口腔施虐幻想也与这个爱的客体有关联，那么他也会从关系中退缩。在这里，我们找到了弗洛伊德所发现的起源于儿童早期发展的倒错现象的基础。儿童的幼稚的性观念包括一些关于性交的幻想，例如幻想父亲（或他自己）把母亲撕碎、打她、抓她，把她切成碎片。我将在这里提到一个事实，即这种性质的幻想确实会被罪犯付诸行动，仅以开膛手杰克为例。在同性恋关系中，这些幻想变成通过切断或咬掉阴茎来阉割父亲，以及各种暴力行为。出生常常与剖开身体，将婴儿从身体不同部位取出的幻想联系在一起。这些丰富多样的性幻想，存在于每一个正常的孩子身上——这是我要特别强调的一点。我非常确信这一点，因为我很幸运有几个正常的孩子出于预防的目的来做分析。当我们更加熟悉孩子的内心深处时，他们幻想生活中被排斥的一面就会完全改变。儿童完全被他的冲动所支配，然而，我们认为这些冲动是所有有吸引力的、对社会有重要影响的创造性倾向的基础。我必须说，即使是很小的孩子也会以某种方式与他的不合社会规范的倾向作斗争，这令我感动且印象深刻。一旦那些施虐冲动被看到，孩子们就能够呈现出最大的爱的能力，以及为了被爱而做出一切可能的牺牲的愿望。我们不能对这些冲动施加任何道德标准，我们必须把它们的存在视为理所当然，不带任何批评地帮助孩子处理它们。由此，我们减轻了他的痛苦，增强了他的能力和心理平衡，最终完成了一项具有重要社会意义的工作。令人印象深刻的是，当我们通过分析解决了孩子们的固着后，这些破坏性的倾向便能够用于升华，即这些幻想被解放出来，用于最具艺术性和建设性的工作。这只能在分析中通过纯粹的分析方法完成，而不是通过建议或鼓励孩子。后一种方法，也就是教学的方法，无法与分析师的分析工作相结合，但分析能够为非常有成效的教学工作奠定基础。

几年前，在与柏林分析学会的一次交流中，我指出了当时发生的一些非常可怕的罪行与我在分析一些小孩子时发现的相应幻想之间的相似之处。其中一个案例实际上是变态和犯罪的结合。这个人用一种非常巧妙的方法，使他很长一段时间都没有被人发现，他能够在许多人身上做这样的事。这名罪犯名叫哈曼

（Harmann），他与年轻人发生了亲密关系，他首先利用他们来满足自己的同性恋倾向，然后砍下他们的头，或者以某种方式焚烧或处理掉身体的部分，甚至后来卖掉了他们的衣服。另一起非常可怕的案件是，一名男子杀害了多个人，用身体的部位制作香肠。我前面提到的类似的儿童幻想，在所有细节上都与这些罪行具有相同的特征。孩子们也会攻击那些让他们产生强烈性依恋（sexual fixation）的人，例如一个4到5岁的小男孩可能攻击他的父亲和哥哥。在表达了其渴望的相互手淫和其他动作后，这个小男孩砍下了布偶娃娃的头，把它的身体卖给一个假装是屠夫的人，后者将它卖了做食物。他把头留给了自己，他觉得这是最诱人的部分，他想自己吃。但他同样侵占了受害者的财物。

我将更全面地讨论这个特殊的案例，因为我认为如果我详细描述一个案例的细节，而不是列举更多的例子，将会更有启发性。这个小男孩叫彼得（Peter），他来找我做分析时，他是一个非常内向、极度忧虑的孩子，很难教育，完全不会玩耍；他对他的玩具不感兴趣，只能把它们弄坏。他对游戏的抑制和焦虑，与他的口腔施虐和肛门施虐的固着密切相关。由于幻想是游戏的原动力，所以他无法玩耍，因为他的这些残暴的幻想必须被压抑。由于害怕自己无意识里的攻击欲望，他总是预期别人也同样对待他。他的施虐愿望与他对母亲的渴望联系在一起，这导致了对母亲的回避，并导致他与母亲的关系相当糟糕。他的力比多指向父亲，但由于他也非常害怕他的父亲，所以他唯一能维持的真正的关系就是和他弟弟的关系。然而，他和弟弟的关系自然也充满了一种矛盾特征。下面的例子可以很好地说明这个孩子总是预期被惩罚的方式。他曾经用两个小玩偶来代表自己和弟弟，他们因为淘气而预期被母亲惩罚。母亲来了，发现他们很肮脏，便惩罚他们，然后走开。两个孩子再次重复他们的肮脏行为，再次受到惩罚，等等。最后，对惩罚的恐惧变得如此强烈，两个孩子决定杀死母亲。他处决了一个玩偶娃娃，然后他们把玩偶的身体切开并吃掉。但父亲似乎在帮助母亲，结果也被残忍地杀害，并被肢解吃掉。现在两个孩子似乎很开心，他们可以随心所欲。但很快，他们表现出巨大的焦虑，似乎被杀害的父母又活过来了。当焦虑出现后，小男孩把两个玩偶娃娃藏在沙发下面，这样父母就不会发现它们，然后发生了男孩所谓的"接受教育"。父亲和母亲找到了两个娃娃，父亲砍下了他的头，母亲砍下了弟弟的头，并把他们煮熟吃掉。

但在这里我想强调的一个特点是，在短时间内，不良行为再次出现，甚至可能出现在不同的游戏中。对父母的攻击再次开始，孩子们一次又一次地受到惩罚。通过这种循环来表达的这一机制，稍后将引起我们的注意。

关于这个案例的结果，我只想说几句话。尽管这名仍在接受分析的儿童不得不经历一些磨难，因为当时他的父母离婚了，两人都在困难的情况下再婚，但他的神经症在分析过程中得到了彻底解决。他摆脱了焦虑和对游戏的抑制，学习成绩变得很好，社交能力很强，也很快乐。

读者也许会提出这样的问题：正如我论文的标题承诺要讨论正常儿童那样，为什么我要如此详细地研究一个明显患有强迫症的孩子？正如我多次提到的，同样的材料也可以在正常儿童身上找到。神经症病人只会更清楚地表现出正常孩子身上同样存在但强度较低的东西。这是一个重要因素，可以用来解释为什么相同的心理基础会导致如此不同的结果。在小彼得的例子中，口腔施虐和肛门施虐的固着是如此强烈，以至于他的整个发展都被它主导了。某些经历也是导致他强迫症的决定性因素。这孩子在大约两岁时发生了惊人的变化。父母提到了这件事，但无法解释原因。那时候，这孩子又染上了弄脏自己的习惯，他不再玩游戏，开始弄坏他的玩具，变得很难管理。

分析显示，在他出现变化的那个夏天，这个孩子与父母共用卧室，他目睹了父母的性交。在他看来，这是一种残忍的口腔施虐行为，这加强了他的固着。在这个时候，他在某种程度上已经发展到了生殖期，但由于这种印象的影响，他回到了前生殖期。因此，他整个的性发展实际上一直处于这些阶段的支配之下。六个月后，一个弟弟的出生增加了他的冲突，同样也增强了他的神经症。但还有另一个对于强迫症的发展至关重要的因素，特别是对于这个案例来说。这就是超我产生的罪疚感。在彼得很小的时候，他身上就有一个超我在发挥作用，其施虐程度不亚于他自己的施虐倾向。这种激烈的斗争，让脆弱的自我难以承受，因而导致了非常强烈的压抑。另一个因素也很重要：有些孩子几乎无法承受焦虑和罪疚感。他们几乎什么也承受不了；他的施虐冲动和施虐性超我之间存在剧烈的斗争，后者以同样的惩罚行为威胁着他自己，这种斗争对他来说是一个可怕的负担。在孩子的无意识中，这就像圣经箴言中的"以眼还眼"。这就解释了为什么我们会在孩子身上看到一些奇思怪想，他们认为父母可能怎样攻击他们，例如杀死他们、煮了他们、阉割他们，等等。

正如我们所知，父母是超我的源泉，因为他们的命令、禁止等都会被孩子本身吸收。但这个超我与父母并不相同，它部分建立在儿童自己的施虐幻想之上。但这种强烈的压抑只会让斗争稳定下来，而不会结束斗争。此外，压抑机制关闭了幻想，这使得儿童无法通过游戏释放这些幻想，也无法以其他方式将它们用于升华，因此，这些固着的全部能量便滞留在一个永无休止的循环中。儿童难以摆脱这个循环，因为正如我提到的，压抑并没有结束这个过程。被压抑的罪疚感也同样是一种负担。因此，孩子们一遍又一遍地重复各种各样的行为，表达着他的欲望和被惩罚的愿望。有些孩子不断地重复顽皮的行为，其中的一个决定性因素就是这种被惩罚的愿望。罪犯重复的犯罪行为中也存在类似的愿望，我将在后面讨论这一点。请注意小彼得在他的游戏中做了什么，他用玩偶娃娃代表他自己和他的弟弟。他们很淘气，受到了惩罚。他们杀了父母，父母又杀了他们。然后整个游戏又重新开始。我们在这里看到的是一种强迫性重复，其原因是多方面的，但很大程度上受到罪疚感的影响，后者导致了一种对惩罚的期待。这里我们已经可以看到正常孩子和神经质孩子之间的一些差异，包括固着的强度，固着与儿童的体验相关联的方式和时间，超我的严苛程度和整体发展方式，这又取决于内部原因和外部原因；此外，儿童承受焦虑和冲突的能力，是决定正常发展或神经质发展的一些最重要的因素。

和不正常的孩子一样，正常的孩子也会用压抑来处理自己的冲突，但由于这些冲突不那么激烈，整个循环就不会那么强大。正常儿童和神经质儿童都还会使用其他机制——其中之一是逃避现实，同样，只有程度才是决定性因素。儿童对现实的痛苦感到厌恶的程度远比表面看起来强烈，并且他们试图使现实适应他的幻想，而不是使幻想适应现实。在这里，我们可以回答我前面提出的问题，那就是，儿童是如何能够不将他们内心的痛苦溢于言表的。我们看到，一个孩子在痛哭流涕之后，往往很快就得到安慰；我们有时看到他在享受最微不足道的琐事，就认为他是快乐的。之所以能做到这一点，是因为他们有一个被成年人或多或少放弃了的避难所：逃避现实。熟悉儿童游戏生活的人都知道，这种游戏生活与儿童的冲动（impulse-life）和欲望密切相关，儿童通过他们的幻想来表达这些冲动和欲望，并获得满足。从现实的角度来看，儿童表面上或多或少都能很好地适应现实，他们只需要绝对必要的东西。因此，我们看到，当儿童生活中的现实要求变得更加迫切时，例如新学期伊始，他们才会出现一些困难。

我已经提到过，这种逃避现实的机制存在于所有类型的发展中，但区别主要是程度的问题。我所提到的那些决定强迫症发展的因素中，除了其他特殊因素外，这种对现实的逃避发展到了一个主导的程度，并为精神病的发生奠定了基础。我们有时可以在一些孩子身上察觉到这些因素，他们表面上给人的印象相当正常，通常不会表现出非常强烈的幻想生活和玩耍能力。逃避现实和陷入幻想的机制，与儿童的另一种非常常见的反应形式有关：他们能够不断地安慰自己，以应对欲望受挫，他们通过游戏和幻想反复向自己证明，一切都很好，也会一直很好。儿童的这种态度很容易给成年人留下这样的印象，即他们比实际情况快乐得多。

回到小杰拉尔德的案例。他的快乐和活泼在一定程度上是为了向自己和别人掩饰他的焦虑和不快。通过分析，这种情况发生了很大的变化。分析工作帮助他摆脱了焦虑，用一种更有根据的满足代替了这种部分人为的满足。正是在这方面，对正常儿童的分析大有可为。没有一个孩子没有困难、恐惧和罪恶感，即使这些似乎无关痛痒，它们也会造成比表面上更大的痛苦，并且是孩子以后生活中更大烦扰的早期迹象。

我在彼得的例子中提到过，罪疚感在很大程度上导致了他不断地重复那些被禁止的行为，尽管这些行为最终表现出完全不同的性质。我们可以把它看作一个规则，在每一个所谓的"淘气"的孩子身上，都有被惩罚的愿望在起作用。我想引用尼采（Nietzsche）的观点和他所谓的"苍白的罪犯"。他非常了解那些受罪疚感驱使的罪犯。我们现在来到了我论文中最困难的部分：这些固着必须经历什么样的发展，才会导致犯罪。这一点很难回答，因为精神分析还没有太多地关注这个特定的问题。不幸的是，在这个非常有趣和重要的工作领域，我没有很多可以参考的经验。但是，有些类似于犯罪的病例使我对这种发展的方式有了一些了解。我将引用一个在我看来非常有启发性的案例。一个即将被送往感化院的12岁男孩被带到我面前进行分析。他的不良行为包括撬开学校的橱柜和偷盗的倾向，但主要是破坏东西，以及对小女孩的性侵犯。除了一段破坏性的关系，他和任何人都没有关系。他的男性友谊关系也主要是为了破坏。他没有特别的兴趣，甚至对惩罚和奖励似乎也漠不关心。这个孩子的智力远低于正常水平，但这并没有妨碍分析，分析进行得相当顺利，似乎有望取得良好的结果。几个星期后，我被告知这个孩子的情况开始好转。不幸的是，由于个人原因，我不得不休了很长一段时间的假，当时我已经为他做了两个月的分析。在那两个月里，这个孩子本该每周来三次，但我只见过他十四次，因为他的养母竭力不让他来找我。在这个非常混乱的分析过程中，这个孩子并没有做出任何犯罪行为，而是在我休假期间又开始了犯罪行为，于是他立刻被送进了感化院。在我回来之后，我试图把他带回来进行分析，但我所有的尝试都失败了。从整个情况来看，我毫不怀疑他已经走上了犯罪的道路。

现在，我将就我所能从分析中收集到的材料，对他的发展原因作一个简要的概述。这孩子是在最凄凉的环境中长大的。姐姐在他和弟弟很小的时候就强迫他们进行性行为。他的父亲死于战争，母亲病倒了，姐姐支配着整个家庭。总的来说，情况很糟糕。母亲死后，他由几个养母照顾，情况越来越糟。他的犯罪行为发展的主要原因，似乎是对姐姐的恐惧和憎恨。他恨他的姐姐，因为她代表了邪恶，不仅因为这种性关系，还因为她虐待他，以及恶劣地对待垂死的母亲，等等。然而，另一方面，他被一种占主导地位的固着束缚于姐姐身上，显然这只是基于仇恨和焦虑。但他的犯罪行为还有更深层次的原因。在整个童年时期，这个男孩一直与父母同住一间卧室，他们的性交带给他一种非常残暴的印象。正如我早些时候指出的，这段经历强化了他自己的施虐冲动。他对与父亲和母亲性交的渴望仍然受到他的施虐固着的控制，并与极大的焦虑联系在一起。在这种情况下，姐姐的粗暴行为在他的无意识里既代替了粗暴的父亲，又代替了粗暴的母亲。在这两种情况下，他都预期自己被阉割和被惩罚，而惩罚再次与他自己的施虐性的原始超我相对应。很明显，他对小女孩们重复了他自己遭受的袭击，只是局势改变了，现在他成了攻击者。他打破橱柜、取出物品，以及其他破坏性倾向，与他的性侵犯有着相同的无意识原因和象征意义。这个男孩感到不知所措和被阉割，他必须改变局势，向自己证明他也可以成为攻击者。他有这种破坏倾向的一个重要动机，除了把对姐姐的仇恨发泄在别的东西上之外，还要反复向自己证明他还是一个男人。

然而，同样是他的罪疚感驱使他不断地重复那些应该被残暴的父亲或母亲惩罚的行为，甚至是两者都要惩罚的行为。他表面上对惩罚漠不关心，毫无恐惧，这完全是误导。事实上，这孩子被恐惧和罪疚感淹没了。现在的问题是，他的发展与我前面描述的那个神经质的孩子有什么不同。对此，我只能提出一些想法。也许是由于他和姐姐的关系，这个非常原始、残酷的超我一方面还停留在它当时所处的发展阶段；另一方面，他的超我与他和姐姐的关系紧密相连，并持续受到其影响。因此，这个孩子必然比小彼得更焦虑不安。与此相关的是，更强烈的压抑切断了所有幻想和升华的出口，因此除了通过相同的行为不断重复欲望和恐惧之外，他别无选择。与神经质的孩子相比，他实际上体验到了一种压倒性的超我，而另一个孩子的超我只是从内在根源发展而来的。作为他的真实经历的结果，他的仇恨也是压倒性的，这表现在他的破坏性行为上。

我提到过，在这个病例（很可能也包括其他相同性质的案例）中，非常强烈和早期的压抑切断了儿童的幻想，剥夺了他通过其他方式和手段消除他的固着——升华——的可能性。在多种多样的升华中，我们发现攻击性的和施虐性的固着也起到了一定作用。我想指出一种可以用来（甚至在身体上）修通许多攻击和施虐冲动的方法，这就是体育运动。借助运动，儿童指向仇恨的客体的攻击能够以社会允许的方式进行；同时，它能够作为对焦虑的过度补偿，因为它证明了他不会屈服于攻击者。

在这个小罪犯的案例中，很有趣的一点是，当压抑通过分析被削弱时，出现了什么升华？这个男孩原来对什么都不感兴趣，只是喜欢破坏东西。然而，现在他对电梯的构造和锁匠的各种工作都表现出了全新的兴趣。可以认为，这是一种升华他的攻击倾向的好方法，因此，分析可能会使他成为一名优秀的锁匠，而不是像现在所预期的那样成为罪犯。

在我看来，导致这个孩子的发展不同于神经质孩子发展的一个主要原因，在于与姐姐的创伤经历给他带来的更大的焦虑。我看到了这种更大的焦虑在不同方面的影响。更大的恐惧导致了更大的压抑，在这个阶段，升华之路尚未打开，因此这些恐惧没有其他出路，也没有减弱的可能。此外，更大的恐惧增加了他的超我的残暴特征，并由于其创伤经历固定下来。

我想指出，这种更大的焦虑还有另一种影响，但是为了解释这一点，我必须稍微离题一下。当我提到基于相同根源的不同发展可能性时，我引用了正常人、强迫症病人、精神病病人（的例子），并努力接近罪犯。然而，我还没有提及性变态。

我们知道，弗洛伊德认为神经症是性变态（perversions）的阴性表现。萨克斯（Sachs）对变态心理学做出了重要的补充，他得出的结论是，性变态者并不只是因为缺乏良知（conscience）而允许自己做了那些神经症患者压抑（这些压抑导致了神经症患者的抑制）的事情。他发现，性变态者的良知并非不够严苛，而只是以不同的方式在起作用。它只允许一部分被禁止的倾向被保留下来，以逃避其他似乎更让超我讨厌的部分。它拒绝的是属于俄狄浦斯情结的欲望，而性变态中的明显缺乏抑制是由超我造成的——它不仅不那么严格，而且以不同的方式运作。

几年前，在我前文提到的报告中，我得出了一个关于罪犯的类似结论，我详细介绍了犯罪行为和幼稚的幻想之间的类似之处。

在我描述的那个孩子的案例中，以及在其他不太明显但具有启发性的案例中，我发现犯罪倾向不是由于超我不那么严格，而是因为超我朝着不同的方向工作。驱使罪犯实施犯罪行为的，正是焦虑和罪疚感。在犯下这些罪行的同时，他也在一定程度上试图摆脱自己的俄狄浦斯情结。在我的小罪犯的案件中，打破橱柜和攻击小女孩代替了攻击他母亲的行为。

这些观点自然还需要进一步的探索和研究。在我看来，一切似乎都指向这样一个结论：主要的因素不是缺乏超我，而是超我的不同发展——可能是超我在早期阶段的固着。

如果这些假设被证明是正确的，就会开启非常重要的实用前景。如果不是超我和良知的缺失，而是它们的不同发展导致了犯罪的发展，分析便应该能够修正犯罪，并消除神经症。就像性变态和精神病一样，我们或许不可能找到接近成年罪犯的方法。但关于儿童期的分析，情况有所不同。儿童不需要特殊的分析动机，问题只是在于如何建立移情并维持分析的进行，这是一个技术问题。我不相信会有孩子无法建立移情，或无法培养出爱的能力。就我的小罪犯而言，他似乎完全没有任何爱的能力，但分析证明并非如此。他对我有一种良好的移情，这种移情足以使分析成为可能，尽管他没有这样做的动机，因为他甚至没有表现出对被送进感化院有什么特别的反感。此外，分析表明，这个迟钝的男孩对他的母亲有着深厚而真诚的爱。母亲死于可怕的癌症，在她疾病的最后阶段，癌症导致她完全溃烂。女儿不喜欢走近母亲，是他照顾她。当她躺在床上死去时，家人正准备离开。有一段时间人们找不到他了，原来他把自己和死去的母亲锁在房间里。

有人可能会反对说，儿童的倾向还没有明确界定，因此我们往往无法认识到儿童何时会成为罪犯。这无疑是正确的，但正是这一点引导我进入我的结束语。

毫无疑问，要知道一个孩子的倾向会导致什么结果是不容易的，无论是正常的、神经质的、精神病的、变态的还是犯罪的。但正因为我们不知道，所以我们必须寻求知道，精神分析给了我们方法来做到这一点。精神分析可以发挥更大的作用，它不仅可以确定孩子未来的发展，还可以改变它，引导他们进入更好的发展轨道。

注　释

❶ 参见弗洛伊德的《精神分析工作中遇到的一些性格类型：Ⅲ罪疚感导致的犯罪》（*Some Character-Types met with in Psycho-Analytic Work：II Criminals from a Sense of Guilt*）（《标准版》第14卷），以及莱克（Reik，1925）的著作。

俄狄浦斯冲突的早期阶段

Early Stages of the Oedipus Conflict

（1928）

通过对主要介于三岁至六岁间儿童的分析，我已归纳出许多结论，在此做简要陈述。

我多次提到，俄狄浦斯情结的出现比人们通常认为的要早。在《早期分析的心理学原则》一文中，我更详细地讨论了这个问题。我在那里得出的结论是，俄狄浦斯倾向是由于婴儿断奶时经历的挫折而引发的，它们在生命的第一年末和第二年初出现。接着，婴儿在如厕训练中经历的肛门挫折会强化这些倾向。对该心理过程起决定性影响的下一个因素，是两性在解剖学上的差异。

当男孩被迫放弃口欲位置和肛欲位置而进入生殖器位置时，他便转移到与拥有阴茎相关的插入（penetration）目标上。因此，他不仅改变了他的力比多位置，而且改变了它的目标，这使他能够保留他最初的爱的客体。另一方面，在女孩身上，从口欲位置到生殖器位置的接受（receptive）目标得以延续。她改变了自己的力比多位置，但保持了目标，这导致了对母亲的失望。通过这种方式，女孩产生了对阴茎的接受能力，然后转向父亲，将其作为爱的客体。

然而，俄狄浦斯愿望从一开始，就已经与对阉割的恐惧和罪疚感联系在一起了。

对成人和儿童的分析，让我们熟悉了这样一个事实，即前生殖期的本能冲动一开始就伴随着一种罪疚感。最初人们认为，罪疚感是在随后的成长过程中产生的，后来被转移到这些倾向上，最初与之无关。费伦齐认为，存在一种与尿道和肛门冲动相关的"超我的生理前体"，他称之为"括约肌道德"（sphincter-morality）。根据亚伯拉罕的说法，焦虑出现在食人癖层面上，而罪疚感则出现在随后的早期肛门施虐阶段。

我的发现更进一步，即与前生殖期的固着相关的罪疚感已经体现了俄狄浦斯冲突的直接影响。这似乎令人满意地解释了罪疚感的起源，因为我们知道罪疚感实际上是俄狄浦斯爱慕客体内摄（已经完成，或者正如我要补充的那样，正在完成）的结果。也就是说，罪疚感是超我形成所带来的产物。

对幼儿的分析显示，超我的结构来自发生在儿童精神生活中不同时期和水平的认同。这些认同就其性质来说存在着惊人的矛盾，过度的善良和过度的严厉并存。我们也从中找到了一种对超我的严苛性的解释，这种严苛性在婴儿分析中特别明显。现在似乎还不清楚，为什么一个四岁的孩子会在心灵中建立一个不真实的、幻想的父母形象，他们会吞食、切割和撕咬。然而，一岁左右的孩子由于俄狄浦斯冲突的开始而产生焦虑，表现出对被吞噬和毁灭的恐惧，其原因则是显而易见的。婴儿自己希望通过撕咬、吞食和切割来摧毁力比多客体，这会带来焦虑，因为俄狄浦斯倾向的觉醒会伴随着客体的内摄，而此时婴儿感觉这些客体会惩罚自己。也就是说，婴儿害怕受到与自己的攻击相对应的惩罚，超我变成了会撕咬、吞食和切割的东西。

超我的形成和前生殖期的发展之间的联系是非常重要的，这体现在两个角度。

一方面，罪疚感与目前占主导地位的口腔施虐和肛门施虐阶段密切相关；另一方面，超我是在这些阶段占优势的时候出现的，这就解释了它的极端施虐特征。

这些结论开辟了一个新的视角，即只有通过强大的压抑，仍然很脆弱的自我才能抵御如此危险的超我。由于俄狄浦斯倾向最初主要以口腔和肛门冲动的形式表达，那么在俄狄浦斯情结的发展过程中，哪一种固着将占主导地位的问题，将主要由发生在这一早期阶段的压抑程度决定。

前生殖期的发展与罪疚感之间的直接联系如此重要的另一个原因是，作为以后生活中所有挫折感的原型的口腔挫折和肛门挫折，同时也意味着惩罚，并因而引起焦虑。这种情况使受挫感更加强烈，这在很大程度上加剧了随后的所有挫折的痛苦程度。

我们发现，当自我受到俄狄浦斯倾向和与之相关的早期的性好奇心的攻击时，它还没有得到充分的发展，这一事实造成了严重的后果。由于婴儿的智力发育尚未完善，这使得他们面临着大量的问题和困难。我们在无意识中遇到的最大的苦恼之一是，许多压倒性的问题始终无法得到解答。显然，这些问题只是部分进入意识，甚至即便进入意识，也仍然无法用语言表达。随之而来的是另一种苦恼，那就是婴儿尚听不懂语言。因此，他的第一个问题可以追溯到他对语言的理解之前。

分析显示，这两种不满都会引发儿童强烈的仇恨。它们单独或结合在一起，导致了对求知冲动的严重抑制，例如学习外语的能力不足，以及对那些说不同语言的人的仇恨。它们也直接造成了儿童在言语等方面的障碍。儿童的好奇心虽然在后来才明显表现出来，主要是在四五岁时，然而好奇心的发展并不是在此时才开始，而是达到高潮和结束，我发现俄狄浦斯冲突总体上也是如此。

婴儿早期的"一无所知"（not knowing）感与其他方面密切关联。它与很快来自俄狄浦斯情境的无能、不足的感觉结合在一起。婴儿也会更强烈地感受到这种挫败感，因为他对性交过程一无所知。无论男孩还是女孩，这种无知感都会加剧阉割情结。

早期的求知冲动和施虐之间的联系对整个心理发展非常重要。由俄狄浦斯倾向的兴起所激活的这种本能，最初主要与母亲的身体有关。在儿童的眼里，母亲的身体是所有性过程和发展的场所。这一阶段的儿童仍然被肛门施虐的力比多位置所支配，这迫使他想要占有（appropriate）母亲身体内的一切。因此，儿童开始好奇母亲的身体内有什么，母亲的身体是什么样的，等等。因此，求知本能与占有欲很早就密切相关，同时也与早期的俄狄浦斯冲突引起的罪疚感密切相关。这种重要的联系开启了两性发展的一个阶段，这一阶段至关重要，但迄今尚未得到足够的承认。它包括对母亲的早期认同。

要想研究这一"女性化"阶段的运作过程，我们必须对男孩和女孩分别进行探索。但在我继续讲这一阶段之前，我将说明它与前面一个阶段的联系，这个前面的阶段对男女来说都是常见的。

在早期的肛门施虐阶段，孩子会遭受第二次严重创伤，这加强了他远离母亲的倾向。母亲挫败了他的口欲，现在她还干扰了他的肛门快感。似乎在这一点上，肛门快感的剥夺导致了肛门倾向与施虐倾向的融合。儿童希望通过进入母亲的身体、将其切成碎片、吞食和破坏，来占有母亲的粪便。在生殖器冲动的影响下，男孩开始把母亲当作爱的客体。但他的施虐冲动已经在充分发挥作用，源于早期挫折的仇恨强烈地对抗着他在生殖器层面的客体爱。这种爱面临的更大的障碍是他害怕被父亲阉割，这是由俄狄浦斯冲动引起的。他在多大程度上能发展到生殖器水平将部分取决于他承受这种焦虑的能力。在这里，口腔施虐和肛门施虐的固着强度是一个重要因素。它影响着男孩对母亲的仇恨程度，而这反过来又或多或少地阻碍了他与母亲建立积极的关系。施虐固着也对超我的形成产生了决定性的影响，因为超我是在这些阶段处于上升趋势的时候形成的。超我越残忍，作为阉割者的父亲就越可怕，在儿童逃避生殖器冲动的过程中，他就会越顽固地执着于施虐水平，他的俄狄浦斯倾向也会首先染上这一施虐水平的色彩。

在这些早期阶段，俄狄浦斯发展中的所有位置都是迅速相继出现的。然而，这一点并不明显，因为前生殖期的冲动占据了主导。此外，在肛门水平上表现出的积极异性恋态度和对母亲的进一步认同之间没有严格的界限。

我们现在已经达到了我在前面提到的"女性化阶段"。它的基础是肛门施虐水平，并为这一水平赋予了新的内容，因为粪便现在等同于儿童所渴望的婴儿，抢劫母亲的欲望现在既适用于粪便，也适用于婴儿。在这里我们可以看到两个相互融合的目标。一个是出于对婴儿的渴望，儿童意图占有母亲体内的婴儿，而另一个目的是出于对未来的弟弟或妹妹的嫉妒，儿童预感到他们的出生，所以意图摧毁尚在母亲体内的他们（男孩的口腔施虐倾向指向的在母亲体内的第三个对象是父亲的阴茎）。

正如在女孩的阉割情结中一样，在男性的女性化情结中，对一个特殊器官的渴望最终也会落空。偷窃和破坏的倾向涉及受孕、怀孕和分娩的器官（男孩认为这些器官存在于母亲体内），进一步则涉及阴道和作为乳汁来源的乳房，当力比多位置还单纯是口腔的时候，它们便作为接受和赏赐的器官而被渴望。

男孩害怕因为破坏了他母亲的身体而受到惩罚，但是，除此之外，他的恐惧具有一种更普遍的性质，我们可以将其类比于女孩的与阉割愿望相关的焦虑。男孩害怕他的身体会被肢解，这种恐惧也意味着阉割。这里存在对阉割情结的直接贡献。在这个发展的早期阶段，母亲拿走孩子的粪便也意味着母亲肢解和阉割孩子。母亲不仅通过她造成的肛门挫折为阉割情结铺平了道路，就精神现实而言，她也已经是一个阉割者。

这种对母亲的恐惧非常强烈，因为儿童对被父亲阉割的强烈恐惧会与之结合。这种以子宫为目标的破坏性倾向，也会以其强烈的口腔施虐和肛门施虐冲动，指向父亲的阴茎，因为父亲的阴茎被视为应该就在子宫里。在这个阶段，儿童对来自父亲的阉割恐惧集中在这个阴茎上。因此，这个女性化阶段的特征是对子宫和父亲阴茎的焦虑，这种焦虑使男孩受制于超我的残暴，这种超我会吞噬、肢解和阉割，是由父亲和母亲的形象形成的。

因此，早期的生殖器位置从一开始就与多种前生殖器倾向交织在一起。施虐固着越占主导地位，男孩对母亲的认同就越对应于他对母亲的敌对态度，并混合着嫉羡（envy）和仇恨。因为男孩想要个孩子，这导致他觉得自己处于劣势，不如母亲。

现在让我们考虑一下，为什么男性的女性化情结似乎比女性的阉割情结要模糊得多（二者同样重要）。

想要孩子的欲望与求知冲动的融合使男孩能够产生一种向智力层面的转移（displacement）。然后，他因拥有阴茎而产生的优越感（女孩们也承认了这一点）掩盖了处于劣势的感觉，并对其进行了过度补偿。这种对男性位置的夸大导致了对男性气概的过度宣扬。在她的论文《求知欲的来源》（*Die Wurzel des Wissbegierde*）中，玛丽·查德威克（Mary Chadwick，1925）也追溯了男人对阴茎的自恋高估，以及他们在智力上与女性竞争的态度，这归因于男人想要孩子的愿望的受挫，以及这种愿望向智力层面的转移。

男孩经常表现出过度攻击的倾向，其根源在于女性化情结。它带着一种蔑视和"懂得更多"的态度，具有高度的自我中心特征和施虐倾向；这在一定程度上是在试图掩盖隐藏在它背后的焦虑和无知。在某种程度上，这与男孩对女性角色的抗议（源于他的阉割恐惧）是一致的，但这也植根于他对母亲的恐惧，他打算从她这里剥夺父亲的阴茎、她的孩子和她的女性性器官。这种过度的攻击性与直接的、生殖器俄狄浦斯情境所带来的攻击快感结合在一起，但它代表了这种情境中在男孩的性格形成方面更具"自我中心"特征的那一部分。这就是为什么男性与女性的竞争远比他与男性同胞的竞争更"自我中心"，这主要是由生殖器位置引起的。当然，当一个男人和其他男人成为竞争对手时，施虐的固着程度也将决定他们之间的关系。相反，如果男孩对母亲的认同是建立在一个更安全的生殖器位置上的，那么一方面，他与女性的关系将是积极的，另一方面，男孩对孩子和女性因素的渴望将寻找到更有利的升华机会，而女性因素在男性的工作中起着至关重要的作用。

无论男性还是女性，工作受到抑制的主要根源之一是与女性化阶段有关的焦虑和罪疚感。然而，经验告诉我，从治疗的角度来看（也包括其他原因），对这一阶段进行彻底的分析是很重要的。而且，这应该也对一些似乎已经无法解决的强迫性病例有所帮助。

在男孩的发展过程中，女性化阶段之后便是力比多的前生殖期位置和生殖期位置之间的长期斗争。当这种斗争在人生的第三到第五年达到顶峰时，我们可以清楚地看到，这就是俄狄浦斯冲突。与女性化阶段相关的焦虑驱使男孩回到对父亲的认同；但这种刺激本身并无法为生殖期位置提供坚实的基础，因为它主要带来的是对肛门施虐本能的压抑和过度补偿，而不是克服它们。对父亲的阉割恐惧加强了对肛门施虐的固着。先天的生殖特质在达成生殖期水平这一发展方面也起着重要的作用。通常情况下，这些斗争的结果是不确定的，这会导致神经症问题和性能力的障碍❶。因此，男孩能否获得完全的性能力并达到生殖器位置，在一定程度上取决于女性化阶段的顺利发展。

我现在转向女孩的发展问题。断奶的过程已经使女孩脱离了母亲，而她所经历的肛门剥夺更加强烈地推动了这种脱离。生殖器趋势现在开始影响她的心理发展。

我完全同意海伦·多伊奇（Helene Deutsch，1925）的观点，她认为女性的生殖器发展是通过成功地将口腔力比多转移到生殖器上来完成的。不过，我的研究结果显示，这种转移始于生殖器冲动的第一次激发。生殖器的口欲的、接受性质（receptive）的目的，对女孩转向父亲起着决定性的影响。我还由此得出结论，一旦俄狄浦斯冲动出现，不仅会唤起女孩对阴道的无意识觉知，而且会唤起女孩对该器官和生殖器官其余部分的感觉。然而，在女孩身上，手淫并不像在男孩身上那样为这些刺激提供了足够的发泄渠道。因此，累积的缺乏满足导致女性的性发展更复杂，也是许多障碍的另一个原因。除了弗洛伊德指出的原因外，通过手淫难以获得完全的满足可能是女孩拒绝手淫的另一个原因。这可能部分解释了为什么在女孩挣扎着放弃手淫时，手淫通常被夹腿所取代。

除了生殖器的接受性质（这是由女孩对新的满足来源的强烈渴望所启动的）外，女孩对拥有父亲阴茎的母亲的嫉羡和仇恨，在这些最初的俄狄浦斯冲动激发的时期，似乎是小女孩转向父亲的进一步动机。父亲的抚摸现在有一种诱惑的效果，被女孩感觉为"异性的吸引力"❷。

在女孩身上，对母亲的认同直接来自俄狄浦斯冲动。男孩由于阉割焦虑所引起的全部挣扎，在女孩身上是不存在的。无论是男孩还是女孩，这种认同都与抢劫和毁灭母亲的肛门施虐倾向相吻合。如果对母亲的认同主要发生在口腔和肛门施虐倾向非常强烈的阶段，对原始的母性（maternal）超我的恐惧会导致这个阶段的压抑和固着，并干扰进一步的生殖器发展。对母亲的恐惧也迫使小女孩放弃了对母亲的认同，由此开启了对父亲的认同。

小女孩的求知冲动首先由俄狄浦斯情结激发，这让她发现自己缺失阴茎。这种缺失导致了她对母亲的新的怨恨，但同时她的罪疚感使她将其视为一种惩罚。这加剧了她在这方面的挫败感，反过来又对整个阉割情结产生了深远的影响。

早期对缺失阴茎的不满在后来的性蕾期和阉割情结完全活跃时，被强烈地放大了。弗洛伊德指出，女孩对自己缺少阴茎的发现导致了她从母亲转向父亲。然而，我的研究表明，女孩的这个发现只是在这方面起到了强化作用。它是在俄狄浦斯冲突的早期阶段产生的，阴茎嫉羡（penis-envy）取代了想要孩子的愿望，而后者在随后的发展中再次取代了阴茎嫉羡。我认为，乳房被剥夺是其转向父亲的最根本原因。

比起对母亲的认同，对父亲的认同更少地受到焦虑的影响。此外，对母亲的罪疚感迫使儿童通过与她的一种新的爱恋关系进行过度补偿。与这种新的恋母关系相对抗的，是阉割情结的运作（这使得男性态度变得难以维持），以及从早期位置萌生出的对母亲的恨。然而，对母亲的仇恨和竞争再次导致女孩放弃对父亲的认同，转而把父亲作为爱和被爱的对象。

女孩与母亲的关系使她与父亲的关系既朝积极的方向发展，也朝消极的方向发展。在父亲这里所遭受的挫折，其最深刻的根源，来自在母亲那里已经感受到的失望。女孩想要占有父亲的强烈动机，来自她对母亲的仇恨和嫉羡。如果施虐固着仍然占据主导地位，那么这种仇恨及其过度补偿也将对女性与男性的关系产生重大影响。而另一方面，如果女孩在生殖器位置上建立了与母亲的积极关系，成年以后她不仅会在与孩子的关系中更自由地摆脱罪疚感，而且她对丈夫的爱也会得到强烈的加强。因为对于她来说，丈夫总是既代表着给予所需要的东西的母亲，也代表着心爱的孩子。在这个非常重要的基础上，女孩建立起了只与父亲有关的那部分关系。起初，关注的焦点是阴茎在性交中的活动。这不仅可以满足正被转移到生殖器上的欲望，而且在小女孩看来，这些活动是最完美的表演。

事实上，她对父亲的仰慕会被俄狄浦斯的挫折所动摇，但只要它没有转化为仇恨，它便仍是女人与男人关系的基本特征之一。后来，当爱情的冲动得到充分的满足时，随之而来的是一直以来累积的匮乏所带来的极大的感激之情。这种感激之情体现在女性的一种重要的能力中，即对所爱的客体，尤其是对"初恋"，彻底而持久的臣服（surrender）。

以下是小女孩的发展受到极大阻碍的一个原因。男孩在现实中确实拥有阴茎，因此他与父亲展开竞争，但小女孩只有未被满足的母性欲望，并且她对此只有一种模糊和不确定的觉知，尽管这种欲望非常强烈。

这种不确定会扰乱女孩对未来做母亲的希望，同时焦虑和罪疚感会大大削弱母性能力，甚至会严重且永久地损害这种能力。由于她曾经对母亲的身体（或其中的某些器官）和子宫中的孩子有破坏性的倾向，女孩预期自己会受到惩罚，其形式是破坏她自己的母性能力或与这一功能有关的器官，或破坏她自己的孩子。我们在此可以看到女性对自身美貌持续（往往过分）关注的一个根源，即她们害怕这一点也会被母亲毁掉。在打扮和美化自己的冲动的背后，总是有修复受损美貌的动机，而这一动机的根源在于焦虑和罪疚感❸。

与男性相比，女性更容易患转换型癔症（conversion-hysteria）和器质性疾病，背后的心理原因可能就是这种对内脏器官被破坏的极度恐惧。

正是这种焦虑和罪疚感，导致女性角色中原本非常强烈的自尊感和喜悦受到压抑。进而，这种压抑导致了一开始受到高度重视的母性能力的下降。因此，女孩缺乏男孩从拥有阴茎中获得的强有力的支持，但她可能会在期待成为母亲的过程中找到这种支持。

女孩对自己女性身份的强烈焦虑可以类比于男孩的阉割恐惧，因为，前者肯定是女孩的俄狄浦斯冲动的抑制因素之一。然而，二者的过程非常不同，因为男孩的阉割焦虑针对的是明显可见的阴茎。男孩的焦虑可能是更急性的，而女孩对内脏器官的焦虑是更慢性的，因为她对内脏器官肯定不太熟悉。此外，男孩的焦虑是由父性超我决定的，女孩的焦虑是由母性超我决定的，这必然会有所不同。

弗洛伊德曾说过，女孩的超我与男孩的超我发展轨迹不同。我们不断发现，嫉妒在女性生活中的作用比在男性生活中更大。这是因为，由于女性对男性拥有阴茎的嫉羡（envy）发生了偏转，这使得女性的嫉妒得到了强化。然而，另一方面，妇女特别有能力放下自己的愿望，以自我牺牲的精神投入道德和社会任务中。这种能力不仅仅是基于过度补偿。非常明确的是，这种能力具有母性特质。因此我们不能将其解释为男性特质和女性特质的融合，由于人类的双性恋倾向，这种融合在个别情况下确实影响了性格的形成。女人可以表现出如此广泛的情感，从最狭隘的嫉妒到最无私的爱。为了解释这一点，我们必须考虑女性超我形成的特殊条件。在女孩早期对母亲的认同中，肛门施虐在很大程度上占主导地位，小女孩因此产生了嫉妒和仇恨，并形成了一个来自母性意象的残酷超我。在这一阶段，从父亲-认同发展出来的超我也可能具有威胁性并引起焦虑，但它似乎永远不会像来自母亲-认同的超我那么残酷。但是，对母亲的认同在生殖期基础上变得越稳定，它就越会具有理想母亲的奉献和慈爱特征。因此，这种积极的情感态度取决于理想母亲在多大程度上具有前生殖期或生殖期的特征。但说到将情感态度积极地转化为社交或其他活动，似乎是父性的自我理想在起作用。小女孩对父亲生殖器活动的深切崇拜导致了父性超我的形成，这个超我把她永远不可能完全实现的积极目标摆在女孩面前。如果由于女性发展中的某些因素，使得她实现这些目标的动机足够强烈，那么这些目标的不可能实现性可能会推动她的努力，再加上她从母性超我中获得的自我牺牲的能力，她便可以在直觉层面和特定领域有能力取得非常优异的成就。

男孩也从女性化阶段衍生出一种母性超我，这使他和女孩一样，同时存在残酷原始的认同和友善的认同。但他会度过这一阶段，并恢复对父亲的认同（事实确实如此，但程度会不同）。无论母性的一面在超我的形成中有多大的影响，从一开始就对男孩产生决定性影响的仍然是父性超我。他也为自己树立了一个崇高的人物形象，作为自己的榜样，但是，因为这个形象是按照男孩的理想"塑造"的，所以这并不是无法实现的。这种情况有助于男性进行更持久和客观的创造性工作。

小女孩害怕自己的女性身份受到伤害，这对她的阉割情结产生了深远的影响，因为这使她高估了自己所缺乏的阴茎。这种高估比她对自己女性身份的潜在焦虑要突出得多。我想在这里提醒大家关注凯伦·霍尼（Karen Horney）的工作，她是第一个从俄狄浦斯情境的角度来研究女性阉割情结来源的人。

在这方面，我必须谈谈儿童期的某些早期经验对于性发展的重要性。我在1924年萨尔茨堡大会上宣读的论文中提到，当儿童对性交的观察发生在发展的后期时，它们具有创伤的特征，但如果这种经历发生在幼年，它们就会固着，并成为性发展的一部分。我现在必须补充的是，这种固着不仅可以控制特定的发展阶段，而且可以控制当时正在形成过程中的超我，从而可能损害它的进一步发展。因为超我在生殖器阶段越完全达到顶峰，其结构中的施虐认同就越不突出，而更有可能保障心理健康，并保障人格在道德高水平上的发展。

还有另一种童年早期的经历在我看来是典型的和极其重要的。这些体验通常是紧随儿童对性交的观察之后发生的，并被由此产生的兴奋所诱导或培育。我指的是小孩子之间的性关系，兄弟姐妹或玩伴之间的性关系，包括各种各样的行为：看、触摸、共同排泄、吸吮阴茎、舔阴以及直接尝试性交。这些体验被深深地压抑，并灌注了一种深深的罪疚感。这些罪疚感来源于这样一个事实，即儿童感觉这些在俄狄浦斯冲突的刺激压力下选择的对象是父亲或母亲或两者的替代品。因此，这些看起来微不足道的，显然没有一个孩子在俄狄浦斯发展的刺激下可以回避的关系，呈现出一种特征，即俄狄浦斯关系被付诸了现实，这会对俄狄浦斯情结的形成、儿童对俄狄浦斯情结的脱离以及他们后来的性关系产生决定性的影响。此外，这种经历在超我的发展中形成了一个重要的固着点。由于对惩罚的需要和强迫性重复，这些经历往往导致孩子遭受性创伤。在这一点上，我想引用亚伯拉罕（Abraham，1927）的观点，他认为性创伤经历是儿童性发展的一部分。在成人和儿童的分析过程中，对这些经历的分析性调查在很大程度上澄清了俄狄浦斯与早期注视的关系，因此从治疗的角度来看，对这些经历的调查是非常重要的。

下面我总结一下。首先，我想指出，在我看来，这些结论并不与弗洛伊德教授的说法相矛盾。我认为，在我提出的额外考虑中，关键的一点是，我把这些进程的日期定得更早，而且不同的阶段（特别是早期阶段）比我们所认为的更容易相互融合。

俄狄浦斯冲突的早期阶段很大程度上是由前生殖期主导的，当生殖期开始活跃时，它最初是被严重遮蔽的。直到后来，即在三到五岁之间，它才变得更显著。儿童到了这个年龄时，其俄狄浦斯情结和超我的形成达到了高潮。但事实上，俄狄浦斯倾向开始得比我们想象的要早得多，因此落在前生殖期水平上的罪疚感压力，很早就对俄狄浦斯的发展和超我的发展产生决定性的影响，从而影响到儿童性格的形成、性行为和所有其他方面的发展——对我来说，所有这些都是非常重要的，但迄今为止都没有得到承认。上述发现在我在对儿童的分析中体现出了治疗价值，但它的价值并不局限于此。这些结论在我对成人的分析中得到了检验，它们不仅在理论上得到了证实，其治疗意义也得到了确立。

注　释

❶ 参见 W. 赖希（W. Reich，1927）《性高潮的功能》（*Die Funktion des Orgasmus*）。

❷ 我们经常会遇到这样一种无意识的自责，即母亲在照顾孩子的时候引诱了孩子。这种自责可以追溯到生殖期欲望显现和俄狄浦斯倾向觉醒的时期。

❸ 参见哈尼克（Hárnik，1928）在因斯布鲁克精神分析大会上的论文《罪疚感和女性自恋之间的经济关系》（*Die ökonomischen Beziehungen zwischen dem Schuldgefühl und dem weiblichen Narzissmus*）。

10

儿童游戏中的拟人化
Personification in the Play of Children

(1929)

在早前的一篇论文《早期分析的心理学原则》（1926）中，我阐述了我在儿童分析时发现的他们游戏中的一些基本机制。我指出，他们游戏中以各种各样的形式反复出现的特定内容与手淫幻想的核心是一致的，儿童游戏的主要功能之一是为这些幻想提供一种释放。此外，我还讨论了在游戏和梦境中所使用的表现方式之间存在的明显相似之处，以及愿望实现（wish-fulfilment）在两种心理活动中的重要性。我还注意到游戏中的一个主要机制，即不同的"角色"是由孩子创造并分配的。本文的目的是更详细地讨论这一机制，并通过一些不同类型疾病的例子来说明儿童在这些游戏中引入的"角色"或拟人化与愿望实现之间的关系。

到目前为止，我的经验是，患有精神分裂症的儿童不能正常地玩耍。它们重复某些单调的动作，要从这些动作深入探索他们的无意识是非常艰难的。当我们成功做到这一点时，我们发现与这些行为相关的愿望实现主要是对现实的否定和对幻想的抑制。在这些极端情况下，拟人化是不成功的。

以我的小病人厄娜为例，我们开始治疗时她只有六岁，她的严重的强迫症掩盖了一种妄想，这是经过大量分析后才发现的。在她的游戏里，厄娜经常让我当孩子，而她是母亲或老师。然后，我不得不忍受折磨和羞辱。如果在游戏中有人善待我，通常情况下，这种善待只是假装的。下面的材料表现了一种偏执特征：我经常被监视，人们猜度我的想法，父亲或老师与母亲联合起来反对我——事实上，我总是被迫害者包围着。我自己，作为一个孩子，不得不经常监视和折磨其他人。厄娜经常自己扮演这个孩子。然后，游戏的结局通常是她逃离了迫害（在这些情况下，"孩子"是好人），变得富有和强大，成为女王，并对迫害她的人进行残酷的报复。当她的施虐通过这些幻想平息后，显然不再受到任何抑制（这一切都是在我们做了大量分析之后发生的），她会表现出深度抑郁、焦虑和身体疲惫等形式的反应。于是，她的游戏反映出她无法忍受这种巨大的压迫，这表现为一系列严重的症状❶。在这个孩子的幻想中，所有角色都可以归入同一个模式。这个模式包括两个主要的部分，一方是迫害性的超我，另一方是受到威胁但仍然非常残忍的本我或自我（视情况而定）。

在这些游戏中，愿望的实现主要在于厄娜努力将自己认同于更强大的一方，从而克服她对迫害的恐惧。被压迫的自我试图影响或欺骗超我，以防止它压倒本我，正如它威胁要做的那样。自我试图招募高度施虐的本我为超我服务，并使两者结合起来与共同的敌人战斗。这就需要广泛使用投射和置换（displacement）机制。当厄娜扮演残忍的母亲时，顽皮的孩子是敌人；当她自己是一个受到迫害但很快变得强大的孩子时，邪恶的父母代表着敌人。在这两种情况中都存在一种放肆施虐的动力，自我试图说服超我接受这一点。按照这种"契约"，超我要对敌人采取行动，就像它对本我一样。然而，本我继续秘密地追求其主要的施虐满足，其目标是原始客体。自我通过战胜外部和内部的敌人而获得的这种自恋满足，也有助于安抚超我，因此在减少焦虑方面具有相当大的价值。在不太极端的情况下，这两种力量之间的契约可能相对成功。外部世界可能不会注意到它，也不会导致疾病暴发。但在厄娜的例子中，由于本我和超我的过度施虐，这种契约完全崩溃了。于是，自我与超我联合起来，试图通过惩罚本我来获得某种满足，但这反过来必然是失败的。厄娜反复表现出强烈的焦虑和悔恨反应，表明这些矛盾的愿望实现是无法长久的。

下面的案例展示了在某些特殊情况下，类似于厄娜的困难是如何以不同的方式被处理的。

乔治当时只有六岁，他连续几个月给我带来了一系列幻想，在这些幻想中，他作为一群野蛮猎人和野生动物的强大领袖，与他的敌人战斗，征服并残忍地杀害了他的敌人，这些敌人也有野兽支持。这些动物随后被吃掉。战争从未结束，因为新的敌人总是出现。经过大量的分析，我发现这个孩子不仅存在神经质，还表现出明显的偏执特征。乔治总是在意识层面[2]感到自己被（魔法师、女巫和士兵）包围和威胁着，但与厄娜不同的是，他试图通过一些有帮助的人物（这也是事实）——幻想的动物来保护自己。

他的幻想中的愿望实现在某种程度上类似于厄娜游戏中的愿望实现。在乔治的例子中，自我也试图通过将自己认同于宏大幻想中更强大的一方，来抵御焦虑。乔治再次试图把敌人变成"坏"人，以安抚超我。然而，在他身上，施虐并不像厄娜那样是一个压倒性的因素，因此他焦虑背后的原始施虐并没有被那么巧妙地隐藏起来。他的自我更彻底地认同于本我，并不太愿意与超我达成契约。在他身上，对现实的明显排斥赶走了焦虑[3]。愿望的满足显然压倒了对现实的认识——这一趋势是弗洛伊德对精神病的判断标准之一。在乔治的幻想中，角色由有帮助的人物扮演，这一事实使他的拟人化类型与厄娜的游戏不同。在他的游戏中有三个主要部分：本我、超我的迫害性部分和超我的帮助性部分。

下面展示的是一个患有严重强迫症的孩子的游戏，我的小病人丽塔今年2岁9个月。在一场明显强迫性的仪式之后，她的洋娃娃被盖好被子并睡觉，一只大象玩偶被放在洋娃娃的床边。丽塔的想法是，大象应该阻止"孩子"起床；否则，孩子就会偷偷溜进父母的卧室，要么伤害他们，要么夺走他们的东西。大象作为父亲形象扮演的是一个阻止的角色。在丽塔的心目中，从她一岁半到两岁的时候，她就想篡夺母亲的位置，偷走她母亲怀着的孩子，伤害和阉割父母，从那时起，她的父亲（通过内摄）就扮演了这个"阻止"的角色。当"孩子"在这些游戏中受到惩罚时，她的愤怒和焦虑的反应表明，在丽塔的脑海中，她同时扮演了两个角色：施加惩罚的权威和接受惩罚的孩子。

在这个游戏中，唯一明显的愿望实现是大象暂时成功地阻止了这个"孩子"起床。在这里，只有两个主要的"角色"：一个是娃娃，代表着本我；另一个是大象，代表着超我。这里的愿望实现在于超我战胜了本我。这种愿望实现和对两个"角色"的行为分配是相互依赖的，因为游戏代表了超我和本我之间的斗争。在严重的神经症中，这种斗争几乎完全支配了心理过程。在厄娜的游戏中，我们也看到了同样的拟人化，包括支配性超我的影响和任何有帮助的人物形象的缺失。在厄娜的游戏中，愿望的实现在于与超我的结合。而在乔治的游戏中，愿望的实现主要在于本我对超我的反抗（通过逃避现实）。在丽塔的游戏中，愿望的实现则在于超我击败了本我。正是因为已经做了一些分析工作，所以超我的优势地位才得以维持。起初，超我的过度严酷阻碍了所有的幻想，直到超我变得不那么严酷时，丽塔才开始玩上述那种幻想游戏。与前面一个游戏被完全抑制的阶段相比，这是一种进步，因为现在超我试着通过威胁来阻止禁忌行为，而不只是以一种毫无意义的、可怕的方式进行恐吓。超我和本我的关系破裂引发了对本能的强烈压制（suppression），因此消耗了病人的全部能量，这正是成人严重强迫症所具有的典型特征❹。

现在让我们来看另一个游戏，它出现于不那么严重的强迫症阶段。在丽塔稍后的分析中（当她三岁的时候），几乎贯穿她整个分析的"旅行游戏"以下面的形式呈现出来。丽塔和她的玩具熊（当时代表阴茎）坐火车去见一个好女人，她要招待他们并给他们礼物。在这部分分析的开始，这个美好的结局通常会被破坏。丽塔想自己开火车，摆脱司机。然而，火车司机要么拒绝去，要么回来威胁她。有时是一个坏女人阻碍了他们的旅程，或者当他们走到终点时，发现等待他们的不是一个好女人，而是一个坏女人。这个游戏中的愿望实现（尽管非常令人不安）与前面例子中的愿望实现之间的差异是显而易见的。在这个游戏中，力比多的满足是积极的，而施虐在其中的作用并不像前面的例子那样突出。就像乔治的例子一样，这里的"角色"由三个主要部分组成：自我或本我、有帮助的人物、带来威胁或挫败的人物。

正如乔治的例子所示，这样被创造出来的有帮助的人物大多是极其虚幻的类型。在一个四岁半的男孩的分析中，出现了一个"仙女妈妈"，她常常在晚上带来好吃的食物，和小男孩分享。食物代表着父亲的阴茎，是仙女偷偷从他那里偷来的。在另一段分析中，仙女妈妈用魔杖治愈了男孩的严厉父母给他造成的所有创伤；然后他和她一起残忍地杀害了严厉的父母。

我逐渐意识到，这种具有幻想性的全好和全坏特性的意象加工，是普遍存在于成人和儿童中的机制❺。这些人物代表了可怕的威胁性超我和更接近现实的认同之间的中间阶段，前者完全脱离现实，后者更接近现实。这些中间人物逐渐演变为母亲和父亲的助手（他们再次更接近现实），可以经常在游戏分析中被观察到，对我们了解超我的形成似乎很有指导意义。我的经验是，在俄狄浦斯冲突的开始和形成之初，超我具有一种专横的特征，它是根据尚处于上升阶段的前生殖期的模式形成的。生殖期的影响已经开始显现，但在开始时还很难察觉。超我向生殖期的进一步演化最终取决于主导的口腔固着是吮吸还是撕咬的形式。生殖期在性和超我方面的首要地位，要求对口腔-吮吸阶段有足够强的固着。超我和力比多的发展越能够从前生殖期水平迈入生殖期水平，幻想性的、愿望实现的认同（其来源是提供口腔满足的母亲形象❻）就越接近于真实父母人物。

在自我发展早期阶段的意象，带有前生殖期的本能冲动的印记，尽管它们实际上是建立在真实的俄狄浦斯客体的基础上的。正是在这些早期水平上，婴儿产生了一些可怕的无意识幻想意象，其中包括吞食、切割、淹没等，在这些幻想意象中，我们可以看到各种前生殖期冲动在混合着发挥作用。随着力比多的演变，这些意象在力比多固着点的影响下被儿童内摄。但作为一个整体，超我是由在不同发展水平上的各种认同组成的，这些认同分别带有各自的印记。当潜伏期到来时，超我和性欲的发展就终止了❼。自我在建构过程中已经具有了一种合成倾向，努力将这些不同的认同形成一个整体。意象越极端，对比越强烈，合成就越不成功，维持它就越困难。极端的意象所施加的过强影响，对借助好的人物对抗威胁的强烈需求，盟友迅速转变为敌人（这也是游戏中愿望实现经常失败的原因）——所有这些都表明，认同的合成过程失败了。这种失败表现为神经质儿童典型的矛盾心理、焦虑倾向、缺乏稳定性或容易放弃，以及与现实的不良关系❽。超我合成的必要性，源于儿童认识到一个由相反性质的意象构成的超我时所体验到的痛苦❾。当潜伏期开始，来自现实的要求增加时，自我会做出更大的努力来实现超我的合成，以便在此基础上达成超我、本我和现实之间的平衡。

我曾提出，这种分裂——超我被分裂为在不同阶段内摄进来的多种原始认同——是与投射类似的一种机制，并与投射密切相关。我相信这些机制（分裂和投射）是儿童游戏中拟人化倾向的主要因素。通过这些机制，勉强挣扎的超我可以暂时放弃合成，而且，维持整体超我和本我之间的和平的压力也减少了。这样，内心的冲突变得不那么暴力，可以转移到外部世界。当自我发现这种转移到外部世界的方式提供了确凿的证据，证明充满焦虑和罪疚感的心理过程可能会得到良好的解决，并且使焦虑大大减少时，由此获得的快乐就会增加。

我已经提到，在游戏中，孩子对现实的态度会显露出来。我现在想阐明，对现实的态度如何与愿望实现和拟人化的因素相关联，迄今为止，我们一直将这些因素用作判断心理状况的标准。

在厄娜的分析中，在很长一段时间内都无法与现实建立关系。在现实生活中慈爱善良的母亲和"她"在游戏中对孩子施加的可怕迫害和羞辱之间，似乎没有一座桥能跨越这条鸿沟。但是，当分析到达偏执特征变得更加突出的阶段时，有越来越多的细节以一种怪异的扭曲形式反映出真实的母亲。与此同时，孩子对现实的态度也被揭露了出来，可以肯定的是，这种态度也受到了很大的扭曲。厄娜以极其敏锐的观察力，注视着她周围人的行为和动机的所有细节，但她以一种不真实的方式，把所有这些都融入自己被迫害和监视的系统中。例如，她认为，父母之间的性交（她认为，父母单独在一起时都在性交）以及他们相互感情的所有表达，都是因为母亲希望激起她（厄娜）的嫉妒。她认为，她母亲的一切快乐和每个人（尤其是女人）的快乐都带有同样的动机。她们穿着漂亮的衣服是为了引起她的烦恼，诸如此类。但是她意识到她的这些想法有些特别，所以她非常小心地保守秘密。

正如我已经说过的，在乔治的游戏中，与现实的隔绝是相当严重的。在丽塔的第一部分分析中，当威胁和惩罚的意象占据优势时，她的游戏也几乎没有显示出与现实的任何关系。现在让我们来看看丽塔的第二部分分析中的这方面关系。我们可以将这些方面视作神经质儿童的典型特征，那些比丽塔大一些的儿童也有类似的表现。在这个时期的游戏中，与偏执儿童的态度相反，她倾向于只承认与那些她经历过但一直没有忘记的挫败有关的现实。

我们可以在这里比较一下乔治的游戏中表现出的对现实的广泛逃避。它使他在幻想中获得了极大的自由，使他从罪疚感中解放出来，因为幻想与现实是如此的遥远。在他的分析中，适应现实的每一步都涉及大量焦虑的释放和对幻想的更强力压抑。当这种压抑反过来被解除，幻想变得自由，并且与现实更紧密地联系在一起时，分析真正取得了一个巨大的进展❿。

在神经质的儿童中，会出现一种"妥协"，即承认非常有限的现实，其余的都被否认。与此同时，手淫幻想也受到广泛的压抑，而罪疚感会抑制手淫幻想，这导致的结果是游戏和学习受到抑制，这在神经质儿童中很常见。他们用于寻求庇护的强迫症状（最初是在游戏中）反映了幻想的广泛抑制和与现实的不良关系之间的妥协，并在此基础上提供了最有限的满足。

正常儿童的游戏表现出幻想和现实之间更好的平衡。

现在，我将总结患有不同疾病的儿童在游戏中表现出的对现实的不同态度。患有精神分裂症的儿童存在着对幻想的最广泛压抑和对现实的逃避。偏执儿童与现实的关系服从于幻想的活跃运作，两者之间的平衡偏重于不现实的一面。患有神经症的儿童在游戏中表现出的体验，会被他们对惩罚的需求和对痛苦问题的恐惧所影响。然而，正常的儿童能够以更好的方式掌握现实。他们的游戏表明，他们有更多的力量来影响现实，并在现实中生活，他们能够与自己的幻想和谐相处。此外，当他们无法改变现实时，他们就能更好地忍受现实，因为他们更自由的幻想为他们提供了逃避现实的避难所，也因为他们通过自我和谐（ego-syntonic）的形式（游戏和其他升华）对手淫幻想进行更充分的释放，这给了他们更大的满足机会。

现在让我们回顾一下对现实的态度与拟人化和愿望实现过程之间的关系。正常儿童游戏中的这些过程说明，源自生殖期水平的认同具有更强、更持久的影响。儿童的客体意象越接近真实客体，他们就越会发展出与现实的良好关系（这是正常人的特征）。患有这些疾病（精神病和严重强迫症）的儿童，他们与现实的关系受到干扰或歪曲。他们的游戏中的愿望实现是消极的，游戏中的角色是极端残暴的。我试图通过这些事实证明，在这里，一个尚处于早期形成阶段的超我正在崛起。我得出这个结论：这样一个在自我发展的最早期阶段内摄进来的骇人超我的崛起，是精神障碍的一个基本因素。

本文详细论述了拟人化机制在儿童游戏中的重要作用。我现在还要指出这种机制在成年人心理生活中的重要性。我得出的结论是，它是一种具有重大和普遍意义的现象——移情——的基础。移情对儿童和成人的分析工作也至关重要。如果孩子的幻想足够自由，他就会在游戏分析中给精神分析师分配最多样、最矛盾的角色。例如，他会让我扮演本我的角色，因为通过这种投射的形式，他的幻想可以得到释放，且不会激起太多的焦虑。因此，那个叫杰拉尔德的男孩（我曾代表给他带来了父亲的阴茎的"仙女妈妈"）反复让我扮演一个男孩，他夜里爬进母狮的笼子，攻击她，偷走她的幼崽，杀死并吃掉它们。然后，他自己扮演那头母狮，她发现了我，并用最残忍的方式杀死了我。根据分析情境和潜在焦虑的程度，角色分配会发生更替。比如在后来的一段时间里，杰拉尔德自己扮演了那个混进狮笼的恶棍，他让我扮演那只残忍的母狮。但在这种情况下，狮子很快就被一个有帮助的仙女妈妈取代了，我也不得不扮演她的角色。这时，男孩能够自己代表本能（这表明他在与现实的关系上取得了进步），因为他的焦虑在某种程度上有所减轻，这表现在仙女妈妈的出现上。

我们看到，通过分裂和投射的机制，儿童的内心冲突被削弱或转移到外部世界，这是移情的主要动机之一，也是分析工作的驱动力。此外，儿童的幻想越活跃，拟人化的能力越丰富和积极，他们的移情能力就越强。虽然偏执病人拥有丰富的幻想生活，但在他们的超我结构中，残酷的、激发焦虑的认同占主导地位，这导致他们创造的人物类型极其消极，只会被简化为僵化的迫害者和被迫害者。我认为，精神分裂症病人缺乏拟人化能力和移情能力，其中一个原因是他们的投射功能有缺陷。这干扰了他们建立或维持与现实和外部世界的关系的能力。

所以，移情的基础是人物表征（character-representation）机制。依据这一点，我获得了一些技术方面的心得。我已经提到，儿童游戏中从"敌人"到"帮手"，从"坏"母亲到"好"母亲的转变是多么迅速。在这类涉及拟人化的游戏中，在分析师的解释导致大量焦虑释放之后，会经常发生这种转变。但是，当分析师承担起游戏情境所要求的敌对角色，并由此对其进行分析后，那些激发焦虑的意象（anxiety-inspiring imagos）将不断得到改善，它们更靠近友善的认同，并且更接近现实。换句话说，分析师通过承担分析情境分配给他的角色，达到了分析工作的主要目的之一，即逐渐修正超我的过度严苛。这句话仅仅表达了成人分析的一个要求，即分析师必须起到一种媒介作用，病人的各种意象可以借助这个媒介被激活，各种幻想得以呈现，并得到分析。当孩子在游戏中直接分配给儿童分析师某些角色时，他的任务是很明确的。他当然需要承担分配给他的角色，或者至少给出一个关于扮演该角色的提议❶。否则他就会打断分析工作的进程。但只有在儿童分析的某些阶段，我们才会得到形式这么明确的拟人化（即便如此，也绝不是一成不变的）。更常见的情况是，无论是对儿童还是对成人，我们都必须从分析情境和材料中推断出归于分析师的敌对角色，病人的负性移情会呈现某些细节。我在那些明确形式的拟人化中发现的结论，也同样适用于隐藏在移情之下的更隐蔽和模糊的拟人化。如果分析师希望深入到最早的、激发焦虑的意象，即触及严苛超我的根源，他就必须不带偏见地对待任何特定角色，他必须接受分析情境带给他的东西。

最后，我想就治疗方面说几句话。在这篇论文中，我试图阐述，最严重和最紧迫的焦虑来自儿童在自我发展的非常早期阶段所内摄的超我，而这种早期超我的残暴（supremacy）是精神病发生的根本因素。

我的经验使我确信，在游戏技术的帮助下，我们有可能对幼儿和大龄儿童超我形成的早期阶段进行分析。对该水平的超我的分析，可以减少强烈和压倒性的焦虑，从而为友善的意象（它们起源于口腔吮吸水平）的发展开辟道路，并由此使生殖期水平在性和超我形成中逐渐占据优势。在这一点上，我们可以看到儿童精神病的诊断❶和治疗的良好前景。

注　释

❶ 我希望不久后能出版一本书，对该病例的历史进行详细的描述。

❷ 像许多孩子一样，乔治总是对他周围的人隐瞒他焦虑的内容。然而，他显然受到了这一点的影响。

❸ 随着乔治的成长，这种对现实的逃避在他身上变得越来越明显。他完全沉浸在幻想中。

❹ 丽塔患有强迫症，这在她这个年纪很少见。它的特点是复杂的睡眠礼仪和其他严重的强迫症症状。根据我的经验，当小孩子患上这种带有强迫症印记（就像我们在成年人身上看到的那样）的疾病时，情况是非常严重的。另一方面，我认为，单独的强迫性特征在儿童神经症的总体图景中是一种常规现象。

❺ 我们有一个这样的例子，那就是幻想上帝会对各种暴行（在最近的战争中）提供帮助，以摧毁敌人和他的国家。

❻ 在我之前的两篇论文中，我得出了这样的结论：无论男孩还是女孩，都会脱离作为口欲爱慕客体的母亲，这是因为母亲带给儿童口欲挫折。使儿童感到沮丧的母亲因而成

为一个令人恐惧的母亲，并将持续存在于儿童的精神生活中。我想在这里引用拉多（Radó，1928）的观点，他追溯到同一个源头，即母亲意象被分裂为好母亲和坏母亲，并将其作为他关于忧郁症成因的观点的基础。

❼ 费尼切尔（Fenichel，1928，p.596）在讲述我对超我形成问题的观点时出现了差错，他说我认为超我的发展终止于生命的第二或第三年，然而在我的论文中，我只是提出超我的形成和性欲的发展同时终止。

❽ 随着分析的深入，具有威胁性的人物的影响变得越来越小，而有助于愿望实现的人物的影响越来越强，越来越持久。与此同时，儿童的游戏欲望和游戏结束时的满足感也会相应增加。悲观情绪减少了，乐观情绪增加了。

❾ 孩子们通常有各种各样的父母形象，从可怕的"巨人妈妈""压扁的妈妈"到慷慨的"仙女妈妈"。我还遇到过"半大妈妈"或"四分之三个妈妈"，它们代表了其他极端例子的折中。

❿ 这种进步总是伴随着升华能力的显著提高。从罪疚感中解脱出来的幻想，现在可以以一种更符合现实的方式升华。我可以在这里说，在提高升华能力方面，儿童分析的效果远远超过成人分析的效果。即使在很小的孩子身上，我们也经常看到，当罪疚感消失后，新的升华就会出现，已经存在的升华也会得到加强。

⓫ 当孩子们要求我扮演一些太难或不讨人喜欢的角色时，我会说我"假装在做"，以满足他们的愿望。

⓬ 只有在最极端的情况下，儿童精神病才具有成人精神病的特征。在不太极端的情况下，通常只有通过持续相当长一段时间的深入分析才能发现这一点。

11

反映在艺术作品和创造冲动中的婴儿期焦虑情境

Infantile Anxiety-situations Reflected in a Work of Art and in the Creative Impulse

（1929）

我的第一个主题是隐藏在拉威尔（Ravel）的某部歌剧背后的非常有趣的心理材料，这部歌剧目前正在维也纳重新上演。我对其内容的描述几乎是逐字逐句地借鉴了爱德华·雅各布（Eduard Jakob）在《柏林日报》（*Berliner Tageblatt*）上的一篇评论。

一个六岁的孩子坐在那里，面前是他的作业，但他丝毫没有动笔。他咬着笔杆，他的表现逐渐从厌烦转为沮丧。"我不想上那些愚蠢的课了，"他用甜美的高音喊道，"我想去公园散步！我要吃光世界上所有的蛋糕，或者扯下猫的尾巴，拔下所有鹦鹉的羽毛！我要责骂每一个人！最重要的是，我要把妈妈丢到角落里！"这时，门打开了。舞台上的道具都显得非常大，以强调孩子的渺小。所以我们看到的他母亲只有一条裙子、一件围裙和一只手。一个手指指着孩子，一个声音亲切地问孩子是否做完了作业。他叛逆地在椅子上动来动去，向母亲吐舌头。她走开了。我们只听到她裙子的沙沙声和她说的话："你只能吃干面包，茶里也不能放糖！"孩子勃然大怒。他跳了起来，敲着门，把茶壶和杯子从桌子上扫了下来，弄得粉碎。他爬上窗台，打开笼子，试图用他的钢笔刺笼子里的松鼠。松鼠从开着的窗户逃走了。孩子从窗台上跳下来，抓住了一只猫。他大喊大叫，挥舞着火钳，猛烈地戳着壁炉里的火，手脚并用把水壶扔进房间。一团灰烬和水蒸气散了出来。他像舞剑一样挥动着钳子，开始撕裂墙纸。然后他打开了老爷钟的盒子，拿出了铜制的钟摆。他把墨水倒在桌子上。练习本和其他书籍在空中飞来飞去。万岁！……

他虐待过的东西都活过来了。扶手椅不让他坐，也没有靠垫让他睡。桌子、椅子、长凳和沙发突然举起胳膊喊道："滚开！你这个肮脏的小东西！"老爷钟的肚子疼得厉害，开始疯狂地报时。茶壶靠在茶杯上，他们开始说中文。一切都在经历可怕的变化。那孩子靠在墙上，吓得浑身发抖。炉子向他喷出阵阵火花。他躲在家具后面。撕破的墙纸碎片开始摇摆，并站了起来，排成了牧羊女和绵羊的样子。牧羊人的笛声令人心碎，墙纸的裂缝，分隔了科瑞登（Corydon）和他的阿玛瑞梨（Amaryllis）（译者注：科瑞登和阿玛瑞梨指的是牧羊人和他的恋人），现在变成了将整个世界分隔开来的一道裂缝！但是悲伤的故事渐渐消失了。在一本书的封面下，出现了一个小老头，就像从狗窝里出来一样。他的衣服是数字做的，他的帽子像圆周率（pi）。他拿着一把尺子，踏着小步，咔嗒咔嗒地走来走去。他是数学的化身，开始考验孩子：毫米、厘米、气压计、八加八等于四十、三乘九等于二乘六。这孩子晕倒了！

他喘不过气来，躲在房子周围的公园里。但在那里，空气中再次充满了恐惧，昆虫、青蛙（发出三声低沉的哀鸣）、受伤的树干（在漫长的低音中渗出树脂）、蜻蜓和飞虫都在攻击新来者。猫头鹰、猫和松鼠成群结队地出现。一只被咬的松鼠倒在地上，在他身边尖叫。他本能地取下围巾，把松鼠的爪子绑起来。动物们非常惊讶，它们在背景中犹豫地聚集在一起。孩子低声说："妈妈！"他重新回到了有人能帮助他的人类世界，"做一个好人"。当动物们离开舞台时，它们用轻柔的进行曲（这首曲子的最后一段）非常严肃地唱道："这是一个好孩子，一个非常守规矩的孩子。"有些小动物忍不住地喊"妈妈"。

现在，我要更仔细地研究一下这个孩子的毁灭之乐是如何表现出来的。它们似乎使我想起婴儿早期的一些情况，在我最近的著作中，我描述了这些早期情境对男孩的神经症和他们的正常发展的重要性。我指的是婴儿对母亲身体和父亲阴茎的攻击。笼子里的松鼠和从钟里拔出来的钟摆都明显地象征着母亲身体里的阴茎。"将科瑞登与他的阿玛瑞梨分开"的墙纸上的裂痕证明了这一事实，即这是父亲的阴茎，而且它正在与母亲性交。对男孩来说，墙纸上的裂痕成为"世界的裂痕"。现在，这个孩子使用了什么武器来攻击他的父母呢？倒在桌子上的墨水、倒空了的水壶及从里面冒出来的一团灰烬和水蒸气，代表着小孩子可以使用的武器。他们用粪便弄脏东西，来作为攻击的手段。

砸东西、撕东西、用钳子当剑——这些都反映出儿童的原始施虐冲动所使用的其他武器，包括牙齿、指甲、肌肉，等等。

我在上届精神分析大会提交的论文（Klein，1928）中，以及在我们学会的其他场合中，对这一早期发展阶段进行了阐述，即儿童在施虐冲动驱动下使用各种武器对母亲的身体进行攻击。然而，现在我可以对之前的陈述进行补充，并且更确切地阐述这个早期阶段在亚伯拉罕提出的性发展体系中的位置。我的结论是：在这个阶段，施虐冲动在它所产生的所有领域都达到了顶峰，这一阶段先于早期的肛门阶段，它也是俄狄浦斯倾向首次出现的发展阶段，因此具有特殊的意义。也就是说，俄狄浦斯冲突发端于施虐冲动正鼎盛的时期。我认为，超我的形成与俄狄浦斯倾向的开始密切相关，因此，即使在这个早期阶段，自我也会受到超我的影响，这也解释了为什么这种影响如此巨大。因为，当这些客体被内摄时，儿童（用施虐性的所有武器对客体实施）的攻击会唤起他们自己的恐惧，即外部客体和内部客体会对他们发动类似的攻击。我想提请各位回顾我的观点，因为我可以把这些观点和弗洛伊德的概念联系起来。他在《抑制、症状和焦虑》（*Inhibitions，Symptoms，and Anxiety*）（1926）中向我们提出的最重要的一个新结论，即关于婴儿早期焦虑或危险情境的假设。我认为，这使分析工作有了一个比以前更明确、更牢固的基础，从而使我们的方法有了一个更明确的方向。但在我看来，这也对分析提出了新的要求。弗洛伊德的假设是，存在着一种婴儿期的危险情境，虽然这种危险情境在发展过程中会得到修改，但它仍是一系列焦虑情境产生影响的根源。现在对分析师的新要求是，分析应该充分揭示这些焦虑情境，回到最深层的地方。这种对彻底分析的要求与弗洛伊德在《一例婴儿期神经症的病史》的结论中提出的新要求是一致的，他说彻底的分析必须揭示原初场景。只有结合我刚才提出的要求，后一项要求才能充分发挥作用。如果精神分析师成功地发现了婴儿时期的危险情境，努力解决它们，并阐明每个病例中的焦虑情境和神经症与自我发展之间的关系，那么，我认为，他将更彻底地实现精神分析疗法的主要目标——消除神经症。因此，在我看来，任何有助于阐明和准确描述婴儿期危险情境的东西都是很有价值的，不仅从理论角度，而且从治疗的角度来看也是如此。

弗洛伊德认为，婴儿时期的危险情境最终可以归结为失去所爱（渴望）的人。他认为，在女孩身上，失去客体是最危险的情境，然而对于男孩来说，最危险的情境是阉割。我的分析工作显示，这两种危险情境都是对更早的危险情境的修改。我发现，男孩对来自父亲的阉割恐惧与一种非常特殊的情境有关，我认为这是所有情境中最早的焦虑情境。正如我所指出的，对母亲身体的攻击，在心理上正处于施虐阶段的顶峰，也意味着与母亲体内的父亲的阴茎进行斗争。由于父母双方的联合让儿童感到疑虑，这种危险情境因而变得特别严重。根据早期已经形成的施虐性超我，这些联合起来的父母是极其残忍、令人畏惧的攻击者。因此，与被父亲阉割有关的焦虑情境是我所描述的最早的焦虑情境在发展过程中的一种修改。

这种情况下产生的焦虑在本文开篇提到的歌剧唱词中得到了明确的体现。通过讨论唱词，我已经详细阐述了一个阶段——施虐攻击阶段。现在让我们考虑一下，在儿童克制了他的破坏欲望之后会发生什么。

在评论的开头，作者提到舞台上所有的东西都被放大，以强调孩子的渺小。但孩子出于强烈的焦虑，觉得其他物品和人对他来说都是巨大的，远远超出了实际的大小差异。此外，我们在对每个孩子的分析中发现：物品也代表着人类，因此也是焦虑的对象。这篇评论的作者写道："受虐待的东西活了过来。"扶手椅、靠垫、桌子、椅子等攻击孩子，拒绝为他服务，将他赶到外面。我们发现，在孩子们的分析中经常出现用来坐和躺的东西，以及床，它们象征着提供保护的和慈爱的母亲。撕破的墙纸代表着母亲身体内部受伤的部分，而从封面走出来的那个小老头就是父亲（以他的阴茎为代表），他现在扮演着法官的角色，即将对因焦虑而晕倒的孩子进行宣判，孩子要为自己在母亲身上所做的伤害和实施的盗窃行为付出代价。当男孩逃到大自然中时，我们看到他如何扮演了被他袭击的母亲的角色。这些怀有敌意的动物代表着父亲（也被他攻击过）和被假定在母亲体内的孩子在不断地增多。我们看到，发生在房间里的事件现在在更广阔的空间里以更大的规模和更大的数量重现。整个世界变成了母亲的身体，对孩子充满敌意，并迫害他。

在个体发展过程中，当儿童发展到生殖期水平时，施虐冲动就会被克服。这个阶段开始得越有力，孩子就越有能力发展出客体爱（object-love），他就越有能力通过怜悯和同情来战胜他的施虐冲动。这一发展阶段也体现在拉威尔歌剧的唱词中。当男孩同情受伤的松鼠并帮助它时，敌对的世界变成了一个友好的世界。他学会了爱，并相信爱。动物们得出结论："这是一个好孩子，一个非常守规矩的孩子。"歌剧剧本的作者科莱特（Colette）的深刻的心理洞察力表现在孩子态度的转变上。他一边照顾受伤的松鼠，一边低声说："妈妈。"他周围的动物都在重复这个词。正是这个救赎的字眼赋予了这部歌剧名字：《神奇咒语》（Das Zauberwort）。但我们也从文本中了解到，是什么因素引发了孩子的施虐冲动。他说："我想去公园散步！我想吃掉世界上所有的蛋糕！"但他的母亲威胁说要给他不加糖的茶和干面包。口欲的挫败将宽厚的"好母亲"变成了"坏母亲"，激发了他的虐待冲动。

我想我们现在可以理解为什么这个孩子无法平静地做作业，而是陷入了这样一个不愉快的境地。他不得不这样，因为他是被过去那种他从来没有克服过的焦虑情境的压力所驱使的。他的焦虑增强了强迫性重复，他对被惩罚的需求增强了强迫性（现在变得非常强烈），以确保自己得到实际的惩罚，以便通过一种比他预期焦虑情境带来的惩罚更轻的惩罚来缓解焦虑。我们非常熟悉这样一个事实：孩子们淘气是因为他们希望受到惩罚，但最重要的是要弄清楚焦虑在这种对惩罚的渴望中起到了什么作用，以及在这种紧迫的焦虑下有什么想法和观念。

现在，我将用另一个文学例子来说明我所发现的与女孩成长中最早的危险处境有关的焦虑。

在一篇题为《空洞》（The Empty Space）的文章中，卡琳·米凯利斯（Karin Michaelis）讲述了她的朋友——画家露丝·凯尔（Ruth Kjär）的发展历程。露丝·凯尔拥有非凡的艺术感，尤其是在布置房子时，她运用了这种艺术感，但她没有突出的创作才能。她美丽、富有、独立，一生中有很大一部分时间都在旅行，并不断离开她花了很多心思、品位十足的房子。她有时会患上严重的抑郁症，卡琳·米凯利斯这样描述："她的生活中只有一个黑点。在她看来是那么自然、那么无忧无虑的幸福时刻，她会突然陷入深深的忧郁之中。那是一种自杀性的忧郁。如果让她试着解释这一点，她会这样说：'我心里有一种永远填不满的空洞！'"

露丝·凯尔结婚的时候到了，她看起来非常幸福。但过了很短的时间，忧郁的情绪又复发了。用卡琳·米凯利斯的话说："该死的空洞又一次变得空荡荡的。"我直接引用这位作家的原话，她说："我说过，她的家是一个现代艺术画廊。她丈夫的哥哥是这个国家最伟大的画家之一，他用最好的画装饰了房间的墙壁。但在圣诞节前，这位画家拿走了一张原本只是借给她的画，这幅画现在被卖出去了。这在墙上留下了一个空白，这似乎以某种莫名其妙的方式与她内心的空洞相吻合。她陷入了极度悲伤的状态。墙上的空白让她忘记了她美丽的家、她的幸福、她的朋友，一切。当然，他们可以弄到一幅新画，也一定会弄到，但这需要时间。他们必须四处寻找，才能找到合适的。"

"墙上的空洞对着她咧嘴狞笑。

"这对夫妻面对面坐在早餐桌旁。露丝的眼睛里笼罩着绝望的神情。然而，她的脸上突然露出了笑，容：'我告诉你吧！我想我会试着自己在墙上画些涂鸦，直到我们得到一张新的画！'"去吧，亲爱的。'她丈夫说。可以肯定的是，无论她画的是什么，都不会太丑。

"他刚一走出房间，她就兴奋地给美术店打了个电话，吩咐把她丈夫的哥哥常用的颜料、刷子、调色板和所有其他的"装备"立刻送来。她自己一点也不知道该怎么开始。她从未从颜料管中挤出颜料，从未在画布上涂色，也从未在调色板上调色。当那些装备送来后，她站在空墙前，手里拿着一支黑色画笔，脑子里想到什么就随意地画。她是不是应该把车开过来，发疯似地跑到画家跟前，问自己该怎么画？不，她宁可去死！

"傍晚时分，她丈夫回来了，她跑过去迎接他，眼睛里闪着兴奋的光芒。她不会生病吧？她拉着他，说：'来吧，你会看到的！'他看到了，并且目不转睛地看着她的画。他无法接受眼前的事实，他不相信，这难以置信。露丝疲惫不堪地倒在沙发上：'你觉得这可能吗？'

"就在当天晚上，他们派人去找来丈夫的哥哥。露丝焦急地等待着鉴赏家的判断。但画家马上惊呼道：'你不会以为你能说服我，那是你画的吧？这不可能！这幅画一定出自某位经验丰富的老画家之手。他到底是谁？我认不出来！'

"露丝无法说服他。他认为他们是在戏弄他。在离开时，他丢下一句话：'如果你画了这幅画，我明天就去皇家教堂指挥贝多芬的交响曲，尽管我一个音符也不会！'

"那天晚上露丝睡不着。墙上的画是她画的，这是肯定的——这不是梦。但这是怎么发生的呢？接下来又会发生什么？

"她像着火一样，被内心的热情吞噬着。她必须向自己证明，她所感受到的那种神圣的感觉，那种难以名状的幸福是可以重复的。"

卡琳·米凯利斯接着补充说，在第一次尝试之后，露丝·凯尔画了几幅画，并向评论家和公众展示。关于墙上的空白涉及的焦虑，卡琳·米凯利斯先于我做出了部分解释，她说："墙上留下了一个空白，这似乎以某种莫名其妙的方式与她内心的空洞相吻合。"那么，露丝内心的空洞是什么意思呢？或者更确切地说，她觉得身体缺少了什么东西是什么意思呢？

在这里，我意识到了与这种焦虑有关的一个观点，在我的上一篇论文（1928）中，我已经提到了这种焦虑，我将其描述为女孩经历的最深刻的焦虑。这相当于男孩的阉割焦虑。小女孩有一种施虐的欲望，起源于俄狄浦斯冲突的早期阶段，她想要夺走母亲身体里的东西，包括父亲的阴茎、粪便和孩子，并摧毁母亲。这种欲望引起了焦虑，小女孩担心母亲会反过来抢走她身体里的东西（尤其是孩子），担心她的身体会被摧毁或肢解。在我看来，我在对女孩和成年女性的分析中发现的这种焦虑，是所有焦虑中最深层的一种，代表了小女孩最早的危险情境。我开始明白，女孩对孤独的恐惧，对失去爱和失去爱的客体——弗洛伊德认为这是女孩在婴儿期的基本危险情境——的恐惧，是我刚才描述的焦虑情境的修改。当害怕被母亲攻击的小女孩看不到她的母亲时，她的焦虑便加剧了。真实、慈爱的母亲的存在减少了女孩对内摄进来的可怕的母亲形象的恐惧。在后来的发展阶段，恐惧的内容从害怕可怕的母亲转变为害怕可能会失去真正的、慈爱的母亲，女孩将被孤立和遗弃。

为了理解这些想法，我们考虑一下露丝·凯尔自第一次尝试之后（即在她用真人大小的裸体黑人形象填满了墙上的空白之后）接着画了什么样的画，或许会有启发。除了一幅花的画外，她只画肖像。她画过两次她的妹妹，妹妹来和她住在一起，坐在她旁边。她还画过一个老妇人和她母亲的肖像。卡琳·米凯利斯这样描述最后两幅画："露丝无法停下来。下一幅画是一个老妇人，身上带有岁月和衰老的痕迹。她的皮肤布满皱纹，头发褪了色，温柔而疲倦的眼睛里充满了烦恼。她带着一种垂垂老矣的神情望着前面，那神情仿佛在说：'不要再为我操心了。我的生命就要结束了！'

"露丝的最新作品——她爱尔兰裔加拿大籍母亲的画像——则带给我们不同的印象。露丝曾经长期处于她母亲的威慑之下，直到最终不得不跟她断绝了关系。画中的她苗条、专横、充满挑战性地站着，肩上披着一条月光色的披肩。她给人的印象是一个原始时代的华丽女人，随时都可以赤手空拳地与荒野里的孩子们搏斗。尖尖的下巴！那高傲的目光是多么有力量啊！

"那个空洞被填补上了。"

很明显，露丝迫切想要画这些亲人肖像的根本原因，是想要补偿、弥补母亲在心理上受到的伤害，以及让自己恢复健康。那位濒死的老妇人似乎表达了一种原始的、施虐性的毁灭欲望。这个女儿想要毁灭她的母亲，希望看到她年老、疲惫和受伤，这正是露丝需要充分呈现出母亲的力量和美貌的原因。以这种方式，这个女儿可以减轻自己的焦虑，并努力修复她的母亲，通过肖像画使她焕然一新。

在对儿童的分析中，当破坏性愿望的表达被反应倾向的表达所取代时，我们不断发现涂鸦和绘画被用作修复某个人的手段。露丝·凯尔的案例清楚地显示，小女孩的焦虑在女性的自我发展中是非常重要的，也是她们获得成就的动力之一。但是，另一方面，这种焦虑可能会导致严重疾病和许多抑制。就像男孩的阉割恐惧一样，焦虑对男孩自我发展的影响也取决于能否保持一定的最佳状态，以及不同因素之间能否产生令人满意的相互作用。

象征形成在自我发展中的重要性

The Importance of Symbol-formation in the Development of the Ego

(1930)

我在这篇论文中的论点是基于这样的假设：存在一个心理发展的早期阶段，在这个阶段，各种力比多快感来源中的施虐冲动变得活跃起来❶。根据我的经验，施虐冲动达到顶峰的这一阶段，开启于小婴儿想吞食母亲的乳房（或母亲本人）的口腔施虐欲望，并结束于肛门阶段的早期。在我所说的这个时期，小婴儿的主要目的是占有母亲身体里的东西，并使用所能掌握的一切武器来摧毁她。同时，俄狄浦斯冲突的早期发展也开始了。生殖期趋势现在开始产生影响，但这还不明显，因为前生殖期冲动占据着主导地位。我的整个论点都基于这样一个事实，即俄狄浦斯冲突始于施虐冲动占主导地位的时期。

儿童希望在母亲体内找到父亲的阴茎、排泄物和孩子，这些东西等同于食物。根据儿童对父母性交最早的幻想（或"性理论"），父亲的阴茎（或他的整个身体）在性交过程中被吸收进了母亲的身体。因此，儿童的施虐攻击的对象既包括父亲，也包括母亲，他们在儿童的幻想中被咬、撕、割或踩成碎片。这种攻击会引起焦虑，婴儿担心自己会被联合起来的父母惩罚。而且，由于口腔施虐性质的客体内摄，这种焦虑也会被内化，因此被导向早期的超我。我发现，在心理发展的早期阶段，这些焦虑情境是最强烈、最令人难以承受的。根据我的经验，在婴儿对母亲身体的幻想攻击中，尿道施虐和肛门施虐起到了相当大的作用，这很快就加入了口腔施虐和肌肉施虐。在婴儿的幻想中，排泄物被转化为危险的武器。排尿被视为切割、刺伤、燃烧、溺水，而粪便被视为武器和导弹。在我所描述的这一阶段的后期，这些暴力的攻击方式转换为最精细的隐藏的攻击，而排泄物就等同于有毒物质。

过度的施虐引起了儿童的焦虑，并启动了自我最早的防御方式。弗洛伊德（1926a，p.164）写道："很可能，在它急剧分裂成自我和本我之前，在形成超我之前，心理器官使用的防御方式不同于它在达到这些组织阶段后使用的方式。"我在分析中发现，自我所建立的最早的防御与两个危险的来源有关：一是儿童自己的施虐冲动，二是被攻击的客体。与施虐的程度相一致，这种防御也具有一种暴力的性质，这与后来的压抑机制在根本上是不同的。就儿童自身的施虐冲动而言，防御指的是驱除（expulsion）这些冲动。就客体而言，防御则指的是摧毁（destruction）客体。施虐冲动成为一个危险源，因为它提供了一个释放焦虑的机会，也因为儿童感觉到用来摧毁客体的武器也对准了他自己。受到儿童攻击的客体也成为危险源，因为儿童害怕客体进行类似的报复性攻击。因此，尚未发展的自我面临着一项在这个阶段完全超出它能力的任务，即应对这种强烈的焦虑。

费伦齐认为，认同（identification）是象征（symbolism）的先驱，它源于婴儿努力在每个客体身上重新发现自己的器官及其功能。在琼斯看来，快乐原则使两件完全不同的事情可以被等同起来，只要二者能够带来相似的快乐或兴趣。几年前，我在这些概念的基础上写了一篇论文，得出这样的结论：象征是一切升华和才能的基础，因为正是通过象征等同（symbolic equation），事物、活动和兴趣才成为力比多幻想的对象。

我现在可以对当时（1923b）的观点进行补充，即除了力比多性质的兴趣以外，我所描述的阶段中产生的焦虑也是认同机制的决定因素。儿童想要摧毁代表着客体的器官（阴茎、阴道、乳房），所以他对后者产生了恐惧。这种焦虑使他把这些器官与其他东西等同起来。由于这种等同，这些东西又变成了引起焦虑的客体，因此他不断地被迫建立其他的、新的等同，这构成了他对新客体和象征感兴趣的基础。

因此，象征不仅成为所有幻想和升华的基础，而且更重要的是，它是儿童与外部世界和总体现实的关系的基础。我曾指出，施虐冲动达到顶峰时指向的对象是母亲的身体和幻想的内容物，后者也是与施虐冲动同时产生的求知欲望的对象。针对她身体内部的施虐性幻想，构成了儿童与外部世界和现实的最初的，也是最基本的关系。一个孩子是否能够顺利度过这一阶段，取决于他后来对真实的外部世界的认识。然后我们看到，儿童最早的现实完全是幻想性质的，他周围都是焦虑的客体。就这一点来说，排泄物、器官、客体、有生命的和无生命的事物从一开始就彼此等同。随着自我的发展，儿童与现实的真实关系逐渐从这个幻想性的现实中建立起来。因此，自我的发展和它与现实的关系取决于自我在早期阶段承受早期焦虑情境的压力的能力。同样，这是一个有关因素达到某种最佳平衡的问题。足量的焦虑是丰富的象征形成和幻想的必要基础。如果要有效地克服焦虑，如果要顺利渡过这个基本阶段，如果要使自我的发展取得成功，自我就必须有足够的容忍焦虑的能力。

这些结论虽然来自我的总体分析工作的经验，但下面的这个自我发展受到异常抑制的案例，以惊人的方式证实了这些结论。

我将详细描述的是一个四岁的男孩，他的词汇量很贫乏，智力发展落后，只相当于一个15个月或18个月大的孩子。他几乎完全缺乏对现实的适应和与环境的情感联系。这个叫迪克（Dick）的孩子基本上没有情感，无论母亲或保姆在不在，他都无动于衷。从一开始，他就很少表现出焦虑，而且焦虑的程度小得反常。除了一种特殊的兴趣（我稍后再谈），他几乎没有任何兴趣。他不玩耍，也不与环境进行接触。在大多数情况下，他只是把一些音符毫无意义地串联起来，并不断重复某些声音。当他开口说话时，他通常会用词不当，他的词汇也很贫乏。但是，他不仅不能使人明白他的意思，而且他也不想这样做。不仅如此，迪克的母亲有时还能清楚地感觉到这个男孩身上有一种强烈的消极态度，这种态度表现在他经常做一些与母亲对立的事情。例如，如果她顺利地让他跟着说出不同的词汇，他经常会篡改这些词汇，尽管在其他时候，他可以很好地说出这些词。同样，有时他会正确地发音，但会不断地、机械地重复它们，直到他周围的每个人都感到厌倦。这两种行为模式都不同于神经质的孩子。当神经质的孩子以违抗的方式表达反对时，或当他表示服从时（即使伴有强烈的焦虑），他都是带着一定的理解和对某种有关的事或人的参考来这样做的。而且，当他受伤的时候，他对疼痛表现出相当麻木的态度，也没有小孩子普遍有的对安慰和爱抚的渴望。他在运动方面的笨拙也相当引人注意。他握不住刀子或剪刀，但值得注意的是，他能很正常地用勺子吃饭。

他的第一次访谈给我留下的印象是，他的行为与我们观察到的神经质儿童的行为截然不同。他不带情绪地让他的保姆走了，满不在乎地跟着我走进了房间。他在房间里漫无目的地跑来跑去，有几次还绕着我跑，就好像我是一件家具一样，但他对房间里的任何东西都不感兴趣。他跑来跑去的动作似乎很不协调。他的目光和脸上的表情是呆滞的、茫然的，缺乏兴趣。我们再来比较一下患有严重神经症的儿童的行为。在我的脑海里，第一次来到治疗室的孩子会害羞而僵硬地躲在角落里（虽然不会真正的焦虑发作），或一动不动地坐在放着玩具的小桌子前，或拿起某个东西，然后又把它放下来（不是在玩）。在所有这些行为模式中，明显存在着巨大的潜在焦虑。孩子们利用角落或小桌子躲避我。然而，迪克的行为没有意义或目的，也不带有任何情感或焦虑。

我现在将提供他成长过程中的一些细节。作为一个嗷嗷待哺的婴儿，他经历了一段特别糟糕和匮乏的时期，因为他的母亲连续几个星期试图给他哺乳，但都没有成功，他差点饿死。然后，他的母亲求助于人造食品。最后，当他七周大的时候，他有了一位奶妈，但那时他已经不再依靠母乳喂养了。他患上了消化不良、脱肛，后来又患上了痔疮。他的成长可能受到这样一个事实的影响：尽管他得到了所有的照顾，但没有真正的爱倾注在他身上，他母亲从一开始就对他过于焦虑。

此外，他的父亲和保姆也都没有对他付出多少情感，因此迪克在一个缺乏爱的环境中长大。当他两岁的时候，他有了一个新的保姆，她既熟练又亲切。不久之后，他就和他的祖母在一起生活了很长一段时间，祖母对他很慈爱。这些变化对他的发展产生了明显的影响。他在正常年龄就学会了走路，但在如厕训练方面存在困难。在新保姆的影响下，他更容易地养成了如厕习惯。在大约三岁的时候，他完全掌握了这些技巧，在排便方面，他表现出了一定的雄心和忧虑。另一方面，他在四年级时表现出了对指责的敏感。保姆发现他开始手淫，便告诉他这是"淘气的"，他不能这么做。这种禁止显然引起了他的忧虑和罪疚感。此外，在四年级的时候，迪克在适应方面做了更多的努力，但主要是与外部事物有关，特别是机械地学习一些新单词。从最早的时候起，喂食就异常困难。当他有了奶妈以后，他一点也不想吸奶，这种拒绝一直存在。其次，他不会用瓶子喝水。到了吃固体食物的时候，他一口也不咬，凡是不像流食的东西，他都一概拒绝。即使是流食，他也几乎是被迫接受的。新保姆带来的另一个好的影响是迪克的进食意愿有所改善，但即便如此，主要的困难依然存在❷。因此，尽管这位慈爱的保姆在某些方面对他的成长产生了影响，但根本的缺陷仍然没有被触及。和其他人一样，迪克也没能与保姆建立情感联系。因此，无论是她的柔情，还是他的祖母的柔情，都没有使这种缺乏客体的关系恢复正常。

我从迪克的分析中发现，他发展中不寻常的抑制来自我在本文开头提到的那些早期阶段的失败。迪克身上有一种完全的，显然是体质性的缺陷，即他的自我缺乏忍受焦虑的能力。生殖期很早就开始发挥作用，这导致了他对被攻击的客体不成熟的和夸大的认同，也促成了对施虐冲动的同样不成熟的防御。自我因此停止发展幻想生活，也不再与现实建立联系。在一个不利的开端之后，这个孩子的象征形成陷入了停顿。他在早期的尝试只为一种兴趣做出了贡献，但这种兴趣是孤立的，且脱离现实，因而不能成为进一步升华的基础。这个孩子对他周围的大多数物品和玩具都漠不关心，甚至不理解它们的目的或意义。但他对火车和车站感兴趣，也对门把手、门和门的开关感兴趣。

他对这些事情和动作的兴趣有一个共同的来源：它们都与阴茎插入母亲的身体有关。门和锁代表进出她身体的通道，而门把手代表父亲和他自己的阴茎。因此，让象征形成陷入停滞的是对他在进入母亲身体后会受到怎样的对待的恐惧，尤其是来自父亲的阴茎的攻击。此外，事实证明，他对自己的破坏性冲动的防御是他发展的根本障碍。他完全没有能力做出任何攻击行为，而这种丧失能力的基础在很早的时候就清楚地呈现出来，那就是他拒绝咬食物。四岁时，他拿不住剪刀、刀或工具，所有动作都非常笨拙。他针对母亲身体及其内容物的施虐冲动（这种冲动与他的性交幻想有关），引发了防御，后者导致了幻想的停止和象征形成的停顿。迪克的进一步发展陷入了困境，因为他无法通过幻想表达他与母亲身体的施虐关系。

在分析中，我不得不面对的特殊困难并不是他的语言能力有缺陷。通过游戏技术，跟随儿童的象征性表征并触及他的焦虑和负罪感，我们在很大程度上可以省去言语联想。但这项技术并不局限于分析儿童的游戏。我们可以从他一般行为的细节所反映的象征（在儿童的游戏受到抑制的情况下必须如此）中获得材料❸。但在迪克身上，象征能力并没有发展起来。这在一定程度上是因为他与周围的事物缺乏任何情感上的联系，他对此几乎完全漠不关心。他几乎与特定的客体没有特殊的关系，而即使那些严重受抑制的儿童身上也存在这种特殊关系。由于他的心智中不存在与客体的情感关系或象征关系，所以迪克与这些客体有关的任何偶然行为都不带有幻想色彩，因此分析师无法将其视为一种具有象征性的表征。他的某些行为与其他儿童的差异之处显示，他之所以对周围的环境缺乏兴趣，而且很难与自己的思想进行交流，是由于他缺乏与事物的象征关系。因此，分析工作必须从这一点开始，这是与他建立关系的根本障碍。

我之前说过，迪克第一次来找我时，当他的保姆把他交给我时，他没有表现出任何情感。当我给他看我准备好的玩具时，他毫无兴趣地看着它们。我拿了一辆大火车，把它放在一辆小火车旁边，叫它们"爸爸火车"和"迪克火车"。于是，他拿起了我称之为"迪克"的火车，让它行驶到窗口，说"到站"。我解释说："车站是妈妈，迪克爱上了妈妈。"他放下了火车，跑到房间内门和外门之间的空隙里，把自己关在里面，说了声"黑暗"，就又跑了出去。他来回表演了好几次。我向他解释说："妈妈体内是黑暗的。迪克在黑暗的妈妈身体内。"此时，他又拿起了火车，但很快就跑回了两扇门之间的空隙里。当我说他要进入黑暗的妈妈身体内时，他以质疑的方式说了两次："保姆？"我回答说："保姆很快就来了。"他把这句话重复了一遍，后来的用词相当正确，并一直把它记在心里。下一次他来的时候，他的举止一模一样。但这一次，他径直跑出房间，走进黑暗的门厅。他把那辆"迪克"火车也放在了那里，并坚持要它留在那里。他不停地问："保姆来了吗？"在第三节分析里，他也是这样做的，只是他除了跑进门厅和两扇门之间之外，还跑到橱柜后面去了。在那里，他焦虑不安，第一次把我叫到他身边。现在，他一再地要找保姆，心里明显感到不安。当分析结束后，他异乎寻常地高兴地跟她打招呼。我们看到，在焦虑出现的同时，他产生了一种依赖感，先是对我，然后是对保姆。与此同时，他开始对"保姆很快就要来了"这句安慰性的话感兴趣，而且，与他通常的行为相反，他重复并记住了这句话。然而，在第三节分析里，他也首次饶有兴趣地看着玩具，带有明显的攻击性倾向。他指着一辆运煤的小车说："割。"我给了他一把剪刀，他试着刮那些代表煤的小黑木片，但他拿不住剪刀。他看了我一眼，我把木片从车里割了出来，然后他把损坏的车和里面的东西扔进了抽屉，说："走了。"我告诉他，这意味着迪克在从他母亲身上割粪便。然后，他跑到两扇门之间的空隙里，用指甲在门上划了几下，这表明他把这个空隙与车建立认同，也将其与他正在攻击的母亲的身体建立认同。他立刻从两扇门之间的空隙跑回来，找到了橱柜，悄悄地钻了进去。在接下来的一节分析开始时，当保姆离开他时，他哭了——这对他来说是一件不寻常的事情。但他很快就平静了下来。这一次，他避开了门之间的空隙、橱柜和角落，而是把注意力放在玩具上，更仔细地检查它们，显然带着一种开始显露的好奇心。就在这时，他看到了上次他来的时候损坏了的小车，看到了里面的东西。他迅速地把它们推到一边，用其他玩具盖住它们。我解释说那辆破车代表他的母亲，他把车和小煤块拿出来，放到两扇门之间的空隙里。随着他分析的深入，越来越清楚的一点是，他这样把它们扔出房间，代表着一种驱逐，既驱逐被破坏的客体，也驱逐他自己的施虐冲动（或其使用的手段），他的施虐冲动以这种方式被投射到了外部世界。迪克还发现脸盆象征着母亲的身体，他表现出对被水浸湿的极度恐惧。他急切地把他的手和我的手擦干净，因为他和我的手都浸过水了，紧接着他小便时也表现出同样的焦虑。尿液和粪便对他来说是有害和危险的东西❹。

很明显，在迪克的幻想中，粪便、尿液和阴茎代表着用来攻击母亲身体的东西，因此也被认为是伤害他自己的来源。这些幻想使他对母亲身体里的东西产生了恐惧，尤其是对父亲的阴茎，他幻想父亲的阴茎在母亲的子宫里。我们逐渐看到了这个幻想的阴茎，以及他以多种形式对它越来越强烈的敌意，尤其是他想吃掉它和破坏它的欲望。例如，有一次迪克把一个玩具人偶举到嘴边，咬牙切齿地说："茶（tea）爸爸。"其实他的意思是"吃（eat）爸爸"。然后他要了一杯水喝。事实证明，父亲阴茎的内摄与下列两种恐惧有关，既包括对阴茎作为一个原始的、施加伤害的超我的恐惧，也包括对受到母亲惩罚的恐惧，因为他抢劫了母亲。也就是说，恐惧的来源既包括外部客体，也包括被内摄进来的客体。在这一点上，我已经提到了一个重要的事实，这是他发展的一个决定性因素，也就是，迪克的生殖期过早地变得活跃。这表现在，在我刚才提到的这些表现后，他随之不仅呈现出焦虑，还表现出悔恨、怜悯和一种他必须补偿的感觉。例如，他会把玩具人偶放在我的膝盖上或我的手里，把所有东西放回抽屉里，等等。不成熟的自我发展导致了生殖期反应的早期运作，但进一步的自我发展却受到它的抑制。这种对客体的早期认同到目前为止还无法与现实联系起来。例如，有一次，当迪克看到我腿上的一些铅笔屑时，他说："可怜的克莱因夫人。"但在一次类似的场合，他用同样的方式说："可怜的窗帘。"在他无法忍受焦虑的同时，这种不成熟的共情（empathy）成为他抵御一切破坏性冲动的决定性因素。迪克切断了自己与现实的联系，在对黑暗空洞的母亲身体的幻想中寻求庇护，使自己的幻想生活陷入停顿。这样，他也成功地把自己的注意力从外部世界的不同客体上撤回（withdraw），这些客体代表着母亲身体里的东西——父亲的阴茎、粪便和孩子。他自己的阴茎（作为施虐的器官）以及他自己的排泄物，都将因为危险和具有攻击性而被清除（或否认）。

在迪克的分析中，我有可能通过接触他所展示的幻想生活和象征形成的萌芽，来接近他的无意识。分析带来的结果，是他潜在的焦虑减少了，因而能够显露出某种程度的焦虑。但这意味着，焦虑的克服是通过建立与事物和客体的象征性关系来实现的，同时他的求知冲动和攻击性冲动开始活跃起来。他的每一次进步都伴随着新的焦虑的释放，这导致他在某种程度上再次远离他已经与之建立了情感关系的客体，即这些客体成为他的焦虑的来源。随着他离开这些客体，转向新的客体，他的攻击性和求知冲动也转向了这些新的情感关系。例如，有一段时间，迪克完全不理会橱柜，但他仔细检查了洗脸盆和电暖炉，他仔细检查了每一个细节，再次表现出对这些物品的破坏冲动。然后，他把兴趣从这些东西转移到新鲜的东西上，或者，再一次转移到他已经熟悉的、早先已经放弃的东西上。他又重新关注橱柜，但这一次他对它的兴趣伴随着一种更强的活力和好奇心，以及更强烈的各种形式的攻击。他用勺子敲打它，用刀刮刮砍砍，还往上面洒水。他活泼地检查门的铰链、开合的方式、锁等等，然后爬到橱柜里去，询问不同的部位叫什么。因此，随着他兴趣的发展，他的词汇量也在增加，因为他现在不仅对事物本身，而且对它们的名称产生了越来越大的兴趣。那些他以前听到过、没有注意到的词语，他现在都记起来了，而且正确地运用了。

随着兴趣的发展和对我的日益强烈的移情，他一直缺乏的客体关系也出现了。在这几个月里，他对母亲和保姆的态度变得亲切和正常。他现在渴望她们的存在，希望她们注意到他。当她们离开时，他感到痛苦。他与父亲的关系也显示出正常俄狄浦斯态度的迹象，他与客体的关系也总体上越来越牢固。以前缺乏的使自己变得容易被别人理解的愿望，现在正充分发挥出来。迪克努力扩大词汇量，试图通过他仍然贫乏但不断增长的词汇量来让别人理解自己。此外，有许多迹象表明，他正开始与现实建立联系。

到目前为止，我们已经花了六个月的时间对他进行分析，他在这一阶段的基本点上都开始发展，因此有理由认为他良好的预后。事实证明，在他的案例中出现的几个特定问题是可以解决的。我们有可能在几句话的帮助下与他取得联系，激活这个完全缺乏兴趣和情感的孩子的焦虑，并且有可能逐渐解决和调节焦虑的释放。我要强调的是，在迪克的案例中，我已经对通常使用的技术进行了修改。一般来说，我不会诠释这些材料，直到它通过各种表现形式得到了表达。然而，在这种儿童几乎完全缺乏表达能力的情况下，我发现自己不得不根据我的常识做出诠释，而对迪克行为的表述相对含糊。我通过这种方式接触到他的无意识，从而成功地激活了焦虑和其他情感。后来，当他的表述变得更加完整时，我很快就有了更坚实的分析基础，也就逐渐转换为我通常用于分析小孩子的技术。

我已经描述了我是如何通过在潜在状态下减少焦虑，而成功地让焦虑变得明显的。当它显露出来的时候，我便能够通过诠释部分地解决它。然而，与此同时，儿童有可能以一种更好的方式来解决它，即通过将它分散在新的事物和新的兴趣上；以这种方式，焦虑会得以缓和，从而对自我来说变得可以容忍。如果焦虑的强度得到了缓和，那么自我是否能够容忍并解决正常强度的焦虑，只有进一步的治疗过程才能证明。因此，就迪克而言，这是一个通过分析来改变他发展中的一个基本因素的问题。

在分析这个孩子时，由于他无法让自己被理解，其自我也无法接受影响，所以我们唯一可能做的事情就是试图接近他的无意识，并通过减少无意识的困难，为他的自我发展开辟一条道路。当然，在迪克的例子中，和在其他例子中一样，我们必须通过自我来接近无意识。事实证明，即使是这个发展非常不完善的自我，也足以帮助我们与无意识建立联系。从理论的角度来看，我认为重要的是要注意，即使对于自我发展存在如此极端的缺陷的病例，也可以只通过分析无意识的冲突，而不是对自我施加任何教育影响，来发展自我和力比多。显然，如果一个与现实完全没有关系的儿童的不完全发展的自我，都能够容忍通过分析的帮助去除压抑，而不被本我压倒，那么，我们就不必担心神经质儿童（即不那么极端的病例）的自我可能会屈服于本我。同样值得注意的是，迪克周围的人所施加的教育影响以前对他毫无影响，但现在，当他的自我在分析的帮助下获得发展后，他越来越容易受到这种影响。这种教育影响可以与分析调动起来的本能冲动齐头并进，并足以应对这些冲动。

这里仍然存在诊断方面的问题。福赛斯（Forsyth）医生将该病例诊断为早发性痴呆（dementia praecox），而且他认为这个病例可能值得尝试精神分析。他的诊断似乎得到了这样一个事实的证实，即该病例的临床表现在许多重要方面与成人早发性痴呆的表现一致。我想再次总结一下。该病例的特点是几乎完全没有情感和焦虑，非常远离现实，难以接近，缺乏情感联结，交替出现消极行为与自动的顺从，对痛苦漠不关心，执拗——所有这些症状都具备早发性痴呆的特征。此外，这一诊断还得到了以下事实的进一步证实：该病例不存在任何器质性的疾病。首先，福赛斯医生的检查没有发现任何器质性疾病，其次，事实证明该病例可以接受心理治疗。分析过程显示，该病例也确定无疑不是神经症。

不符合早发性痴呆诊断的一点是，迪克的基本特征是发展受到抑制，而不是退化。此外，早发性痴呆在儿童早期是非常罕见的，所以许多精神科医生认为它根本不会在这个时期发生。

从临床精神病学的角度来看，我不会对诊断这个主题发表意见，但我在分析儿童方面的总体经验使我能够对儿童精神病做出一般性的观察。我确信精神分裂症在儿童时期比通常想象的要普遍得多。我将给出一些未得到普遍认可的原因：①父母，特别是较贫穷阶层的父母，大多只会在情况危急时，即他们自己对子女无能为力的时候，才向精神科医生求诊。因此，相当多的病例从未接受过医学观察。②即使医生确实见到了病人，他通常也不可能通过一次快速检查确定精神分裂症的存在。因此，许多这类病例被归类在不确定的标题下，如"发育迟缓""智力缺陷""精神变态""自闭倾向"等。③最重要的是，儿童精神分裂症的症状不如成人明显和严重。这种疾病的特征在儿童中不太明显，因为如果不那么严重的话，这些特征在正常儿童的发展过程中是自然的。例如，明显脱离现实、缺乏情感联结、无法专注于任何活动、愚蠢的行为和胡言乱语等这些事情，发生在儿童身上时并不会给我们留下十分显著的印象，我们也不会像其发生在成年人身上时那样对它们进行应有的评判。活动过度和刻板动作在儿童中很常见，只是在程度上不同于精神分裂症的运动亢进和刻板印象。自动顺从只有在非常突出时，才会被父母认为非同寻常，而非一般的"乖"。消极的行为通常被认为是"顽皮"，而解离（dissociation）是一种通常在儿童身上完全没有被观察到的现象。儿童的恐惧性焦虑往往包含被迫害的想法，即一种偏执性格❺的表现和疑病性质的恐惧，这一点需要非常密切的观察，往往只有通过分析才能被揭示。④比儿童精神病更常见的是，儿童身上存在的某些精神病特征，在不利的情况下，会在以后的生活中导致疾病的发生。

因此，在我看来，完全发展的精神分裂症在儿童时期比人们通常认为的更常见，尤其是精神病性的特征是一种更普遍的现象。我得出的结论（我必须另行撰文来阐述这个论点）是，精神分裂症的概念，以及儿童时期发生的一般精神病的概念必须被扩展。并且，我认为儿童分析的首要任务之一是发现和治愈儿童时期的精神病。因此而获得的理论知识，无疑将对我们理解精神病的结构做出宝贵的贡献，也将帮助我们在各种疾病之间达成更准确的鉴别诊断。

如果我们以我提议的方式对这个术语的使用进行扩展，我认为我们将迪克的疾病归类为精神分裂症是合理的。的确，与典型的儿童期精神分裂症不同的是，他的问题在于发展受到抑制，而大多数精神分裂症病例在成功地达到某一发展阶段后，会出现退行❻。此外，该病例的严重程度增加了临床表现的不寻常特征。然而，即使如此，我也有理由认为这不是一个孤立的例子，因为最近我已经在与迪克年龄相仿的孩子中发现了两个类似的病例。因此可以预见，如果我们用更敏锐的眼光观察，便会了解到更多此类案例。

我现在总结一下我的理论观点。我的结论不仅来自迪克的案例，也来自其他不那么极端的5岁到13岁儿童的案例。并且，我是基于我的总体分析经验得出这些结论的。

在俄狄浦斯冲突的早期阶段，施虐冲动占据主导。该阶段由口腔施虐（与尿道、肌肉和肛门施虐相结合）拉开帷幕，当肛门施虐的优势地位消失后，这一阶段便结束。

只有在俄狄浦斯冲突的后期阶段，针对力比多冲动的防御才会出现。在早期阶段，防御针对的是伴随而来的破坏性冲动。自我最早建立的防御针对的是主体自己的施虐冲动和被攻击的客体，这两者都被视为危险的来源。这种防御具有一种暴力性质，不同于压抑机制。在男孩身上，这种强大的防御也指向他的阴茎，因为这是执行施虐冲动的器官。这种强大的防御，是导致潜能障碍的最深层来源之一。

这就是我关于正常人和神经症病人发展的假设。现在让我们转向精神病的起源。

在施虐冲动达到顶峰的阶段，儿童最初感觉他们的攻击是由暴力引起的。我逐渐认识到这是早发性痴呆的固着点。在这个阶段的第二部分，攻击被认为是由毒害引起的，尿道和肛门施虐冲动占主导地位。我认为这就是妄想症（paranoia）的固着点❼。我记得亚伯拉罕坚持认为，妄想症中的力比多倒退到较早的肛门阶段。我的结论与弗洛伊德的假设一致，他认为早发性痴呆和妄想症的固着点是在自恋阶段，早发性痴呆先于妄想症。

自我对施虐冲动的过度和不成熟的防御，阻碍了与现实的关系的建立和幻想生活的发展。儿童对母亲身体和外部世界（广义上的母亲身体）的进一步施虐性占有和探索陷入了停滞，这导致儿童与代表母亲身体内容的事物和客体的象征关系，以及他们与环境和现实的关系，几乎完全地中断。这种撤回（withdrawal）导致病人缺乏情感和焦虑，后者是早发性痴呆的症状之一。因此，这种疾病会导致病人退行到发展的早期阶段，在这个阶段，病人在幻想中设想的对母亲身体内部的施虐性占有和破坏，以及与现实的关系的建立，将由于强烈的焦虑而被阻止。

注　释

❶ 参见我的论文《俄狄浦斯冲突的早期阶段》（1928）。

❷ 到他一岁的时候，她突然意识到这个孩子不正常，这种感觉可能已经影响了她对他的态度。

❸ 这只适用于分析的初始阶段和其他有限的部分。一旦我们接触到儿童的无意识，并降低了他们的焦虑程度，他们的游戏活动、言语联想和所有其他的表达方式就开始出现，同时出现的还有分析工作所带来的自我发展。

❹ 迪克的母亲在他5个月大的时候就注意到他有一种特殊的忧虑（apprehensiveness），后来又不时地注意到。我在这里发现了对他的这种忧虑的一个解释。当这个孩子在排大便和排尿时，他表现出一种强烈的焦虑。由于他的粪便不硬，他患有脱肛和痔疮的事实似乎不足以解释他的忧虑，特别是当他排尿时，也表现出同样的焦虑。在分析小节中，这种焦虑达到了极致，以至于当迪克想小便或大便时，他都是在长时间的犹豫之后才告诉我。所有迹象都表明他非常焦虑，眼睛里含着泪水。在我们分析了这种焦虑之后，他对大小便的态度彻底改变，现在几乎是正常的。

❺ 参见我的论文《儿童游戏中的拟人化》（1929）。

❻ 然而，分析工作使我们有可能与迪克的心智建立联系，并在相对短的时间内取得了一些进展。这一事实表明，除了一些表面上明显的发展，他的心智已经有了一些潜在的发展。但是，即使我们这样假设，他的总体发展异常地贫乏，因此我们很难认为他是从一个已经成功达到的阶段发生了退行。

❼ 我将在其他地方（《儿童精神分析》）引用我的观点所依据的材料，并给出更详细的理由。

13

精神病的心理治疗

The Psychotherapy of the Psychoses

(1930)

如果研究一下精神科的诊断标准，你会对这样一个事实印象深刻：虽然这些标准看起来非常复杂，涵盖了广泛的临床基础，但本质上它们主要集中在一个特殊的点上，即与现实的关系。但很明显，精神病医生脑海中的现实是正常成年人的现实，既有主观的，也有客观的。虽然从精神失常的社会观点来看，这是合理的，但它忽略了最重要的事实，即儿童早期的现实关系基于一个完全不同的秩序。对两岁半到五岁之间的幼儿的分析清楚地表明，在生命之初，儿童的外部现实主要是他们自己本能生活的一面镜子。婴儿最初的人际关系，是由他的口腔施虐冲动主导的。受挫和被剥夺的体验加剧了这些施虐冲动，这导致的结果是，儿童拥有的所有其他施虐表达手段（我们可以将其命名为尿道施虐、肛门施虐、肌肉施虐）依次被激活，并指向客体。在这个阶段的儿童的想象中，外部世界充满了某些客体，由于他们对这些客体的攻击，他们想象这些客体会以同样的施虐手段报复自己。这种关系便是幼儿的原始现实。

在儿童的早期现实中，毫不夸张地说，世界就是一个充满危险客体的乳房和肚子，但这种危险其实来自儿童自己的攻击冲动。虽然自我的正常发展过程，是逐渐通过一个现实的价值尺度来评估外部客体，但对精神病病人来说，这个世界（实际上就是指客体）是在原始水平上被评估的。也就是说，对于精神病病人来说，这个世界仍然是一个充满危险客体的肚子。因此，如果要我用几句话对精神病病人进行有效的概括，我会说这个群体处在对施虐冲动进行防御的发展阶段。

这些关系没有得到普遍理解的原因之一是，虽然有一些病例彼此非常相似，但一般来说，儿童期精神病的诊断特征与典型的精神病在本质上是不同的。例如，一个四岁的孩子面临的最严重的问题是，他仍然在使用着一岁婴儿才有的幻想系统。换句话说，在他身上存在一种固着，这种固着在临床上导致了发展的停滞。虽然这些幻想的固着只有通过分析才能被发现，但病人发展上的迟滞已经通过许多临床证据显示出来，但很少或从未被充分认识到。

即使医生确实面诊了病人，他通常也不可能通过一次快速检查就确定精神分裂症的存在。因此，许多这类病例被归类在不确定的分类下，如"发育迟缓""智力缺陷""精神变态""自闭倾向"等。最重要的是，儿童精神分裂症的症状不如成人明显和严重。这种疾病的特征在儿童中不太明显，因为如果不那么严重的话，这些特征在正常儿童的发展过程中是自然的。例如，明显脱离现实、缺乏情感联结、无法专注于任何活动、愚蠢的行为和胡言乱语等这些事情，发生在儿童身上时并不会给我们留下十分显著的印象，我们也不会像其发生在成年人身上时那样对它们进行应有的评判。活动过度和刻板动作在儿童中很常见，只是在程度上不同于精神分裂症的运动亢进和刻板印象。自动顺从只有在非常突出时，才会被父母认为非同寻常，而非一般的"乖"。消极的行为通常被认为是"顽皮"，而解离是一种通常在儿童身上完全没有被观察到的现象。儿童的恐惧性焦虑往往包含被迫害的想法，即一种偏执性格的表现和疑病性质的恐惧，这一点需要非常密切的观察，往往只有通过分析才能被揭示。比儿童精神病更常见的是，儿童身上存在的某些精神病特征，在不利的情况下，会在以后的生活中导致疾病的发生（参见《象征形成在自我发展中的重要性》，1930a）。

我可以举一个例子，这个病例中的刻板行为完全是基于一种精神病性的焦虑，但无论如何都不会引起这方面的怀疑。一个六岁的小男孩会一连几个小时扮演指挥交通的警察，在这个过程中，他一次又一次地摆出某些姿态，而且他会相当长时间停留在其中一些姿态里。因此，他表现出僵直和刻板行为的迹象。分析显示，他身上存在精神病病人才有的压倒性焦虑和恐惧。根据我们的经验，这种压倒性的精神病性恐惧通常会被各种与症状相关的机制所屏蔽。

还有一些生活在幻想中的孩子，我们可以看到，在他们的游戏中，这些孩子必须完全排斥现实，只有这样他们才能维持他们的幻想。这些孩子无法忍受任何挫折，因为这些挫折让他们不得不关注现实，他们完全无法专注于任何与现实相关的活动。例如，一个这种类型的六岁男孩会反复扮演一群野蛮猎人和野生动物的强大领袖，他与敌人战斗，征服并残忍地杀害了他的敌人，这些敌人也有野兽支持。这些动物随后被吃掉。战争从未结束，因为新的敌人总是出现。经过大量的分析，我发现这个孩子不仅存在神经质，还表现出明显的偏执特征。他总是在意识层面感到自己被魔法师、女巫和士兵等包围和威胁着。像许多孩子一样，这个男孩总是对他周围的人隐瞒他焦虑的内容。

此外，例如，我发现，一个看似正常的孩子异常坚定地相信，像圣诞老人这样的神仙和友好的人物一直在他身边，这些人物掩盖了他的焦虑，因为他总是被威胁要攻击和吞噬他的可怕动物包围着。

在我看来，完全发展的精神分裂症在儿童时期比人们通常认为的更常见，尤其是精神病性的特征是一种更普遍的现象。我得出的结论是，精神分裂症的概念，以及儿童时期发生的一般精神病的概念必须被扩展。并且，我认为儿童分析的首要任务之一是发现和治愈儿童时期的精神病。因此而获得的理论知识，无疑将对我们理解精神病的结构做出宝贵的贡献，也将帮助我们在各种疾病之间达成更准确的鉴别诊断。

14

关于智力抑制的理论

A Contribution to the Theory of Intellectual Inhibition

(1931)

在这里，我打算讨论智力抑制的一些机制。我将从一个七岁男孩约翰（John）的分析摘要开始，对连续两节分析的要点进行讨论。这个男孩的神经症问题除了神经症症状和性格障碍，还有相当严重的智力抑制。在我所讨论的这两节分析前，他已经接受了两年多的治疗，有关材料已经获得了相当多的分析。在这一时期，他智力上的抑制在某种程度上逐渐减弱。然而只有通过这两节分析，这些材料与他学习方面的特殊困难之间的联系才变得清晰起来。这使他在智力抑制方面有了显著的改善。

约翰向我抱怨说，他分不清某些法语单词。学校里有一幅画，画上有各种各样的东西，用于帮助孩子们理解单词。这些单词是：*poulet*，鸡；*poisson*，鱼；*glace*，冰。每当有人问他这些词中的任何一个是什么意思时，他总是用另外两个词的意思来回答——例如，问*poisson*，他会回答冰；问*poulet*，他回答鱼；等等。他感到非常绝望，说他永远也学不会，等等。我能够通过他正常的联想获取材料，但与此同时，他也在房间里无所事事地玩耍。

我先让他告诉我对于*poulet*的联想。他仰面躺在桌子上，双腿踢来踢去，用铅笔在纸上画画。他想到一只狐狸闯进鸡舍。我问他这会发生在什么时候，他没有说"晚上"，而是回答"下午4点"。我知道这段时间他妈妈经常不在家。"狐狸闯进来，杀死了一只小鸡。"他一边说，一边把画的画剪了下来。我问他画的是什么，他说："我不知道。"后来我看到它是一所房子，他把屋顶剪掉了。他说狐狸就是这样进入房子的。他意识到自己就是那只狐狸，小鸡是他的弟弟，狐狸闯进来的时间正好是他妈妈出去的时候。

我们已经做了很多工作，涉及他母亲怀孕期间弟弟在母亲体内时和出生后，他针对弟弟的强烈的攻击性冲动和幻想，以及由此带给他的极度沉重的罪疚感❶。弟弟现在已经快四岁了。在他还是个婴儿的时候，我的病人约翰非常渴望单独跟弟弟待在一起，哪怕只有一分钟。即使现在当他的母亲外出时，我们也看到他类似的愿望仍然活跃。这在一定程度上是因为他非常嫉妒婴儿享用母亲的乳房。

我问他对于*poisson*的联想，他踢得更凶了，还把剪刀插到他眼睛附近，想剪他的头发，所以我只好请他把剪刀给我。关于*poisson*，他回答说炸鱼很好吃，他喜欢吃。然后他又开始画，这次画的是水上飞机和小船。我再也得不到其他关于鱼的联想，便转到*glace*上。对此他说："有一大块漂亮洁白的冰，它先是粉色，然后变成了红色。"我问它为什么会这样，他说："因为它会融化。""怎么会这样呢？""因为阳光照耀着它。"他在这里有很强的焦虑，我无法得到更多材料。他把小船和水上飞机剪下来，试着看看它们是否能浮在水面上。

第二天，他表现得很焦虑，说他做了一个噩梦。"这条鱼是螃蟹。"他站在海边的一个码头上，这是他和母亲经常去的地方。他要杀死一只从水里游到码头上的大螃蟹。他用他的小枪射它，又用他的剑刺它，但这不是很有用。他刚刚杀死这只螃蟹，就要应付越来越多从水里冒出来的螃蟹。我问他为什么要这么做，他说要阻止它们进入这个世界，因为它们会杀死整个世界。我们刚开始讨论这个梦，他就在桌子上摆出和前一天一样的姿势，比以前踢得更用力。然后我问他为什么踢，他回答说："我躺在水面上，周围都是螃蟹。"前一天的剪刀代表着螃蟹在咬他，这就是为什么他画了用来逃离它们的一条船和一架水上飞机。我说他在码头上，他回答说："是的，但我很久以前曾经掉进水里。"螃蟹们希望钻进水面上的一块肉里，这块肉看起来像一座房子。这是羊肉，他最喜欢的肉。他说它们还从来没有进去过，但是它们有可能从门和窗户进去。水上的整个场景代表着他母亲的身体内部——整个世界。肉-房子既代表了母亲的身体，也代表了他的身体。螃蟹代表他父亲的阴茎，它们的数量众多。它们像大象一样大，外面是黑色的，里面是红色的。它们之所以是黑色的，是因为有人把它们变成了黑色，所以水中的一切也都变成了黑色。他们是从海的另一边下水的。有人想把水变黑，就把它们放进去了。原来这些螃蟹不仅代表他父亲的阴茎，还代表他自己的粪便。其中一个还没有龙虾大，而且内外都是红色的，这代表了他自己的阴茎。还有很多材料表明，他把自己的粪便等同于危险的动物，这些动物会在他的命令下（通过一种魔法）进入他母亲的身体，破坏和毒害母亲、他父亲的阴茎。

我认为，这些材料为妄想症理论提供了一些线索。我在这里只能简单地提及这一点。但我们知道，范·奥菲杰森（Van Ophuijsen, 1920）和斯特尔克（Stärcke, 1919）曾经谈到"迫害者"，即妄想症病人无意识地认为自己的肠子里有硬粪块（scybalum），他把硬粪块等同于迫害者的阴茎。通过对许多儿童和成年人的分析，以及对正在讨论的病例的分析，我认为，病人对作为迫害者的自己的粪便的恐惧，归根结底来自他的施虐幻想，在幻想中，他将自己的尿液和粪便作为有毒的和破坏性的武器，攻击了母亲的身体。在这些幻想中，他把自己的排泄物变成迫害他的客体的武器；通过一种魔法（我认为这是黑魔法的基础），他偷偷地把它们推进客体的肛门和其他孔里，让它们进入客体的身体。这样做的后果是，他开始害怕自己的排泄物，因为它是一种危险的物质，对自己的身体也有害。他也害怕他的客体将粪便注入他的体内，因为他预期客体使用他们危险的粪便偷偷对他进行类似的攻击。这些担忧引发了恐惧，即他害怕自己体内有许多迫害者，他担心自己会中毒，即产生了疑病恐惧。我认为，妄想症的固着点正处于这个施虐冲动达到顶峰的阶段。在这个阶段，儿童攻击他母亲的身体内部和位于母亲体内的他父亲的阴茎，使用自己的粪便将他们变成了有毒的、危险的动物或物质❷。

儿童的尿道施虐冲动让他认为尿液是危险的东西，会灼伤、割伤和毒害，所以他也把阴茎看作一种施虐和危险的东西。他关于硬粪块是迫害者的幻想（在肛门施虐倾向的主导下形成的幻想，以及之前认为危险的阴茎是迫害者的想法）也是一致的，因为他将粪便碎片与阴茎等同起来。这两者的等同导致的结果是，粪便的危险特征强化了阴茎的危险和施虐特征，也强化了与它们建立了认同的迫害性客体的危险和施虐特征。

在本病例中，螃蟹代表了男孩和他父亲的危险的粪便和阴茎的组合。与此同时，男孩觉得自己对使用所有这些武器和破坏源负有责任，因为正是他自己对性交中的父母的施虐冲动把他父亲的阴茎和排泄物变成了危险的动物，使得他的父母摧毁了彼此。在他的想象中，约翰还用自己的粪便攻击了他父亲的阴茎，从而使它比以前更危险。他还把自己危险的排泄物放进了母亲的身体里。

我又问他关于 glace（冰）有什么联想，他开始说起玻璃杯，并走到水龙头边喝了一杯水。他说这是他喜欢的大麦茶，接着他谈到缺了一小块的玻璃杯，意味着切碎的玻璃。他说太阳把这个玻璃杯弄坏了，就像它把他昨天谈到的大块冰弄坏了一样。他说，它击中了玻璃杯，也把大麦茶都糟蹋了。当我问它是如何击中玻璃的时候，他说："因为它的热量。"

他一边说着，一边从他面前的一堆铅笔中挑了一支黄色铅笔，开始在一张纸上画点，然后在纸上戳洞，直到最后把它变成一条条的。然后，他开始用刀削铅笔，把它黄色的外皮切开。黄色的铅笔代表太阳，象征着他自己燃烧的阴茎和尿液。["太阳"（sun）这个词代表他自己，也就是"儿子"（son），二者谐音。] 在许多分析小节里，他在火中烧过一些纸片、火柴盒和火柴，或同时交替地把它们撕碎，或用水浇在它们上面，浸泡它们，或把它们切成碎片。这些东西代表他母亲的乳房或她的整个人。他还在游戏室里多次打碎玻璃杯。它们代表他母亲的乳房，也代表他父亲的阴茎。

太阳代表着施虐性的父亲的阴茎，这有着更深远的意义。当他削铅笔时，他说了一个由"go"和他父亲的教名组成的单词。就这样，儿子和父亲同时打碎了玻璃杯。玻璃杯代表着乳房，大麦茶代表着乳汁。那块和肉房子一样大的冰块是他母亲的身体。冰块被他自己和他父亲的阴茎和尿液的热量融化和破坏，当它变成深红色时，这象征着他母亲受伤后流的鲜血。

约翰向我展示一张圣诞卡，上面有一只斗牛犬，旁边是一只死鸡，显然是它杀掉的。两个都被涂成了棕色。他说："我知道，鸡、冰块、玻璃杯和螃蟹都是一样的。"我问为什么它们都一样，他说："因为它们都是棕色的、破碎的、死的。"这就是为什么他不能区分这些东西，因为它们都死了。他把所有的螃蟹都杀了，但是代表婴儿的鸡，以及代表母亲的冰块和玻璃杯，都被弄脏了、弄伤了，或者也被杀了。

在同一节分析的后期，他画了些宽窄不一的平行线。很明显，这代表着阴道。然后，他把自己的小火车放在上面，让它沿着线路一直开到火车站。他感到非常欣慰和高兴。他觉得他现在可以象征性地同母亲性交了，而在这个分析之前，她的身体是一个恐怖的地方。这似乎表明（每个男人的分析都证实了一点），他害怕女人的身体是一个充满攻击性的地方，这可能是导致性能力受损的主要原因之一。

而且，这种焦虑也是抑制求知欲望的一个基本因素，因为母亲的身体内部是求知冲动指向的第一个对象。儿童在幻想中对母亲的身体探索和研究，并使用施虐的武器发动攻击，包括将阴茎作为一种危险的攻击性武器。这是导致男性在以后出现阳萎的另一个原因。在无意识中，进入（penetrating）和探索在很大程度上是同义的。因此，当约翰对自己和他父亲的施虐的阴茎（那支刺穿纸的黄色铅笔等同于燃烧的太阳）的焦虑得到分析之后，他更能象征性地表达自己的欲望——与母亲性交并探索她的身体。第二天，他可以聚精会神地、饶有兴趣地看着学校墙上的那幅画，并能很容易地将这些单词区分开来。

斯特雷奇（J. Strachey, 1930）指出，阅读具有将知识从母亲身体中取出的无意识意义，对掠夺母亲的恐惧是抑制阅读的重要因素。我要补充的是，母亲的身体在儿童看来应该是健康的、无损的，这对于求知欲望的良性发展至关重要。在儿童的无意识中，母亲的身体内部蕴藏着全部的好东西。因此，如果她没有被摧毁，不处于太大的危险中，那么母亲本身便不那么可怕，从她那里获取精神食粮的愿望就更容易实现。

当我描述约翰在幻想中在母亲体内与他父亲的阴茎（螃蟹）——实际上是与一大群螃蟹——战斗时，我指出，显然肉房子还没有被闯入，而约翰正试图阻止它们进去。这里的肉房子不仅代表了他母亲的身体内部，也代表了他自己的身体内部。他对焦虑的防御在这里表现为复杂的转移和反转（reversals）。起初，他吃的是一条美味的炸鱼。然后它变成了一只螃蟹。在关于螃蟹的第一个版本中，他站在码头上，试图阻止螃蟹爬出水面。然而，他似乎真的觉得自己躺在水里，而那里（他母亲的身体内部）处于父亲的控制之下。在这个版本中，他仍然试图保持这样的想法，即他正在阻止螃蟹进入肉房子，但他最害怕的是螃蟹已经进入肉房子并正在破坏它，他得努力再次将它们赶走。大海和肉房子都代表着他母亲的身体。

我现在必须指出另一个与摧毁母亲密切相关的焦虑来源，并且说明它是如何影响自我发展中的智力抑制和干扰的。这与一点有关，即那个肉房子不仅代表他母亲的身体，也代表他自己的身体。这里存在一个早期焦虑情境的表现（这种情境在两性中都会出现），因为口腔施虐冲动会吞噬母亲身体里的东西，特别是想象中的阴茎。从吮吸口欲（sucking oral）的角度来看，父亲的阴茎等同于乳房，因此也是欲望的对象❸，所以阴茎也被吸收（incorporated）了。由于男孩自己对阴茎的施虐攻击，阴茎在他的幻想中便迅速转变成一个可怕的内在攻击者，变成了危险凶残的动物或武器。我认为，被内摄进来的父亲阴茎构成了父性超我（paternal super-ego）的核心。

约翰的例子表明，儿童所想象的他在母亲身体内所造成的破坏，也会发生在他自己的身体中。这个例子还展示了父亲的阴茎和粪便对儿童自己身体内部的攻击，是如何给儿童带来了恐惧。

对母亲身体遭到破坏的过度焦虑，抑制了儿童学习清晰的概念（clear

conception）的能力。类似地，儿童对自己体内正在发生的可怕和危险的事情的焦虑，会压制对其探索。这也是智力受到抑制的一个因素❹。用约翰的例子来说明这一点。在分析螃蟹梦的第二天，也就是他发现自己突然能够区分法语单词的那天，约翰在分析开始时说："我要翻一下我的抽屉。"这个抽屉里放着他分析时用的玩具。几个月来，他把各种各样的垃圾都扔了进去，纸片、粘着胶水的东西、肥皂块、绳子等等，却始终没能下定决心把它整理干净。

现在，约翰把抽屉里面的东西都整理好，把没用的和坏掉的东西都扔掉了。就在同一天，他在家里的抽屉里发现了几个月没找到的钢笔。因此，他以一种象征性的方式探索了他母亲的身体，并修复了它，也再次找到了他的阴茎。但抽屉也代表了他自己的身体，正如他分析的过程所显示的那样，他的了解自己的冲动也不再受到抑制，这表现在他在分析中更多地合作，并对自己的困难有了更深刻的认识。这种更深层次的洞察来自他在自我发展方面的进步，而后者正是通过对他威胁性的超我进行特定分析才获得的。因为，我们从儿童分析，特别是幼儿的分析经验中知道，对超我形成的早期阶段的分析，通过减少超我和本我的施虐性质，促进了自我的发展。

但是，除了这一事实之外，我想在此提请各位注意在分析中可以反复观察到的一个联系，即随着自我对超我焦虑程度的降低，儿童更能够了解自己的心理过程，而且他们的自我更能够有效地控制这些过程。在约翰的案例中，整理东西代表着他对内部现实进行检查。当约翰整理他的抽屉时，他也在整理自己的身体，把自己的东西和从母亲身体里偷出来的东西分开，同时把"坏"的粪便和"好"的粪便分开，把"坏"的东西和"好"的东西分开。在这个过程中，约翰将破碎、损坏和肮脏的东西比作"坏"客体、"坏"粪便和"坏"孩子，这是基于无意识的运作，其中损坏的物体变成了"坏"的和危险的物体。

约翰现在能够检查不同的物体，看看它们有什么用处，或者它们遭受了什么损害，等等，他敢于面对想象中由超我和本我造成的破坏。也就是说，他是在进行现实检验。这使他的自我能够更好地决定这些物品可以用来做什么，它们是可以被修复还是应该被扔掉，等等。同时，他的超我和本我更加和谐共处，因此他已经变得更强的自我可以更好地处理内部冲突。

在这方面，我想再回到他重新找回他的钢笔的问题上来。现在我们可以理解，他对自己阴茎的破坏性和危险性（最终来说是他的施虐冲动）的恐惧已经减轻，因此他能够承认自己拥有这样一个器官了。

这种理解向我们揭示了性能力和求知本能的潜在形成原因，因为发现事物和深入事物在无意识中是互相等同的两种活动。除此之外，男性的性能力（或者，对于小男孩来说，是其心理条件）是发展大量活动和创造性的兴趣和能力的基础。

但是，我想说的一点是，这样的发展取决于这样一个事实：阴茎已经成为一个人的自我的代表。在生命的最初阶段，男孩把他的阴茎视为施虐冲动的执行器官，因此它是他的全能感的主要载体。出于这个原因，又因为他的阴茎是一个外部器官，可以用各种方法加以观察和考证，所以它代表着他的自我、自我功能和意识。而他父亲内化的、看不见的阴茎（他的超我）对于他来说是一无所知的，因此成为他的无意识的代表。如果儿童对超我和本我的恐惧过于强烈，他不仅无法了解自己的身体和心理过程，也无法在心理层面将阴茎用作自我的调节和执行器官，那么他的自我功能也将在这些方面受到抑制。

在约翰的例子中，找到钢笔不仅意味着他承认了自己阴茎的存在以及他在其中所获得的自豪和快乐，而且还意味着他承认了自己自我的存在——这是一种态度，体现在他自我发展的进一步推进和自我功能的提高，以及此前占据主导的超我的力量逐渐减弱。

综上所述，随着约翰对母亲身体内部状况的理解能力的提高，他更有能力理解和欣赏外部世界，同时他在真实了解自己身体内部方面所受到的抑制也减少了，这也使他对自己的心理过程有了更深的理解和更好的控制。这样他就具备了整理能力，并使自己的心智变得井然有序。前者提高了接受知识的能力。后者则意味着更好地重新整理、组织和关联已获得的知识，并再次将其释放出来，也就是将其复述、阐明或表达——这是自我发展的一种进步。焦虑的这两方面基本内容（与母亲的身体和自己的身体有关）相互制约，并在每一个细节上相互作用。同样，随着来自这些方面的焦虑逐渐减少，内摄和外化（或投射）这两种功能获得了更大的自由，这使儿童能够以更适当和更少强迫性的方式使用二者。

然而，如果超我对自我施加的压力过于强大，后者往往试图通过压抑来保持对本我和内化客体的控制，以远离外部世界和外部客体的影响。然而，这样他便屏蔽了全部的刺激源（包括来自本我和来自外部的刺激源），而这些刺激源是形成自我兴趣和成就的基础。

在某些情况下，外部现实和真实客体作为可怕的内心世界和意象的反映，仍然具有重要的意义，来自外部世界的刺激可能会被认为几乎和内化客体的幻想性统治一样令人担忧，后者接管了病人所有的主动性，自我被迫放弃执行所有活动和智力工作，当然也放弃了对它们的责任。在某些案例中，学习方面的严重抑制与普遍的顽固、不可教育以及一种"我更懂"（knowing better）的态度相结合。我发现，自我感到自己受到压迫和陷入瘫痪，一方面是受到超我的影响，它觉得超我是专制和危险的，另一方面是由于它无法信任地接受真实客体的影响，这通常是因为这些真实客体被认为不符合超我的要求，但更多的是因为这些真实客体与令人恐惧的内部客体过于紧密地联系在一起。因此，自我试图（通过向外部世界投射的方式）反抗来自真实客体的所有影响，以证明其独立性。施虐冲动、焦虑和超我运作在多大程度上能够减弱，从而使自我获得更广泛的运作基础，将决定病人在多大程度上能够更信任外部世界的影响，以及逐步解决他的智力抑制。

如上所述，我们所讨论的机制导致了某些特定类型的智力抑制。然而，当这些机制在临床中出现时，便会导致一些精神病性的特征。我们已经知道，约翰对于螃蟹是他的内在迫害者的恐惧是一种偏执特征。此外，他的这种焦虑使他将自己与外部影响、物体和外部现实隔绝。这种心智状态是精神病性障碍的迹象之一，尽管在本案例中只是导致了病人的智力缺陷。但是，即使在这样的情况下，这种机制的运作导致的影响也不只是智力上的抑制。我们可以看到，随着对智力抑制的分析向前推进，病人的整体存在（whole being）和性格也发生了巨大的变化，神经质特征也同时减少了。当病人是儿童或年轻人时，这一点会尤其突出。

例如，在约翰身上，我能够确立这样一个事实，即在他的分析过程中，他的心理结构的某些特征——明显的恐惧、保密和不诚实，以及对一切事物非常强烈的不信任——完全消失了，他的性格和自我发展也发生了非常大的改善。在他的案例中，偏执特征大部分被修改为性格和智力方面的某些扭曲；但事实证明，这也导致他出现了一些神经症症状。

在这里，我将讨论智力抑制中的几种机制，这一次是一种明显的强迫性神经症特征，它是早期焦虑情境强烈作用的结果。与前面描述的那种抑制不同，我们有时会看到相反的极端情况——病人渴望接受一切提供给自己的东西，同时又无法区分什么是有价值的，什么是没有价值的。在几个案例中，我注意到，当分析成功地减轻了我们刚才讨论的精神病类型的机制时，这些机制就会开始发挥作用，并产生影响。这种对智力营养的渴求取代了孩子以前无法接受任何东西的状况，同时伴随着其他强迫冲动，特别是收集和积累东西的欲望，以及相应的不加区分地把东西送出去，也就是把它们赶出去的冲动。这种强迫性吸收（taking-in）通常伴随着身体的空虚感和贫乏感（这是约翰曾经有的一种非常强烈的感觉），并基于儿童内心最深处的焦虑，即担心其内部已经被破坏或装满了"坏"的东西，担心其内部是贫乏的或缺乏"好"的东西。这种致焦虑（anxiety-causing）的材料更大程度上受到了强迫症机制的改造和转变，受到精神病机制的影响则较小。

我对这个病例以及其他强迫症病人的观察，使我对与智力抑制现象有关的特定强迫症机制得出了一些结论。在陈述这些结论之前，我想指出，正如我即将详细阐述的那样，强迫症的机制和症状一般用于约束（binding）、改变和回避心灵最早期的焦虑。因此，强迫症是建立在最早期危险情境的焦虑之上的。

回到正题。我认为，儿童对事物（包括知识）的强迫性的、几乎是贪婪的收集和积累，是基于：①他们不断地试图获得"好"的东西和客体（"好"奶水、"好"粪便、"好"阴茎和"好"婴儿），并在它们的帮助下瓦解体内"坏"的东西和客体的活动；②他们试图在自身内部积累足够的储备，以抵抗外部客体对其的攻击，并在必要时用偷来的东西修复母亲的身体，或者更确切地说，修复客体。儿童试图通过强迫行为来做到这一点的努力，不断地受到来自许多相反来源

（counter-sources）的焦虑的干扰。例如，怀疑自己刚刚接受的是不是真的"好"，所抛弃的是不是真的"坏"；或者担心自己吸收更多东西，会再次因掠夺母亲身体而内疚。这让我们可以理解，为什么儿童会有不断重复这种努力的负担，以及这种负担如何在一定程度上导致了其行为的强迫性。

在目前的案例中，我们已经看到，随着约翰残酷的、幻想性质的超我（本质上是他自己的施虐冲动）的影响被削弱，给他造成智力抑制的精神病机制失去了效力。在我看来，超我严苛程度的这种降低，似乎也同时削弱了强迫症类型的智力抑制机制。如果是这样的话，这将表明，过度强烈的早期焦虑情境的存在，以及从其形成的最初阶段衍生出的威胁性超我占据主导的情况，不仅是精神病的起源❺，而且是导致自我发展困难和智力抑制障碍的基本因素。

注　释

❶ 他对弟弟的这种倾向，在很大程度上影响了他与比他大四岁的哥哥的关系，他认为哥哥也对他有类似的意图。

❷ 参见我的论文《象征形成在自我发展中的重要性》（1930a）。我在那里提出的观点与亚伯拉罕的理论是一致的，即妄想症病人的力比多已经退行到更早的肛门阶段；在我看来，施虐达到顶峰的发展阶段，开始于口腔施虐本能的出现，结束于早期肛门阶段的衰退。在我看来，形成妄想症基础的上述阶段，会发生在早期肛门阶段占优势的时候。这样，亚伯拉罕的理论就可以向两个方向扩展。首先，我们可以看到，儿童在这个阶段使用的各种施虐手段之间有多么紧密的合作，特别是，除了口腔施虐，此前没有被认识到的尿道施虐倾向也大大了强化了肛门施虐倾向。其次，我们对那些幻想的结构有了更详细的了解，早期阶段的肛门施虐冲动通过这些幻想得到了表达。

❸ 从他对喜欢的美味炸鱼的联想中，我们可以看出这一点。

❹ 在几年前发表的一篇论文（《早期分析》，1923b）中，我曾讨论过一种特殊形式的抑制，这种抑制是指儿童无法想象母亲身体的内部结构，也不能理解母亲身体的特定功能，如受孕、怀孕和分娩等，这种抑制会造成儿童在方向感和地理兴趣方面的困难。然而，我随后指出，这种抑制的后果可能更严重，即影响病人对外部世界的整体态度，并损害最广泛和隐喻意义上的定向能力。从那时起，我通过进一步的研究发现，这种抑制源于对母亲身体的恐惧，因为病人存在指向母亲的施虐冲动。我还发现，指向母亲身体的早期施虐幻想，以及成功处理这些幻想的能力，形成了通向客体关系和适应现实的桥梁，从而从根本上影响了主体后来与外部世界的关系。

❺ 参见我的论文《儿童游戏中的拟人化》（p.199）、《象征形成在自我发展中的重要性》（p.219），以及我的《儿童精神分析》一书。

15

儿童良知的早期发展

The Early Development of Conscience
in the Child

（1933）

精神分析研究最重要的贡献之一，是发现了构成良知发展基础的心理过程。在揭示无意识本能倾向的工作中，弗洛伊德同时发现有些力量在防御着这些本能倾向。根据他的发现，一个人的良知是他与父母早期关系的沉淀或表征，这一点在精神分析实践中已被证实。在某种意义上，他已经将他的父母内化了——把他们吸收进自我。在那里，它们成为他的自我的一个不同部分，即他的超我。这个超我成为一个机构，它向其他自我部分施加某些要求、责备和告诫，并与他的本能冲动相对立。

后来，弗洛伊德指出这种超我的运作不限于意识层面的心智，不只是我们所说的良知，而且还施加了一种无意识的、往往是非常严苛的影响，这对于精神疾病和正常人格发展都是一个重要因素。这一新发现，使超我及其起源越来越成为精神分析研究的焦点。

在我对幼儿的分析过程中，当我开始直接了解他们的超我建立的基础，我发现了一些事实，这些事实能够在某些方面扩展弗洛伊德关于这个问题的理论。在我的一个两岁九个月的小病人身上，我明确地发现了已充分运作的超我。然而，根据之前的公认观点，只有在俄狄浦斯情结消失之前，即大约在五岁时，超我才会开始被激活。此外，我的研究显示，这种早期的超我比大龄儿童或成年人的超我更苛刻、更残忍，而且它确实压垮了幼儿脆弱的自我。

的确，在成年人身上，我们发现了一个超我在起作用，这个超我比现实的父母要严厉得多，而且在其他方面与他们完全不同❶。尽管如此，它还是或多或少地与他们比较接近。然而，在幼儿身上，我们发现了一种最不可思议和具有幻想特征的超我。对于越小的儿童，或者我们探索的心理水平越深，这种特征就越强烈。我们可以把儿童害怕被吞食、被切割、被撕成碎片，或者害怕被可怕的人物包围和追赶，视为其心理生活的一个常规组成部分。我们知道，食人的狼、喷火的龙和所有来自神话和童话故事的邪恶怪物都活跃在每个儿童的幻想中，并在无意识地发挥着影响，儿童会感觉自己受到了这些邪恶人物的迫害和威胁。但我认为事情没有这么简单。根据我自己的分析观察，我毫不怀疑，在那些想象出来的、可怕的人物背后的真实客体是孩子的父母，而那些可怕的形象在某种程度上反映了他的父母的特征，尽管他们的相似之处可能是扭曲的、虚幻的。

如果我们接受这些早期分析观察的事实，并认识到儿童所害怕的是这些内化的野兽和怪物，他们把它们与父母等同起来，我们就会得出以下结论：①儿童的超我与他真正的父母所呈现的形象并不一致，而是凭他想象的父母形象或意象创造出来的；②儿童对真实客体的恐惧（恐慌性质的焦虑）一方面来自他对幻想的超我的恐惧，另一方面来自客体，这些客体本身是真实的，但在超我的影响下，以幻想的眼光看待他们。

这就引出了一个问题，在我看来，这似乎是整个超我形成问题的核心。也就是说，儿童怎么会创造出这样一个幻想性的父母形象——一个如此脱离现实的形象？我们可以从早期分析得出的事实中找到答案。通过探索儿童心智的最深层并发现这些强烈的焦虑（那些对想象的客体的恐惧和那些被以各种方式攻击的恐惧），我们还揭示了儿童自身相应数量的被压抑的攻击冲动，并可以观察到儿童的恐惧与其攻击倾向之间存在的因果关系。

弗洛伊德（1920）在他的《超越快乐原则》（*Beyond the Pleasure Principle*）一书中提出了一种理论，根据该理论的说法，在人类有机体生命之初，攻击本能或死本能就受到力比多或生本能［爱欲（eros）］的对抗和束缚。这两种本能的融合随之而来，并引发了施虐冲动。为了避免被自己的死本能摧毁，有机体利用其自恋性的或自我中心的力比多迫使死本能转向外界，并将其指向它的客体。弗洛伊德认为，这一过程是主体与他的客体之间的施虐关系的基础。此外，我认为，与这种向外攻击客体的死本能的偏转平行，存在一种内在的防御反应，与本能中无法被外化的那部分对抗。因为，我认为，被这种攻击本能摧毁的危险，给自我带来了一种过度的紧张，这被自我体验为一种焦虑[2]，因此在自我发展的一开始，它就面临着调动力比多对抗死本能的任务。然而，这项任务只能以一种不完美的方式完成，因为由于两种本能的融合，自我再也不能使它们分离。一种分裂发生在本我（或心智的本能层面）中，通过这种分裂，本能冲动的一部分指向了另一部分。

我认为，自我发展出的最早的这一防御措施，构成了超我发展的基石。因此，早期阶段的超我之所以具有强烈的暴力特征，是因为它是从强烈的破坏本能中衍生出来的，它包含一定比例的力比多冲动和大量的攻击冲动[3]。

这种观点也让我们容易理解为什么儿童会形成如此可怕的、幻想性的父母形象。这是因为，儿童的攻击本能引起的焦虑被转化为对外部客体的恐惧，这既是由于他把客体作为自己的外部目标，也是由于他把自己的攻击冲动投射到这个客体上，这些攻击冲动因此被体验为由客体对他发起的[4]。

以这种方式，儿童将焦虑的来源转移到外部，把他的客体变成了一种危险的客体；但本质上，这种危险来自他自己的攻击本能。因此，儿童对自己的客体的恐惧总是与他自己施虐冲动的强度成正比。

然而，这不是一个将一定数量的施虐冲动转化成相应数量的焦虑的简单的问题，这种关系也体现在内容方面。儿童对客体的恐惧和想象中他将遭受的来自客体的攻击，在每个细节上都与他对环境怀有的特定的攻击冲动和幻想相一致。通过这种方式，每个儿童都形成了自己特有的父母形象，虽然每个病例中的父母形象都具有一种不真实和可怕的特征。

根据我的观察，超我的形成与儿童对其客体进行最早的口腔内摄是同时开始的❺。由于这样形成的最初客体意象被赋予了该阶段特有的强烈施虐特征，并且由于这些意象将再次被投射到外部客体身上，幼儿因此被一种害怕自己遭受残暴的、难以想象的攻击的恐惧所支配，这种攻击既来自真实的对象，也来自超我。这种恐惧将推动儿童试图摧毁这些敌对客体，以躲避他们的攻击，这继而增强了他自己的施虐冲动。由此便形成了一个恶性循环，即儿童体验到的焦虑迫使他摧毁其客体，这导致其自身的焦虑增加，这再次促使他对抗其客体，并构成了一种心理机制。在我看来，这种机制正是反社会和犯罪倾向的根源。因此，我们必须假定，是超我的过分严厉和极端残酷，而不是通常所认为的它的软弱或缺乏，才是反社会和犯罪行为的原因。

在较晚的发展阶段，对超我的恐惧会导致自我远离引起焦虑的客体。这种防御机制可能会导致儿童的客体关系有缺陷或受损。

我们知道，当进入生殖期时，儿童的施虐本能通常已经被克服，他们与客体的关系获得了一种积极特征。在我看来，这种发展的进步伴随着超我性质的改变，且二者会相互作用。儿童的施虐倾向越缓和，非现实的骇人形象造成的影响就越小，因为这些形象是从他们自身的攻击倾向中衍生出来的。随着生殖冲动的增强，基于口腔吮吸阶段对慷慨和善的母亲的固着，儿童发展出了慈爱的和能提供帮助的意象，这更接近真实的客体。不同于最初的超我——具有一种威胁性的、专制的力量，发出自我完全无法满足的毫无意义和自相矛盾的命令，现在的超我开始施加一种更温和、更有说服力的规则，并提出能够实现的要求。事实上，它变成了真正意义上的良知。

此外，随着超我的性质的改变，它对自我的影响也会改变，它所启动的防御机制也会发生变化。我们从弗洛伊德那里知道，怜悯是对残忍（cruelty）的一种反应。但是，直到儿童发展出某种程度的积极的客体关系，换句话说，直到其生殖期心理组织发展出来，这种反应才会开始。如果我们把这一事实与我关于超我形成的观点结合在一起，就能够得出以下结论：只要超我的功能主要是激起儿童的焦虑，它就会唤起我上面所描述的自我中那些暴力的防御机制，这些机制具有一种不顾道德、社会化不良的性质。但是，一旦儿童的施虐倾向减弱，其超我的性质和功能发生改变，激起的焦虑减少且罪疚感增多了，那些构成道德和伦理态度基础的防御机制就会被激活，儿童开始关心自己的客体，并对社会情感产生共鸣❻。

对各年龄段儿童的大量分析证实了这一观点。通过游戏分析，我们能够跟踪病人在游戏和玩耍中所表达出的幻想的过程，并在这些幻想和他们的焦虑之间建立联系。随着对他们的焦虑内容的进一步分析，我们看到越来越多的致焦虑的攻击倾向和幻想，在数量和强度上占据了巨大的比例。幼儿的自我面临着被这些强大的攻击倾向淹没的危险，因此在其力比多冲动的帮助下，他发起一场持续的斗争，以对抗这些攻击倾向，要么压抑它们，要么平息它们，或者让它们变得无害。

这幅图景描绘了弗洛伊德所说的生本能（爱欲）与死本能或攻击本能之间的斗争。但我们也认识到，这两种力量在每一点上都存在密切的联系和相互作用。所以，分析要想取得成功，我们就必须追踪儿童的攻击幻想的所有细节，并削弱它们的影响。同时，我们也要追踪其力比多幻想，并追溯它们最早的来源。

关于这些幻想的实际内容和目标，我们从弗洛伊德和亚伯拉罕那里知道，在最早的力比多组织的前生殖期，即发生力比多和破坏本能的融合的阶段，儿童的施虐冲动占据着主导。对成年人的分析表明，在吮吸阶段之后的口腔施虐期，幼儿会经历一个食人阶段，这一阶段伴随着大量的食人幻想。这些幻想，尽管它们仍然集中于吃掉母亲的乳房或整个人，但并不仅仅是为了满足对营养的原始欲望。它们也用来满足儿童的破坏冲动。在此之后的施虐阶段——肛门施虐阶段，儿童的主要兴趣集中于肛门和粪便的排泄过程；而这种兴趣，也与极端强烈的破坏倾向紧密结合（allied）起来❼。

我们知道，排便象征着对吸收进来的客体的强制排出，伴随着敌意和残忍的感觉，以及各种破坏欲望。屁股作为这些活动的客体，因而受到重视。然而，在我看来，肛门虐待倾向还包含着更复杂、更深层的被压抑的目标和客体。我从对儿童早期的分析中了解到，在口腔施虐和肛门施虐之间，还存在一个儿童体验到尿道施虐倾向的阶段。并且，肛门倾向和尿道倾向是口腔施虐倾向在具体目标和攻击对象方面的直接延续。儿童通过它的口腔施虐幻想攻击母亲的乳房，所使用的武器是牙齿和下颚。通过尿道幻想和肛门幻想，他试图破坏母亲的身体内部，所使用的武器是自己的尿液和粪便。在这第二组幻想中，排泄物被视为燃烧的和有毒的物质、野生动物、各种武器等；在这个阶段，孩子用于施虐的所有武器都指向一个目的，即摧毁母亲的身体和里面所包含的东西。

在客体的选择方面，儿童的口腔施虐冲动仍然是潜在的因素，所以他想象吸出并吃掉母亲体内的东西，就像吃掉乳房那样。但是，这些冲动扩展了儿童从吮吸阶段获得的最初的性观念。我们已经知道，当儿童的生殖本能被唤醒时，他开始发展出关于父母性交、婴儿出生等方面的无意识观念。但早期的分析表明，儿童实际上更早地发展出这样的性观念，此时他的前生殖期冲动仍然占据主导，虽然尚未萌发的生殖冲动已经具有一定的影响力。这些性观念可以大概这样描述，母亲在性交过程中不断用嘴将父亲的阴茎吸收进来，因此她的体内充满了大量的阴茎和婴儿。所有这些，都是儿童想吃掉并摧毁的。

因此，在攻击母亲的身体内部时，儿童也在攻击大量的客体，并启动了一个产生严重后果的过程。子宫首先代表世界，然而，儿童最初是带着攻击和摧毁它的欲望接近这个世界的，因此从一开始他就预期现实的外部世界对他怀有敌意，而且这个世界里居住着准备攻击他的客体❽。儿童认为他在这样攻击母亲身体的同时，也攻击了父亲和兄弟姐妹，从更广泛的意义上说是攻击了整个世界。我认为，这是儿童罪疚感的根本原因之一❾，也是儿童的总体社会性和道德情感发展的根本原因之一❾。因为，当超我的过度严苛程度有所减轻时，那些想象中的攻击会让自我产生罪疚感，而这种罪疚感会激起一种强烈的倾向，即去修复想象中对客体造成的伤害。现在，儿童的破坏性幻想的个性化内容和细节，将决定他的升华的发展，而升华又间接地促进了他的修复倾向❿，或者产生了更直接的帮助他人的欲望。

游戏分析表明，当儿童的攻击本能达到顶峰时，他们会不厌其烦地撕扯、切割、弄碎、弄湿、燃烧各种各样的东西，比如纸、火柴、盒子、小玩具，所有这些都代表着他们的父母、兄弟姐妹、母亲的身体和乳房，这种毁灭性的愤怒与焦虑和罪疚感交替呈现。但在分析过程中，当焦虑慢慢减少时，他的建设性倾向开始显现出来⓫。例如，以前一个小男孩除了把小木头砍成碎片外什么都不做，现在他将开始尝试把这些小木头做成铅笔。他会从他切好的铅笔里拿出铅块，把它们放在木头的缝隙里，然后在粗糙的木头周围缝一块东西，让它看起来更漂亮。这支自制的铅笔代表着他父亲的阴茎和他自己的阴茎，他在幻想中摧毁了父亲的阴茎，而他担心自己的阴茎遭到报复而被摧毁。从他提供的材料的总体背景和他产生的联想来看，这是很明显的。

在分析过程中，当儿童在游戏和升华中开始以各种方式表现出更强的建设性倾向，即涂鸦、写作或绘画，而不是把东西弄得乱七八糟，或在曾经切割或撕成碎片的地方进行缝纫和设计时，他与父亲、母亲或兄弟姐妹的关系也会发生变化；这些变化标志着客体关系的改善和社会情感的增长。什么样的升华渠道会对儿童开放，他们的修复冲动会有多大的力量，以及会采取什么形式——所有这些不仅取决于儿童主导的攻击倾向的程度，还取决于许多其他因素的相互作用，我们在这里没有足够的篇幅来讨论。但是，基于我们对儿童分析的了解，可以肯定地说，对超我最深层次的分析总是会在儿童的客体关系、升华能力和社会适应能力方面带来相当大的改善，即它不仅使儿童本身更快乐、更健康，而且使其更有能力发展出社会性和伦理情感。

在这里，有人可能对儿童分析提出一个非常明显的反对意见。人们可能会问，超我的严苛程度降低太多——低于某个有利于发展的水平——会不会产生相反的结果，并削弱儿童的社会性和伦理情感？这个问题的答案是：首先，就我所知，实际上从来没有发生过这么大程度的减轻；其次，从理论上讲，我们有理由相信这永远不会发生。就实际经验而言，我们知道，在对前生殖期力比多固着进行分析时，即使是在有利的情况下，我们也只能成功地将一定数量的力比多冲动转化为生殖期力比多，而其余部分（并非不重要）继续作为前生殖期力比多和施虐冲动发挥作用；虽然，由于生殖器水平的力比多现在已经更牢固地确立了它的主导地位，自我可以更好地处理它，要么获得满足，要么被抑制，要么经历修改或升华。同样，分析永远不能完全消除超我的施虐核心，它是在前生殖期水平占主导的情况下形成的；但儿童可以通过增强生殖器水平的力量来缓解它，这样现在更强大的自我就可以，以一种让它自己和周围的世界都会更满意的方式，更好地处理它的超我，就像它处理本能冲动一样。

到目前为止，我们可以得出这样一个结论，即一个人的社会性和道德情感是从一种较温和类型的超我发展而来的，后者受生殖器水平的支配。现在我们还可以由此得出一些推论。分析工作越能深入地探索儿童较低层次的心智，它就越能通过减少其早期发展阶段产生的施虐成分的运作，成功地减轻超我的严苛性质。通过这样的过程，分析不仅为儿童实现社会适应打下基础，也为成人化的道德和伦理标准的发展铺平了道路；这是因为这种发展既取决于超我，也取决于儿童的性欲生活在其扩展接近尾声时，是否能成功地达到生殖器水平❷。这样，超我便发展出了一种特征和功能，即一个人的罪疚感具有了社会性价值（socially valuable），也就是说，他发展出了良知。

以往的经验已经证明，虽然精神分析最初是由弗洛伊德设计的一种治疗精神疾病的方法，但它也具有另一种功能。它能够对性格的形成产生积极的影响，尤其是对于儿童和青少年，它能够带来非常大的改变。事实上，我们可以说，经过分析后，每个儿童的性格都发生了根本的变化；基于对事实的观察，我们也可以肯定地说，性格分析（character-analysis）作为一种治疗措施，其意义不亚于对神经症的分析。

鉴于这些事实，我们不禁要问，难道精神分析的工作范围一定不能超越个人而影响整个人类的生活？过去人类在改善人性方面所做的种种努力都以失败告终，特别是促进人类和平的尝试，因为没有人真正了解一个人与生俱来的攻击本能到底有多深，又有多么强！这些努力的目的并不只是鼓励人们积极的、向善的冲动，同时否认或压制他们的攻击性冲动。所以，它们从一开始就注定要失败。不过，精神分析可以提供一种不同的解决方法。诚然，它不能完全消除人类的攻击本能；但是，它可以通过减少那些导致攻击本能加剧的焦虑，打破人类的仇恨和恐惧之间不断互相强化的恶性循环。在我们的分析工作中，我们总是能够看到早期的婴儿期焦虑（infantile anxiety）的解决不仅减少和改变了儿童的攻击冲动，而且从社会性角度带来了对这些冲动的更有价值的运用和满足。我们还看到，儿童表现出不断增长的、发自内心的对爱与被爱的渴望，以及与世界和平相处的渴望。我们还看到这种愿望的实现给儿童带来了许多快乐和益处，大大减轻了焦虑。这些事实让我们相信，现在看似乌托邦的事情很可能在未来会实现，我希望，儿童分析将成为每个人成长的一部分，就像现在的学校教育一样。那么，那种源自恐惧和怀疑（这会不同程度地潜伏在每个人身上，并使他每一次的毁灭冲动都百倍地加强）的敌对态度，也许会让位于对同胞的更仁慈、更信任的情感，人们也许会比现在更和平、更友好地生活在这个世界上。

注　释

❶ 在1927年举办的儿童分析研讨会上，欧内斯特·琼斯（Ernest Jones）、琼·里维埃（Joan Riviere）、爱德华·格洛弗（Edward Glover）和尼娜·塞尔（Nina Searl）在成人分析的基础上从不同的角度提出了类似的观点。另外，尼娜·塞尔在她的儿童分析工作中也证实了她的观点。

❷ 诚然，这种紧张感也是一种力比多式紧张，因为破坏本能和力比多本能融合在一起；但在我看来，它致焦虑的作用与其中的破坏成分有关。

❸ 弗洛伊德在他的《文明及其不满》（*Civilization and its Discontents*）（《标准版》第20卷）中写道："……超我最初的严苛程度并不（或者不那么）代表一个人所体验到的客体的严苛程度，或者他赋予客体的严苛程度；事实上，这代表了他自己对客体的攻击性。"（p.129-130）

❹ 顺便说一句，婴儿确实有理由害怕母亲，因为他越来越意识到母亲有权力满足或不满足他的需求。

❺ 这一观点也是基于我的一个信念，即儿童的俄狄浦斯倾向开始出现的时间也比目前所认为的要早得多，即当儿童仍处于哺乳阶段时，远在其生殖冲动变得至关重要之前。我认为，儿童在口腔施虐阶段吸收了它的俄狄浦斯客体，正是在这个与早期俄狄浦斯冲动密切相关的时刻，他的超我便开始发展。

❻ 在分析成年人时，人们大多只注意到超我后来的这些功能和属性。因此，分析师倾向于认为后来的这些属性构成了超我的特定特征；事实上，分析师们只在这个特征出现的时候才认识到超我的存在。

❼ 除了弗洛伊德之外，琼斯、亚伯拉罕和费伦齐也是让我们了解这种结合对性格形成和神经症的影响的主要贡献者。

❽ 在我看来，这种早期焦虑情境的极端强度是导致精神障碍的一个基本因素。

❾ 由于儿童相信想法的全能性［参见弗洛伊德的《图腾与禁忌》（1913）和费伦齐的《现实感的发展》（*Development of the Sense of Reality*）（1916）］——这是一种可以追溯到早期发展阶段的信念，他们混淆了想象中的攻击和真实的攻击；这种混淆导致的后果在成年人的生活中仍然可以看到。

❿ 我在论文《反映在艺术作品和创造冲动中的婴儿期焦虑情境》（1929）中指出，罪疚感和修复受损客体的愿望是一个人的升华发展的普遍的和基本的因素。埃拉·夏普

（Ella Sharpe）在其论文《升华和妄想的某些方面》（Certain Aspects of Sublimation and Delusion）（1930）中得出了同样的结论。

⓫ 在分析工作中，焦虑的解决是逐渐而均匀地发生的，因此焦虑和攻击本能都是零碎地释放出来的。

⓬ 在儿童五岁到六岁之间，潜伏期到来时。

16

论犯罪
On Criminality

（1934）

主席先生，

女士们，先生们：

当你的秘书一两天前邀请我在今晚的讨论中发言时，我回答说我很乐意，但我无法在这么短的时间内就这个主题写出一篇论文。我指出这一点，是因为我实际上只是粗略地总结了几个观点，而这些观点我已经在其他方面阐述过了❶。

在1927年我在本分会上宣读的一篇论文❷中，我努力证明犯罪倾向也在正常儿童中起作用，并就导致社会化不良或犯罪发展的因素提出了一些想法。我发现，孩子们越害怕父母会以残酷的报复来惩罚他们指向父母的攻击幻想，他们越会呈现出社会化问题和犯罪倾向，并不断地付诸行动（当然是以他们幼稚的方式）。那些无意识地预期被砍成碎块、被斩首、被吞噬等等的孩子，会感到自己必须调皮并受到惩罚，因为真实的惩罚，无论多么严厉，都比他们所预期的幻想性的暴虐父母的猛烈攻击更让人安心。我在刚才提到的那篇论文中指出，造成社会化问题和犯罪者的特定行为的原因不是（通常认为的）超我的软弱或缺失，即不是缺乏良知，而是超我的极端严苛性质。

儿童分析领域的进一步工作证实了这些观点，并让我们可以更深入地了解其中的运作机制。起初，幼儿对父母怀有攻击性的冲动和幻想，然后他把这些攻击冲动和幻想投射到父母身上，因此形成了一种幻想性和扭曲的客体印象。但与此同时，内化的机制也在起作用，使这些非现实（unreal）的形象被内化，结果导致儿童感到自己被幻想性的（phantastically）、危险且残忍的父母——内在的超我所控制。

在每个人通常都会经历的早期施虐阶段，儿童通过在想象中加倍攻击这些残暴的客体（包括内摄进来的客体和外部客体），来对抗他对这些残暴客体的恐惧；儿童之所以要这样消灭他的客体，在一定程度上是为了平息他自己的超我所带来的难以忍受的威胁。这样就形成了一个恶性循环，儿童的焦虑促使他去破坏他的客体，这导致了他自己焦虑的增加，而这又再次促使他去攻击他的客体；这种恶性循环构成了一种心理机制，而这种心理机制似乎正是个体的社会化问题和犯罪倾向的根源。

在正常的发展过程中，当儿童的施虐冲动和焦虑都减少时，他们会找到更好、更多的社会化手段和方法来控制其焦虑。对现实的更好适应使儿童能够通过与真实父母的关系来获得更多的支持，以对抗幻想性的客体形象。虽然在最初的发展阶段，儿童对父母、兄弟姐妹的攻击幻想引起了焦虑，他们主要是担心这些客体会转而对他不利，而现在，这种倾向成为罪疚感的基础，他们希望对自己想象中给客体造成的伤害进行弥补。这些变化，同样是分析工作的成果。

游戏分析表明，当儿童的攻击本能达到顶峰时，他们会不厌其烦地撕扯、切割、弄碎、弄湿、燃烧各种各样的东西，比如纸、火柴、盒子、小玩具，所有这些都代表着他们的父母、兄弟姐妹、母亲的身体和乳房。我们还发现，这些攻击活动与严重的焦虑交替出现。但在分析过程中，当焦虑逐渐得到解决且施虐冲动因此减少时，儿童的建设性倾向开始显现出来。例如，以前一个小男孩除了把小木头砍成碎片外什么都不做，现在他将开始尝试把这些小木头做成铅笔。他会从他切好的铅笔里拿出铅块，把它们放在木头的缝隙里，然后在粗糙的木头周围缝一块东西，让它看起来更漂亮。这支自制的铅笔代表着他父亲的阴茎和他自己的阴茎，他在幻想中摧毁了父亲的阴茎，而他担心自己的阴茎遭到报复而被摧毁。从他提供的材料的总体背景和他产生的联想来看，这是很明显的。

儿童的修复倾向和能力越强，他对周围人的信念和信任就越强，超我就会变得越温和，反之亦然。但是，在某些情况下，由于强烈的施虐冲动和压倒性的焦虑（我在此只能简要提及一些更重要的因素），仇恨、焦虑和破坏倾向之间的恶性循环无法被打破，病人仍然处于早期焦虑情境的压力之下，并一直保留着早期阶段使用的防御机制。那么，如果病人对超我的恐惧，无论是出于外部的还是内在的原因，超过了一定的限度，他可能会被迫攻击别人，这种强迫性的冲动可能构成了犯罪类型的行为或精神病的发展基础。

因此，我们看到，同样的心理根源可能会发展为偏执，也可能导致犯罪。在后一种情况下，某些因素会让罪犯更倾向于压制他们的无意识幻想，并将其在现实中付诸行动。受迫害的幻想在这两种情况下都很常见。正是因为罪犯感到自己受到迫害，他才开始攻击别人。当然，如果儿童不仅在幻想中受到某种程度的迫害，而且在现实中也因为糟糕的父母和悲惨的环境而体验到某种程度的迫害，他的幻想就会大大增强。人们普遍倾向于高估不良环境的重要性，在某种意义上来说，病人内在的心理困难（造成这种困难的部分原因是环境）没有得到充分的认识。因此，儿童环境的改善是否能让他们获益，取决于他们内在焦虑的程度。

罪犯最大的问题之一是他们缺乏人类天生的善念，这一直让周围其他人无法理解他们；但是，这种缺失只是表面上的。在分析中，当触及激发仇恨和焦虑的最深层冲突时，我们会发现爱其实是存在的。罪犯身上的爱并不是缺失的，但它被隐藏和埋葬了起来，只有分析才能让它们重见天日；如同小婴儿仇恨的迫害性客体最初是他所爱的客体，罪犯现在也处于一种仇恨和迫害自己所爱的客体的位置；这个位置令人难以耐受，因此任何关于该客体的爱的记忆和觉知都必须被压制。如果世界上只有敌人（这就是罪犯的感受），那么在他看来，他的仇恨和破坏性在很大程度上是正当的——这种态度可以减轻他的一部分无意识罪疚感。虽然恨往往被用来掩盖爱，但是我们不能忘记，对于一个处于持续的受迫害压力中的人来说，自身的安全是他首要且唯一要考虑的。

因此，概括来说，只要超我的功能主要是激起儿童的焦虑，它就会唤起自我中那些暴力的防御机制，这些机制具有一种不顾道德、社会化不良的性质。但是，一旦儿童的施虐倾向减弱，其超我的性质和功能发生改变，激起的焦虑减少且罪疚感增多了，那些构成道德和伦理态度基础的防御机制就会被激活，儿童开始关心自己的客体，并对社会情感产生共鸣。

我们知道接近成年罪犯并治愈他是多么困难，尽管我们没有理由对此过于悲观；但实践证明，我们可以接近和治愈犯罪的儿童和患有精神病的儿童。因此，对违法犯罪的最佳补救办法是分析在某个方面表现出异常迹象的儿童。

注　释

❶《儿童精神分析》（1932）和《儿童良知的早期发展》（1933）。

❷《正常儿童的犯罪倾向》（1927）。

论躁郁状态的心理成因

A Contribution to the Psychogenesis of
Manic-depressive States

（1935）

我早期的论文❶描述了一个施虐冲动达到顶峰的阶段，该阶段发生在儿童生命的第一年。在婴儿出生的最初几个月里，其有一种施虐冲动，不仅指向母亲的乳房，而且针对她的身体内部：挖出和吞食里面的东西，用尽一切施虐手段摧毁它。婴儿的发展受内摄和投射机制的支配。从一开始，自我就内摄了"好"客体和"坏"客体，这两个客体的原型是母亲的乳房。当婴儿获得它时，它是好客体；反之，当婴儿无法获得时，它便是坏客体。但是，正是由于婴儿将自己的攻击性投射到这些客体上，他才会觉得这些客体是"坏"的，这不仅是因为婴儿的欲望受到了挫败，婴儿也把他们想象成真正的危险的迫害者——他们会吞噬婴儿、掏空婴儿的身体，把婴儿切成碎片，下毒。总之，这些客体会用尽一切施虐手段来攻击婴儿。这些意象不仅存在于外部世界，通过婴儿的吞并（incorporation）过程，它们也在自我内部建立起来。因此，年幼的儿童会经历焦虑情境（并运用防御机制对其做出反应），其内容可与成年人的精神病相当。

他们用来抵御对迫害者（包括外部的和内在的）的恐惧的最早方法之一是制造精神盲点（scotomization），即否认心理现实；这可能会使儿童的内摄和投射机制受到相当大的限制，并造成对外部现实的否认，继而形成最严重的精神病的基础。很快，儿童的自我也试图通过驱逐（expulsion）和投射过程，来保护自己不受内在迫害者的伤害。与此同时，由于对内在客体的恐惧并没有随着投射过程而消失，儿童的自我就像对外部世界的迫害者一样，对内在迫害者也施以了同样的力量。这些焦虑内容和防御机制构成了妄想症的基础。在儿童对魔术师、巫婆、邪恶野兽的恐惧中，我们发现了同样的焦虑，但在这里它已经经过了投射和修改。我的另一个结论是，儿童期的精神病性焦虑，尤其是偏执性焦虑，受到非常早期的强迫机制的约束和修改。

在这篇论文中，我将讨论抑郁状态与妄想症和躁狂的关系。我的结论是基于对严重神经症、边缘性病例和某些表现出偏执和抑郁的混合趋势的病人（包括成人和儿童）的抑郁状态的分析。

我研究过不同程度和形式的躁狂状态，包括正常人出现的轻躁狂状态。实践证明，对正常儿童和成人的抑郁和躁狂特征的分析也是非常有启发性的。

弗洛伊德和亚伯拉罕认为，忧郁症的基本过程是失去所爱的客体。真实客体的实际丧失，或具有相同意义的一些类似情况，使该客体在自我内部建立起来。然而，由于主体的食人冲动过于强烈，这种内摄失败了，因而导致了忧郁症。

那么，为什么忧郁症病人的内摄过程如此特殊呢？我认为，妄想症中的吞并和忧郁症中的吞并的主要区别在于主客体关系的变化，尽管这也是一个内摄性的自我的构成变化的问题。爱德华·格洛弗（1932）认为，最初的自我是被松散地组织起来的，由相当多的自我核心组成。在他看来，首先是口腔自我核心，然后是肛门自我核心，占据着主导地位。在这个非常早期的阶段，口腔施虐扮演着突出的角色，我认为它是精神分裂症的基础❷。在这一阶段，自我将自己与客体相认同的能力还很弱，部分原因是它自身仍然不协调，部分原因是内摄客体仍然主要是等同于粪便的部分客体（partial objects）。

在妄想症中，典型的防御主要是为了消灭"迫害者"，与自我有关的焦虑占据着突出的位置。随着自我变得更加有组织，内摄意象将更接近现实，自我将更充分地认同"好"客体。儿童对迫害的恐惧，最初只是考虑自我，现在也与好客体有关，从现在开始，保存好客体便等同于自我的生存。

伴随着这一发展而来的是一种最重要的变化，即从部分客体关系到完整客体关系。通过这一步，自我到达了一个新的位置，它是"失去所爱的客体"这一情境的基础。只有当客体作为一个整体被爱时，它的丧失才能作为一个整体被感受到。

随着儿童与客体的关系的这种变化，新的焦虑内容出现了，防御机制也发生了变化。儿童的力比多发展也受到决定性的影响。儿童的偏执性焦虑——担心被他攻击的客体本身会成为他体内的毒物和危险之源，导致他在吞并客体的同时（尽管他的口腔施虐攻击正盛），对客体产生了深深的不信任。

这导致了儿童口腔欲望的减弱。这方面的一个表现是幼儿在进食方面经常遇到困难，我认为这些困难存在一种偏执性根源。当儿童（或成年人）更充分地认同于一个好客体时，他的力比多冲动就会增加；他会产生贪婪的爱和想要吞噬这个客体的欲望，内化的机制就会得到加强。此外，他发现自己被迫不断重复吞并好客体（重复这一行为是为了测试他的恐惧的真实性，并对抗这些恐惧），部分原因是他害怕自己的吞噬使客体死掉，部分原因是他害怕内化的迫害者，他需要一个好客体来帮助他对抗这个迫害者。在这个阶段，自我比以往任何时候都更渴望爱，更渴望内摄客体。

另一个刺激内摄增加的因素是儿童幻想所爱的客体可以被安全地保存在自己体内。在这种情况下，内部的危险被投射到外部世界。

然而，如果儿童对客体的关心增加了，并且对心理现实有了更好的认识，那么，正如亚伯拉罕所描述的那样，儿童对客体在内摄过程中被摧毁的焦虑会导致内摄功能的各种紊乱。

此外，根据我的经验，儿童还存在一种深刻的焦虑，即在他的自我内部有一种危险正迎候着客体。他的内在充满了危险和毒物，因此所爱的客体无法得到安全保障，他会死在那里。这就是我前面描述的一种情境，即"失去所爱客体"的基本情境。此时，儿童的自我完全认同了好的内化客体，但同时意识到自己没有能力保护这些客体免受内化的迫害性客体和本我的伤害。在心理上，这种焦虑是合理的。

当自我与客体完全认同时，并没有放弃它先前使用的防御机制。根据亚伯拉罕的假说，早期肛门水平所特有的过程——对客体的消灭和驱逐——启动了抑郁机制。如果是这样的话，这就证实了我关于偏执和忧郁症之间存在起源学联系的观点。在我看来，从口腔、尿道和肛门施虐冲动衍生出的以各种方式破坏客体（无论是内部客体还是外部客体）的偏执机制仍然存在，但强烈程度较低，并且由于主体与其客体的关系的变化而有所修改。正如我已经说过的，害怕好客体和坏客体一起被驱逐的恐惧，导致驱逐和投射的机制失去价值。我们知道，在这个阶段，自我更多地利用内摄好客体作为一种防御机制。这与另一个重要机制有关，即对客体的修复。在我早期的一些文章中❸，我详细讨论了修复的概念，并表明它远远不止是一种反应形成。自我感到被驱使（我现在可以补充说，是被它对好客体的认同所驱使），为它针对好客体所发动的所有施虐性攻击作出补偿。当在好客体和坏客体之间出现了明显的分裂时，主体试图修复前者，修复其施虐攻击所造成的破坏。但到目前为止，自我还不能足够相信客体的善意和它自己修复客体的能力。另一方面，通过对好客体的认同以及由此带来的其他心理发展，自我发现自己被迫对心理现实有了更充分的认识，这使它面临激烈的冲突。某些客体（数目不定）是针对它的迫害者，随时准备吞噬它，对它施暴。它们以各种方式威胁着自我和好客体。儿童在幻想中对其父母造成的每一次伤害（主要是出于仇恨，其次是出于自卫），一个客体对其他客体实施的每一次暴力行为（尤其是父母之间破坏性的和施虐性的性交，儿童认为这是其自身施虐愿望所导致的），所有这些都是在外部世界上演的，但由于自我不断地吸收整个外部世界，所以这些伤害也在自我内部发生。现在，所有这些过程都被视为持续的危险之源，既威胁着好客体，也威胁着自我。

的确，自我现在对好客体和坏客体有了更清晰的区分，主体的恨就更多地指向后者，而他的爱和修复尝试则更多地集中在前者上；但他过度的施虐冲动和焦虑却阻碍了他心理发展的进步。每一个内部或外部刺激（例如真实的挫折）都带来巨大的危险，也就是说，不仅坏客体，好客体也因此受到本我的威胁。因为每一次仇恨或焦虑的进入都可能暂时消除好客体和坏客体的区分，从而导致"失去所爱的客体"。危及客体的，不仅包括主体无法控制的强烈仇恨，也包括主体强烈的爱。因为在儿童的这个发展阶段，爱一个客体和吞食它是紧密相连的。一个幼儿，如果他认为，当他的母亲不在时便意味着他把她吃掉了，或把她毁灭了（不管是出于爱还是出于恨），那么他就会为自己和自己所吞食的好母亲感到焦虑。

现在我们明白了，为什么在这个发展阶段，自我在拥有内化的好客体时，会不断感觉受到威胁。自我充满了焦虑，唯恐这些好客体会死去。在患有抑郁症的儿童和成人身上，我都发现了一种恐惧，那就是在他们身上藏着濒死或已经去世的客体（尤其是父母），我也发现了在这种情况下自我与客体的认同。

从心理发展的一开始，真实的客体就与自我中的内部客体不断地相互关联。正是由于这个原因，我刚才所描述的焦虑会表现为儿童对母亲或照料者的过分的依恋❹。母亲的缺席引起了儿童的焦虑，担心他会被交给外部和内部的坏客体，这要么是因为她的死亡，要么是因为她变成"坏母亲"回来了。

对儿童来说，这两种情况都意味着失去了所爱的母亲，我要特别提请各位注意的是，对失去"好"的内部客体的恐惧，会导致一种持续的焦虑，即担心真正的母亲会死去。另一方面，暗示着失去真实的所爱客体的每一次经历，都会激发儿童对失去内部客体的恐惧。

我已经说过，经验告诉我，"失去所爱的客体"发生在自我从吞并部分客体，过渡到吞并完整客体的发展阶段。在描述自我在那个阶段所处的情境后，现在我可以更准确地阐述我的观点。随后变得明显的这个"失去所爱的客体"的过程，是由主体的挫败感决定的（在断奶期间以及断奶的前后），即他无法保护内化的好客体，或者说拥有内化的好客体。失败的一个原因是，他无法克服对内化的迫害者的偏执恐惧。

在这一点上，我们面临着一个对我们整个理论都很重要的问题。我自己和我的一些英国同事的观察结果表明，早期内摄过程对正常发展和病理发展的直接影响比目前精神分析界所认为的要重要得多，并且在某些方面与目前精神分析界普遍接受的观点不同。

我们认为，即使是最早被吞并的客体也构成了超我的基础并进入其结构。这个问题绝不仅仅是一个理论问题。当我们对早期婴儿的自我与其内化的客体和本我的关系有了更多研究，并开始理解这些关系所经历的渐进变化时，我们对自我所经历的特定焦虑情境，以及随着自我变得更有组织而发展起来的特定防御机制，有了更深入的认识。从这个角度来看，我们对心理发展的早期阶段、超我的结构以及精神病的起源有了更完整的理解。当我们讨论病因学的时候，似乎有必要不只是考虑力比多倾向本身，还应将力比多倾向和主体与其内部客体和外部客体的早期关系联系起来考虑，这也意味着我们要理解自我在处理各种焦虑情境时逐渐形成的防御机制。

如果我们接受这种超我形成的理论，那么它在忧郁症病人身上体现出的严苛性质就变得更容易理解了。内化的坏客体带给自我的迫害和要求；客体的相互攻击（特别是父母施虐性的性交）；满足"好客体"的苛刻要求并保护、安抚它们的迫切需要，以及由此产生的对本我的仇恨；对于好客体的"好"的持续不确定性，这使其非常容易转变为坏客体——所有这些因素结合在一起，在自我中产生了一种被来自内部的矛盾和苛刻要求所折磨的感觉，这种状态被感觉为"坏的良知"（bad conscience）。这就是说，最早的良知声音都与坏客体的迫害有关。"良知的折磨"（Gewissensbisse，德语的"良知"）这个词本身就证明了良心无情的"迫害"，以及它最初被认为吞食其受害者的事实。

　　我在前面提到，有一些内在要求构成了忧郁症病人的超我的严苛性质，其中之一就是主体感觉必须要遵守"好"客体的严格要求。只有这一部分——所爱的内部"好"客体的残酷——才被一般的精神分析观点所认可；这一点在忧郁症病人的严苛超我中变得非常明显。但在我看来，只有通过观察自我与它所幻想的坏客体和好客体的整体关系，只有通过观察我在本文中试图勾勒出的内部情境的全貌，我们才能理解自我在遵守所爱客体的苛刻要求和告诫（这些要求和告诫已被内化）时所遭受的折磨。正如我前面提到的，自我努力将好客体和坏客体分开，将真实客体与幻想的客体分开。这导致的结果是，儿童发展出了极端糟糕的和极端完美的客体概念，也就是说，他所爱的客体在许多方面都是高道德标准和苛刻的。与此同时，由于婴儿的心智尚不能完全把好客体和坏客体分开❺，一些坏客体的和本我的残酷性会附着于好客体，这就又增加了客体的要求的严厉程度❻。这些严厉的要求是为了支持自我，以对抗它无法控制的仇恨和自我部分认同（partly identified）的攻击性的坏客体❼。失去所爱客体的焦虑越强烈，自我就越努力去拯救它们，修复的任务就变得越困难，与超我相关的要求就会变得越严厉。

　　我曾试图说明，自我在过渡到内摄完整客体时所经历的困难，源自它尚未完全发展出足够的能力，以通过新的防御机制，掌控在发展过程中所产生的新的焦虑内容。

　　我知道，要清晰地区分妄想症和抑郁症病人的焦虑内容和情绪是极其困难的，因为它们非常紧密地联系在一起。但是，作为一个区分标准，如果我们考虑迫害焦虑主要是与自我的保存有关（这种情况是偏执），还是与自我作为一个整体认同的被内化的好客体的保存有关，它们之间就可以加以区分。在后一种情况下（这是抑郁），焦虑和痛苦感的性质要复杂得多。担心好客体及其自我会被摧毁，或者它们会处于崩解（disintegration）的状态，这些焦虑与持续的、绝望的努力交织在一起，这些努力是为了拯救内在和外在的好客体。

　　在我看来，只有当自我把客体作为一个整体内摄进来，并与外部世界和真实的他人建立了更好的关系，它才能充分认识到自己的施虐冲动，尤其是它的吞食所造成的灾难，并为此感到痛苦。这种痛苦不仅与过去有关，也与现在有关，因为在发展的早期阶段，施虐冲动达到了顶峰。它需要对所爱的客体有更充分的认同，对它的价值有更充分的认识，这样自我才能意识到它所爱的客体不断恶化的崩解状态。然后，自我发现自己面对的心理现实是，它所爱的客体正处于一种支离破碎的状态，这种认识所产生的绝望、懊悔和焦虑是许多焦虑情境的根源。我仅引用其中的几个例子：自我会担心如何在正确的时间以正确的方式将这些碎片组合在一起；如何挑出好的部分，去掉坏的部分；当客体被组合在一起时，如何使其具有生命力；在执行这项任务时如何避免被坏人和自己的仇恨等干扰。

我发现，这种焦虑情境不仅是抑郁的根源，也是所有工作方面的抑制的根源。拯救和修复所爱客体的尝试，在抑郁状态下伴随着绝望（因为自我怀疑自己的修复能力）的尝试，是所有升华和整个自我发展的决定性因素。在这方面，我将只提及升华那些脆弱的客体碎片的特定意义，以及把它们组合在一起的努力。它是一个支离破碎的"完美的"客体；因此，要想改善它脆弱的崩解状态，就必须使它变得美丽和"完美"。此外，变得完美的想法十分令人信服，因为它能够抵御崩解的想法。在一些因厌恶或憎恨而离开母亲，或利用其他机制逃离母亲的病人身上，我发现他们的脑海中仍然存在着一个美好的母亲形象，但这只是母亲的一个形象，而不是她的真实自我。在病人看来，真实的客体是没有吸引力的——是一个受伤的、无法治愈的，因此可怕的人。病人心目中美好的客体形象虽然脱离了真实的客体，但从未被放弃，并通过病人特定的升华方式发挥了很大的作用。

对于崩解的抑郁性焦虑是病人渴望完美客体的根源，因此这种焦虑在所有升华中都是非常重要的。

正如我前面指出的，自我开始意识到它对一个好客体、一个完整客体以及一个真实客体的爱，伴随着对客体的强烈罪疚感。自我对客体的完全认同是基于力比多性质的依恋，首先是对乳房，然后是对整个人，伴随着对它的焦虑（担心客体崩解）、内疚和悔恨，保护它不受迫害者和本我伤害的责任感，以及与即将失去它的预期有关的悲伤。在我看来，这些情感，无论是有意识的还是无意识的，都是我们称之为爱的情感的基本要素。

在这方面我想说，我们对抑郁症病人的自我责备很熟悉，这代表着对内部客体的责备。但是，在这个阶段是最重要的是自我对本我的憎恨，是这一点更能够解释病人的不值得感和绝望感，而不是它对客体的责备。我经常发现，这些责备和对坏客体的憎恨，作为对更令人无法忍受的本我的恨的防御，得到了二次强化。归根结底，自我无意识地知道，仇恨确实也在那里，爱也在那里，但仇恨可能在任何时候占据上风（自我害怕被本我左右，因此摧毁了所爱的客体），这带来了悲伤、罪疚感和绝望感，而这些正是哀伤的基础。这种焦虑也是对所爱客体的善意产生怀疑的原因。正如弗洛伊德所指出的，怀疑实际上是对一个人自己的爱的怀疑，"一个怀疑自己的爱的人可能，或者不得不，怀疑每一件小事" ❽。

我应该指出，妄想症病人也已经内化了一个完整且真实的客体，但还不能完全认同它，或者他即使做到了这一点，也不能维持。在此，我要列举几个导致这一失败的原因：迫害性焦虑太过强烈；幻想性的怀疑和焦虑阻碍了对真实的好客体的全面和稳定的内摄。即便客体被内摄，也很难被视为一个好客体，因为各种猜忌和怀疑很快就会把这个心爱的客体再次变成迫害者。因此，他与完整客体和现实世界的关系仍然受到他早期与内化的部分客体的关系、与作为迫害者的粪便的关系的影响，并可能再次让位于后者。

在我看来，妄想症病人的特点是，尽管由于他的受迫害焦虑和猜忌，他发展了一种非常强大而敏锐的观察外部世界和真实客体的能力，但这种观察和他的现实感却被扭曲了。由于他的受迫害焦虑使他主要从人们是不是迫害者的角度来看待他们，因此一旦自我的受迫害焦虑加剧，他就不可能在如其所是地看待和理解对方的意义上，对另一个客体有完全而稳定的认同，也不可能对它有完全的爱。

妄想症病人无法维持其完整客体关系的另一个重要原因是，尽管受迫害焦虑和关于自己的焦虑仍然如此强烈，但他无法忍受对所爱客体的额外焦虑负担，以及伴随这种抑郁状态的罪疚感和悔恨感。此外，在这个心理位置，他可以更少地使用投射，一方面他害怕驱逐他的好客体，从而失去它们，另一方面，他害怕因为驱逐自己内部的坏客体，而伤害外部的好客体。

因此我们看到，与抑郁心位（depressive position）相关的痛苦把他推回到偏执心位（paranoiac position）。然而，虽然发生了退行，但由于他曾经达到抑郁心位，因此抑郁的倾向始终存在。在我看来，这说明了一个事实，即我们经常在严重的妄想症病人那里观察到抑郁的存在，对于较温和的病例也是如此。

如果我们比较妄想症病人和抑郁病人在崩解方面的感受，我们就会发现，抑郁病人的特点是充满了对客体的悲伤和焦虑，他会努力使客体重新组合为一个整体，而对于妄想症病人来说，崩解的客体主要成为一群迫害者，因为每一个碎片都再次变成了一个迫害者❾。我认为，客体被还原成危险碎片的概念似乎与被等同于粪便的部分客体的内摄（亚伯拉罕）以及对于众多内部迫害者的焦虑是一致的，在我看来❿，许多部分客体的内摄和大量危险粪便的内摄都会引起这种焦虑。

我已经从妄想症病人和抑郁病人与所爱客体的不同关系这一角度考虑了他们之间的区别。在这方面，让我们考虑一下对食物的抑制和焦虑。如果病人担心自己吸收的是对自身有破坏性的危险物质，那么这就是偏执性焦虑。如果病人担心自己通过咬和嚼的方式破坏了外部的好客体，或担心通过从外部引入坏物质而危及内部的好客体，那么这就是抑郁性焦虑。而如果病人担心自己吞食外部好客体而将其引入危险之中，那么这就是一种抑郁性焦虑。另一方面，那些有强烈偏执特征的病人可能会有一种引诱外部客体进入自己体内的幻想，后者被认为是一个充满危险怪物的洞穴，等等。我们可以看到，上面是导致内摄机制被强化的一种偏执原因，而抑郁病人如果使用内摄机制，则是为了内摄一个好客体。

现在让我们以这种比较的方式来考虑疑病症。如果幻想中的痛苦和其他表现来自病人体内的迫害性客体的攻击，那么这是典型的偏执❶。如果病人的疑病症状来自内部坏客体和本我指向好客体的攻击，也就是说，这是一场内部战争，其中的自我认同于好客体，那么这是一种典型的抑郁。

例如，病人X先生从小就被告知他有绦虫（他自己从未见过），他将体内的绦虫与他的贪婪联系在一起。在他的分析中，他产生了一个幻想，即一条绦虫正在吞噬他的身体，一种强烈的癌症焦虑浮现出来。这位患有疑病症和偏执焦虑的病人对我非常猜忌，包括他怀疑我与那些对他怀有敌意的人结盟。这时，他梦见一位侦探正在逮捕一个充满敌意和迫害性的人，并把这个人关进了监狱。但后来的事实证明，这名侦探是不可靠的，他变成了敌人的帮凶。侦探代表了我自己，所有焦虑都被内化了，也与绦虫幻想有关。囚禁敌人的监狱是他自己的身体内部——实际上是他体内的某个特定部分，那里用于囚禁迫害者。很明显，危险的绦虫（他对此的一个联想是绦虫是双性恋）代表着父母双方结成敌对联盟（实际上是在性交中）反对他。

在对绦虫幻想进行分析时，病人出现了腹泻，X先生错误地认为他的粪便里混杂着血。这使他非常害怕，他觉得这证实了他体内正在发生危险过程。这种感觉是建立在幻想的基础上的，在幻想中，他在自己的体内用有毒的排泄物攻击他那联合在一起的坏父母。腹泻对他来说意味着排出了有毒的排泄物，以及他父亲的坏阴茎。他认为自己粪便里的血代表了我，这一点从他的联想中可见一斑，在这些联想中，我与血液联系在一起。因此，腹泻对他来说是一种危险的武器，他正在用这种武器与坏的内化父母以及中毒和破碎的父母——绦虫斗争。在他的童年早期，他曾在幻想中用有毒的排泄物攻击他的真实父母，实际上还通过大便来扰乱他们的性交。腹泻对他来说一直是件很可怕的事。伴随着这些对他真实父母的攻击，他的整个战争变得内化，并给用毁灭来威胁他的自我。需要提到的一点是，这位病人在他的分析中记起，在大约十岁的时候，他明确感觉到他的胃里有一个小个子男人控制着他，给他下命令，而他作为病人必须执行这些命令，尽管这些命令总是反常和错误的（他真实父亲的要求也给他类似的感觉）。

随着分析的进展和对我的不信任的减少，病人变得非常关心我。X先生一直担心他母亲的健康，但他一直未能对她产生真正的爱，尽管他尽了最大努力取悦她。现在，伴随着对我的关心，他对母亲也涌现出强烈的爱和感激之情，同时也伴随着无用、悲伤和沮丧的感觉。病人从来没有感到过真正的快乐，他的抑郁可能会蔓延他的整个一生，但他没有经历过真正的抑郁状态。在他的分析中，他经历了深度抑郁的各个阶段，出现了这种心理状态的所有症状特征。与此同时，与他疑病性疼痛有关的感觉和幻想也发生了变化。例如，病人曾感到焦虑，担心癌症会通过胃壁扩散；但现在看来，虽然他担心自己的胃，但他的确想保护自己体内的

"我"（实际上是内化的母亲），他觉得后者正在被父亲的阴茎和他自己的本我（癌症）攻击。还有一次，病人产生一个幻想（与身体不适有关），说自己会因内出血而死亡。很明显，我被等同于内出血，好血代表着我。我们必须记住，当偏执焦虑占据主导地位，我代表着一个迫害者时，我是等同于腹泻时与粪便（坏父亲）混合的坏血的。现在珍贵的好血代表着我，失去它意味着我的死亡，也意味着他的死亡。现在很清楚的是，他认为癌症导致了他所爱客体的死亡，也导致了他自己的死亡。癌症也代表着坏父亲的阴茎，更被认为是他自己的施虐冲动，尤其是他的贪婪。这就是为什么他觉得自己如此渺小，如此绝望。

当偏执焦虑占主导地位，以及对坏的联合客体的焦虑占主导地位时，X先生只对自己的身体感到了疑病性焦虑。当抑郁和悲伤产生时，他便显现出对好客体的爱和关心，焦虑的内容以及整体情感和防御都改变了。在这个案例和其他案例中，我发现偏执恐惧和猜忌被强化，以抵御被它们覆盖的抑郁心位。现在我要引用另一个案例，Y先生，他具有强烈的偏执和抑郁特征（偏执占主导地位）和疑病症。他抱怨各种各样的身体问题，这占据了他大部分的时间，同时又对周围的人产生强烈的猜忌，而且这些猜忌往往与他们直接相关，他认为他们以某种方式造成了他的身体问题。经过艰苦的分析工作，他的不信任和猜忌减少了，他和我的关系越来越好。很明显，在对他人不断的偏执性指责、抱怨和批评之下，有他对母亲着深厚的爱，有对父母以及对他人的关心。与此同时，他表现出更多悲伤和严重的抑郁。在这一阶段，他疑病性的抱怨发生了变化，无论是呈现在我面前的方式，还是它们背后的内容。例如，病人抱怨身体上的各种问题，然后说他吃了什么药——列举他对他的胸部、喉咙、鼻子、耳朵、肠道等做了什么治疗。这听起来更像是他在护理他身体的这些部位和器官。他接着谈到了他对自己照顾的一些年轻人（他是一名教师）的担忧，然后谈到了他对一些家庭成员的担忧。很明显，他试图治愈的不同器官与他内化的兄弟姐妹有相同之处，他对他们感到内疚，他必须让他们永远活着。正是他过于焦虑地想要修复他们（因为他幻想自己伤害了他们）和他对此过度的悲伤和绝望，导致了偏执焦虑和防御的增强，以至于他对他们的爱、关心以及对他们的认同，都被仇恨淹没了。同样，在这个案例中，当他的抑郁全面爆发且偏执焦虑减轻时，疑病性焦虑变得与内化的所爱客体有关，从而也与自我有关，而在这之前，这些焦虑只与自我有关。

在尝试区分了偏执和抑郁状态下的焦虑内容、感受和防御之后，我必须再次说明，在我看来，抑郁状态是基于偏执状态并由其发展而来的。我认为，抑郁状态是偏执焦虑和那些与即将失去所爱客体相关的焦虑内容、痛苦感觉和防御相混合的结果。在我看来，为这些特定的焦虑和防御引入一个术语，可能会加深我们对偏执状态和躁郁状态的结构和性质的理解❷。

在我看来，凡是存在抑郁状态的地方，无论是在正常人、神经症病人、躁郁病人还是混合型病人中，都会有我所描述的这种焦虑、痛苦感觉和不同类型的防御，我将其命名为抑郁心位。

如果这一观点被证明是正确的，我们便应该能够理解那些常见的混合了偏执和抑郁趋势的案例，因为我们可以分离出构成偏执和抑郁的各种因素。

在我看来，我所提出的关于抑郁心位的考量，可能会使我们更好地理解自杀这一仍然相当费解的行为。根据亚伯拉罕和詹姆斯·格洛弗（James Glover）的发现，自杀是针对被内摄的客体的。然而在我看来，当自我通过自杀的方式来攻击坏客体时，它同时也总是在拯救它所爱的客体（无论是内部客体还是外部客体）。简言之，某些案例的自杀背后存在一种幻想，即旨在保存内在的好客体和自我中与好客体相认同的部分，也旨在摧毁自我中与坏客体和本我相认同的另一部分。以这种方式，自我得以与它所爱的客体结合在一起。

其他案例中的自杀似乎也是由同样类型的幻想决定的，但在这些案例中，这些幻想与外部世界和真实客体有关，它们某种意义上成为内部客体的替代品。如前所述，主体不仅痛恨自己的"坏"客体，而且痛恨自己的本我。自杀的目的可能是彻底打破他与外部世界的关系，因为他想要摆脱某些真实的客体或整个世界所代表的、自我认同的"好"客体，或与坏客体和本我认同的那部分自我[13]。我们看到，这个过程本质上是病人对自己指向母亲身体的施虐攻击做出的一种反应，因为对一个小孩子来说，母亲的身体是外部世界的首要代表。主体对真实的（好）客体的憎恨和报复也总是在该过程中发挥着重要的作用，由于这种无法控制的、危险的憎恨不断涌现，因此忧郁症病人通过自杀在一定程度上保护他的真实客体免受攻击。

弗洛伊德指出，从根本上来说躁狂的内容与忧郁是相同的，事实上，躁狂是一种摆脱那种状态的方式。我认为，以躁狂的方式，自我不仅寻求逃避忧郁，而且寻求逃避它无法控制的偏执状态。病人对所爱客体的依赖令他感到痛苦和危险，这驱动着自我寻求解脱。但它对这些客体的认同太深了，因而无法放弃这种认同。另一方面，自我被对坏客体和本我的恐惧所追逐，在努力摆脱所有这些痛苦的过程中，它求助于许多不同的机制，其中一些机制由于属于不同的发展阶段，是互不相容的。

在我看来，全能感是躁狂的首要特征，而且如海伦·多伊奇（Helene Deutsch，1933）所言，躁狂的基础是否认机制。然而，在下面这一点上，我与海伦·多伊奇不同。她认为，这种"否认"与性蕾期和阉割情结有关（对于女孩来说，这是对缺失阴茎的否认）；然而，我的观察结果显示，这种否认机制起源于一个非常早期的阶段，在这个阶段中，尚未发展的自我努力抵御一种最强大和最深刻的焦虑——对内化的迫害者和本我的恐惧。这就是说，首先被否认的是心理现实，自我随后可能会继续否认大量的外部现实。

我们知道，精神盲点可能导致主体完全脱离现实，彻底失去活力。然而，躁狂中的否认与过度活跃有关，尽管正如海伦·多伊奇所指出的，这种过度活跃往往无法取得任何实际结果。我已经解释过，在躁狂状态下，冲突的根源是自我不愿意也无法放弃它的内在好客体，但又试图摆脱对客体的危险的依赖，并摆脱它的坏客体。它试图脱离对客体的依附，同时又无法完全放弃它，这一点似乎是由病人自身力量的增强所决定的。以这种折中（compromise）的方式，它成功地否认了好客体的重要性，也否认了它受到来自坏客体和本我的威胁的危险。然而，与此同时，它不断地努力去掌握和控制它的所有客体，其证据就是它的过度活跃。

在我看来，躁狂的特点是利用全能感来控制和掌握客体。主体之所以迫切需要这种全能感，有两个原因：①为了否认他体验到的对客体的恐惧；②为了运作对客体进行修复的机制（主体在之前的抑郁心位曾获得这种机制❶）。通过掌握自己的客体，躁狂病人想象自己不仅可以防止它们伤害自己，而且可以防止它们互相攻击。通过这种掌握，病人尤其能够防止他的内化父母之间危险的性交，也防止他们在他体内死亡❶。躁狂防御的形式众多，因此要概括出一个普遍的机制并不容易。但我相信，我们真的有这样一种机制（虽然形式多样），在掌握内在父母的同时，这个内在世界的存在正在被贬低和否认。无论是在儿童还是成人身上，我都发现，在强迫症是主要因素的病例身上，这种掌握预示着两个（或更多）客体的强行分离；然而，在躁狂占据主导的病例中，病人会求助于更暴力的方法。也就是说，这些客体被杀死了，但由于主体是全能的，所以他认为自己可以立即让它们复活。我的一个病人说这个过程是"让他们处于假死状态"。杀戮对应的是攻击客体的防御机制（早期阶段遗留下来的），复苏则对应于对客体的修复。在这个位置上，自我在与真实客体的关系上产生了类似的折中。躁狂病人的一个特征是对客体的渴望，这表明自我保留了一种抑郁心位的防御机制，即内摄好客体。躁狂病人否认了与这种内摄相关的各种焦虑，既不担心会内摄坏客体，也不担心会通过内摄过程给好客体造成破坏。他既否认了本能的冲动，也否认了他自己对客体的安全的担忧。因此，我们可以认为，病人的自我和自我理想通过以下的过程变得重合（正如弗洛伊德所证明的那样，在躁狂状态下它们是重合的）。自我以一种食人（cannibalistic）的方式［弗洛伊德在他对躁狂的描述中称之为"feast"（盛宴）］吞并了客体，但否认它对此有任何担忧。"当然，"自我辩称，"如果这个特定的客体被摧毁，那也不是什么重要的事情。还有许多其他客体可以被吞并。"我认为，这种对客体重要性的贬低和蔑视，是躁狂的一个具体特征，它使自我在表现出对客体的渴望的同时，能够实现某种意义上的超脱（detachment）。这种超脱，是自我在抑郁心位下无法实现的，它代表着一种进步，一种自我相对于其客体的增强。但这种进步被自我在躁狂中同时使用的那些早期机制所抵消。

接下来我将讨论偏执、抑郁和躁狂状态在正常发展中所起的作用，但在此之前我将讲述一个病人的两个梦，这两个梦说明了我关于精神病位置的一些观点。病人C因为各种症状来接受分析，但在这里我只关注严重的抑郁、偏执和疑病焦虑。在他做这些梦的时候，他的分析已经取得很大进展。他梦见自己和父母坐在一节火车车厢里，这节车厢可能没有车顶，因为是露天的。病人觉得他在"管理所有事情"，照顾父母，他们显得比实际年龄大得多，更需要他的照顾。父母们躺在床上，床不是像平时那样并排放着，而是两张床的尾部连在一起。病人发现很难使他们暖和。然后，病人在父母的注视下，往一个盆里小便，盆中央有一个圆柱形物体。小便过程似乎很复杂，因为他必须特别小心，不让尿液进入圆柱体部分。他觉得，只要他能够瞄准圆柱体，而不溅到任何东西，这就没关系了。小便结束后，他注意到盆中液体溢出来了，这让他感到不满意。在小便的时候，他注意到他的阴茎非常大，他有一种不舒服的感觉——好像他的父亲不应该看到它，因为他觉得会被父亲殴打，他也不想羞辱他的父亲。同时，他又觉得，他小便可以免去父亲下床小便的麻烦。说到这里，病人停了下来，然后说他真的觉得父母是他自己的一部分。梦里那个带着圆柱体的盆应该是一个中国花瓶，但又有些不对劲，因为瓶颈本应该在盆的下方，却放在了"错误的地方"，即它放在了盆的上方，实际上是在盆的内部。然后，这个盆让病人联想到他祖母家的煤气灯用到的一个玻璃碗，圆柱体的部分让他想到了煤气灯的罩。于是他想到了一条黑暗的通道，通道的尽头点着一盏微弱的煤气灯。他说，这幅画面让他感到悲伤。这使他想起了破旧的房屋，那里除了这盏小火煤气灯外，似乎没有什么活着的东西。诚然，只要拉一拉绳子，灯就会完全亮起来。这使他想起他一向害怕煤气灯，煤气灯的火焰让他觉得它们正在向他扑来，咬他，好像它们是狮子的头。另一件使他害怕的事是煤气灯熄灭时发出的"砰"的一声。我诠释说，盆中的圆柱体部分和煤气灯罩是一回事，他不敢往里面小便，因为他出于某种原因不想把火焰扑灭。他回答说，当然不能用这种方法扑灭煤气灯火焰，因为那样的话还会遗漏煤气——这不像一支蜡烛，你可以简单地吹灭它。

　　第二天晚上，病人做了这样一个梦：他听到有什么东西在烤箱里煎得咝咝作响。他看不清那是什么东西，但他想到了某种棕色的东西，可能是烤盘中正在烤的肾脏。他听到的声音就像一个微小的声音发出的吱吱声或哭声，他的感觉是有一个活生生的东西正在被烤焦。他的母亲在那里，他试图让她注意到这一点，让她明白活煎东西是最糟糕的事情，比煮还要糟糕。活煎更折磨人，因为热油阻止了完全燃烧，所以在剥皮的时候，肾脏还是活的。他无法让母亲明白这一点，她似乎也不介意。这让他很担心，但在某种程度上又让他安心了，因为他认为，如果她不介意的话，事情毕竟不会那么糟糕。他没有在梦中打开的烤箱——他从来没有看到过肾脏和烤盘——让他联想到冰箱。在一位朋友的公寓里，他曾多次把冰箱门和烤箱门搞混。他怀疑在某种程度上，对他来说，热和冷是一回事。烤盘中滚烫的油让他想起了小时候读过的一本关于酷刑的书，他尤其对斩首和热油酷刑感到兴奋。斩首让他想起了查尔斯国王。病人对他被处死的故事非常激动，后来对他产生了一种崇拜。关于用热油折磨人，他过去常常想得很多，想象自己处于这种情况（尤其是腿被烧焦），并试图找出如果真的遇到这种情况，如何才能使痛苦程度降到最低。

在病人告诉我第二个梦的那天，他首先谈到了我划火柴点燃香烟的方式。他说，很明显，我划火柴的方式不对，因为火柴头有一点向他飞来了。他的意思是我的角度不对，然后接着说："就像他的父亲，他在网球比赛中发球的方式不对。"他想知道在他的分析中，火柴头朝他飞来的情况以前发生过多少次（他以前曾说过一两次，抱怨我的火柴很糟糕，但现在他批评的是我擦火柴的方式）。他不想说话，只说他两天前得了重感冒。他的头感觉很重，耳朵被堵住了，因为黏液比他以前感冒时更浓。然后他告诉我他做过的梦，在联想的过程中，他再次提到了感冒，这使他不愿意做任何事情。

通过对这些梦的分析，我对病人发展中的一些基本问题有了新的认识。这些议题在他之前的分析中已经出现过并得到了修通，但现在它们出现在新的联想中，然后变得完全清楚和令人信服。我现在只指出与本文的结论相关的几点，限于篇幅，我无法引用所有重要的联想。

梦中的小便代表着病人早期对父母的攻击性幻想，特别是针对他们的性交。他曾幻想咬他们，吃掉他们，以及其他攻击，包括在他父亲的阴茎上和里面撒尿，以便剥皮并烧毁它，并让他父亲在他们的性交中烤焦他母亲的内脏（用热油折磨）。这些幻想延伸到他母亲体内的婴儿，这些婴儿将被杀死（焚烧）。被活煎的肾脏既代表了他父亲的阴茎——相当于粪便——也代表了他母亲体内的婴儿（他没有打开的烤箱）。关于斩首的联想表达了病人对他父亲的阉割。他对父亲的阴茎的侵占表现在，他感觉自己的阴茎很大，他为自己和父亲排尿（在他的分析中，父亲的阴茎在病人的阴茎内或与病人的阴茎相连的幻想已经多次出现）。病人往盆里小便也意味着他与母亲发生了性关系（因此，梦中的碗和母亲既是一个真实的人物，也是一个内化的人物）。无能的、被阉割的父亲被要求观看病人与母亲的性交，这与病人在童年时的幻觉中经历的情况完全相反。他觉得自己不应该这样做，这表达了他想羞辱父亲的愿望。这些（还有其他）施虐幻想产生了不同的焦虑内容：他无法让母亲明白，她体内燃烧和咬人的阴茎（燃烧和咬人的狮子头、他点燃的煤气灯）使她处于危险之中，她的孩子们有被烧焦的危险，同时也对她自己（烤箱里的肾脏）构成了威胁。病人觉得圆柱形的瓶颈"放在了错误的地方"（碗内而不是碗外），这不仅表达了他早期对母亲将父亲的阴茎放入自己体内的憎恨和嫉妒，也表达了他对这一危险事件的焦虑。尽管肾脏和阴茎受到折磨但它们仍然活着，病人的这一幻想既表达了对父亲和婴儿的破坏倾向，也在一定程度上表达了保护它们的愿望。床的特殊位置（不同于父母卧室里的床的实际位置），不仅显示了病人充满原始攻击性和嫉妒的冲动——想把性交中的他们分开，而且还显示出他担心父母会被性交伤害或杀死——在他的幻想中，儿子安排的这种性交是如此危险。指向父母的死亡愿望导致了病人对他们死亡的极度焦虑。这表现在病人对小火煤气灯的联想和感受、梦中父母的高龄（比实际年龄大）、他们的无助感以及保持父母温暖的必要性上。

他对自己安排的这场灾难负有责任并感到内疚，病人的联想体现了他对此的防御，他对此联想到我划火柴的方式是错的，他的父亲也用错误的方式发球。以这种方式，他让父母为他们自己错误和危险的性交负责，但他的一句话表达了对基于投射的报复（我在烧他）的恐惧，他说他想知道在他的分析过程中，我的火柴头有多少次飞向他。与他受到的攻击有关的其他焦虑内容（狮子头、燃烧的煤气）也反映了他的恐惧。

病人内化（内摄）了他的父母，这一事实表现在：①他和父母一起旅行的火车车厢（他不断地照顾他们，"管理所有事情"）代表着他自己的身体；②车厢是露天的（与他的感觉相反）代表着父母的内化，他无法脱离他内化的客体，但露天是对这一点的否认；③他必须为父母做一切，甚至替父亲小便；④他明确表达了一种感觉，即他们是他自己的一部分。

但是，随着他父母的内化，我之前提到的关于真实父母的所有焦虑情境都被内化了，从而成倍增加并加剧，而且部分地改变了性质。他的母亲在他体内，里面有燃烧的阴茎和垂死的婴儿（带烤盘的烤箱）。此外，他的父母在他体内进行危险的性交行为，有必要让他们分开。这种必要性是许多焦虑情境的根源，他的分析显示，这是他的强迫症状的根源。在任何时候，父母都有可能进行危险的性交，互相焚烧和吃掉对方，而且，由于他的自我已经成为所有这些危险情境付诸行动的地方，这也会摧毁他。所以，他同时要为父母和他自己承担极大的焦虑。内化的父母即将死亡，这让他感到悲伤，但同时他又不敢让他们复活（他不敢拉煤气灯的绳子），因为他们的完全复活意味着性交，这将导致他们和他的死亡。

然后是来自本我的威胁。如果一些真实的挫折激起的嫉妒和仇恨在他心中涌起，他会再次在幻想中用他燃烧的排泄物攻击内化的父亲，扰乱父母的性交，从而引发新的焦虑。无论是外部还是内部的刺激，都可能增加他对内化的迫害者的偏执焦虑。如果他杀了他体内的父亲，死去的父亲就成了一种特殊的迫害者。我们从病人的评论（以及他随后的联想）中可以看出，如果煤气被液体熄灭，毒素就会残留下来。在这里，偏执心位变得突出，而体内的死亡客体变得等同于粪便和屁❶。然而，在病人分析之初，这种偏执心位非常强烈，但随后就大大减弱了，在梦中也很少出现。

支配他的梦境的是痛苦的感觉，这种感觉与他对所爱客体的焦虑有关，正如我之前指出的，这是抑郁心位的特征。在梦中，病人以不同的方式处理抑郁心位，他使用施虐性的躁狂来控制他的父母，让他们彼此分开，从而阻止他们愉快和危险的性交。与此同时，他照顾他们的方式呈现了一种强迫性的机制。但是，他克服抑郁心位的主要方式是修复。在梦中，他全身心地投入他的父母身上，以保持他们的生存和舒适。他对母亲的担忧可以追溯到最初的儿童期，让她恢复正常、修复她和他的父亲、让婴儿成长的动力，在他所有的升华中扮演了重要的角色。他体内发生的危险事件与他的疑病焦虑之间的联系，体现在病人对他在做梦时患感冒的描述中。看起来，非常浓稠的黏液等同于碗里的尿液、烤盘中的油，也等同于他的精液，而且他觉得自己的脑袋很沉重，因为他的脑袋里装着他父母的生殖器（有肾脏的烤盘）。黏液的用途是保护他母亲的生殖器不与他父亲的生殖器接触，同时它也暗示着他与他母亲发生性关系。他的脑袋感觉被堵住了，这种感觉代表着他把父母一方的生殖器与另一方的生殖器隔开了，这样就把他的内在客体隔开了。促成这个梦的一个因素是，病人在做梦不久前经历了一个真实的挫折。虽然这个经历没有导致抑郁，但它无意识地影响了他的情绪平衡，这一点从梦境中可以明显看出。在梦里，抑郁心位的强度似乎增加了，而病人强大的防御能力在一定程度上失效了。但在他的实际生活中却并非如此。有趣的是，促成梦的另一个因素是一种非常不同的刺激。在这段痛苦的挫折经历之后，他最近和父母一起进行了短途旅行，他非常喜欢这段旅程。实际上，这个梦一开始就使他想起了这次愉快的旅行，但后来，抑郁的感觉盖过了满足的感觉。正如我之前指出的，病人以前非常担心他的母亲，但是这种态度在他的分析过程中改变了，他现在和他的父母有了一种非常快乐和无忧无虑的关系。

　　在我看来，我所强调的与梦有关的观点似乎表明，婴儿期最早阶段的内化过程对精神病位置（psychotic positions）的发展起着至关重要的作用。我们看到，一旦父母被内化，早期对他们的攻击幻想会导致对外部和内部迫害者的偏执恐惧，并产生对被吞并的客体即将死亡的悲伤、苦恼以及疑病焦虑。这导致病人试图以全能的躁狂方式，控制这些施加在自我身上的难以忍受的内在痛苦。我们还看到，随着修复趋势的增强，内化父母的专制的和施虐性的控制是如何改变的。

　　限于篇幅，我在这里无法详细讨论正常儿童修通抑郁和躁狂心位的方式，在我看来，这是正常发展的一部分❼。因此，我只进行一般性的阐述。

　　在我以前的论文中，我提出了本文开头提到的观点，即在儿童生命的最初几个月里，他们会经历与"坏的"、拒绝性的乳房（denying breasts）相关的偏执焦虑，这些乳房被认为是外部和内部的迫害者❽。儿童在这一阶段与部分客体的关系，以及与粪便的关系，是儿童与一切客体的关系的幻想性质和非现实性的基础；他们对自己身体的各个部分，对周围的人和事，最初只能隐约感知。在婴儿刚出生的两三个月里，他的客观世界由两部分组成：一部分是敌对和迫害性的现实世界，另一部分是令人满意的现实世界。不久，婴儿对母亲整个人的感知越来越多，这种更现实的感知延伸到母亲之外的世界。（事实上，与母亲和外部世界的良好关系有助于婴儿克服早期的偏执焦虑，这让我们对婴儿早期体验的重要性产生了新的认识。从一开始，分析就一直强调儿童早期体验的重要性，但在我看来，只有我们更多地了解儿童早期焦虑的性质和内容，以及儿童的实际经历与幻想生活之间的持续相互作用，我们才能充分理解为什么外部因素如此重要。）但在这个时候，婴儿的施虐幻想和情感（尤其是其食人冲动）达到了顶峰。与此同时，儿童对母亲的情感态度也发生了变化。他对乳房的力比多固着发展成对她整个人的情感。因此，对同一客体的破坏性和爱的感受会让婴儿内心产生深刻而令人不安的冲突。

在正常的发展过程中，自我大约在四到五个月大的时候就面临着这个发展点，它需要在一定程度上承认心理现实和外部现实。儿童因此要认识到，被爱的客体同时也是被恨的客体；除此之外，真实的客体和幻想的客体（无论是外在的还是内在的）都是相互联系的。我在其他文章中曾指出，非常年幼的儿童既存在着与真实客体的关系，但在另一个层面上也存在着与幻想意象（包括全好的人物和全坏的人物）的关系[19]，这两种客体关系在发展过程中不断地相互交织，并相互影响[20]。在我看来，朝这个方向迈出的第一个重要的步骤是，儿童认识到母亲是一个完整的人，并将她作为一个完整的、真实的、被爱的人来认同。就在这时，我在这篇文章中所描述的抑郁心位出现了。当母亲的乳房缺席时，婴儿反复体验的"失去心爱的客体"会刺激和加强这种心位，这种丧失在断奶时达到高潮。桑多尔·拉多（Sandor Radó，1923）指出，抑郁心位中最深刻的固着点会在受到失去爱的威胁的情况下（弗洛伊德），尤其是在哺乳期婴儿感到饥饿的情况下被找到。弗洛伊德认为，在躁狂状态中，自我再次与超我融为一体（in unity）。拉多认为："这一过程是在内心忠实地重复着与母亲融合的体验，这种体验是在吮吸母乳时感受到的。"我同意这些说法，但我的观点与拉多得出的结论在某些重要方面有所不同，尤其他认为儿童的罪疚感与这些早期体验以间接和迂回的方式联系在一起。我以前已经指出过，在我看来，当婴儿在哺乳期间将母亲作为一个整体来感知，从将她作为部分客体内摄过渡到作为完整客体内摄时，婴儿体验到一些内疚和悔恨的感觉，体验到一些由于爱和无法控制的仇恨之间的冲突而产生的痛苦，也体验到一些对所爱的内在客体和外部客体即将死亡的焦虑——在更小和更温和的程度上，婴儿体验到成年忧郁症中充分发展的痛苦和感觉。当然，这些感受是在不同的环境中被体验的。婴儿在母亲的爱中一次又一次地获得安慰，他的整体处境和防御与成人的忧郁有很大的不同。但重要的一点是，源于自我与其内化客体的关系的这些痛苦、冲突、悔恨和内疚的感觉，在婴儿身上已经很活跃了。正如我所说的，这同样适用于偏执和躁狂心位。如果婴儿在生命的这个阶段没有建立起他所爱的客体——如果"好"客体的内摄失败了，那么"失去所爱的客体"的情境就会出现，就像成人的忧郁症中呈现的那样。如果婴儿在早期发展阶段未能在自我中建立起所爱的客体，那么在断奶前和断奶期间由于失去乳房而体验的首个也是最基本的"失去外部真实的所爱客体"情境，便会导致他在日后陷入抑郁心位。在我看来，也是在这个发展的早期阶段，儿童的躁狂幻想（首先是控制乳房，很快就是控制内化的父母和外在的父母）开始具有我所描述的躁狂心位的所有特征，并被用来对抗抑郁心位。每当婴儿在失去乳房后再次找到乳房时，自我和自我理想重合的躁狂过程就开始了（弗洛伊德）；因为婴儿在哺乳时的满足感不仅被体验为对外部客体的吞食（弗洛伊德称之为躁狂中的"盛宴"），而且还会产生与内化的所爱客体有关的食人幻想，并与对这些客体的控制有关。毫无疑问，孩子在这个阶段越能与真实母亲建立起良好的关系，就越能克服抑郁心位。但这一切都取决于他如何找到出路，走出爱与无法控制的仇恨和施虐之间的冲突。正如我以前所指出的，在最早的阶段，儿童心中的迫害性客体和好客体（乳房）是分开的。随着完整和真实的客体的内摄，它们更紧密地结合在一起时，自我会不断地求助于对客体关系的发展极其重要的这一机制，即将客体意象分裂为他爱的与他恨的，也就是说，分裂为好客体与危险客体。

我们可以认为，实际上正是在这一点上，与客体关系（即完整和真实的客体）有关的矛盾心理开始出现。由客体意象的分裂所带来的矛盾心理，使幼儿获得对其真实客体（进而对其内化客体）更多的信任和信念，更多地爱他们，并在更大程度上实现他对所爱客体的修复幻想。同时，偏执焦虑和防御被导向"坏"客体。自我从真正的"好"客体那里获得的支持，会由于一种在外部和内部好客体之间交替使用的飞行机制（flight-mechanism），而得到增强。

似乎在这个发展阶段，外在客体与内在客体、所爱客体与所恨客体、真实客体与想象客体的整合（unification）是以下面的方式进行的，即整合的每一步都会再次导致客体意象的重新分裂。但是，随着儿童对外部世界适应的增强，这种分裂是在逐渐变得越来越接近现实的层面上进行的。该过程会一直持续下去，直到儿童建立起对真实的、内化客体的爱和信任。然后，矛盾心理（这在一定程度上是对自己的恨以及对可恨和可怕的客体的保护）将会在正常的发展中不同程度地减轻。

随着儿童对真实好客体的爱的增加，他对自己的爱的能力有了更大的信任，并减少了对坏客体的偏执焦虑。这些变化使得儿童的施虐冲动进一步减少，并发展出控制和消除攻击性的更好的方法。在婴儿克服抑郁心位的正常过程中，修复倾向起着至关重要的作用，它是通过不同的方法形成的，我将只提及其中两个基本的方法：躁狂和强迫的防御和机制。

由此看来，从对部分客体的内摄，转变为对完整的所爱客体的内摄，包括由此产生的影响，是发展过程中最关键的一步。这一过程的真正成功，很大程度上取决于自我在发展的前一阶段是如何处理它的施虐冲动和焦虑的，以及它是否已经发展出一种与部分客体的强烈的力比多关系。但一旦自我迈出了这一步，它就到达了一个十字路口，决定整体心理结构的发展方式从这里向不同的方向辐射。

我已经仔细考虑过，如果自我不能保持对内在真实所爱客体的认同，便可能会导致精神病问题，如抑郁状态、躁狂或偏执。

我现在将讨论几种自我试图用来消除与抑郁心位相关的痛苦的其他方式，即：①逃向"好的"内化客体。梅利塔·施密德伯格（Melitta Schmideberg，1930）在与精神分裂症有关的研究中注意到了这一机制。自我虽然已经内摄了一个完整的所爱客体，但由于它对投射到外部世界的内化迫害者的过度恐惧，自我便在对其内化客体的仁爱的过度信仰中寻求庇护。这种逃避，可能导致儿童对心理现实和外部现实的否认，以及最严重的精神病。②逃向外部的"好"客体，以此来对抗所有的焦虑——内在的和外在的。这种机制是神经症所具有的一个特征，可能导致儿童对客体的盲目依赖和自我的脆弱。

正如我之前指出的，这些防御机制在婴儿抑郁心位的正常修通过程中发挥着作用。如果不能成功地修通这个心位，可能会导致上述的某种飞行机制占据优势，从而导致严重的精神病或神经症。

我在这篇文章中强调，在我看来，婴儿期的抑郁心位是儿童发展的中心位置。儿童的正常发展及其爱的能力，似乎在很大程度上取决于自我如何修通这个节点位置。这再次依赖于早期的机制（这些机制仍在正常人身上发挥作用）根据自我与其客体关系的变化所经历的修正，特别是依赖于抑郁、躁狂和强迫心位和机制之间成功的相互作用。

注　释

❶《儿童精神分析》第八章和第九章。

❷ 请读者参考我关于婴儿对母亲身体猛烈攻击的阶段的描述。这一阶段是从婴儿的口腔施虐冲动开始的，在我看来，这是偏执的基础（参见《儿童精神分析》第八章）。

❸ 参见《反映在艺术作品和创造冲动中的婴儿期焦虑情境》（1929），也请参见《儿童精神分析》。

❹ 多年来，我一直支持这样一种观点，即儿童对母亲的依恋不仅仅源于对母亲的依赖，还源于对母亲的焦虑和罪疚感，而这些情感与儿童早期对母亲的攻击有关。

❺ 我已经解释过，通过逐渐地将好客体与坏客体、幻想的客体与真实的客体、外在客体与

内在客体整合起来，然后再将它们分裂开，自我逐渐走向一种更现实的外在客体与内在客体的概念，从而获得与两者的令人满意的关系（参见《儿童精神分析》）。

❻ 弗洛伊德（1923）在《自我与本我》（*The Ego and the Id*）一书中指出，忧郁症病人的破坏性成分已经集中在超我上，并直接指向自我。

❼ 众所周知，有些孩子呈现出一种迫切的需要，即他们希望受到严格的管教，希望有某些外部机构阻止他们做错事。

❽ 出自《一例强迫性神经症的注释》（*Notes upon a Case of Obsessional Neurosis*）（《标准版》第10卷，p.241）。

❾ 正如梅利塔·施密德伯格（1931）所指出的，参见《精神病机制在文明发展中的作用》（*The Rôle of Psychotic Mechanisms*）。

❿ 参见《儿童精神分析》。

⓫ 1934年秋天，克利福德·斯科特（Clifford Scott）博士在精神分析研究所的精神病讲座中提到，根据他的经验，精神分裂症的临床疑病症更为多样和奇怪，并且与迫害性客体和部分客体的功能有关。即使仅对病人做短暂的检查，我们也可以看到这一点。而在抑郁反应中，临床疑病症状的变化较少，更多地与自我功能有关。

⓬ 这就引出了另一个术语的问题。在我以前的论文中，我曾依据发展阶段来描述儿童的精神病焦虑和机制。诚然，这一描述充分说明了它们之间的起源学联系，也充分说明了它们会在焦虑压力下产生波动，直到达到更稳定的程度；但是，由于在正常的发展中，精神病焦虑和机制从来不会完全占据主导（当然，我已经强调了这一点），所以术语"精神病阶段"（Psychotic Phases）并不真正令人满意。因此，我现在用"心位"（position）这个词来形容儿童早期发展中的精神病焦虑和防御。在我看来，这个词比"机制"（mechanisms）或"阶段"（phases）更容易让人联想到儿童的发展性精神病焦虑和成人的精神病焦虑之间的差异，例如，从受迫害焦虑或抑郁情绪到正常态度的快速转变，这是儿童特有的转变。

⓭ 这些原因在很大程度上造成了他那种与外部世界断绝一切关系的忧郁症的心理状态。

⓮ 由于整体心位的幻想性质，这种"修复"几乎总是具有相当不切实际和无法实现的特征。

⓯ 伯特伦·列文（Bertram Lewin, 1933）报告了一位急性躁狂病人，她既认同了性交中的父亲，也认同了母亲。

⓰ 根据我的经验，那种偏执地认为体内有一个死去的客体的想法，就是一种神秘而不可思议的迫害者。这个迫害者给人的感觉是，他还没有完全死去，也许随时会以狡诈和隐秘的方式重新出现，而且由于主体试图通过杀死他来消灭他（危险的幽灵），他显得更加危险和充满敌意。

⑰ 爱德华·格洛弗（1932）提出，儿童在其发展过程中会经历一些阶段，这些阶段构成了忧郁症和躁狂等精神病性障碍的基础。

⑱ 苏珊·艾萨克斯（Susan Isaacs，1934）博士在她为《生命第一年的焦虑》（*Anxiety in the First Year of Life*）一文所做的评论中指出，儿童最初经历的痛苦的外部和内部刺激，为产生对外部和内部充满敌意的客体的幻想提供了基础，它们在很大程度上促成了这种幻想的形成。似乎在最早的阶段，每一种令人不快的刺激都与"坏"的、拒绝的性、迫害性的乳房有关，而每一种令人愉快的刺激都与"好"的、令人满意的乳房有关。

⑲ 参见《俄狄浦斯冲突的早期阶段》和《儿童游戏中的拟人化》。

⑳ 参见《儿童精神分析》第八章。

18

断奶
Weaning
（1936）

人类历史上最基本、最深远的发现之一来自弗洛伊德。他发现人类心智中有一个无意识部分，并且这个无意识的核心在婴儿时期就已经发展起来了。婴儿期的情感和幻想从一开始就在我们的心智中留下印记，这些印记不会消失，而是会被储存起来、保持活跃，并对我们的情感和智力生活产生持续而强大的影响。儿童最早的感觉来自外部和内部的刺激。婴儿在哺乳时的满意体验是他从外部世界获得的第一种满足感。分析表明，这种满足感只有一部分来自饥饿的减轻，同样重要的另一部分来自婴儿吮吸母亲乳房时，口腔受到刺激而感受到的愉悦。这种满足感是儿童性欲的重要组成部分，也是最初的表现。当温暖的乳汁流进喉咙，填满胃时，婴儿也会感受到愉悦。

对于不愉快的刺激，以及当他的快乐受挫时，婴儿会产生仇恨和攻击的感觉。和愉悦的感觉一样，这些仇恨指向了同一个客体，即母亲的乳房。

分析工作表明，几个月大的婴儿确实会沉迷于幻想的建构（phantasy-building）。我相信这是最原始的心理活动，而且几乎从出生起，婴儿就有幻想的能力。看上去，婴儿接收到的每一个刺激都会立即引发幻想。不愉快的刺激（包括单纯的挫折）会引发攻击性的幻想，让婴儿感到满足的刺激则产生愉悦的幻想。

正如我前面所说的，所有这些幻想指向的客体，首先是母亲的乳房。婴儿关注的只是人体的局部，而不是整个人，这看上去很奇怪。但我们必须首先记住，婴儿在这个阶段的感知能力，无论是身体上的还是心理上的，都还没有充分发展。其次，最重要的一个事实是：婴儿只关心他立刻获得了满足，还是遭遇了挫败；弗洛伊德称之为"快乐-痛苦原则"。因此，根据给予满足或拒绝满足，母亲的乳房在婴儿的心智中被赋予了好或坏的性质。现在，所谓的"好"乳房成为我们一生中感觉为好且慷慨的事物的原型，而"坏"乳房代表着一切邪恶和迫害性的东西。对于这一点，我们可以用这样一个事实来解释：当婴儿将他的仇恨转向拒绝性的或"坏"的乳房时，他将自己对乳房的所有活跃着的仇恨归因于乳房本身——这一过程被称为投射（projection）。

但与此同时，还有另一个非常重要的过程在进行，那就是内摄（introjection）。儿童通过这种心理活动，想象自己把他在外部世界所感知到的一切都摄取（take into）到自己体内。我们知道，在这一阶段，婴儿主要是通过他的口腔来获得满足的，因此，口腔不仅是婴儿摄取食物的主要渠道，而且在他的幻想中，也是他摄取外部世界的主要渠道。不仅仅是口腔，在一定程度上，整个身体的所有感官和功能都在执行这个"摄取"的过程——例如，婴儿通过呼吸摄取空气，通过他的眼睛、耳朵、触觉摄取，等等。从一开始，母亲的乳房就是婴儿持续渴望的对象，因此这是他首先要内摄的东西。在幻想中，婴儿把乳房吸吮进自己的身体，嚼碎，吞下去；以这种方式，他感觉真的获得了乳房，他自己拥有了母亲的乳房，这既包括好乳房，也包括坏乳房。

儿童对人体的某一部分的关注和依恋，是这个早期发展阶段具有的特征。这在很大程度上解释了儿童与一切事物的关系（例如儿童与他自己身体的一部分、他人以及无生命的物体的关系）的幻想性和非现实性，当然在一开始，儿童对所有这些事物都只有模糊的感知。在出生后的头两个月或三个月里，婴儿的客观世界由两部分组成：现实世界中令人满意的部分，以及充满敌意和迫害性的另一部分。大约在这个年龄，婴儿开始把母亲和周围的人视为"整个人"。当他将俯视他的母亲的脸与抚摸他的手和带给他满足感的乳房联系起来时，他逐渐发展出对她（和它们）的现实感知。一旦母亲"整个人"提供的快乐得到保证，并且给予他足够的信心，婴儿感知"整体"的能力便扩展到母亲以外的外部世界。

此时，婴儿身上也发生了其他变化。当婴儿几个星期大的时候，人们可以观察到他确实开始享受醒着的某段时光；从表面上来看，他有时感到非常快乐。似乎在刚刚提到的那个年龄，过度强烈的局部刺激会逐渐减少（例如，在开始时，排便常常带来一种不愉快的感觉）。通过不同身体功能的练习，婴儿开始形成更好的协调能力。这不仅会带来更好的身体状况，也会带来更好的对外部和内部刺激的心理适应。我们可以推测，最初带来痛苦的刺激现在不再令人痛苦，其中一些甚至变成了愉快的。事实上，缺乏刺激本身现在可能就是一种享受，这表明婴儿不再那么容易被不愉快刺激所激发的痛苦感觉所左右，也不再那么渴望与哺乳所带来的立即和充分的满足感相关的快乐；他对刺激的更好的适应，使获得立即和强烈满足的必要性不再那么迫切❶。

我曾提到与敌对的乳房有关的早期幻想和受迫害恐惧，并解释了它们是如何与婴儿的幻想性的客体关系联系在一起的。婴儿最早体验到的痛苦的外部和内部刺激，为他们关于敌对的外部和内部客体的幻想提供了基础，它们在很大程度上促成了这种幻想的形成❷。

在婴儿心智发展的早期阶段，每一个不愉快的刺激似乎都与他幻想中的"敌对的"或拒绝性的乳房有关，而另一方面，每一个愉快的刺激都与"好的"、满意的乳房有关。这里似乎存在两个循环，一个是善意的，另一个是邪恶的，这两个循环都是基于外部或环境以及内部心理因素的相互作用；因此，痛苦刺激的数量或强度的减少，或适应痛苦刺激的能力的增强，都会有助于减轻可怕幻想的强度。而可怕幻想的减轻，反过来使儿童能够设法更好地适应现实，这进一步促进了可怕幻想的减少。

我刚才概述的善意循环的影响，对于儿童的正常心智发展是非常重要的；这将极大地促进儿童形成母亲作为一个人的意象；这种对母亲作为一个整体的日益增长的认识，不仅意味着他在智力上发生了非常重要的变化，也意味着他的情感发展发生了非常重要的变化。

我曾提到，攻击性的和性欲（满足）的幻想和感觉——二者在很大程度上融合在一起（这种融合被称为施虐冲动）——在儿童的早期生活中占主导地位。它们首先集中在母亲的乳房上，但逐渐扩展到她的整个身体。婴儿贪婪的、性欲的和破坏性的幻想和情感，都指向母亲的身体内部。婴儿在想象中攻击它，抢走它内部拥有的一切，并吃掉它。

一开始，婴儿的破坏性幻想主要具有一种吮吸性质。这一点从某些婴儿即使有充足的奶水也会用力吮吸的方式中可以看出。儿童越接近长牙，就会产生越多的咬、撕、咀嚼并因此破坏客体的幻想。许多母亲发现，早在孩子还没长出牙齿的时候，这些咬人的倾向就已经显现出来了。分析经验证明，这些倾向伴随着一种食人性质的幻想。对幼儿的分析显示，当儿童开始将他的母亲视为一个完整的人时，所有这些施虐性的幻想和情感的破坏性，正达到顶峰。

与此同时，他现在对母亲的情感态度发生了变化。儿童最初对乳房的愉悦依恋，现在发展为对母亲作为一个人的情感。这样，破坏性感觉和爱的感觉指向的是同一个人，这给儿童带来深刻而令人不安的内在冲突。

在我看来，对儿童的未来非常重要的是，他必须能够从早期对受迫害的恐惧和幻想性的客体关系，发展到与作为一个完整的人和一个慈爱的人的母亲的关系。然而，当儿童成功地实现这一步时，与他自己的破坏性冲动有关的罪疚感便产生了，他现在担心这会对他所爱的客体造成危险。事实上，在这个发展阶段的儿童无法控制他的施虐冲动，因为它会在遇到任何挫折时涌出，这进一步加剧了冲突，也带来他对所爱客体的担忧。对于儿童的正常心智发展，这是同样重要的，即他需要有效地处理在这种新情境下产生的这些冲突的感觉——爱、恨和罪疚感。如果儿童无法忍受这些冲突，他就无法与母亲建立良好的关系，这将为随后的发展带来许多失败。我特别要提到过度或不正常的抑郁状态，在我看来，造成这些状态的根本原因正是儿童未能有效地处理这些早期的冲突。

但现在让我们考虑一下，当儿童对母亲死亡的内疚和恐惧（这是他无意识地希望她死亡的结果）得到充分处理时，会发生什么。我认为，这些情感对儿童未来的心理健康、爱的能力和社交发展都有深远的影响。从他们身上产生了一种修复的欲望，这种欲望表现在儿童想要拯救母亲并做出各种补偿的大量幻想中。对幼儿的分析表明，这些进行修复的倾向是所有建设性活动、兴趣以及社交发展的驱动力。我们发现，这些修复倾向在儿童最初的游戏活动中发挥着作用，是他们对自己的成就感到满意的基础，即使是那些最简单的成就，例如，把一块砖头放在另一块砖头上，或者把一块被推倒的砖重新立起来——这一切活动部分地来自一种无意识的幻想，即修复他在幻想中伤害过的某个人或几个人。但不仅如此，我相信即便是婴儿更早的成就，如玩手指、找到滚到一边的东西、站起来和各种自发的动作，也与已经存在补偿因素的幻想有关。

对相当小的儿童的分析——近年来我甚至对一岁到两岁的儿童进行了分

析——表明，几个月大的婴儿将他们的粪便和尿液与幻想联系起来，在幻想中这些东西被视为礼物。它们不仅是礼物，也象征着婴儿对母亲或保姆的爱，也是能够用来实现修复的工具。另一方面，当破坏性的感觉占主导地位时，婴儿会在他的幻想中带着愤怒和仇恨大便或小便，并用他的排泄物表达敌意。因此，在他们的幻想中，友好的情感所产生的排泄物，被用来弥补愤怒时的粪便和尿液造成的伤害。

囿于篇幅，本文不可能充分讨论攻击性幻想、恐惧、罪疚感和希望做出补偿之间的联系；尽管如此，我还是提到了这个话题，因为我想说明，攻击性情感虽然给儿童的心理造成了许多干扰，但同时对他的发展具有极高的价值。

我已经提到过，儿童在心理上摄取（内摄）了他所能感知到的外部世界。首先，他内摄了好的乳房和坏的乳房，但渐渐地，他内摄了整个母亲（再次被视为好的和坏的母亲）。除此之外，父亲和孩子周围的其他人也被内摄进来，开始时内摄程度较低，但内摄方式与儿童和母亲的关系是相同的；随着时间的推移，这些人物变得越来越重要，并在儿童的心智中获得了一种独立性。如果儿童成功地在自己内心构造出一个善良、有帮助的母亲，这个内在的母亲将会对他的一生产生最有益的影响。虽然这种影响通常会随着儿童心智的发展而改变其性质，但它可以与真实母亲在幼儿的生存中所起的至关重要的作用相媲美。我的意思并不是说"内化"的好父母会有意识地被感觉到，儿童不会有意识地感觉自己体内有什么东西，但会感觉自己人格中具有某些善良和智慧的东西；这会增强儿童对自己的信心和信任，并帮助他们对抗和克服对内在坏人物的恐惧和被自己无法控制的仇恨所支配的感觉；此外，这促进了儿童对家庭圈子之外的他人的信任。

正如我在前面所指出的，任何挫折都会给儿童带来非常强烈的感受；虽然他们在适应现实方面通常一直在取得进展，但他们的情感生活似乎被一个满足和挫折的循环所支配；但是，这些挫折感的性质非常复杂。欧内斯特·琼斯博士发现，挫败感总是被体验为一种剥夺：如果婴儿得不到想要的东西，他就会觉得那个有权力的、讨厌的母亲扣留了他的东西。

说到我们的主要问题，我们发现当孩子想要乳房却没有时，他们会觉得好像永远失去了它；由于儿童对乳房的概念已经延伸到对整个母亲的概念，所以失去乳房的感觉让婴儿害怕自己完全失去了所爱的母亲，这不仅意味着真实的母亲，也意味着内在的好母亲。根据我的经验，这种对彻底丧失好客体（内在的和外在的）的恐惧与摧毁她（吃掉她）的罪疚感交织在一起，这让儿童觉得，失去母亲是对他可怕行为的一种惩罚；因此，最痛苦和冲突的情感与挫折联系在一起，正是这些情感让看似简单的挫折带给儿童如此尖锐的痛苦。断奶的实际体验大大强化了这些痛苦的感觉，或倾向于证实这些恐惧；但是，鉴于婴儿从来没有不间断地拥有乳房，而且反复地处于乳房缺席的状态，所以在某种意义上可以说，他处于持续的断奶状态，或者至少是即将断奶的状态。然而，关键的一点是在实际断奶时，失去的乳房或奶瓶是不可挽回的。

根据我的经验，我可以引用一个案例，与这一丧失有关的感受在这个案例中非常清楚地表现出来。丽塔来做分析时，年仅两岁零九个月，她是一个非常神经质的孩子，有着各种各样的恐惧，最难抚养；她那完全不像孩子应有的沮丧和罪疚感非常明显。她和母亲关系密切，有时表现出夸张的爱，有时表现出对抗。她来找我的时候，夜间还需要喝一瓶奶，她母亲告诉我她必须继续喝奶，因为当母亲试图停止给丽塔奶的时候，丽塔表现出强烈的痛苦。丽塔的断奶很困难。她被母乳喂养了几个月，后来又喂了奶瓶，起初她不愿意接受；后来她习惯了，当瓶子被换成普通食物时，她又表现出了很大的困难。在我给她做分析的过程中，她喝完最后一瓶奶后，陷入了绝望的状态。她没有食欲，不吃东西，比以往任何时候都更黏着她的母亲，不断地问母亲是否爱她，她是否太调皮，等等。这不可能是食物本身的问题，因为奶只是她饮食的一部分，而且给她的奶也是一样多的，只是换成了用玻璃杯来喂。我曾建议她母亲亲自给丽塔喂奶，再加一两块饼干，然后坐在她的床边或把她抱在腿上。但是，丽塔仍然拒绝喝奶。分析表明，她的绝望是由于她担心她的母亲会死，或者是她害怕她的母亲会因为她的坏而惩罚她。她所感觉到的"坏"实际上是她现在或过去曾经无意识地希望她的母亲死去。强烈的焦虑压倒了她，她担心自己把妈妈给毁了，尤其是把妈妈给吃了，她觉得丢了奶瓶就证明她确实把妈妈给吃了。即使是看着她的母亲，也没有证明这些恐惧是错误的，直到它们通过分析被解决。在丽塔的案例中，早期对被迫害的恐惧还没有完全消除，与母亲的个人关系也从来没有建立起来。导致这种失败的原因，一方面是丽塔无法处理自己过度强烈的冲突，另一方面是她母亲的实际行为，她母亲是一个高度神经质的人，后者再次成为内部冲突的一部分。

很明显，当这些基本的冲突发生并在很大程度上得到解决时，孩子和母亲建立起来的良好关系是非常重要的。我们必须记住，在断奶的关键时刻，我们可以说，儿童失去了他的"好"客体，也就是说，他失去了他最心爱的东西。所有事情，只要能减轻失去外部好客体的痛苦，或减轻儿童对惩罚的恐惧，都将帮助他保持对其内在好客体的信念。同时，这将为儿童面对挫折但仍然保持着与真实母亲的良好关系，并进一步与父母以外的人建立愉快的关系，铺平道路。这样，他将成功获得一种替代性的满足，即新的满足可以弥补那些即将失去的重要满足。

现在，我们能做些什么来帮助孩子完成这个困难的任务呢？这项任务的准备工作从出生就开始了。从一开始，母亲就必须尽其所能帮助孩子与她建立良好的关系。我们经常发现，母亲为孩子的身体状况竭尽全力；她把注意力集中在这一点上，好像孩子是一个需要不断维护的物品，就像一台有价值的机器，而不是一个人。许多儿科医生也抱有同样的态度，他们最关心的是儿童的身体发育，只对那些与儿童的身体或智力状态有关的情绪反应感兴趣。母亲们往往没有意识到，小小的婴儿已经是一个人了，他的情感发展是最重要的。

母亲和孩子之间的良好接触可能会在第一次或最初几次哺乳时受到危害，因为母亲不知道如何诱导婴儿吮吸乳头；例如，如果母亲没有耐心地处理这种困难，而是相当粗暴地将乳头推入婴儿的嘴里，他便可能无法对乳头和乳房产生强烈的依恋，从而成为一个难以喂养的孩子。另一方面，我们可以观察到，那些最初出现这种困难的婴儿在耐心的帮助下，能够发展为与那些最初完全没有困难的婴儿一样好喂养的孩子❸。

除了在吃奶时，还有很多其他的场合，婴儿会无意识地感受和记录母亲的爱、耐心和理解——或者相反。正如我已经指出的，最早的感觉是与内部和外部刺激（愉快的或不愉快的）联系在一起的，并且与幻想有关。即使是刚刚脱离子宫的时候，婴儿被对待的方式也一定会给他留下深刻的印象。

虽然在其发展的早期阶段，婴儿还不能将母亲的关怀和耐心在他身上激起的愉悦感与她作为一个"完整的人"联系起来，但这些愉悦感和信任感的体验对婴儿来说是至关重要的。所有事情，只要能让婴儿感觉自己周围的客体是友好的（尽管这些客体从一开始在很大程度上被体验为"好乳房"），就都为儿童建立与母亲以及后来与周围其他人的良好关系奠定了基础，并做出了贡献。

我们必须在满足婴儿的生理需求和心理需求之间保持平衡。事实证明，规律的喂养对婴儿的身体健康很重要，这又影响了心理发展；但是，有许多儿童，至少在早期，无法忍受两次进食的间隔太长；在这种情况下，最好不要严格遵守规则，即每三个小时喂一次奶，甚至短于这个时间的规则，如果有必要，中间可以喝一口莳萝水（dill-water）或糖水。

我认为使用安慰奶嘴是有帮助的。的确，它有一个缺点——不是卫生方面的缺点，因为那是可以克服的——而是心理方面的缺点，即婴儿吮吸而没有得到他想要的奶时会失望；但无论如何，他可以从吮吸中获得部分的满足。如果不让他使用安慰奶嘴，他可能会更加吮手指；由于安慰奶嘴可以比吮吸手指更好地被控制使用，因此婴儿可以更好地脱离它。我们可以逐步开始戒除，例如，只有在婴儿安静下来入睡之前，或者当他身体不太好时才使用奶嘴，等等。

关于停止吮吸拇指的问题，米德尔莫尔（Middlemore，1936）博士认为，总的来说，我们不应该阻止婴儿吮吸拇指。支持这种观点的人认为，我们不应将本该避免的挫折强加于儿童。此外，还有一个事实需要考虑，那就是口腔方面过于强烈的挫折感可能会导致对生殖器快感的补偿性需求（例如强迫性手淫）加剧，而口腔方面经历的一些内在挫折感会延续到生殖器。

但也有其他方面需要考虑。不受限制地吮吸手指或使用安慰奶嘴会存在一种危险，即导致儿童的口腔固着过度强烈（我的意思是，力比多从口腔到生殖器的自然移动受到阻碍），而口腔的轻微挫折感会对感官冲动的分配产生有益影响。

持续的吮吸可能会抑制语言的发展。此外，如果过度吮吸大拇指，也会有以下缺点：儿童会经常伤害自己，这样他不仅会经历身体上的疼痛，而且会因为吮吸的快感和手指的疼痛之间的联系而遭遇心理上的不利影响。

关于手淫，我明确认为它不应该被干扰，应该让孩子用他自己的方式来处理❹。关于吮吸拇指，我认为在许多情况下，它可以在没有压力的情况下部分地和逐渐地被其他口腔满足（如吃糖果、水果和特别喜欢的食物）取代。通过这些可以随意提供给孩子的东西，并同时在安慰奶嘴的帮助下，我们可以软化（soften）断奶的过程。

我想强调的另一点是，过早地试图让孩子在排泄功能方面养成清洁习惯是错误的。一些母亲为很早就完成了这项任务而感到自豪，但她们没有意识到这可能会产生不良的心理影响。我并不是说，时不时地抱着婴儿到便盆上，从而让他慢慢地适应，有什么害处。问题的关键是，母亲不应该过分焦虑，也不应该试图阻止孩子把自己弄脏或弄湿。婴儿会感觉到母亲对待排泄物的这种态度，并因此感到不安，因为他对自己的排泄功能有强烈的性快感，他喜欢把排泄物当作自己身体的一部分和产品。另一方面，正如我之前指出的，当他带着愤怒的情绪排便时，他觉得他的粪便和尿液是带有敌意的。如果母亲焦急地试图阻止他与排泄物接触，婴儿就会觉得这证实了他的排泄物是母亲所害怕的邪恶和敌对的东西。因此，母亲的焦虑会增加他的焦虑。这种对待自己排泄物的态度在心理上是有害的，在许多神经症中起着很大的作用。

当然，我并不是说应该让孩子一直躺在脏的地方；在我看来，应该避免的是把他的清洁看得那么重要，因为这样孩子就会感觉到母亲对此有多么焦虑。我们应该轻松地接受整个过程，并且在清洁婴儿时避免出现厌恶或不满的表情。我认为系统的如厕训练最好推迟到断奶后。这种训练无疑对婴儿的心理和身体都是一种相当大的压力，在他处理断奶困难的时候，不应该将训练强加给他。就像艾萨克斯（1936）博士在她关于"习惯"的论文中所阐述的那样，即使在以后，这种训练也不应该进行得太严格。

如果母亲不仅喂养婴儿，而且还照顾婴儿，这对未来的母子关系是一笔巨大的财富。如果环境不允许她这样做，只要她能洞察婴儿的心理，她仍然可以在自己和婴儿之间建立牢固的联系。

婴儿可以在很多方面享受母亲的陪伴。他经常在哺乳后玩弄她的乳房。当母亲看着他、对着他微笑、与他玩耍和与他交谈时，他会感到高兴，虽然他还不明白这些单词的意思。他会逐渐了解并喜欢上她的声音，母亲对他唱歌可能会在他的无意识中成为一段愉快和刺激的记忆。用这种方式抚慰他，母亲便可以避免婴儿的紧张，消除他不愉快的心境，从而使他入睡，而不是让他哭得筋疲力尽地睡着！

只有当哺乳和照顾婴儿不是一种责任，而是母亲真正的快乐时，母子之间才能建立真正幸福的关系。如果母亲能尽情享受这些事情，孩子就会无意识地认识到她的快乐，这种互惠的快乐将带来母子之间充分的情感理解。

然而，事情还有另外一面。母亲必须意识到，婴儿并不是她的财产，尽管他很小，完全依赖她的帮助，但他是一个独立的个体，应该被当作一个独立的人来对待；她不能把他和自己绑得太紧，而要帮助他成长为独立的人。她越早采取这种态度越好；这样她不仅可以帮助孩子，还可以保护自己，使自己不会在未来失望。

孩子的发展不应受到过分的干扰。带着欣赏和理解来观察他的身心成长是一回事，而试图加速他的成长则是另一回事。我们应该让婴儿以他自己的方式安静地成长。正如埃拉·夏普（1936）所提到的那样，想要给孩子强加一个成长速度，使其符合预先安排的计划，这对孩子和他与母亲的关系都是有害的。母亲想加快儿童进步的愿望往往是出于自己的焦虑，这是扰乱母子关系的主要原因之一。

此外，在儿童的性发展（即他对性器官的体验以及伴随而来的欲望和感觉）方面，母亲的态度也非常重要。人们还没有普遍认识到，婴儿从出生起就有强烈的性感觉，这种感觉一开始是通过他的口腔活动和排泄功能体验到的快感来表达的，但很快也会与生殖器联系起来（手淫）；人们也没有普遍而充分地认识到，这些性感觉对儿童的适当发展是必不可少的，并且他的人格、性格和满意的成人性行为，也取决于他在童年时期建立的性行为。

我已经指出，我们不应该干涉孩子的手淫，也不应该施加压力让他戒掉吮吸拇指的习惯，并应该理解他在排泄功能和排泄物中获得的乐趣。但仅有这一点是不够的。母亲必须对他的这些性行为表现出真正友好的态度。母亲经常表现出厌恶、严厉或轻蔑的态度，这既是对孩子的羞辱，也是对孩子的伤害。由于儿童所有的性爱倾向首先都是指向他的父母，他们的反应将影响他在这些事情上的整个发展。另一方面，也有过分放纵的问题需要考虑。虽然我们不能干扰儿童的性行为，但如果他试图对母亲太放肆，母亲可能不得不约束他——当然是以一种友好的方式。母亲也不能让自己卷入他的性行为中。对孩子性行为的真正友好的接受，为她作为母亲这个角色建立了界限。在照顾孩子时，母亲自己的情欲需求必须很好地得到控制。她不能因为照顾孩子的任何活动而产生激情的兴奋。在给孩子清洗、烘干或给他擦粉（尤其是在生殖器部位）时，母亲必须克制自己。母亲缺乏自控能力很容易让孩子感觉到一种诱惑，这会给孩子的成长带来不必要的麻烦。

然而，母亲绝不应该剥夺孩子的爱。母亲当然可以而且应该亲吻、爱抚他，把他抱在膝上，所有这些都是他所需要的，对他来说都是有益的。

这让我想到了另一个重要的问题。婴儿不应该睡在父母的卧室里，并且不应该在父母性交时在场，这是至关重要的。人们常常认为这对婴儿没有什么害处，这是因为一方面，他们没有意识到婴儿的性感觉、攻击性和恐惧在这种体验中受到了太多的刺激。他们也忽视了另一个事实，即婴儿无意识地接受了他在智力上似乎无法理解的东西。通常，当父母认为婴儿睡着时，他是醒着的或半睡半醒的，甚至在他似乎睡着的时候，他也能感觉到周围发生了什么。虽然一切都是模糊的，但一个生动而扭曲的记忆仍然活跃在他的无意识中，对他的发展产生有害的影响。尤其糟糕的是，这种经历与其他同样给孩子带来压力的经历同时发生，例如，孩子也在经历一场疾病、一次手术，或者回到我这一章的主题——断奶。

现在我想就哺乳断奶的实际过程说几点。在我看来，慢慢地、轻轻地进行断奶是非常重要的。如果婴儿要在八九个月的时候（这似乎是合适的年龄）完全断奶，那么我们应该在大约五六个月的时候，就将每天的某一次哺乳喂养用奶瓶代替，之后的每个月应该增多一次奶瓶代替哺乳的喂养。与此同时，应该引入其他合适的食物，当孩子已经习惯了这一点，便可以开始让他戒掉奶瓶，然后一部分用其他食物代替，一部分用杯子喝牛奶来代替。耐心和温和地训练孩子习惯新食物，将会极大地促进断奶。不应该让孩子吃得比他想要的多，或者吃他不喜欢的食物（相反，应该给他提供大量他喜欢的食物）。在这个时期，我们也不应该关注餐桌礼仪。

到目前为止，我还没有讨论非母乳喂养的婴儿的成长。我希望我已经阐明了母亲哺乳的巨大心理意义，现在让我们来考虑当母亲无法做到这一点时，可能出现的情况。

奶瓶可以作为母亲乳房的替代品，因为它给婴儿带来吮吸的乐趣，从而在一定程度上建立起与（母亲或保姆提供的）奶瓶相关的乳房 - 母亲关系。

经验表明，没有经过母乳喂养的儿童往往发展得相当好❺。然而，在分析中，我们总会发现这些人对乳房的深切渴望从未得到满足。尽管乳房 - 母亲关系在一定程度上已经建立，但这对心理发展产生了巨大的影响，因为最早期和最基本的满足是从替代品中获得的，而不是从渴望的真实事物中获得的。我们可以认为，虽然儿童没有母乳喂养也能发育得很好，但如果他们有成功的母乳喂养，他们的发展会在某种程度上有所不同，而且会更好。另一方面，我根据我的经验推断，那些发展不良的孩子（即使他们是母乳喂养的）如果没有母乳喂养，他们的困难会更严重。

总而言之，成功的母乳喂养始终是儿童发展的一项宝贵财富。当然，有些孩子虽然错过了这个基本保障，仍然能发展得很好。

在这一章中，我讨论了可能有助于成功度过哺乳期和断奶的方法。然而，我现在处于一个相当困难的境地，我不得不告诉你，看似成功的事情并不一定是完全成功的。虽然有些孩子似乎已经顺利地完成了断奶，甚至在一段时间内取得了令人满意的进步，但在内心深处，他们一直无法处理这种情况所产生的困难，他们身上只是发生了一些外在的适应。这种外在的适应是由于孩子渴望取悦他所依赖的周围的人，以及希望与他们和睦相处的愿望。孩子的这种驱动力甚至早在断奶时期就在一定程度上表现出来，我相信婴儿的智力能力比人们所认为的要高得多。这种外在适应还有另一个重要原因，那就是它可以被用于逃避孩子无法处理的深层内心冲突。在其他案例中，某些明显的迹象反映了他们在真正的适应上的失败，例如许多性格缺陷，如嫉妒、贪婪和怨恨等。在这方面，我要提到卡尔·亚伯拉罕博士关于早期困难与性格形成之间关系的研究。

我们都认识一些人，他们在生活中总是充满怨气。例如，他们甚至憎恨恶劣的天气，认为这是糟糕的命运给他们带来的特别的影响。同样，还有一些人，如果在需要的时候没有立即得到满足，他们就会拒绝所有的满足，用几年前的一首流行歌曲的歌词来说："当我想要某些东西时，就必须马上得到，否则我就不要了。"

我尽力向各位表明，挫折对婴儿来说是如此难以忍受，因为它与内心深处的冲突相联系。真正成功的断奶意味着婴儿不仅已经习惯了新的食物，而且真正地迈出了处理内心冲突和恐惧的第一步，也就是说，正在适应真正意义上的挫折。

如果儿童已经实现了这种适应，"断奶"这个词的古老意义（obsolete sense）便可以用于这里了。我知道，在古英语中，"断奶"一词不仅包含"戒除"（weaning from）的意思，也包含"转向"（weaning to）的意思。运用这两种意义，我们可以说，当儿童真正适应挫折时，他不仅能够从母亲的乳房那里断奶，而且能够转向那些替代物，即转向那些建立完整、丰富和幸福的生活所必需的满足感的所有来源。

后记❻

最近的研究大大增加了我们对婴儿期最早阶段（大致是生命的前三四个月）的了解，我正是从这个角度写下这篇后记的。

正如我在《断奶》这篇论文中详细描述的那样，小婴儿的情感特别强烈，而且受极端情绪的支配。在他的第一个也是最重要的客体——母亲——的两个方面（好的和坏的）之间，以及他对母亲的情感（爱和恨）之间，存在着强有力的分裂过程。这些分裂，使他能够应对自己的恐惧。最早的恐惧来自他的攻击冲动（这种冲动很容易被挫折和不适激起），并以感觉被抛弃、受伤、被攻击——强烈的受迫害感的形式表现出来。这种集中在母亲身上的迫害恐惧在婴儿身上很普遍，直到他与母亲（从而与其他人）发展出更完整的关系——这也意味着他自我的整合。

最近的研究特别关注婴儿期的最早阶段。人们已经认识到，爱与恨之间的分裂（通常被描述为情绪的分裂）的强度各不相同，形式多种多样。这些变化与婴儿受迫害恐惧的强度有关。如果分裂过度，婴儿就无法安全地发展出与母亲的根本的重要的关系，自我整合的正常进程就会受到干扰。这可能会导致儿童在后来的生活中出现精神疾病。另一个可能的后果是抑制智力发展，这可能导致儿童出现智力落后，在极端情况下还可能导致智力缺陷。即使在正常的发展过程中，儿童与母亲的关系中也会出现暂时的干扰，这是由他对母亲和情感体验的退缩状态造成的。如果这种状态太频繁或持续时间太长，就可能标志着发展的异常。

如果第一阶段的困难能被正常地克服，婴儿就有可能成功地处理在接下来的关键阶段（大约四到六个月大时）产生的抑郁情绪。

关于生命第一年的理论发现来自我对幼儿（一般来说是两岁以上）的分析，然而，这些发现在对较大的儿童和成人的分析中也得到了证实。它们被越来越多地应用于婴儿行为的观察，该领域已经扩大，甚至包括了非常小的婴儿。自从这本书第一次出版以来，幼儿的抑郁情绪得到了更普遍的观察和认识。一些具有生命最初三四个月特征的现象，在某种程度上也是可以观察到的。例如，婴儿将自己与情感隔绝的退缩状态意味着他对周围环境缺乏反应。在这种状态下，婴儿可能表现出对周围环境的冷漠和不感兴趣。这种情况比过度哭泣、烦躁不安和拒绝进食等其他病症更容易被忽视。

对婴儿焦虑体验的日益加深的理解，也使照料者更容易找到减轻这些困难的方法。婴儿在某种程度上不可避免地会遇到挫折，而我所描述的基本焦虑无论如何也无法被完全根除。然而，更好地了解婴儿的情感需求，势必会对我们对其问题的态度产生积极影响，从而帮助他走上稳定的发展道路。这一希望也是当前研究的主要目标。

注　释

❶ 在这方面，我想起爱德华·格洛弗博士最近发表的评论。他指出，非常痛苦和非常愉快的感觉之间的突然变化本身可能就是令人痛苦的。

❷ 苏珊·艾萨克斯博士在给英国精神分析学会的一篇论文中强调了这一点的重要性（1934年1月）。

❸ 我要感谢温尼科特（D.Winnicott）医生在这个问题上提供了许多有启发性的细节。

❹ 如果儿童存在强迫性的或过度的手淫——这同样适用于长时间和过度用力地吮吸拇

指——我们可能会发现他与环境的关系出了问题。例如，他可能会害怕他的保姆，但他的父母对此毫不知情。他在学校可能会感到不开心，因为他感到自己落后，或者因为他与某位老师关系不好，或者害怕另一个孩子。分析显示，这类事情可能会导致儿童的心灵承受更大的压力，他们因而通过不断增加的、强迫性的感官满足获得解脱。当然，消除外部因素并不一定能缓解压力，但对这种过度手淫的孩子进行斥责只会增加潜在的困难。当这些困难非常严重时，只有通过心理治疗才能消除。

❺ 除此之外，即使是在早期经历过疾病、突然断奶或手术等极端困难情况的儿童，通常也会得到令人满意的发展，尽管这些经历总是以某种方式成为障碍；当然，如果可能的话，应该避免这些情况。

❻ 1952年添加。

19

爱、罪疚与修复

Love, Guilt and Reparation

(1937)

这本书❶的两个部分讨论了人类情感中迥然不同的方面。第一部分"恨、贪婪和攻击"讨论了强烈的仇恨冲动，这是人性的一个基本组成部分。第二部分，我试着描述同样强大的爱的驱力和修复动力，这是对第一部分的补充。然而，这种呈现方式中隐含的鲜明划分，实际上并不真正存在于人类的心智中。以这种方式将这两个话题分开讨论，可能无法清楚地表达爱与恨的持续相互作用。但是，对这个庞大议题进行划分是必要的，因为只有考虑到破坏性冲动在仇恨和爱的相互作用中产生的影响，才有可能说明爱的感觉和修复倾向是如何与攻击性冲动相联系，如何在攻击中存活下来并发展的。

琼·里维埃在她的文章中明确提出，这些情感首先出现在婴儿与母亲乳房的早期关系中，并且婴儿对这些情感的体验基本上是指向所渴望的人。为了研究各种力量的相互作用，我们有必要回到婴儿的精神生活中去。正是这些力量形成了人类最复杂的一种情感，我们称之为爱。

婴儿的情感状况

婴儿对于第一个爱与恨的对象——他的母亲——既充满渴望又心怀憎恨，而且这些情感的强烈程度和力量是婴儿的早期冲动所特有的。一开始，婴儿爱他的母亲，因为她满足了他对营养的需求，减轻了他的饥饿感，婴儿的嘴巴在吮吸乳房时获得刺激，这使他体验到一种感官上的愉悦。这种满足感是婴儿性欲的一个重要部分，实际上也是最初的一种表现。但是当婴儿饿了，他的欲望得不到满足，或者当他感到身体疼痛或不适时，整个情况就突然发生了逆转。仇恨和带有攻击性的感觉被激起，婴儿被一种破坏冲动所控制，他想要摧毁的是一个人，这个人是他的所有欲望所指向的客体，在他的心智中，他的全部体验（无论是好是坏）都与这个客体有关。此外，正如琼·里维埃所详细描述的那样，婴儿的仇恨和攻击性情绪会激起一种强烈的痛苦状态，如窒息、呼吸困难和其他类似的感觉，婴儿会感觉这些痛苦状态给自己的身体造成了伤害；这因此进一步加强了他的攻击性、不快乐和恐惧等感觉。

要想让婴儿从饥饿、仇恨、紧张和恐惧的痛苦状态中解脱出来，最直接的，也是最主要的手段，就是母亲出现，并满足婴儿的欲望。得到满足的短暂安全感大大增强了满足感本身；因此，感受到被爱所带来的安全感是一种重要的满足。这不仅适用于婴儿，也适用于成人。最简单的爱是如此，最复杂的爱也是如此。由于是母亲首先满足了我们的自我保存需求和感官欲望，并提供给我们安全感，所以她在我们心中的作用是非常深远的。虽然在以后的生活中，这种影响的方式或形式可能一点也不明显。例如，某位女人可能表面上与她的母亲很疏远，但她在与丈夫或所爱男性的关系中，仍然无意识地寻觅她与母亲早期关系中的某些特征。在儿童的情感生活中，虽然父亲也扮演了非常重要的角色，对其后来的爱情关系和其他人际交往也有影响；但是，就父亲作为一个令人满意的、友好的和保护性的人物而言，婴儿与父亲的早期关系在一定程度上是以与母亲的关系为原型的。

对婴儿来说，母亲一开始只是满足他全部欲望的主要客体（这个客体最早时只是一个好乳房❷），但很快，婴儿开始对母亲提供的满足和照顾产生反应，他能够将母亲作为一个人来爱。但是，婴儿的破坏性冲动从根本上扰乱了最初的这种爱。由此，婴儿的心中产生爱与恨之间的斗争；并且，这种斗争在某种程度上将持续一生，容易成为破坏人际关系的危险因素。

婴儿的冲动和感觉伴随着一种最原始的心理活动，即幻想建构，或者更通俗地称之为想象思维。例如，当母亲的乳房不在时，满怀渴望的婴儿可能会想象它在，即婴儿通过想象乳房的存在从而获得满足感。这种原始的想象是想象能力的最早形式，但在以后，想象能力会发展得更丰富。

伴随着这些感受，婴儿会产生各种各样的早期幻想。例如通过刚才提到的幻想，婴儿想象自己获得了所缺乏的满足感。然而，婴儿这些愉快的幻想也会伴随着实际的满足。而且，那些破坏性的幻想也会带来挫败感，以及由此引起的仇恨。当婴儿对乳房感到沮丧时，他会幻想自己攻击乳房；但是，如果他从乳房得到了满足，他便对其产生爱的感觉，并产生相应的愉快幻想。在攻击性的幻想中，他撕咬母亲和她的乳房，并以各种方式摧毁她。

这些破坏性幻想等同于死亡愿望，其中一个最重要的特征是，婴儿感觉他在幻想中所渴望的事情真的发生了。也就是说，他感觉自己真的摧毁了自己的破坏性冲动指向的客体，并且还在继续摧毁它，这对婴儿的心智发展造成了极其重要的影响。婴儿通过一种全能的修复幻想（译者注：即婴儿幻想自己能够修复被他摧毁的客体）来对抗这些恐惧，这对他的发展也有极其重要的影响。如果婴儿在他的攻击性幻想中伤害了自己的母亲——撕咬母亲并把她撕成碎片，他可能很快会创建出一种幻想——他正在把碎片重新拼凑起来，修复她❸。然而，这样并不能完全消除摧毁客体给他带来的恐惧，因为正如我们所知，这个客体是他最爱和最需要的，也是他完全依赖的。在我看来，这些基本冲突给成人情感生活的进程和力量造成了深远的影响。

无意识罪疚感

众所周知，如果我们发现自己对所爱的人怀有恨的冲动，我们会感到担忧或内疚。正如柯勒律治（Coleridge）所说：

……对我们所爱的人发怒，就像大脑陷入了疯狂。

我们非常倾向于把这些罪疚感隐藏起来，因为它们令人痛苦。然而，它们会以许多变相的方式表达出来，并且对我们的人际关系造成干扰。例如，有些人很容易因为得不到别人的赏识而痛苦，即使那些人对他们来说并不重要。这是因为，他们在无意识中觉得自己不值得被别人尊重，而受到的冷遇证实了这种怀疑。有些人在很多方面都对自己不满意（并非基于客观原因），例如，他们对自己的外表、工作或整体能力不满意。这些表现中有一些是相当普遍的，这一般被称为"自卑情结"。

精神分析显示，这种感觉比我们通常认为的要顽固得多，而且总是与无意识的罪疚感有关。有些人非常需要表扬和认可，因为他们需要证明自己是可爱的，值得被爱的。这种感觉来自一种无意识的恐惧，即他们不能完全或真正地爱别人，特别是他们无法控制自己对他人的攻击性冲动，他们害怕对亲人造成危险。

与父母有关的爱和冲突

正如我试图呈现的那样，爱与恨之间的斗争，以及由此引发的所有冲突，在很早的婴儿期就开始了，并在一生中一直活跃着。它发端于儿童与父母双亲的关系。在母乳喂养期间建立的母婴关系中，婴儿获得了一些感官感受，这些感觉体现在婴儿在母乳喂养期间的愉快的口腔感觉上。很快，生殖器感觉就会变得突出，婴儿对母亲乳头的渴望会减少，但它并没有完全消失，而是在无意识中保持活跃，在有意识的头脑中仍然部分活跃。对于小女孩来说，对乳头的关注转移到对父亲的生殖器的兴趣（这种兴趣大部分是无意识的），后者成为她的力比多愿望和幻想的对象。随着她的成长，小女孩对父亲的渴望超过了对母亲的渴望。她有意识和无意识地幻想取代母亲的位置，赢得父亲的爱，成为他的妻子。她也非常嫉妒母亲的孩子，因此希望跟父亲生下她自己的孩子。这些情感、欲望和幻想伴随着对母亲的敌意、攻击和仇恨，并且叠加了由于早年母乳喂养受挫而对母亲的不满。尽管如此，小女孩的脑海里仍然充斥着对母亲的性幻想和欲望。受此影响，她想取代父亲，与母亲建立联系。在某些情况下，这些欲望和幻想甚至比她对父亲的欲望和幻想更加强烈。因此，小女孩不仅爱她的父母，还和他们竞争。这种复杂的情绪因她与兄弟姐妹的关系而变得更加复杂。小女孩对母亲和姐妹的欲望和幻想是未来直接同性恋关系的基础，也是通过女性之间的友谊和感情间接表达的同性恋情感的基础。在通常的发展过程中，这些同性恋欲望退居幕后，被转移和升华，异性的吸引占据了主导地位。

小男孩也经历了相应的发展，他很快就感受到了对母亲的生殖器欲望和对父亲的竞争仇恨。然而，男孩指向父亲的生殖器欲望也在发展，这是男性同性恋的根源。这些情况引发了许多冲突：小女孩虽然恨她的母亲，但也爱她。小男孩爱他的父亲，会让他免受自己的攻击冲动带来的危险。此外，所有性欲的主要对象——女孩对父亲，男孩对母亲——也会引发仇恨和报复，因为这些欲望终将落空。

儿童也非常嫉妒自己的兄弟姐妹，因为他们是父母之爱的竞争对手。但是他也爱他们，因此，这再次激发了攻击冲动和爱之间的强烈冲突。这让孩子们感到内疚，并激发了他们想要补偿的愿望。这是一种混合的感觉。它不仅对我们与兄弟姐妹的关系有重要影响，而且对我们的社会态度、爱和内疚的感觉，以及在以后的生活中行善的愿望也有重要影响。因为，我们与他人的关系通常都是基于相同的模式。

爱、罪疚与修复

正如我之前所说的，爱和感恩的感觉会直接自发地在婴儿的心中升起，以回应母亲提供的爱和关怀。就像毁灭性的冲动一样，婴儿也有爱的力量，这是维持生命的力量的一种表现。它最初的基本表现是婴儿对母亲乳房的依恋，后来发展为婴儿将母亲作为完整的人来爱。精神分析显示，当婴儿心中存在爱与恨的冲突，对失去所爱之人的恐惧变得活跃时，婴儿的心理发展就迈出了非常重要的一步。这些内疚和痛苦的感觉现在作为新的元素进入了爱的情感中。它们成为爱的一部分，深深地影响着爱的质量和强度。

即使在幼儿身上，人们也可以观察到他们对所爱的人的关心，这不仅仅体现了他们对一个友好和有用的人的依赖。与儿童和成人无意识中的破坏性冲动并存的是，为了帮助和挽救在幻想中受到伤害或破坏的所爱之人，人们也有一种作出牺牲的深刻冲动。我们发自内心想让别人快乐的愿望，涉及一种强烈的责任感和对别人的关心，后者体现在我们对他人的真诚同情，以及理解别人的能力中。这种理解既包括理解别人如其所是的样子，也包括理解别人的感受。

认同和修复

真正的体贴意味着我们可以设身处地地为他人着想，即我们与他们"认同"。这种对另一个人的认同能力是一般人际关系中最重要的元素，也是产生真实而强烈的爱的条件。要想有能力认同所爱的人，我们就只能忽视或在一定程度上牺牲自己的感受和欲望，从而有一段时间把对方的利益和情绪放在首位。因为在与他人认同的过程中，我们就像分享了自己给予他们的帮助或满足，我们以某种方式重新获得了我们以另一种方式牺牲的东西❹。最终，在为我们所爱的人做出牺牲、认同我们所爱的人的过程中，我们扮演了一个好父母的角色，并按照父母有时对我们做的或我们希望他们做的那样对待这个人。同时，我们也扮演好孩子（对父母来说）的角色，这是我们过去想要做的，或者现在正在做的。这样，通过情境的反转（reversing），即像好父母那样对待另一个人，我们在幻想中重新创造并享受我们所渴望的来自父母的爱和关心。然而，扮演别人的好父母也可能是一种处理过去的挫折和痛苦的方式。我们会对父母产生不满，因为他们让我们感到挫败。这些不满在我们心中引发的仇恨和复仇的感觉，这反过来引发了内疚和绝望的感觉，因为我们伤害了我们同时爱着的父母。所有这些，在我们的幻想中，都可以通过同时扮演慈爱的父母和贴心的孩子的角色，被回过头来消除（消除一些恨的理由）。与此同时，在我们无意识的幻想中，我们对幻想中造成的伤害进行了补偿，但我们仍然无意识地因为这些伤害而感到内疚。在我看来，这种修复是爱和所有人际关系的基本要素。因此，我将在下文中经常提到它。

快乐的爱情关系

请各位记住我所说的关于爱的起源的话，现在让我们考虑一些成年人的特殊关系。首先，以一个男人和一个女人之间令人满意和稳定的爱情关系为例，就像我们在幸福的婚姻中所看到的那样。这意味着一种深深的依恋，一种相互牺牲的能力，一种分担悲伤、快乐、兴趣和性享受的能力。在这样的关系中，我们可以发现多种类型的爱的表达❺。如果女人对男人抱有一种母性的态度，她就会（尽可能地）满足男人最早期的愿望，也就是他想从自己的母亲那里获得的满足。在过去，这些愿望从来没有完全得到满足，也从来没有完全被放弃过。可以说，这个男人现在拥有了自己的母亲，并且相对来说不必感到罪疚（我将在后面更详细地说明原因）。如果女人的情感生活十分丰富，除了拥有这些母性的情感外，她还会保留孩子对父亲的一些态度，而这种早期关系的一些特征也会表现在她与丈夫的关系中。例如，她会信任和崇拜她的丈夫，后者会像她的父亲一样保护和帮助她。这些感觉将是一种关系的基础，其中女人作为成年人的欲望和需要可以得到充分的满足。同样，妻子的这种态度给了男人以各种方式保护和帮助她的机会——在他的无意识里，他是在自己的母亲面前扮演一个好丈夫的角色。

如果一个女人对她的丈夫和孩子都有强烈的爱，我们可以推断她在童年时期很可能与父母和她的兄弟姐妹的关系是良好的。也就是说，她已经能够有效地处理她早年指向他们的仇恨和报复情绪。我在前面提到过下列事实的重要性，即小女孩无意识里希望从她父亲那里得到一个孩子，以及与这个愿望相关的对父亲的性欲望。父亲对她的生殖器欲望的挫败，引起了小女孩强烈的攻击幻想，这对成人生活中的性满足能力有重要的影响。因此，小女孩的性幻想与对父亲阴茎的仇恨联系在一起，因为她觉得父亲的阴茎拒绝了她，却满足了她的母亲。在她的嫉妒和仇恨中，她希望它是一个危险而邪恶的东西——一个也不能使她的母亲满足的东西，因此，在她的幻想中，阴茎是具有破坏性的。集中在父母的性满足上的这些无意识愿望，引发了她的一些幻想，即性器官和性满足是一件坏的并且危险的事情。在这些攻击幻想之后，女孩再次产生了想要补偿的愿望。更具体地说，是治愈父亲阴茎的幻想，因为在她的脑海中，父亲的阴茎是被她伤害或变坏的。这个治愈父亲阴茎的幻想，也与性的感觉和欲望有关。这些无意识的幻想极大地影响了女人对丈夫的感情。如果他爱她，也在性方面满足她，那么她的无意识施虐幻想就会失去力量。但是，由于这些幻想并没有完全失去作用（尽管在一个相当正常的女人身上，它们的存在程度不足以抑制与更积极或友好的性欲冲动融合的倾向），它们会激发一种修复性质的幻想。因此，作出补偿的动力再次付诸行动。性满足不仅给她带来快乐，而且给她安慰和支持，以消除因她早期的施虐愿望而产生的恐惧和内疚感。这种安慰增强了性的满足感，使女人产生感激、温柔和增强的爱的感觉。在她心灵的深处有一个感觉，她的生殖器是危险的，可能会伤害她的丈夫的生殖器（这种感觉源于她对父亲的攻击幻想）。正是由于这个原因，她获得的满足感的一部分来自这样一个事实，即她能够给丈夫带来快乐和幸福，这证明她的生殖器是好的。

因为小女孩曾幻想她父亲的生殖器是危险的，这仍然对女性的无意识有一定的影响。但如果她和丈夫有一段快乐的、令人满意的性关系，她就会觉得他的生殖器是好的，因此她对坏生殖器的恐惧就被证明是错误的。因此，性满足起到了双重安慰的作用：她自己是好的，她丈夫也是好的。通过这种方式获得的安全感增强了实际的性享受，由此带来了更广泛的安慰。女人早期对母亲的嫉妒和仇恨（因为母亲和她在争夺她父亲的爱）在她的攻击幻想中起了重要的作用。性满足和与丈夫的幸福和爱的关系，提供了一种共同的幸福感，这也会在一定程度上证明她对母亲的施虐愿望没有生效，或者她的补偿是成功的。

一个男人对妻子的情感态度和性取向当然也会受到他的过去的影响。他的母亲在他童年时对他生殖器欲望的挫败激起了他的一种幻想，即他的阴茎是一个可能给她带来痛苦和伤害的工具。与此同时，他对父亲的嫉妒和仇恨（因为父亲和他争夺母亲的爱）也使他对父亲产生了施虐性质的幻想。在与爱人的性关系中，男性早期的攻击幻想在某种程度上发挥了作用，这种幻想引发了他对阴茎破坏性的恐惧。并且，通过类似于女性的转变，他的施虐冲动（在可控范围内时）刺激了他的修复幻想。然后，他会觉得阴茎是一种好的、有疗愈能力的器官，它将给女性带来快乐，治愈她受伤的生殖器，并在她体内制造婴儿。他与女人的一段快乐的、性满足的关系提供了证明，即他的阴茎是好的。并且，这也无意识地给他一种将她成功修复的感觉。这不仅增加了他的性快感，增加了他对女人的爱和柔情，而且在这里，这再次带来了感激和安全感。此外，这些情感可能会通过其他方式增强他的创造力，并影响他的工作和其他活动的能力。如果他的妻子能分享他的兴趣（以及爱和性的满足），她就证明了他的工作是有价值的。通过这些不同的方式，他在与妻子的关系中实现了早期的愿望，即能够在性方面和其他方面为他的母亲做他父亲所做的事情，并从她那里得到他父亲所得到的东西。他与母亲的幸福关系也减少了他对父亲的攻击性（由于他无法娶母亲为妻，这极大地刺激了他），这可能会让他感到安心，即他长期以来对父亲的施虐倾向并没有起作用。男人对父亲的不满和仇恨影响了他对代表着父亲的男性的情感，而对母亲的不满影响了他与代表着母亲的女性的关系。因此，满意的爱情关系改变了他的人生观，也改变了他对人和一般活动的态度。得到妻子的爱和赏识使他有一种完全成熟的感觉，从而能够与父亲平起平坐。他与父亲的敌对和攻击性的竞争减少了，取而代之的是与父亲（或者更确切地说，与受人尊敬的父亲）在创造能力和成就方面的更友好的竞争，这很可能强化或提高他的生产力。

同样，当一个女人与男人有着幸福的爱情关系，她会无意识地感觉到她可以像母亲一样与丈夫相处。并且，她现在获得了母亲所享受的满足感（在她童年时她被拒绝了）。这样，她就能够感觉到与母亲平起平坐，享受与母亲一样的幸福、权利和特权，但没有伤害和掠夺她。这极大地影响到她的态度和人格发展，就像男人在幸福的婚姻生活中发现自己和他的父亲平等时所发生的变化一样。

因此，对伴侣双方来说，一种相互的性满足和爱的关系将被视为他们早期家庭生活的幸福的再创造。许多愿望和幻想在童年时永远无法得到满足❻，不仅因为它们不切实际，还因为无意识中同时存在着相互矛盾的愿望。这似乎是一个矛盾的事实，在某种程度上，许多婴儿的愿望只有在一个人长大后才有可能实现。在成年人的幸福关系中，早期想要独享父母的愿望还在无意识地活跃着。当然，现实不允许一个人成为母亲的丈夫或父亲的妻子。即便这是可能的，对他人的罪疚感也会干扰这种满足感。但是，只有当一个人能够在无意识幻想中发展出与父母的这种关系，并且能够在某种程度上克服与这些幻想相关的罪疚感，并逐渐脱离父母（同时保持着对父母的依恋）时，他（或她）才能将这些愿望转移到其他人身上，后者代表着过去所渴望的客体，虽然他们不完全相同。也就是说，只有当一个人真正长大了，他的婴儿期幻想才能在成人的状态中实现。更重要的是，这使得因婴儿期愿望而引发的罪疚感得到缓解，因为童年时幻想的情境现在以一种被允许的方式变成了现实，这证明了在幻想中与这种情境有关的各种伤害实际上并没有发生。

正如我所描述的那样，一份快乐的成人关系可能意味着早期的家庭情境被重新创造出来，而且是更完整的。因此，夫妻双方与子女建立的良好关系，会扩展出更强的安心与安全感。这就把我们带到了为人父母的话题上。

亲职：母亲的角色

我们将首先考虑母亲与婴儿之间真正的爱的关系。如果女性拥有完全的母性人格（maternal personality），这种关系就会发展起来。有许多线索表明，母亲与孩子的关系和她自己在婴儿期与母亲的关系密切相关。在小孩子身上存在着一种非常强烈的对婴儿的有意识和无意识的愿望。在小女孩无意识的幻想中，她母亲的身体里有许多婴儿。她想象这些婴儿都是她父亲的阴茎放进母亲体内的，对她来说，父亲的阴茎象征着所有的创造力、力量和好东西。这种对她父亲和他的性器官（这被认为是具有创造性的，并能制造婴儿）的主要崇拜态度，伴随着小女孩拥有自己的孩子和生孩子的强烈愿望，她将其作为最宝贵的财产。

人们每天都能观察到，小女孩玩洋娃娃就像玩她们的宝宝一样。但儿童往往会对娃娃表现出一种富有激情的热爱，因为对她来说，娃娃已经变成了一个活生生的真实的婴儿、一个同伴、一个朋友，这构成了她生活的一部分。她不仅随身带着它，而且时时刻刻都想着它，以它开始新的一天，如果她被迫做别的事情，她就不情愿地放弃它。童年体验到的这些愿望一直延续到成年，极大地增强了孕妇对自己体内生长的婴儿的爱的力量，以及随后对她所生的孩子的爱。最终拥有一个孩子的满足感减轻了她童年经历的挫败痛苦，那时，她想从她父亲那里得到一个孩子却不能得到。这种渴望已久的重要愿望的实现，往往会减少她的攻击性，并增强她爱孩子的能力。此外，儿童的无助和对母亲关爱的巨大需求，使他比其他任何人都需要更多的爱，因此，母亲的爱和建设性倾向现在都有了发挥的空间。我们知道，一些母亲利用这种关系来满足自己的欲望，即占有欲和被别人依赖的满足感。这样的母亲希望她们的孩子依附于她们，她们讨厌孩子长大并发展出自己的个性。而在其他情况下，孩子的无助唤起了母亲强烈的修复愿望。虽然这些愿望来源多样，但现在它主要与她的婴儿有关，因为这个婴儿实现了她早年的渴望。孩子给母亲带来了能够爱他的快乐，如果母亲享受这种快乐并因此对孩子怀有感激之情，她的爱就会进一步增强。并且，这可能会带来一种态度，即母亲首先关心的是婴儿的福祉，她自己的满足将与婴儿的幸福联系在一起。

当然，随着孩子的成长，母亲与孩子关系的性质也会发生变化。她对年长子女的态度或多或少会受到她过去对兄弟姐妹、堂表兄妹等人的态度的影响。这些过去关系中的某些困难可能很容易干扰她对自己孩子的情感，特别是如果它培养出容易激起她的这些困难的反应和特征。她对兄弟姐妹的嫉妒和竞争使她产生了死亡愿望（death-wishes）和攻击幻想，即在她的心目中她通过这些幻想伤害或摧毁了他们。如果她的内疚感和由这些幻想产生的冲突不太强烈，实现修复的可能性就会更大，她的母性情感就会更充分地发挥出来。

这种母性态度的一个要素似乎是，母亲能够设身处地地为孩子着想，并从孩子的角度看待问题。正如我们所看到的，她之所以能够带着爱和同情这样做，与罪疚感和寻求修复的动力密切相关。然而，如果罪疚感过于强烈，母亲对此的认同可能会导致一种完全自我牺牲的态度，这对儿童非常不利。众所周知，一个由母亲抚养长大的孩子，如果母亲对他倾注了大量的爱，却不指望任何回报，那么他往往会成为一个自私的人。在某种程度上，孩子缺乏爱和体贴的能力，是对过分强烈的罪恶感的一种掩饰。母亲的过分溺爱往往会增强孩子的罪恶感，而且也没有给孩子足够的空间让他们自己去做出修复（必要时做出牺牲），并培养出真正为他人着想的能力❼。

然而，如果母亲在关注孩子的感受方面不过度紧密，也不过于认同他，她就能运用自己的智慧以最有益的方式引导孩子。然后，她会从促进孩子发展的可能性中获得充分的满足——这种满足感又会因为幻想为孩子做她自己母亲为她做的事，或者她希望她母亲为她做的事而得到增强。在这样做的同时，她也回报了她的母亲，修复了在幻想中对她母亲的孩子所造成的伤害，这再次减轻了她的罪疚感。

当孩子进入青春期时，母亲爱孩子和理解孩子的能力将受到特别的考验。在这个时期，孩子通常倾向于远离他们的父母，并在一定程度上从他们对父母的原有依恋中解脱出来。孩子们努力寻找新的爱的客体，这会给父母造成非常痛苦的局面。如果母亲有强烈的母性情感，她便可以对自己的爱坚定不移，她能够带着耐心和理解，在必要的时候给予孩子帮助和建议，同时允许孩子们自己解决他们的问题。她也许可以做到这一切，而不必对自己提出太多要求。然而，她要想能够做到这一点，她的爱的能力必须发展到这样一种程度，即她既能对自己的孩子产生强烈的认同，也能对她心目中的智慧的母亲产生强烈的认同。

当她的孩子们长大成人，有了自己的生活，摆脱了原有的亲子纽带时，母亲与孩子们的关系会再次发生性质上的改变，她的爱会以不同的方式表现出来。母亲现在可能会发现，她在他们的生活中发挥的作用并不大。但她可能会在任何需要的时候为他们付出她的爱，这可能会带来一些满足感。以这样的方式，她无意识地感到自己给了他们安全感，她永远是那个通过哺乳给他们充分满足的早年的母亲，她能够满足孩子们的需要和愿望。在这种情况下，母亲已经完全认同了她自己的对她有所帮助的母亲，她母亲的保护作用在她的心目中从未消失。与此同时，她也认同了自己的孩子：在她的幻想中，她又可以是一个孩子，她与自己的孩子共同拥有一位善良和有帮助的母亲。孩子们的无意识往往与母亲的无意识相对应，无论他们是否充分利用了母亲为他们贮备的爱，他们只要知道这种爱是存在的，便能够获得巨大的内在支持和安慰。

亲职：父亲的角色

虽然孩子对男人来说总体上不像对女人那么重要，但他们在男人的生活中确实扮演着重要的角色，特别是如果他和妻子和睦相处的话。为了追溯这种关系的更深层次来源，我已经提到了男人从给妻子一个孩子中获得的满足感，因为这意味着弥补他对母亲的施虐愿望，并对她进行恢复。这增加了生孩子和满足妻子愿望的实际满足感。父亲角色的另一个快乐来源是，通过分享他妻子的母性快乐，他得以满足他自己的女性愿望（feminine wishes）。当他还是个小男孩的时候，他有强烈的愿望要像他母亲那样生孩子，这些愿望增加了他夺走她孩子的倾向。作为一个男人，他可以帮助妻子生孩子，可以看到她和孩子们在一起很幸福。然后，他就可以不带罪疚感地从她生育和哺育孩子的过程中，以及她和年长子女的关系中，认同她。

然而，他也由于能够成为孩子的好父亲而获得许多满足感。他的保护欲得到了充分的表达，这种保护欲是由与他早期家庭生活有关的罪疚感所激发的。此外，他也认同了好的父亲（包括他实际的父亲，或他理想中的父亲）。他与孩子关系的另一个因素，是他对孩子的强烈认同，因为在他的心里也分享着孩子的快乐。而且，在帮助孩子克服困难和促进他们的发展的过程中，他以一种更令人满意的方式重新创造了自己的童年。

我所说的在孩子成长的不同阶段母亲与孩子的关系，也适用于父亲与孩子的关系。虽然父亲扮演的角色与母亲不同，但他们的态度是相辅相成的；正如本文所提出的那样，如果他们的婚姻生活建立在爱和理解的基础上，丈夫也会享受妻子与孩子的关系，而妻子也会因为他的理解和帮助而感到高兴。

家庭关系中的困难

我们知道，我所描述的那种完全和谐的家庭生活并不是每天都有的。它取决于环境和心理因素的令人愉快的巧合，这首先取决于双方都具有良好的爱的能力。无论是夫妻关系，还是亲子关系，都可能出现各种各样的困难，我将举几个例子。

孩子的个性可能不符合父母的期望。伴侣中的任何一方都可能无意识地希望孩子像过去的兄弟姐妹一样。这一愿望显然不能在父母双方这里都得到满足，甚至可能任何一方都得不到满足。同样，如果伴侣中的一方或双方都与自己的兄弟姐妹存在强烈的竞争和嫉妒，这种情境可能会在他们自己孩子的成就和发展方面重复出现。另一种困难的情况是，父母过于雄心勃勃，希望通过孩子的成就来为自己赢得信心，减轻自己的恐惧。还有，有些母亲不能爱和享受孩子的财富，因为她们在幻想中占据了自己母亲的位置，这让她们感到太过内疚。这种类型的女性可能无法自己照顾自己的孩子，必须把孩子交给保姆或其他人照顾，在她的无意识中，这些人代表着自己的母亲。由于她小时候想从母亲那里抢占婴儿，因此把孩子交给保姆等人，就代表着自己将孩子还给了母亲。这种对于爱孩子的恐惧，当然会干扰与孩子的关系，这在男人和女人身上都可能发生，并可能影响夫妻之间的相互关系。

我曾说过，罪疚感和修复的动力与爱的情感密切相关。然而，如果爱、恨之间的冲突在早期没有得到满意的解决，或者如果罪疚感太强烈，便可能会导致主体远离所爱的人，甚至拒绝他们。归根结底，这是因为主体害怕所爱的人（首先是母亲）可能会因为自己幻想中造成的伤害而死亡，这使得主体无法忍受自己对所爱之人的依赖。我们可以观察到孩子们从他们早期的成就中获得的满足感，以及从一切增加他们独立性的事物中获得的满足感。这有很多明显的原因，但根据我的经验，一个深刻而重要的原因是，孩子被驱使去削弱他对最重要的人——他的母亲——的依恋。最初是母亲维持着他的生命，提供他所有的需要，保护他，给他安全感。因此，她被认为是一切好东西和生命的源泉。在无意识的幻想中，她成为自己不可分割的一部分，因此，她的死亡就意味着孩子自己的死亡。当这些感觉和幻想非常强烈时，对所爱客体的依恋可能会成为压倒性的负担。

许多人通过削弱自己爱的能力，即否认或压制爱，以及完全回避强烈的情感，以设法摆脱这些困难。另一些人则通过将爱从人转移到人以外的其他事物，来逃避爱的危险。把爱转移到事物和兴趣上（这个问题关系到探险家和那些与大自然带来的困难抗争的人）是正常成长的一部分。但对一些人来说，这种转向人类以外的事物已经成为他们处理冲突，或者更确切地说，是逃避冲突的主要模式。我们都知道有这样一类人，比如热爱动物的人、热情的收藏家、科学家、艺术家等等，他们会为自己投身的事情或自己选择的工作付出巨大的爱，经常自我牺牲，但对自己的同胞却没有多少兴趣和爱。

此外，还会发生一种非常不同的情况，即有些人会完全依赖于他们强烈依恋的客体。这是因为，他们身上有强烈的害怕所爱之人死去的无意识恐惧，这导致了过度依赖。因恐惧而增加的贪婪是这种态度中的一个因素，它表现在尽可能多地利用自己依赖的人。这种过度依赖态度的另一个组成部分是推卸责任，即让别人对自己的行为负责，有时甚至对自己的观点和想法负责（这就是为什么人们不加批评地接受领导者的观点，并盲目服从他的命令的原因之一）。过于依赖的人强烈需要客体的爱来提供支持，以对抗自己的各种内疚和恐惧。被爱的客体必须通过行动一次又一次地向他们证明，他们并不坏，也没有攻击性，他们的破坏性冲动并没有奏效。

在母亲和孩子的关系中，这种过于紧密的联结（ties）尤其有害。正如我以前指出的，母亲对孩子的态度与她小时候对自己母亲的感觉有很多相似之处。我们已经知道，这种早期关系的特征是爱与恨之间的冲突。当她成为母亲时，她早年对母亲的无意识的死亡愿望会延续到自己的孩子身上。这种感觉会因童年时期对兄弟姐妹的冲突情绪而增强。如果由于过去未解决的冲突，母亲对自己的孩子感到太过内疚，她可能会非常需要孩子的爱，以至于她会使用各种手段将孩子紧紧地绑在自己身上，让孩子依赖自己。或者，她可能会把自己的太多精力放在孩子身上，使他成为她整个生活的中心。

现在让我们来考虑一种截然不同的心理态度——不忠（infidelity），尽管只是从一个基本的方面来考虑。不忠有多种形式和表现（这是最多样化的发展方式的结果，在一些人身上主要表现为爱，在另一些人身上主要表现为仇恨，有些人在两者之间，表现出各种程度），但存在一个共同的现象：他们反复背弃（所爱的）他人，其中部分原因是他们害怕依赖。我发现典型的情圣唐璜（Don Juan），在他的心灵深处，就深受对所爱之人即将死亡的恐惧的困扰。如果他没有形成这种特殊的防御——不忠，这种恐惧就会突破重围，给他带来抑郁和巨大的精神痛苦。通过这种方式，他一次又一次地向自己证明，他最爱的那一个客体（最初是他的母亲，他害怕她会死去，因为他觉得自己对她的爱是贪婪和破坏性的）没那么不可或缺，因为他总能找到另一个女人。他对这个女人虽有激情，但感情肤浅。有些人由于对所爱之人会死亡的巨大恐惧而拒绝她，或扼杀和否认自己的爱。与这些人不同，唐璜由于各种原因无法做到这一点。但是，通过他对女性的态度，一种无意识的妥协（compromise）得到了表达。通过抛弃和拒绝一些女人，他无意识地离开了他的母亲，把她从他危险的欲望中拯救出来，把自己从对她的痛苦依赖中解放出来。通过转向其他女人，给她们快乐和爱，他在无意识里留住了所爱的母亲，或重新创造了她。

事实上，他是被迫从一个女人转向另一个女人的，因为新的女人很快就会再次代表他的母亲。以这样的方式，他最初的爱情客体被一系列不同的客体所取代。在无意识的幻想中，他通过性满足（他实际上给了其他女人性满足）重新创造或治愈了他的母亲，因为他的性行为只在一方面是危险的；在另一方面，它被认为是治愈的，并使她快乐。这种双重态度是导致他不忠的无意识妥协的一部分，也是构成他特殊发展路径的一个条件。

这让我想到了爱情关系中的另一种困难。一个男人可能会把他的深情、温柔和保护的情感限制在一个女人身上（这个女人可能是他的妻子），但他无法在这段关系中获得性的享受，他要么压抑自己的性欲，要么从其他女人那里获得性满足。造成他将温柔的情感与具体的性感觉分离开来的深层原因，包括他对自己性行为的破坏性的恐惧，对他父亲作为竞争对手的恐惧，以及相关的罪疚感。这个被爱和高度重视的女人（代表着他的母亲）必须从他的性行为中被拯救出来，因为在幻想中他的性行为是危险的。

伴侣选择

精神分析表明，在选择伴侣的过程中，存在着一些深层的无意识动机，这些动机使两个特定的人在性方面相互吸引，并使对方感到满意。男人对女人的感情总是受到他早期对母亲的依恋的影响。但在这里,这将或多或少是无意识的,并可能在很大程度上被其表现掩盖。一个男人可能会选择一个与他母亲的某些特征完全相反的女人作为爱的伴侣。也许被爱的女人的外表很不一样,但她的声音或她的某些性格特征与他对母亲的早期印象一致,对他有特殊的吸引力。或者,仅仅因为他想摆脱对母亲过于强烈的依恋,他可能会选择一个与母亲截然不同的爱人。

常见的一种情况是,随着发展的进行,姐妹或堂姐妹在男孩的性幻想和爱的感觉中取代了母亲的位置。很明显,基于这种感觉的态度与主要在女人身上寻找母亲特征的男人的态度是不同的。即使一个男人在选择伴侣时受到他对某个姐妹的情感的影响,他也可能仍然在他的伴侣身上寻找一些母亲的特质。儿童所处环境中的不同人物的早期影响,会提供各种各样的可能性。保姆、阿姨、祖母在这方面都可能起着重要的作用。当然,在考虑早期关系对后来伴侣选择的影响时,我们不能忘记,他希望在以后的爱情关系中重新找到这些印象和幻想,即儿童当时对所爱之人的印象,以及他当时与她相关的幻想。此外,无意识心智会基于我们意识觉察之外的理由,将某些事物联系起来。因此,完全被遗忘(压抑)的各种印象会使一个人在性方面或其他方面比另一个人更有吸引力。

类似的因素也影响着女性的伴侣选择。她对父亲的印象、对他的情感(崇拜、信任等)可能在她选择伴侣时起着主要作用。但她早年对父亲的爱可能已经动摇。也许她很快就离开了他,因为过于强烈的冲突,或者因为他让她太失望了,一个兄弟、表亲或玩伴之类的人对她来说可能已经成为一个非常重要的人,她可能对他有性欲、性幻想或母性的感觉。然后,她会寻找一个符合这种兄弟形象的情人或丈夫,而不是一个具有父亲般的品质的人。在一段成功的爱情关系中,伴侣双方的无意识是一致的。以一个主要有母性情感且正在寻找兄弟般的伴侣的女人为例,如果她遇到的某位男性正在寻找一个以母性为主的女人,那么他们的幻想和欲望就是一致的。如果某个女人和她的父亲有强烈的情感联结,那么她会无意识地选择一个男人,这个男人需要的是一个让他可以扮演好父亲角色的女人。

尽管成年生活中的爱情关系建立在早期与父母、兄弟姐妹的情感关系之上,但这种新的关系并不一定只是早期家庭关系的重复。无意识的记忆、感觉和幻想以相当隐蔽的方式进入新的爱情关系或友谊。但除了早期的影响,在建立爱情或友谊的复杂过程中,还有许多其他因素在起作用。正常的成年人关系总是包含着新鲜的元素,这些新鲜元素来自新的情境——来自环境和我们接触的人的个性,来自他们对我们作为成年人的情感需求和实际兴趣的反应。

获得独立

到目前为止,我主要讲了人与人之间的亲密关系。现在我们来谈谈爱的更普遍的表现形式，以及爱在各种兴趣和活动中所起的作用。孩子早期对母亲的乳房和乳汁的依恋是生命中所有爱情关系的基础。但是，如果我们仅仅把母乳当作一种健康和适宜的食物，我们可能会得出这样的结论：母乳很容易被其他同样适宜的食物所取代。然而，母亲的乳汁不仅缓解了婴儿的饥饿感，更重要的是母乳是由婴儿日趋依恋的乳房提供的，这对婴儿来说是一种无法估量的情感价值。乳房和它提供的乳汁，不仅满足了婴儿的自我保存本能和他的性欲，在婴儿心中它更代表着爱、快乐和安全。因此，他在心理层面能够在多大程度上接受用其他食物代替这"人生第一口"，这是一个极其重要的问题。母亲在使孩子适应其他食物方面，可能会遇到不同程度的困难；但是，即便断奶成功，婴儿可能还没有放弃对"第一口"的强烈渴望，可能还没有从被剥夺母乳的不满和仇恨中走出来，也可能没有真正适应这种挫败——如果是这样的话，他可能无法真正适应生活中其他任何挫折。

如果我们通过对无意识的探索，来了解这种对母亲和母乳的早期依恋的力量和深度，以及它遗留在成年人的无意识中的强度，我们可能会想知道，儿童是如何越来越脱离母亲，并逐渐获得独立的。诚然，在小婴儿时期，他对周围发生的事情已经有了浓厚的兴趣，不断增长的好奇心，对了解新的人和事物的乐趣，以及对自己取得的各种成就的愉悦，所有这些似乎都使儿童找到了新的爱和兴趣的客体。但这些事实并不能完全解释孩子为什么能够脱离母亲，因为在他的无意识里，他与母亲是如此紧密地联结在一起。然而，这种过于强烈的依恋性质往往会把他从她身边赶走，因为（受挫的贪欲和仇恨是不可避免的）它会引起儿童对失去这个至关重要的人的恐惧，从而导致对依赖她的恐惧。因此，儿童在无意识中有一种放弃她的倾向，而这种倾向被永远留住她的迫切愿望所抵消。这些矛盾的感觉，再加上儿童在情感和智力上的成长，使他能够找到其他感兴趣和快乐的客体，从而发展出了一种爱的迁移能力，即用其他的人和事取代最初爱的客体。正是因为儿童在与母亲的关系中体验到了丰富的爱，所以他有足够的东西可供他在以后的依恋关系中借鉴。这种爱的迁移过程，对儿童人格和人际关系的发展至关重要。事实上，我们可以说这对于整个文化和文明的发展也至关重要。

随着爱（和恨）从母亲身上转移到其他人和事上，从而将这些情绪扩展到更广阔的世界，另一种处理早期冲动的方式也随之出现。孩子与母亲的乳房相联系的感官感受，发展成对母亲整个人的爱。爱的感觉从一开始就与性欲融合在一起。精神分析显示，幼儿对父母、兄弟姐妹的性感觉不仅存在，而且在一定程度上是可以被观察到的。然而，只有通过探索无意识，才能理解这些性感受的力量和根本重要性。

我们已经知道，性欲望与攻击冲动和攻击幻想密切相关，与内疚和对所爱之人会死亡的恐惧密切相关，所有这些都促使儿童削弱对父母的依恋。孩子也有一种压抑这些性感受的倾向，即让它们进入无意识，或者说，被埋在心灵的深处。

性冲动也脱离了最初的所爱客体，儿童因此获得了以一种温情主导（predominantly affectionate）的方式爱某些人的能力。

上面所描述的心理过程，即用他人取代所爱的客体、在一定程度上将性与温情分离开来，以及抑制性冲动和欲望，是儿童建立更广泛关系的能力的组成部分。然而，成功的全面发展的关键是，与最初所爱客体有关的性感受的压抑不应该太强烈[8]，孩子把自己的感受从父母转移到其他人身上也不应该太彻底。如果儿童对最亲近的人仍然保留着足够的爱，且与之相关的性欲望没有受到太深的抑制，那么在以后的生活中，爱和性欲可以被激活并再次结合在一起，它们将在幸福的爱情关系中起着至关重要的作用。在一个真正成功发展的人格中，对父母的爱仍然存在，但对其他人和事物的爱也会增加。然而，这不仅仅是爱的延伸，正如我所强调的，这是一种情感的扩展，它减轻了儿童因对最初所爱客体的依恋和依赖而产生的冲突和内疚。

他的冲突并没有随着这种转移而消除，这些冲突从最初的和最重要的客体转移到了这些新的爱（和恨）的客体上，而后者部分地代表了原来的客体。正因为他对这些新客体的情感不那么强烈，他想要修复的动力现在可以更充分地发挥出来。如果罪疚感过强，这种动力可能会受到阻碍。

众所周知，一个孩子有兄弟姐妹的话，会有助于他的发展。与他们一起长大让他与父母更加分离，进而与兄弟姐妹建立一种新型的关系。然而，我们知道，他不仅爱他们，也对他们有强烈的竞争、仇恨和嫉妒情绪。因此，与堂亲和表亲、玩伴和比近亲更远的其他孩子的关系，会促进儿童从与兄弟姐妹的关系中分离出来，这种分离为儿童后来的社会关系奠定了重要的基础。

学校生活中的关系

儿童已经获得的人际关系经验在学校生活中获得了拓展的机会，学校也成为这方面的试验田。在众多的孩子中，他可能会找到一个或几个比兄弟姐妹更欣赏他的同伴。这些新的友谊，以及其他令人满意的事情，给了他一个机会来修改和改善他与兄弟姐妹之间没那么如意的早期关系。举例来说，他可能在现实中对一个较弱或更小的弟弟有敌意，也可能主要是由仇恨和嫉妒引发的无意识罪疚感扰乱了这段关系（这种干扰可能会持续到他的成年生活中）。这种不良的情感状况可能会对他日后对待一般人的情感态度产生深远的影响。我们知道，有些孩子无法在学校交朋友，这是因为他们把早期的冲突带入了这个新的环境。人们往往发现，如果儿童能够充分地从最初的情感纠葛中抽身而出，能够和同学交朋友，那么他与兄弟姐妹的实际关系就会随之改善。新的友谊向儿童证明：他有爱的能力，他也是可爱的，并且爱和善良是存在的。无意识地，这也证明了他可以修复他在想象中或实际对他人造成的伤害。因此，新的友谊有助于解决早期的情感困难，尽管当事人既不知道这些早期困难的确切性质，也不知道它们是如何被解决的。借助所有这些手段，儿童进行修复的倾向得到了拓展，他的罪疚感因而得以减轻，对自己和他人的信任也增强了。

学校生活也给了爱与恨更大的分离的机会，这在小家庭圈子里是不可能的。在学校里，有些孩子可能会被讨厌，或者只是不被喜欢，而有些孩子可能会被爱。通过这种方式，爱和恨这两种被压抑（被压抑是因为存在与憎恨被爱的人有关的冲突）的情绪都能在较为被社会接受的方面得到更充分的表达。儿童以不同的方式联合起来，并制定一定的规则，以确定他们在表达对他人的仇恨或厌恶时可以走多远。游戏和与之相关的团队精神是这些联盟和表达攻击性的一个制约因素。

关于老师的爱和欣赏的嫉妒和竞争（虽然可能相当强烈）在一个不同于家庭生活的环境中被体验。总的来说，教师与孩子的情感之间的距离更远，他们给孩子带来的感受要比父母少，他们也会把自己的情感分散到很多孩子身上。

青春期的人际关系

随着青春期的到来，青少年经常对某些老师表现出他的英雄崇拜倾向，但他可能不喜欢、憎恨或鄙视其他老师。这是将爱与恨分离的另一个例子，这个过程让人感到解脱，既因为"好人"不受伤害，也因为恨一个被认为值得恨的人会让人感到满足。被爱和被恨的父亲，被爱和被恨的母亲，正如我已经说过的，从一开始就是既被崇拜又被憎恨和贬低的客体。正如我们所知，这些复杂的情绪对幼儿的心智来说太过冲突和沉重，因此可能会被阻碍或掩盖。但是，在儿童与他人（例如保姆、阿姨、叔叔和各种亲戚）的关系中，这些情绪则能够得到部分地表达。在随后到来的青春期，大多数孩子表现出脱离父母的强烈倾向，这很大程度上是因为与父母有关的性欲和冲突再次增强。早期对父亲或母亲的敌意和仇恨（视情况而定）重新燃起，并带给青少年更强烈的体验，尽管他们的性动机仍然是无意识的。年轻人往往具有很强的攻击性，对他们的父母和其他乐于助人的人（如仆人、软弱的老师或不受欢迎的同学）很不友好。但是，当仇恨达到这种程度时，保持内在和外在的善良和爱就变得更加迫切。因此，攻击性强的年轻人会被驱使去寻找他可以崇拜和理想化的人。受人尊敬的教师可以满足这种需要。青少年从自己对这些教师的爱、钦佩和信任中获得内在的安全感，因为，除了其他原因外，在他的无意识里，这些感觉似乎证实了好父母的存在以及他与父母的良好关系，从而能够抵御在人生的这个时期变得如此强烈的仇恨、焦虑和内疚。当然，有些孩子即使在经历这些困难的时候，也能保持对父母的爱和钦佩，但这种情况并不常见。我认为，这在某种程度上解释了理想化人物（例如名人、作家、运动员、冒险家、文学中的虚构人物）在人们心目中的特殊地位。人们对他们充满了爱和赞美，没有这些，所有的事物都将呈现出一种仇恨和无爱的阴郁，一种对自我和他人都危险的状态。

随着某些人的理想化，对其他人的仇恨也随之而来，后者被描绘上了最黑暗的色调。这尤其适用于虚构的人物，即电影和文学作品中的某些类型的反派；或者是与自己无关的真实人物，比如反对党的政治领袖。恨这些人比恨那些离自己近的人安全得多（对自己和他人都安全），因为他们要么是不真实的，要么是离得很远的。这在一定程度上也适用于对一些教师或校长的仇恨，因为比起儿子和父亲之间，一般的学校纪律和整体情况往往会在学生和教师之间形成更大的障碍。

这种对爱与恨（将恨指向没那么亲近的人）的分离，也有助于让所爱的人在现实中和青少年心中都更加安全。这样，所爱的人不仅在身体上远离从而不易接近，爱与恨之间的分离也增强了这样一种感觉，即他可以将爱保护起来，使其不受污染。在无意识里，能够去爱这一点给他带来了一种安全感，这与保护所爱之人并使其不受伤害密切相关。这种无意识的信念似乎是以下面的方式工作的：我能够让我爱的人保持完好无损，那么我就真的没有伤害我爱的人，并且能够将他们永远留在心中。总之，深爱的父母形象作为最珍贵的财产被保存在我们的无意识心灵中，在它的庇佑下我们才得以抵御孤寂之苦。

友谊的发展

在青春期，儿童早期的友谊会发生性质上的改变。这一时期所特有的强烈冲动和情感，带来了年轻人（主要是同性）之间的热烈的友谊。无意识的同性恋倾向和感受是这些关系的基础，并且常常导致实际的同性恋行为。这种关系在一定程度上是为了逃避对异性的追求，由于各种内部和外部原因，在现阶段这种对异性的追求往往难以应对。谈到内部原因，让我们以男孩为例：他的性欲望和幻想仍然与母亲和姐妹们密切相关，然而，要摆脱她们并寻找新的爱情客体的斗争正处于最激烈的阶段。在这个阶段，无论是男孩还是女孩，对异性的冲动往往被认为充满了危险，这导致他们对同性的驱力往往会变得更加强烈。正如我前面所指出的，这些友谊中所蕴含的爱、钦佩和称赞，也是用来对抗仇恨的一种保护方法。由于种种原因，年轻人更加依恋于这种友谊。在这个发展阶段，同性恋倾向（无论是有意识的还是无意识的）的增加也促进了青少年对同性教师的崇拜。我们知道，青春期的友谊往往是不稳定的。这是因为青少年的友谊中包含着强烈的性感觉（无意识或有意识的），这干扰了关系的稳定。青少年尚未从婴儿期的强烈情感联结中解放出来，他们比他自己意识到的更强烈地受其影响。

成人的友谊

在成人的同性友谊中，无意识的同性恋倾向仍然扮演着重要的角色，但同性友谊与同性之间的爱情关系具有不同的特征❾，即在友谊中温情与性的感觉部分地保持分离，后者退居幕后了。尽管它们在无意识中保持着一定程度的活跃，但在现实层面它们却消失了。这种性与温情的分离也适用于男女之间的友谊，但由于友谊这个广泛的话题只是我主题的一部分，我在这里将仅限于谈论同性之间的友谊，但我将就此作几点一般性评论。

让我们以两个不太依赖对方的女人之间的友谊为例。她们之间可能仍然存在保护和帮助的需要，有时是某一位需要，有时是另一位需要，这取决于情况的变化。这种在情感上给予和索取的能力对于真正的友谊至关重要。在这里，早期情境的要素以成人的方式得以表达。母亲首先为我们提供保护、帮助和建议。如果我们在情感上长大并变得自给自足，我们就不会太依赖母亲的支持和安慰，但当我们遇到困难或遭受痛苦时，上述对母亲的渴望会持续存在，直到终老。在我们与朋友的关系中，我们有时也会接受或提供一些母亲的关怀和爱。要想发展出情感丰富的女性人格和友谊能力，一个关键的条件是母亲态度（mother-attitude）和女儿态度（daughter-attitude）的成功融合（充分发展的女性人格意味着有能力与男性建立良好的关系，无论是就温情还是性感觉而言；但谈到女性之间的友谊，我指的是升华的同性恋倾向和情感）。在我们与姐妹的关系中，我们可能有机会体验和表达母亲的关怀和女儿的回应，这样我们就可以很容易地把它们带到成年人的友谊中去。但是，我们可能没有姐妹，或者没有可以让我们体验到这种感觉的姐妹。在这种情况下，如果我们与另一位女性建立友谊，就将实现一个强烈而重要的童年愿望（因成年人的需要而调整）。

我们与朋友分享自己的兴趣和快乐，但即使我们自己缺乏这些快乐，我们也可以享受她的幸福和成功。如果我们能够认同她，从而分享她的幸福，那么嫉羡和嫉妒的情绪可能会消退。

这种认同中总是存在内疚和修复的元素。只有我们成功地处理了对母亲的仇恨、嫉妒、失望和怨念，并且成功地因为看到她快乐而感到快乐，感到我们没有伤害她，或者我们可以修复在幻想中造成的伤害，我们才能真正地认同另一个女人。占有欲和怨念导致过分强烈的要求，是友谊中的干扰因素。事实上，过于强烈的情绪可能会破坏友谊。精神分析表明，每当这种情况发生时，都意味着关于未被满足的欲望、怨念、贪婪或嫉妒等的早期情境已经突破防线。也就是说，虽然引发麻烦的可能是当前的事件，但婴儿期未解决的冲突在友谊破裂中起了重要的作用。平衡的情感氛围（这种平衡并不会削弱友情）是友谊成功的基础。如果我们对它期望过高，也就是说，期望朋友弥补我们早期的不足，那么这段友谊就不太可能成功。这种过分的要求在很大程度上是无意识的，因此无法得到理性的处理。它们必然会让我们感到失望、痛苦和怨恨。如果这种过度的无意识要求导致我们的友谊受到干扰，那么无论外部环境如何不同，早期的情境都会分毫无差地反复重现。那些强烈的贪婪和仇恨首先扰乱了我们对父母的爱，现在则继续给我们带来失望和孤独。如果过去没有对现在的情境造成强烈的压力，我们就更有能力正确地选择朋友，并满足于他们所给予的友情。

我所说的关于女人之间的友谊的大部分内容同样适用于男人，虽然由于男人和女人的心理差异，二者也有许多不同之处。温情与性感觉的分离，同性恋倾向的升华，认同，所有这些也都是男性友谊的基础。虽然男性友谊中包含了与成人人格相对应的元素和新的满足，但是，男人仍然在一定程度上寻求与他的父亲或兄弟的关系的重复，或试图找到一种新的关系来满足过去的欲望，或者改善与那些曾经最亲近的人之间的不愉快关系。

爱的更广泛面向

我们将爱从最初的所爱客体转移到其他人身上，这一过程从孩提时代一直延续到现在。我们也以这种方式发展出了兴趣和活动，即把一些原本指向人的爱投入其中。在婴儿的心智中，身体的一部分可以代表另一部分，一个物体可以代表身体的一部分或者代表人。通过这种象征性的方式，在儿童的无意识中，任何圆形的物体都可能代表他母亲的乳房。通过一个循序渐进的过程，任何被感觉到散发出善与美，并在身体上或更广泛的意义上唤起快乐与满足的东西，都可以在无意识中取代永远丰盈的乳房和整个母亲。因此，我们把自己的国家称为"祖国"（motherland），因为在无意识里，我们的国家可能会代表我们的母亲，然后我们就可以用从与母亲的关系中获得的那种情感，来爱我们的国家。

为了说明最初的母婴关系如何影响我们发展出那些看似无关的兴趣，让我们以勇于探索的探险家为例，他们在探险过程中经历了许多剥夺，遇到了严重的危险，甚至死亡。除了外部环境的刺激，还有很多心理因素支撑着他们探索兴趣和追求。在这里，我只能提到一两个具体的无意识因素。贪婪的小男孩想要攻击他母亲的身体，后者被认为是她的好乳房的延伸。他还幻想夺走她身体里的东西（其中包括被认为是珍贵的财产的婴儿），满怀嫉妒的他也攻击婴儿。他想要穿透她身体的攻击幻想，很快就与想要与她发生性关系的生殖器欲望联系在一起。精神分析显示，儿童的性欲望（其中包含了攻击性）、贪婪、好奇心和爱所激发的探索母亲身体的幻想，激发了男人探索新疆土的兴趣。

在讨论幼儿的情感发展时，我指出，他的攻击冲动会引起强烈的罪疚感和对所爱之人会死亡的恐惧，所有这些都构成了爱的感觉的一部分，并巩固和强化了这些感觉。在探险家的无意识中，一片新的领土代表着一个新的母亲，一个将取代失去的真实母亲的新领域。他正在寻找"应许之地"——"流淌着牛奶和蜂蜜的土地"。我们已经看到，对所爱之人会死亡的恐惧会在某种程度上导致孩子离开她。但与此同时，这也驱使他重新塑造她，无论如何都要再次找回她。在这里，对她的逃避和对她最初的依恋都得到了充分的表达。孩子早期的攻击性激发了修复和弥补的动力，即把他在幻想中夺走的好东西还给母亲。这些修复的愿望融入了后来的探索动力，因为通过寻找新的土地，探险家给了整个世界（特别是给了许多人）一些东西。在他的追求中，探险家实际上既表达了攻击性，也表达了进行修复的动力。我们知道，在发现一个新国家的过程中，攻击性被用来同各种因素作斗争，并克服各种困难。但有时，他们公然表现出攻击行为。尤其是在以前，那些不仅探索，也要征服和殖民的人，对土著居民进行了残酷无情的攻击。早期对母亲体内假想婴儿的一些攻击幻想，以及对新出生的同胞的真实仇恨，通过他们对土著居民的残忍伤害，在这里被付诸行动。不过，修复的愿望充分表现在，他们在该国重新安置自己国籍的人民。我们可以看到，通过对探索（无论是否公开表现出攻击性）的兴趣，各种冲动和情感（攻击性、罪疚感、爱和修复的动力）被转移到另一个领域，从而远离了原初客体。

探索的动力不一定表现在对世界的实际物理探索中，也可以扩展到其他领域，例如，任何一种科学发现。举例来说，一位天文学家从他的工作中获得的满足感，可能就代表了早期探索母亲身体的幻想和欲望的满足。在艺术创作以及人们享受和欣赏艺术的过程中，重新发现早期母亲（人们真实地或在情感上失去了她）的愿望也发挥着重要作用。

为了说明我刚才讨论的一些过程，我将以济慈（Keats）著名的十四行诗《初读查普曼译荷马有感》（*On First Looking into Chapman's Homer*）为例。

为了方便起见，我引用了整首诗，尽管这首诗家喻户晓：

我曾游历过很多黄金国度，

见识了不少美好的城邦和王国；

我也曾周游过西部岛屿，

那里的吟游诗人都效忠于阿波罗。

这片广袤的土地——经常有人告诉我，

由睿智的荷马所统治；

然而，我从未领略它的纯净和安详，

直到我听到查普曼的引吭高歌。

济慈是站在一个艺术欣赏者的角度写出这段文字的。诗歌被比喻为"美好的城邦和王国"和"黄金国度"。在阅读查普曼（Chapman）所译的《荷马史诗》（Homer）时，他自己是第一个观察星空的天文学家，此刻"一颗新星游移进他的视野"。但后来济慈又变成了探险家，他凭借"疯狂的猜想"发现了一片新的陆地和海洋。在济慈的优美诗篇中，世界代表着艺术，很明显，对他来说，科学和艺术的享受和探索都来自同一个源泉——对美丽土地的热爱——"黄金国度"。对无意识的探索（顺便说一下，弗洛伊德发现了一块未知的大陆）表明，正如我之前指出的那样，美丽的土地代表着所爱的母亲，我们对这些土地的渴望正是源于对母亲的渴望。回到这首十四行诗，无须多加分析，我们就可以理解：统治诗坛的"睿智的荷马"代表着一位受人尊敬的、有权势的父亲，他的儿子（济慈）在进入他渴望的国家（艺术、美、世界，最终是他的母亲）时，也会效仿他。

同样，雕刻家把生命注入他的艺术对象中，无论它是否代表一个人，他都是在无意识地修复和再创造他在幻想中摧毁的早期所爱客体。

此时我像一个浩瀚星空的探险家，

一颗新星游移进他的视野；

或者像粗壮的科尔特斯（Cortez），

用鹰一样的眼睛凝视着太平洋；

所有人对望着，带着疯狂的猜想，

默默站在达里安（Darien）的山峰。

罪疚感、爱与创造力

正如我努力证明的那样，罪疚感通常是激发创造力和工作的根本动力（即使是最简单的那种），然而，如果罪疚感太强烈，就可能会抑制生产活动和兴趣。对幼儿的精神分析最先阐明了这些复杂的联系。当我们运用精神分析的方法，减轻儿童身上的各种恐惧时，那些此前一直处于休眠状态的创造冲动就会苏醒，并通过绘画、模型、建筑和语言等活动表达出来。他们身上的这些恐惧导致了破坏性冲动的增加，所以当恐惧减少时，破坏性冲动也会减少。伴随着这些过程，对所爱之人会死亡的罪疚感和焦虑（这些情绪之前是压倒性的，所以儿童的心智无法应对）逐渐减少，变得不那么强烈，因此可以得到控制了。这促进了儿童对他人的关心，激发了他们的同情心和对他人的认同，从而提高了爱的能力。与对所爱之人的关心和对其死亡的焦虑密切相关的修复愿望，现在能够以创造性和建设性的方式表达出来。在成年人的精神分析中，也可以观察到这些过程和变化。

我曾提出，儿童在无意识中认为所有的快乐、美丽和富足（无论是内在的还是外在的）都来源于母亲的慈爱和奉献的乳房以及父亲的创造性阴茎，在幻想中拥有相似的品质——最终，是两个善良和慷慨的父母。诗人早已认识到，人与自然的关系与人与母亲的关系有许多共同之处，这种关系能唤起强烈的爱、欣赏、钦佩和奉献之情。大自然的多种恩赐与我们早年从母亲那里得到的一切是一样的。但她并不总是令人满意。我们常常觉得她不够大方，让我们感到挫败。我们对她的这一方面的感情在我们与自然的关系中也被重新唤醒，其中我们感觉大自然是吝啬的。

我们自我保存（self-preservative）需求的满足和我们对爱的渴望的满足永远是相互联系在一起的，因为它们最初来自同一个来源。母亲首先为我们提供了安全感，她不仅缓解了饥饿的痛苦，而且满足了我们的情感需求，缓解了焦虑。因此，通过基本需求的满足而获得的安全感与情感上的安全感是相联系的，这两者都是非常重要的，因为它们抵消了我们对失去所爱的母亲的早期恐惧。在无意识的幻想中，我们的生活有保障也意味着我们没有被剥夺爱，没有完全失去我们的母亲。一个失业的人，或一个努力寻找工作的人，首先想到的是他最基本的物质需要。我并没有低估贫穷所带来的实际痛苦和压力（直接和间接的），但是，由于早年所经历的痛苦情境所引发的悲伤和绝望，他的实际痛苦变得更加剧烈。在早年，婴儿不仅因为母亲没有满足他的需求而感到被剥夺了食物，而且还感到他正在失去母亲，也失去她的爱和保护❿。失去工作也使他无法表达自己的建设性倾向，这是处理无意识恐惧和罪疚感的一种最重要的方式，即进行修复。严酷的环境（虽然这可能部分是由于糟糕的社会制度，从而使生活在苦难中的人有理由责怪他人）与儿童在焦虑压力下所认为的残酷无情的父母，有一些共同之处。相反，向穷人或失业者提供的帮助（物质上或精神上的）除了其实际价值之外，也无意识地证明了慈爱父母的存在。

回到与自然的关系。在世界上的某些地方，大自然是残酷的、具有破坏性的，尽管如此，居民们还是不顾各种因素的危险，无论是遇到干旱、洪水、寒冷、炎热、地震还是瘟疫，都不放弃他们的土地。诚然，外部环境起着重要的作用，因为这些顽强的人可能没有条件搬离他们成长的地方。然而，在我看来，这似乎并不能完全解释这样一种现象，即为了坚守故土，有时人们可以承受如此多的苦难。对于生活在如此恶劣的自然条件下的人们来说，为生计而斗争也有其他（无意识）的目的。对他来说，大自然代表着一位吝啬和苛刻的母亲，她的财富必须靠阿谀奉承才能获得，因此，早期的暴力幻想不断重演，并被付诸实践（尽管是以一种升华的、适应社会的方式）；早年，他无意识地为自己对母亲的攻击冲动感到内疚，他预计母亲会对他很苛刻，而现在他也无意识地预计大自然同样对他苛刻。这种内疚感会驱动人们进行修复。因此，与自然的斗争在一定程度上被认为是保护自然的斗争，因为它也表达了对大自然（母亲）进行修复的愿望。与严酷的大自然抗争的人，不仅在照顾自己，也在为大自然服务。他们没有切断与母亲的联系，从而保持了早期母亲的形象。他们通过亲近她（现实中是不离开自己的国家）在幻想中保护自己和她。与此形成对比的是，探险家在幻想中寻找一位新母亲，以代替他感到疏远或无意识地害怕失去的真实母亲。

我们与自己和他人的关系

在这一章中，我讨论了个体对他人的爱和与他人关系的某些方面。然而，在结束之前，我必须试着探索所有关系中最复杂的关系，即我们与自己的关系。但是，什么是我们自己呢？我们从早年开始所经历的一切——无论是好是坏，我们从外部世界获得的一切，以及我们在内心世界感受到的一切——快乐和不快乐的体验，与人的关系，活动，兴趣和各种想法，也就是说，我们所经历的一切，都是我们自己的一部分，也正是这一切形成了我们的人格。试想一下，如果我们过去的一些关系，连同所有相关的记忆，以及它们所唤起的丰富情感，突然从我们的生活中消失了，我们该感到多么贫乏和空虚！我们所体验到（并施以回报）的爱、信任、满足、安慰和感激，将会失去多少！我们中的许多人甚至不愿意错过一些痛苦的经历，因为它们也有助于丰富我们的人格。我在这篇文章中多次提到，我们早期的关系对我们后来的关系有着重要的影响。现在我想说明的是，这些早期的情感情境从根本上影响了我们与自己的关系。我们将我们所爱的人铭记于心；在某些困难的情况下，我们可能会觉得自己受到了他们的指引，我们想知道他们会怎么做，他们会不会赞成我们的做法。从这些表述中，我们可以得出结论：我们以这种方式仰望的这些人，最终代表的是受人尊敬和爱戴的父母。然而，我们已经看到，儿童与他们的父母建立和谐的关系绝非易事，早期的爱的感觉受到仇恨冲动和由此产生的无意识罪疚感的严重抑制和干扰。的确，父母可能缺乏爱或理解，这往往会增加各方面的困难。破坏性的冲动和幻想、恐惧和不信任，即使在最有利的环境中，也总是在幼儿身上某种程度地活跃着，但不利的环境和不愉快的经历必然会大大增加这些冲动和幻想、恐惧和不信任。此外——这也是非常重要的——如果儿童在早期生活中得不到足够的快乐，他培养充满希望的态度以及对人的爱和信任的能力就会受到干扰。然而，这并不意味着儿童的爱和幸福的能力与他所得到的爱的数量成正比。事实上，有些孩子在无意识中形成了极端严厉的父母形象，这扰乱了他们与实际父母和一般人的关系，尽管父母对他们很好，很爱他们。另一方面，孩子的心理困难往往与他所受到的不良对待不成正比。如果出于每个人生来不同的内部原因，某些孩子几乎没有承受挫折的能力，或如果他们的攻击性、恐惧和罪疚感非常强烈，那么父母的实际缺点（特别是他们做错事的动机）在孩子的心目中可能会变得非常夸张和扭曲，他的父母和周围的人可能会被体验为总体上是严厉和苛刻的。我们自己的仇恨、恐惧和不信任往往会在我们的无意识中创造出令人恐惧和苛刻的父母形象。现在，这些过程仍然不同程度地活跃在我们所有人的身上，因为我们都必须以这样或那样的方式与仇恨和恐惧的感觉进行斗争。因此，我们看到，攻击冲动、恐惧和罪疚感（部分是由内部原因引起的）的强烈程度对我们形成的主要心理态度有重要影响。

那些因受到不良对待而在无意识中形成严厉父母形象的儿童，他们的整体心理态度受到了灾难性的影响。与之相比，许多儿童受到父母错误对待或不被理解的负面影响要小得多。同样出于内部原因，某些孩子从一开始就更有能力承受挫折（无论这些挫折是可以避免的还是不可避免的），也就是说，他们可以做到这一点，而不会被自己的仇恨和怀疑的冲动所支配，这样的孩子将更能容忍父母在对待他们时所犯的错误。他们可以更多地信赖自己的好的感觉，因此对自己更有安全感，不太容易被来自外部世界的东西所动摇。没有一个孩子能够完全摆脱恐惧和怀疑，但如果我们与父母的关系主要建立在信任和爱的基础上，我们便可以将他们牢牢地保留在我们的内心，从而形成指导性和有帮助的内在形象，它们将是以后生活中提供抚慰和安宁的源泉，也是建立所有友好关系的原型。

我试图阐明我们成年后的一些关系，我们对待某些人就像我们的父母对待我们一样（那时父母爱着我们，或者像我们希望的那样对待我们），这样我们其实是将早期的情境进行了反转。或者再一次，在跟另外一些人的关系中，我们的态度就像一个爱着父母的孩子。现在，我们在对他人的态度中所体现的这种可互换的儿童-父母（child-parent）式关系，也发生在我们与内心的这些有益的、指导性的人物之间。在无意识中，我们觉得这些构成我们内在世界的内化人物是爱我们、保护我们的父母，同时，我们也像父母对待孩子那样回报他们的爱。这些基于真实经验和记忆的幻想性关系（phantasy-relationships），构成了我们持续、活跃的情感和想象生活的一部分，并为我们的幸福和精神力量做出了贡献。然而，如果在我们的感情和无意识中保持的父母形象主要是严厉的，我们就无法与自己和平相处。众所周知，过于苛刻的良知会引起忧虑和痛苦。虽然不太为人所知，但精神分析的发现证明了这一点，即这种内部战争幻想和与之相关的恐惧是我们所说的惩罚性良知（vindictive conscience）的根源。顺便说一句，这些压力和恐惧可能会表现为严重的精神障碍，并导致自杀。

我用了一个相当奇怪的短语"与我们自己的关系"。现在我要补充说，这指的是与我们自己的那个我们所珍惜和爱的部分、所憎恨的部分的关系。我试图说明，我们自己的那个我们所珍惜的部分，是通过与外界的关系而积累起来的财富，因为这些关系以及与之相连的情感，已经成为一种内在的财富。我们自己的那个我们所憎恨的部分，是那些苛刻和严厉的人物（他们已经成为我们内在世界的一部分），在很大程度上，这些坏形象是我们自己指向父母的攻击性所导致的结果。然而，从根本上说，我们最强烈的仇恨是针对我们自己内心的仇恨。我们如此害怕自己内心的仇恨，因此不得不采取一种最强大的防御措施，即将仇恨转嫁给他人——投射出去。不过，我们也把爱转移到了外部世界。只有与我们心中的友好人物建立良好关系，我们才能真正做到这一点。这是一个良性循环，我们首先获得了父母的信任和爱，然后我们把他们和所有的爱和信任一起内化，然后我们可以从这个爱的源泉中汲取营养，再次赠予外部世界。关于我们的仇恨，也有一个类似的循环。正如我们所看到的，仇恨导致我们在心中建立可怕的形象，然后我们倾向于认为别人是不好的、有恶意的。顺便说一句，这样的态度实际上会使别人对我们产生不愉快和怀疑，而我们友好和信任的态度容易唤起别人的信任和善意。

我们知道，有些人（特别是日渐衰老时）变得越来越愤愤不平；另一些人则变得更温和，变得更善解人意和宽容。众所周知，这种变化是由于态度和性格的不同，而不是简单地与生活中遇到的不利或有利的经历相对应。我们可以得出这样的结论，即情感方面的痛苦，无论是对人还是对命运（通常与两者都有关），基本上在童年时期就已形成，并可能在以后的生活中得到加强或加剧。

如果爱没有被怨恨、委屈和仇恨扼杀，而是牢牢地扎根在心中，那么对他人的信任和对"自己是够好"的信念就坚如磐石，可以经受住环境的打击。那么，当遇到困难时，如果一个人的成长过程遵循上述轨迹，他就能够在自己心中保留那些好父母形象，他们的爱在他遇到困难时将持续提供帮助，并且，他能够在外部世界中再次找到心目中代表他们的人。有了通过幻想将早期情境反转和认同他人的能力（这是人类思维的一大特征），一个人可以给予别人帮助和爱，虽然他自己也需要它们，但他自己也以这种方式获得了安慰和满足。

我首先描述了婴儿在他与母亲的关系中的情感状况，母亲是他从外部世界获得好东西的最初和最重要的来源。我接着描述道，如果婴儿没有对母亲的哺乳感到充分满足，那将是一个极其痛苦的过程。然而，如果他的贪婪和他对挫折的怨恨不是太强，他就能够逐渐脱离母亲，同时从其他来源获得满足。在他的无意识里，新的快乐客体与他从母亲那里得到的最初满足是联系在一起的，这就是为什么他可以接受其他的快乐来代替原来的快乐。这个过程可以被描述为既保留了最初的善，又取代了它。这个过程进行得越成功，婴儿的心智中留下的贪婪和仇恨就越少。但是，正如我经常强调的那样，在这些过程中，与所爱之人在幻想中遭到毁灭有关的无意识罪疚感起着至关重要的作用。我们已经看到，婴儿的内疚和悲伤（源于他在贪婪和仇恨中毁灭他母亲的幻想）驱使他去治愈这些想象中的伤害，并对她进行修复。这些情绪对婴儿接受母亲的替代者的意愿和能力有着重要的影响。这是因为，内疚感会让儿童害怕依赖这个会失去的所爱客体，因为一旦攻击性爆发，他就会觉得自己在伤害她。这种对依赖的恐惧促使儿童脱离她——转向其他人和事情，从而扩大了他的兴趣范围。通常，进行修复的冲动可以阻止因内疚感而产生的绝望感，并力图占得上风。在这种情况下，婴儿的爱和修复愿望会无意识地转移到新的爱和兴趣的客体上。我们已经知道，在婴儿的无意识中，这些新客体都是与第一个所爱客体联系在一起的，他通过与新客体的关系和建设性的兴趣，重新发现或重新创造了第一个所爱客体。因此，儿童进行修复（这是爱的能力的重要组成部分）的范围扩大了，他接受爱的能力和通过各种手段接受外部世界好东西的能力也稳步增加。这种"给予"和"索取"之间的良好平衡是进一步获得幸福的主要条件。

如果在我们的早期发展中，我们能够将我们的兴趣和爱从母亲那里转移到其他人和让我们获得满足的其他来源，那么到那时（也只有到那时），我们便能在以后的生活中从其他来源获得享受。这使我们能够通过与他人建立友好关系，来弥补与某人相关的失败或失望，并接受我们无法获得或无法保留的东西的替代品。如果我们内心的贪婪、怨怼和仇恨没有干扰我们与外部世界的关系，那么我们便能找到无数的方式从外部吸收美、善和爱。这样，我们不断地扩充了我们的快乐记忆，逐渐储备起价值感，通过它，我们获得一种不易动摇的安全感，以及能够抵御痛苦的满足感。此外，所有这些满足感除了给人带来快乐外，还可以减少过去和现在的挫折（或者更确切地说是挫折感）——回溯到最初和最基本的挫折。我们体验到的真正的满足感越多，我们对剥夺的怨恨就越少，就越不会被贪婪和仇恨所左右。那么我们就有能力接受他人的爱和善意，并给予他人爱，而且，我们会得到更多的回报。换句话说，"给予与索取"的基本能力在我们身上得到了发展，既确保我们自己获得满足，又帮助他人获得快乐、舒适或幸福。

总而言之，与自己良好的关系是爱、宽容和智慧地对待他人的条件。这种与我们自己的良好关系，正如我努力阐明的那样，部分是由对他人（也就是那些过去对我们很重要的人）的友好、爱和理解态度发展而来的，我们与他们的关系已经成为我们心灵和人格的一部分。如果我们能够在无意识深处，在某种程度上消除我们对父母的积怨，原谅他们带给我们的挫败，那么我们就可以与自己和平相处，并能够真正地爱他人。

注　释

❶《爱、恨与修复》（*Love，Hate and Reparation*）。

❷ 在本文中，为了简化对这些复杂和陌生的现象的描述，在谈到婴儿的喂养情况时，我始终只谈及母乳喂养。我所提出的与母乳喂养有关的很多观点和推论也适用于奶瓶喂养，尽管有一些不同。在这方面，我将引用我在《断奶》（1936）一文中的一段话："奶瓶可以作为母亲乳房的替代品，因为它给婴儿带来吮吸的乐趣，从而在一定程度上建立起与（母亲或保姆提供的）奶瓶相关的乳房-母亲关系。经验表明，没有经过母乳喂养的儿童往往发展得相当好。然而，在分析中，我们总会发现这些人对乳房的深切渴望从未得到满足。尽管乳房-母亲关系在一定程度上已经建立，但这对心理发展产生了巨大的影响，因为最早期和最基本的满足是从替代品中获得的，而不是从渴望的真实事物中获得的。我们可以认为，虽然儿童没有母乳喂养也能发育得很好，但如果他们有成

功的母乳喂养，他们的发展会在某种程度上有所不同，而且会更好。另一方面，我根据我的经验推断，那些发展不良的孩子（即使他们是母乳喂养的）如果没有母乳喂养，他们的困难会更严重。"

❸ 对幼儿的精神分析，使我能够得出关于早期心智运作的结论，并使我确信婴儿的这种幻想已经相当活跃。对成年人的精神分析则显示，这种早期幻想生活会产生持久的影响，并且深刻地影响着成年人的无意识。

❹ 正如我在一开始所说的，我们所有人心中都有一种爱与恨的持续互动。然而，我的话题是关于爱的感觉是如何发展、增强和稳定的。虽然我不会过多地讨论攻击性的问题，但我必须明确指出，攻击性在我们身上也是活跃的，即使是在爱的能力得到大力发展的人身上也是如此。一般来说，在这些人身上，攻击性和仇恨（后者减少了，并在某种程度上被爱的能力所抵消）都以建设性的方式被充分运用（即人们所说的"升华"）。事实上，所有的生产性活动都包含着某种攻击性。以家庭主妇的职业为例：打扫卫生等活动当然证明了她想让别人和自己感到愉快的愿望，因此这体现了对别人和她所关心的事情的爱。但与此同时，她也表达了她在摧毁敌人（污垢）方面的攻击性，污垢在她无意识中已成为"坏"东西的象征。源自早期阶段的仇恨和攻击可能会在女性身上不受控制，从而使她们在打扫卫生方面表现出强迫特征。我们都知道有这样一种女人，她们不停地"收拾"，让家庭生活变得痛苦不堪。在她们身上，仇恨实际上转向了她所爱和关心的人。以一种被允许的、实际上可以是相当有建设性的方式，憎恨那些值得憎恨的人和事——无论是我们不喜欢的人还是我们不同意的原则（政治、艺术、宗教或道德），是发泄我们的仇恨、攻击、嘲笑和蔑视的一种普遍的、不走极端的方式。这些情绪，虽然是以成人的方式被运用，但它归根结底是我们童年时体验到的那些情绪，当时我们恨我们的父母，同时也爱着他们。即使在那时，我们也努力保持对父母的爱，并将恨转移到其他人和事情上。当我们的爱的能力得到发展和稳定下来，并在成年生活中扩大我们的兴趣、情感和恨的范围时，这个过程会更成功。再举几个例子：律师、政治家和评论家的工作涉及与对手的斗争，但他们所使用的是被允许且有效的方式。所以在他们这里，前面我所阐述的结论同样适用。合法表达攻击性，甚至受到鼓励的表达方式有很多，其中之一就是通过游戏。游戏中的对手会暂时地（这一事实也有助于减轻罪疚感）受到攻击，同样，这种攻击也是衍生于早期情境。所以，那些非常善良的、有爱的能力的人，也有很多方式来表达他们的攻击性和仇恨，无论是通过升华还是直接表达。

❺ 在考虑成人的情感和关系时，本文将主要讨论儿童早期的冲动、无意识的感觉和幻想对后来的爱的表现的影响。我意识到，这必然会导致我的表述在一定程度上是浓缩和概括性的，因为这样我就无法公正地描述在来自外部世界的影响和个人内在力量之间的

终生互动中，共同构建成人关系的多种因素，正是这些因素共同塑造了成人关系。

❻ 例如，对于男孩来说，他希望一整天都占有自己的母亲，与她性交，给予她孩子，他因为嫉妒父亲而杀死父亲，剥夺兄弟姐妹的一切，如果他们妨碍了他的话，也把他们赶出去。很明显，如果这些不切实际的愿望得以实现，就会给他带来最深的罪疚感。即使是影响不那么深远的破坏性欲望被实现了，也容易引发深刻的冲突。例如，如果成为他母亲的最爱，许多孩子会感到内疚，因为他的父亲和兄弟姐妹会相应地被忽视。这就是我所说的无意识中同时存在相互矛盾的愿望的意思。儿童的欲望是无限的，与这些欲望相关的破坏性冲动也是无限的，但与此同时，他也有（无意识地和有意识地）相反的倾向，他也希望给予他们爱，并进行修复。他自己实际上想要被周围的成年人约束他的攻击性和自私性，因为如果这些被放任，他就会因为悔恨和无价值的痛苦而遭受折磨；事实上，他依赖于从成年人那里获得这种帮助，就像他需要的任何其他帮助一样。因此，从心理层面来说，试图通过完全不让儿童感到挫败来解决他们的困难是远远不够的。当然，在现实中不必要的或被武断施加的挫折是非常有害的，它只表明缺乏爱和理解。重要的是要认识到，儿童的发展取决于（并在很大程度上由以下因素形成）他能否找到方法来承受不可避免的和必要的挫折，以及部分由这些挫折引起的爱恨冲突；也就是说，要在因挫折而加剧的仇恨，与为他们带来悔恨之苦的爱和修复愿望之间找到出路。儿童在内心如何使自己适应这些问题，为他日后所有的社会关系、成年后的爱和文化发展奠定了基础。在童年时期，周围人的爱和理解可以极大地帮助他，但这些深层次的问题既不能借由他人来解决，也无法被消除。

❼ 父母严厉或缺乏爱也会产生类似的有害影响（尽管产生的方式不同）——这涉及一个重要的问题，即环境如何以有利或不利的方式影响孩子的情感发展。但是，这超出了本文的讨论范围。

❽ 性幻想和欲望在无意识中仍然活跃着，在儿童的行为、游戏和其他活动中也有一定程度的表达。如果压抑太强烈，或幻想和欲望埋藏得太深，无法得到表达，就不仅可能强烈抑制他的想象力的发挥（以及各种活动），而且还会严重阻碍他后来的性生活。

❾ 同性恋爱情关系是一个广泛而复杂的话题。要想彻底讨论这些问题，我需要更多的空间，因此，我只想指出，同性恋关系中双方可能投入浓烈的爱。

❿ 在对儿童的心理分析中，我经常发现（当然是在不同程度上）儿童关于被赶出家门的恐惧，这是对无意识的攻击（他们希望把别人赶出去）和已经造成的实际伤害的惩罚。这种焦虑很早就产生了，可能会强烈地影响儿童的心理发展。一个特别的例子是害怕成为贫穷的孤儿或乞丐，无家可归，没有食物。在我目前观察过的孩子中，这些对贫穷的恐惧与父母的经济状况完全无关。在以后的生活中，这种恐惧会强化实际的困难，例如失去金钱或不得不放弃房子，或失去工作。它们给实际的困难增加了一种辛酸成分，加深了绝望。

20

哀悼及其与躁郁状态的关系

Mourning and its Relation to Manic-depressive States

(1940)

正如弗洛伊德在《哀悼与忧郁》中指出的那样，哀悼工作的一个重要部分是对现实的检验。他说："在哀悼过程中，现实检验的命令要得到不折不扣地执行是需要时间的，当这一工作完成之后，自我便成功地将它的力比多从丧失的客体中解放出来。"（《标准版》第14卷，p.252）他又写道："力比多与客体相联系的每一份记忆和期望都被提出来（brought up）并被过度贯注（hypercathected），而力比多就完成了与客体的脱离（detachment）。现实检验的命令就是通过这种妥协（compromise）的方式来一点点执行的，然而为什么这个过程会如此令人痛苦，从经济学的角度来说似乎难以理解。而我们竟然将这种痛苦视为理所当然，实在令人惊讶。"（同上，p.245）他在另一段中写道："我们甚至不知道哀悼过程是通过怎样的能量路径来进行的。不过，有一个猜想可能在这里会对我们有所帮助。每一份代表着力比多与丧失客体的联结的记忆和期待，都会遭到现实的无情打击——因为客体已经不存在了。而自我，则面临着是否要与客体同生死、共命运的问题。自己幸存于世这一事实带来的自恋性满足（narcissistic satisfactions），使得自我决定脱离对丧失客体的依附。我们可以想象，这项脱离工作非常缓慢和渐进地推进，因此当它完成时，它所需要的能量可能也已经被耗光了。"（同上，p.255）

在我看来，正常哀悼中的现实检验与心智运作的早期过程有着密切的联系。我的论点是，儿童经历的心理状态与成人的哀悼过程是类似的，或者更确切地说，每当在以后的生活中经历哀伤时，儿童早期的哀悼过程就会被重新激活。在我看来，孩子克服哀悼状态的最重要方法是对现实的检验；然而，正如弗洛伊德所强调的，这个过程是哀悼工作的一部分。

在我的论文《论躁郁状态的心理成因》❶中，我引入了婴儿期抑郁心位的概念，并阐述了这种心理位置与躁郁状态之间的联系。现在，为了弄清楚婴儿期抑郁心位和正常哀悼之间的关系，我必须首先简要地引用那篇文章中的一些观点，然后再加以详述。在此过程中，我也希望进一步阐述正常哀悼与异常哀悼和躁郁状态之间的联系。

我说过，婴儿会体验到抑郁情绪，尤其在断奶前后和断奶期间达到高潮。我将婴儿的这种心理状态命名为"抑郁心位"，我认为这是一种萌芽状态（statu nascendi）的忧郁症。在这里，婴儿哀悼的客体是母亲的乳房，以及乳房和乳汁在婴儿心中所代表的一切，即爱、美好和安全。婴儿觉得他失去了这一切，并且这种丧失是由于他自己无法控制的贪婪和对他母亲乳房的破坏性幻想和冲动而导致的。早期的俄狄浦斯情境引发了婴儿对即将到来的丧失（这次是父母双方）的进一步痛苦，这种早期情境与婴儿的乳房受挫有密切的联系，所以一开始它被口腔冲动和恐惧所主导。由于儿童与兄弟姐妹的矛盾关系，他们所爱客体的范围进一步扩大。在幻想中，这些客体也被攻击，因而儿童也害怕失去他们。儿童对母亲体内的胎儿的攻击幻想也引发了丧失和内疚的感觉。根据我的经验，因害怕失去

"好"客体而产生的悲伤和担忧，也就是抑郁心位，是俄狄浦斯情境中痛苦冲突的最深层根源，也是儿童与他人的关系中痛苦冲突的最深层根源。在正常的发展过程中，这些悲伤和恐惧的感觉可以通过各种方法被克服。

随着儿童建立更多关系（首先是与他的母亲，很快是与他的父亲和其他人），我所强调的那些内化过程也在进行。婴儿吞并（incorporate）了他的父母，并且以一种具体（concrete）的方式感觉到他们是他体内的活生生的人，这种体验是一种深层的无意识幻想。也就是说，父母成了婴儿心灵中的"内在"（internal）或"内部"（inner）客体。这样，儿童的无意识中便逐渐建立起一个内部世界，这个内部世界与他从别人和外部世界获得的实际经验和印象相对应，但被他自己的幻想和冲动所改变。如果在这个内在世界里，儿童感觉与他人、与他自己和平相处，他便可以获得内心的和谐、安全和整合（integration）。

儿童身上既存在与"外部"母亲（对比于"内部"母亲）相关的焦虑，也存在与"内部"母亲相关的焦虑，二者之间存在着持续的相互作用，儿童的自我用来处理这两组焦虑的方法是密切相关的。在婴儿的心中，"内部"母亲与"外部"母亲是联系在一起的，她是"外部"母亲的"替身"，尽管这个"外部"母亲在内化到儿童心灵的过程中会立刻发生变化。也就是说，她的形象受到了儿童的幻想、各种内部刺激和内在体验的影响。儿童所体验的外部环境也被内化进来（我认为从最早期开始就是如此），并且遵循相同的模式，即它们也会变成真实情境的"替身"，并因为同样的原因而改变。通过内化，人、事、情境和发生的事情——正在建立的整个内心世界——变得无法被儿童准确地观察和判断，也无法通过与有形的、可感知的客体世界相联系的感知手段加以验证。这一事实对内心世界的幻想性质有着重要的影响。随之而来的怀疑、不确定和焦虑会持续推动幼儿观察和证实（make sure）外部的客观世界（这是内在世界的基础❷），并通过这些手段更好地理解内部世界。因此，看得见的母亲提供了持续的证据，证明"内部母亲"是什么样的，无论她是慈爱的还是愤怒的，是有帮助的还是报复性的。外部现实在多大程度上能够消除与内部现实相关的焦虑和悲伤，每个人都有所不同，但可以作为衡量一个人是否正常的标准之一。对于那些被内心世界支配得如此之深的孩子来说，他们的焦虑甚至不能被他们与人之间愉快的关系所充分反驳和抵消，所以会不可避免地出现严重的心理困难。另一方面，如果孩子通过克服这些不愉快的经历，觉得自己可以保留自己的客体，以及他们对自己的爱和自己对他们的爱，从而在面临危险时保持或重建内心生活与和谐，那么即使是一些不愉快的经历，在儿童这种对现实的检验中也是有价值的。

婴儿所体验到的与母亲有关的所有欢乐，都向他证明了他所爱的客体（无论内在还是外在）没有受到伤害，没有变成一个复仇的人。随着爱和信任的增加，并且快乐的体验消除了一些恐惧，婴儿得以逐步地克服他的抑郁和丧失感（哀悼）。他也能够通过外部现实来检验他的内在现实。被爱的体验、在与他人关系中体验到的快乐和舒适，使儿童对自己更有信心，对他人的"好"更有信心，"好"客体和自我能够被拯救和保护的希望增加了，同时他对内在破坏性的矛盾心理和强烈恐惧也减轻了。

幼儿时期的痛苦体验或快乐体验的缺乏，特别是缺乏与所爱客体快乐和密切的接触，增加了儿童的矛盾心理，削弱了他们的信任和希望，并证实了他们对于内心毁灭和外部迫害的焦虑。此外，从长远来看，它们会减缓（或许还会永久性地阻碍）获得内在安全感的有利过程。

在获取知识的过程中，新的经验必须能够被纳入儿童当时主导的心理现实所提供的模式。另一方面，儿童的心理现实受到他对外部现实的渐进认识的影响。每一个这样的步骤，都帮助儿童逐渐建立起牢固的内部"好"客体。每一个这样的步骤，都被自我用作克服抑郁心位的手段。

在其他地方，我曾表达过这样的观点，即每个婴儿都会经历精神病性质的焦虑❸，而婴儿期神经症❹则是他们用来处理和缓和这些焦虑的正常手段。基于我对婴儿期抑郁心位（我认为它是儿童发展的核心位置）的研究，我现在可以更准确地阐述这个结论。早期的抑郁心位通过婴儿期神经症表现出来，并逐渐被克服；这是心理组织和融合过程的重要组成部分，而这一过程与性的发展❺是儿童在生命最初几年的典型任务。正常情况下，儿童会修通（pass through）婴儿期神经症，除了其他的成就以外，他们会逐步地与他人、现实建立良好的关系。我认为，良好的与他人的关系取决于他是否成功地抵御内在的混乱（抑郁心位），是否牢固地建立起自己的内部"好"客体。

现在，让我们更仔细地讨论实现这一发展成就的方法和机制。

在婴儿内在，其内摄和投射过程受到攻击和焦虑的支配，且攻击和焦虑相互强化，导致他们害怕自己受到恐怖客体的迫害。除了这些恐惧之外，婴儿还害怕失去他所爱的客体。也就是说，抑郁心位已经出现。当我第一次引入抑郁心位的概念时，我提出了这样的观点，即完整的所爱客体的内摄会引起婴儿的担忧和悲伤，他担心客体被摧毁（被"坏"客体和本我摧毁），这些令人痛苦的感觉和恐惧，加上一系列偏执性恐惧和防御，构成了抑郁心位。因此，我认为存在两组恐惧、感觉和防御，它们各有不同，同时密切相关。为了在理论上更清晰，我们可以对其进行区分。第一组是受迫害的感觉和幻想，其特征是害怕内部迫害者摧毁自我。对这些恐惧的防御主要是通过暴力、秘密和狡猾的方法摧毁迫害者。我在其他文章中已经对这些恐惧和防御做了详细的阐述。第二组感觉构成了抑郁心位，我曾对其做过阐述，但没有给出具体的术语。我现在建议用一个简单的词，来形容儿童对所爱客体的悲伤和关心，以及对失去它们的恐惧和对重新获得它们的渴望。这个词来源于日常语言，即对所爱客体的"挂念"（pining）。简言之，迫害性焦虑（被"坏"客体所迫害）和对它的特有防御，以及对所爱的（"好"）客体的挂念，构成了抑郁心位。

当抑郁心位出现时，自我除了早期的防御外，被迫发展出新的防御方法，这些防御方法本质上是用于防御儿童对所爱客体的"挂念"。这些都是整个自我组织（ego-organization）的基础。我以前将其中一些方法称为躁狂防御或躁狂心位，因为它们与躁狂抑郁症（manic-depressive illness）有关❻。

抑郁心位和躁狂心位之间的波动是正常发展的重要组成部分。在抑郁性焦虑（担心所爱客体和自己被摧毁）的驱使下，自我发展出全能的和暴力的幻想，一方面是为了控制和掌握危险的"坏"客体，另一方面是为了拯救和修复所爱客体。从一开始，这些全能幻想（无论是破坏性的幻想还是修复幻想），都会刺激和融入儿童的活动、兴趣和升华。婴儿的施虐性（sadistic）幻想和建设性（constructive）幻想具有一种极端性质，这与迫害他的人的极端恐怖和他的"好"客体的极端完美是一致的❼。理想化（idealization）是躁狂心位的一个重要部分，并与该位置的另一个重要元素，即否认（denial）联系在一起。如果没有对心理现实的部分和暂时的否认，自我就无法承受在抑郁心位达到顶峰时所体验到的可怕威胁。全能感、否认和理想化，与矛盾心理紧密相连，它们使早期的自我能够在一定程度上维护自己，对抗其内在的迫害者，防御对其所爱客体的盲目和危险的依赖，从而能够进一步向前发展。我将在这里引用我以前论文中的一段话：

"……在最早的阶段，儿童心中的迫害性客体和好客体（乳房）是分开的。随着完整和真实的客体的内摄，它们更紧密地结合在一起时，自我会不断地求助于对客体关系的发展极其重要的这一机制，即将客体意象分裂为他爱的与他恨的，也就是说，分裂为好客体与危险客体。

"我们可以认为，实际上正是在这一点上，与客体关系（即完整和真实的客体）有关的矛盾心理开始出现。由客体意象的分裂所带来的矛盾心理，使幼儿获得对其真实客体（进而对其内化客体）更多的信任和信念，更多地爱他们，并在更大程度上实现他对所爱客体的修复幻想。同时，偏执焦虑和防御被导向坏客体。自我从一个真正的好客体获得的支持通过飞行机制被增强了，该机制轮流应用于外部好客体或内部好客体。（理想化机制）

"似乎在这个发展阶段，外在客体与内在客体、所爱客体与所恨客体、真实客体与想象客体的整合是以下面的方式进行的，即整合的每一步都会再次导致客体意象的重新分裂。但是，随着儿童对外部世界适应的增强，这种分裂是在逐渐变得越来越接近现实的层面上进行的。该过程会一直持续下去，直到儿童建立起对真实的、内化客体的爱和信任。然后，矛盾心理（这在一定程度上是对自己的恨以及对可恨和可怕的客体的保护）将会在正常的发展中不同程度地减轻❽。"

前面已经说过，在早期的幻想（无论是破坏性的幻想还是修复性的幻想）中普遍存在着一种全能感，它影响着升华，也影响着客体关系。然而，全能感在儿童的无意识中，与最初与之相关的施虐冲动紧密地联系在一起，这使得儿童反复地感觉他试图修复的努力没有成功，或者不会成功。他觉得，他的施虐冲动很容易就能战胜他。正如我们所看到的，由于幼儿无法充分信任自己的修复性和建设性的情感，就诉诸躁狂性的全能感。因此，在发展的早期阶段，自我没有足够的手段来有效地处理内疚和焦虑。所有这一切导致儿童（在某种程度上成年人也是如此）需要强迫性地重复某些行为，在我看来，这是强迫性重复的一部分❾；或者，儿童可能采用相反的方法，即诉诸全能感和否认。如果躁狂性的防御（在这种防御中，各种危险以一种全能的方式被否认或最小化）没有奏效，自我就会被迫交替或同时使用强迫性方式进行修复，以抵御对退化和解体的恐惧。我在其他地方❿提出，强迫机制是针对偏执焦虑的一种防御，也是一种减轻偏执焦虑的手段，在这里，我只简要说明强迫机制和躁狂防御之间的联系，以及与正常发展中的抑郁心位的关系。

躁狂防御与强迫性防御紧密地联系在一起，这一点增强了自我的恐惧——害怕通过强迫性手段进行的修复也不会成功。控制客体的欲望、超过和羞辱客体的施虐满足、战胜客体的胜利感（triumph），可能会强烈地渗透到修复行为（通过思想、活动或升华实现）中，从而打破这些修复行为开启的"良性"循环。原本要被修复的客体再次变成了迫害者，而偏执性的恐惧也被重新燃起。这些恐惧强化了偏执防御机制（摧毁客体）和躁狂机制（控制客体或使其动弹不得，等等）。因此，根据这些机制被激活的程度，正在进行的修复会受到干扰，甚至被取消。作为修复行为失败的结果，自我不得不一次又一次地求助于强迫性和躁狂性的防御。

在正常的发展过程中，当爱与恨之间达到相对平衡，客体的各个层面更加统一时，这些相互矛盾但密切相关的防御也会达到某种平衡，它们的强度就会减弱。在这方面，我要强调胜利感的重要性，它与蔑视和全能感密切相关，是躁狂心位的一个重要因素。我们知道，竞争在孩子渴望与成年人取得同等成就的强烈愿望中扮演着重要角色。除了竞争之外，夹杂着一些恐惧，他希望从自己的不足中"成长"（归根结底是克服他的破坏性和他的内部坏客体，并能够控制它们），这也是他取得各种成就的动力。根据我的经验，想要扭转孩子-父母的关系，想要获得控制父母的权力并战胜他们的愿望，在某种程度上总是与追求成功的愿望联系在一起。儿童幻想着总有一天，他将变得强壮、高大、成熟、强大、富有和有能力，父亲和母亲将变成无助的孩子，或者变得老、弱、贫穷和无依无靠。这种战胜父母的幻想，以及由此产生的罪疚感，常常会削弱儿童在各方面的努力。有些人无法获得成功，因为成功总是意味着对别人的羞辱甚至伤害，首先是战胜父母、兄弟姐妹。他们寻求实现某些目标的努力可能是非常有建设性的，但在主体的心目中，隐含的胜利以及随之而来的对客体的伤害可能会比这些目标更具意义，从而阻碍这些目标的实现。这造成的结果是，对所爱客体的修复（在心灵深处，所爱客体与他所征服的客体是一样的）又一次受阻，因此，罪疚感仍然得不到减轻。主体对客体的战胜，必然意味着客体也想战胜他，因此这会导致主体对客体的不信任和受迫害感。这可能进一步导致主体的抑郁，或者是躁狂性防御的加强，以及对客体的更暴力的控制，因为他无法调和、修复或改善他们，因此被客体迫害的感觉会再次占据上风。所有这些都对婴儿期抑郁心位，以及自我能够克服抑郁心位有重要的影响。主体对内部客体的胜利感（即客体被幼儿的自我控制、羞辱和折磨）是躁狂心位的破坏性方面的一部分，它扰乱了儿童对内部世界的修复和重建，也扰乱了儿童内心的和谐与平静。因此，这种胜利感阻碍了早期哀悼工作的进程。

为了说明这些发展过程，让我们考虑一些可以在轻躁狂病人身上观察到的特征。轻躁狂病人对人、原则和事件的态度具有一个特点，即他们存在一种夸大评价的倾向：过分崇拜（理想化）或轻视（贬低）。随之而来的是，他倾向于在考虑事情时视野远大，并且穷思竭虑，这与他的全能夸大是一致的。他以此来保护自己，不必害怕失去他内心深处仍在哀悼的那个无可替代的客体（母亲）。他倾向于轻视细节和小数目，对细节经常漫不经心，并蔑视严谨性，这都与强迫性机制中的一丝不苟、专注细节等特征（弗洛伊德）完全不同。

然而，这种蔑视在某种程度上也是建立在否认的基础上。他必须否认他作出全面和细致的修复的冲动，因为他必须否认修复的原因，即对客体的伤害以及由此产生的悲伤和内疚。

回到早期发展的过程中，我们可以认为，情感、智力和身体的每一步成长都被自我用作克服抑郁心位的一种手段。儿童不断增长的技能、天赋和艺术能力，在心理现实层面上增强了他对自己的建设性倾向的信念，也使他更相信自己掌握和控制敌对冲动以及内部"坏"客体的能力。以这样的方式，他的各种焦虑得到了缓解，这导致了攻击性的减少，反过来，他对"坏"的外部和内部客体的怀疑也减少了。得到加强的自我对他人有了更大的信任，然后可以进一步将其客体意象（外在的和内在的客体、被爱的和被憎恨的客体）统一起来，并借助爱的力量进一步减轻仇恨，从而迈入一个总体的整合进程。

儿童通过对外部现实的检验不断地获得多方面的证明和反证，因而儿童对他的爱的能力、修复能力、美好内心世界的完整和安全的信念和信任增加，此时他的躁狂的全能性会减弱，修复冲动的强迫性也会减弱，这意味着总体上他顺利地克服了婴儿期神经症。

我们现在必须把婴儿期抑郁心位与正常的哀悼联系起来。在我看来，哀悼者无意识地幻想自己也失去了内在的"好"客体，这大大增加了失去亲人的痛苦。然后，他觉得自己内在的"坏"客体占据了主导地位，这导致他的内心世界有被破坏的危险。我们知道，失去所爱的人会导致哀悼者产生一种冲动，想在自我中恢复失去的所爱客体（弗洛伊德、亚伯拉罕）。然而，在我看来，他不仅把刚刚失去的那个人吸收进来（重新吞并），而且还恢复了他内化的好客体（这归根结底是他深爱的父母），他们在他发展的最初阶段就成为他内心世界的一部分。当你失去你所爱的人，你会觉得这些内在客体也都已经沉没了、被摧毁了。因此，早期的抑郁心位以及随之而来的，衍生于乳房受挫情境、俄狄浦斯情境和其他来源的焦虑、内疚、失落和悲伤，都被重新激活。在所有这些情绪中，对被可怕的父母抢劫和惩罚的恐惧（也就是受迫害的感觉）也在内心深处死灰复燃。

例如，如果一个女人遭遇了孩子的过世，伴随着悲伤和痛苦，她早期对被报复性的"坏"母亲抢劫的恐惧，将再次被激活和证实。她自己早期的从母亲那里抢走孩子的攻击性幻想，引发了恐惧和被惩罚的感觉，这加强了她的矛盾心理，导致了她对他人的仇恨和不信任。在哀悼的状态下，情感的加强或迫害感的加强会更加令人痛苦，由于矛盾心理和不信任的增加，哀悼者与他人的友好关系将受到阻碍，这种友好关系本来在这个时候可能会提供一些帮助。

因此在哀悼工作中，当事人在检验现实的缓慢过程中所体验到的痛苦，似乎部分是由于他不仅需要更新与外部世界的联系因而不断地重新体验这种丧失，同时也由于他需要通过这种方式痛苦地重建被认为处于恶化和崩溃危险中的内心世界❶。就像经历抑郁心位的儿童在无意识中努力建立和整合自己的内心世界一样，哀悼者也要经历重建和整合内心世界的痛苦。

在正常的哀悼中，早期的精神病性焦虑会被重新激活。哀悼者实际上是病了，但因为这种精神状态很常见，对我们来说似乎是很自然的，所以我们不把哀悼称为一种疾病（出于类似的原因，正常儿童的婴儿神经症直到最近几年才被认识到）。更准确地说，我的结论是：我应该说，在哀悼过程中，主体经历了一种被修改的和短暂的躁郁状态，并克服了它，从而重复了儿童在早期发展中通常经历的过程，尽管发生于不同的情境中，并且表现形式也不同。

对于哀悼者来说，最大的危险来自他自己对逝去的所爱客体的仇恨。在哀悼的情境中，仇恨的表达方式之一是对死者的胜利感。我在本文的前面部分提到，胜利感是婴儿发育中躁狂心位的一部分。当一个所爱的客体去世时，针对父母、兄弟姐妹的婴儿期死亡愿望实际上得到了满足，因为在某种程度上，逝者必然是最早的重要人物的代表，因此接收了与他们有关的一些情感。因此，他的死亡（尽管由于其他原因而令人心碎）在某种程度上也被视为一种胜利，并带给哀悼者一种胜利感，因此导致了更强烈的内疚。

在这一点上，我发现我的观点与弗洛伊德的观点不同，弗洛伊德说："首先，正常的哀悼也克服了客体的丧失，但随着哀悼过程的持续进行，它也耗尽了自我的所有能量。那么，为什么在哀悼过程完成后，就没有任何迹象表明它的能量状况将迎来一个胜利阶段呢？我发现不可能马上就这个问题做出回答。"（《标准版》

第14卷，p.255）根据我的经验，胜利的感觉不可避免地与正常的哀悼联系在一起，并具有阻碍哀悼工作的作用，或者更确切地说，它增强了哀悼者所体验到的困难和痛苦。当哀悼者被他自己指向丧失的所爱客体的各种仇恨所支配时，不仅所爱客体变成了迫害者，哀悼者对他内在好客体的信念也被动摇。对好客体的信念的动摇痛苦地干扰了理想化的过程，而理想化是心智发展的一个重要的中间步骤。对于年幼的孩子来说，理想化的母亲是抵御报复性或死亡的母亲以及所有坏客体的保障，因此代表着安全和生命本身。正如我们所知，哀悼者通过回忆逝者的善良和良好品质，而获得了极大的解脱，这部分是因为他暂时将所爱客体作为一个理想化客体保存下来，从而得到了安慰。

在正常的哀悼中，发生在悲伤和痛苦之间的短暂的兴奋状态[12]具有一种躁狂性质，这是由于哀悼者感觉拥有完美的所爱客体（理想化客体）。然而，在任何时候，当哀悼者心中涌起对失去的亲人的仇恨时，他对自己的信念就会瓦解，理想化的过程就会受到干扰（他对所爱客体的仇恨是因为他害怕亲人的死亡是为了对他施加惩罚和剥夺，就像过去，每当母亲不在且他需要母亲时，他便觉得母亲的离开是为了对他施加惩罚和剥夺）。只有逐渐地通过重新获得对外部客体和各种价值观的信任，正常的哀悼者才能再次增强对失去的亲人的信心。然后，他可以再次忍受意识到这个客体并不完美，但不会失去对他的信任和爱，也不会害怕他的报复。当达到这一阶段时，哀悼和克服哀悼的工作就迈出了重要的一步。

为了说明一个正常的哀悼者如何重建与外部世界的联系，我现在将给出一个例子。A夫人的小儿子在学校突然去世，在失去儿子后的最初几天，她开始整理信件，把他的信件保存起来，把其他的扔掉。因此，她无意识地想修复他，把他安全地留在自己的心里，把她认为无所谓的，或者更确切地说，是敌对的东西——那些"坏"客体、危险的排泄物和不好的情感统统扔掉。

一些哀悼者会整理房子，重新摆放家具，这些行为来自强迫性机制的增强，强迫性机制是用来对抗婴儿期抑郁心位的一种防御机制的重复。

在她儿子死后的第一个星期里，她没有哭得太多，而眼泪并没有像后来那样给她带来宽慰。她觉得自己麻木了、封闭了，身体也破碎了。然而，当她见到一两个亲密的人后，她还是感到了一些安慰。在这个阶段，通常每晚都会做梦的A夫人完全停止了做梦，因为她深深地、无意识地否认自己的实际丧失。周末，她做了这样一个梦：

她看到了两个人，一个母亲和一个儿子。母亲穿着一件黑色的连衣裙。做梦的人知道这个男孩已经死了，或者即将死去。她没有感到悲伤，但对这两个人有一丝敌意。

对这个梦的联想唤起了她一段重要的记忆。当A夫人还是个小女孩的时候，她的哥哥在学业上有困难，一位和他相同年龄的同学（我将称他为B）来辅导他。B的母亲来找A夫人的母亲安排辅导的事情，A夫人对这件事记忆犹新。B的母亲表现出一种居高临下的态度，而她自己的母亲在她看来显得相当沮丧。她自己也感到，她十分敬爱的哥哥和全家都蒙受了可怕的耻辱。这个哥哥比她大几岁，在她看来，他学识渊博、有能力、有力量——他是所有优点的化身。当他在学业上的缺陷暴露出来时，她的理想破灭了。她认为这个事件是一种无法挽回的灾难，这种感觉一直留在她的记忆中。然而，这种感觉来自她无意识的罪疚感。她觉得这似乎实现了她自己想伤害哥哥的愿望。她的哥哥自己也非常懊恼，并表示非常讨厌和憎恨另一个男孩。A太太当时强烈认同了哥哥的这种怨恨情绪。在梦中，A夫人看到的两个人是B和他的母亲，男孩的死亡表达了A夫人希望B早些死去的愿望。然而，与此同时，指向自己哥哥的死亡愿望，以及通过失去儿子来惩罚和剥夺她母亲的愿望——这些都是被深深压抑的愿望——是她的一个梦念（dream-thought）。现在看来，虽然A夫人对她的哥哥满怀崇拜和爱慕，但她却出于各种理由嫉妒他，她嫉羡他有更渊博的知识，他在智力和身体上的优越，还嫉羡他拥有阴茎。她嫉妒她深爱的母亲拥有这样一个儿子，这也促成了她指向哥哥的死亡愿望。因此，一个梦念是这样的："一个母亲的儿子已经死了，或者将要死了。正是这个讨厌的女人的儿子，他伤害了我的母亲和哥哥，所以他应该被处死。"但在更深的层面上，她指向哥哥的死亡愿望也被重新激活，这个梦念是："死去的是我母亲的儿子，而不是我自己的儿子。"（事实上，她的母亲和哥哥都已经死了。）这时，她产生了一种截然不同的情感，他对母亲感到同情，也为自己感到悲伤。她觉得："一次这样的死亡就足够了。我母亲失去了儿子，她不应该再失去她的孙子。"哥哥去世的时候，除了巨大的悲痛，她还无意识地感到了对他的胜利感，这源于她早年的嫉妒和仇恨，以及相应的内疚。她把对哥哥的一些情感延续到了和儿子的关系中。在她的儿子身上，她也爱着她的哥哥。但与此同时，她对哥哥的一些矛盾心理，虽然经过她强烈的母爱得到了缓和，但也转移到了儿子身上。对她哥哥的哀悼，连同与他有关的悲伤、胜利和内疚，都融入了她现在的悲伤之中，并在梦中表现出来。

现在让我们考虑一下这些材料中出现的防御的相互作用。当丧失发生时，躁狂心位得到了加强，尤其是否认起到了作用。在无意识中，A夫人强烈否认了她儿子去世的事实。当她再也不能继续如此强烈地否认（但还不能面对痛苦和悲伤）时，躁狂心位的另一个元素——胜利感也得到了加强。A夫人对此的联想带出了一个梦念，即"这个男孩的死亡不一定带来的都是痛苦，也可能令人满意。现在我报复了那个伤害我哥哥的讨厌的男孩"。经过艰苦的分析工作后，下列事实才变得清晰起来：她指向她哥哥的胜利感也得到了恢复和加强。但这种胜利感与控制被内化的母亲和哥哥，以及战胜他们有关。在这个阶段，她对内在客体的控制得到了加强，不幸和悲伤从她自己转移到了她内化的母亲身上。在这里，否认再次发挥作用，即她否认了她和她内化的母亲是一体的并共同受苦这一心理现实。并且，对内在母亲的同情和爱也被否认，对内化客体的复仇和胜利感以及对它们的控制被加强，造成这一状况的部分原因是这些客体由于她自己具有复仇感，转而变成了迫害者。

在梦中，只有一个细微的线索表明，A夫人越来越无意识地觉察到（这表明否认正在减少）她自己失去了儿子。在做这个梦的前一天，她穿着一件白色领子的黑色连衣裙。梦中那个女人的黑色衣服上也有一件白色的东西围在她的脖子上。

做了上面那个梦两天后，她又做了一个梦：她和她的儿子在飞行，而他消失了。她觉得这意味着他的死亡——他被淹死了。她觉得自己好像也要被淹死了——但她努力地避开了危险，活了过来。

对这个梦的联想表明，在梦里她决定她不会和儿子一起死，而是会活下来。似乎即使在梦里，她也觉得活着是好事，死了是坏事。在这个梦中，与两天前的那个梦相比，她对于丧失的无意识觉察更能被接受了。她也更触及悲伤和内疚。胜利感表面上看来已经消失了，但很明显，它只是减弱了。这种感觉仍然存在于她对于活着的满足感中——与她儿子的死亡形成鲜明对比。现在能够更被触及的罪疚感，部分是来源于这种胜利感。

我在这里想起了弗洛伊德的《哀悼与忧郁》中的一段话："每一份代表着力比多与丧失客体的联结的记忆和期待，都会遭到现实的无情打击——因为客体已经不存在了。而自我，则面临着是否要与客体同生死、共命运的问题。自己幸存于世这一事实带来的自恋性满足，使得自我决定脱离对丧失客体的依附。"在我看来，这种"自恋性满足"以一种更温和的方式包含了胜利感的元素，而弗洛伊德似乎认为这种元素不会参与正常的哀悼。

在她哀悼的第二个星期里，A夫人在乡下看了些位置很好的房子，她希望有一座属于自己的房子，这让她感到了些许安慰。但这种安慰很快就被一阵阵的绝望和悲伤打断了。现在她哭得很厉害，流泪使她的情绪得以纾解。她在看房子时得到的安慰，来自她通过这种兴趣在幻想中重建了自己的内心世界，也来自知道别人的房子和好客体的存在而得到的满足。归根结底，这意味着重建了她的好父母（内在的和外在的），将他们结合在一起，让他们快乐和有创造力。在她心目中，她为在幻想中杀害了她父母的孩子而向他们作出了赔偿，并借此避免了他们的愤怒。原来她担心儿子的死是报复性的父母对她的惩罚，现在这种恐惧减弱了。同时，她的儿子用死亡来挫败和惩罚她的感觉也减轻了。仇恨和恐惧以这种方式得以减弱，这让悲伤本身能够充分宣泄出来。不信任和恐惧的加深曾经一度加强了她被内在客体所迫害和控制的感觉，并增强了她控制它们的需要。所有这一切都表现为她内在关系和情感的僵硬（hardening），也就是说，躁狂防御的增加（这体现在第一个梦里）。如果通过主体对自己和他人的"好"的信念的加强，使这些躁狂防御再次减弱，并且恐惧也会减少，那么哀悼者就能够完全忠诚于自己的情感，并通过哭泣表达自己对实际丧失的悲伤。

在我看来，与情感宣泄密切相关的投射（projecting）和驱逐（ejecting）过程，在悲伤的某些阶段似乎被广泛的躁狂控制所阻碍，当这种控制放松时，这些过程便可以更自由地运作。通过流泪，哀悼者不仅表达了他的感受，从而缓解了紧张，而且，由于在无意识中，眼泪等同于排泄物，哀悼者因此也排出了他的"坏"感觉和他的"坏"客体，这增加了通过哭泣获得的解脱。这种内在世界的更大自由，意味着这些内化客体不再被自我牢牢控制，因此被允许有更大的自由，尤其是这些客体本身被允许有感觉上的自由。在哀悼者的心境中，他内在客体的感受也是悲伤的。在他看来，他们分担了他的悲痛，就像真实的好父母一样。诗人写道："天地同悲，山河同泣。"我认为这里的"天地""山河"代表着内在的好母亲。然而，这种在内部关系中分担悲伤和同情的体验，同样与外部关系密切相关。正如我已经说过的，A夫人对真实的人和事物的更大的信任，以及从外部世界得到的帮助，有助于缓和对她内心世界的躁狂控制。这样，内摄（以及投射）可以更自由地发挥作用，哀悼者可以从外部吸收更多的好和爱，也可以越来越多地从内部体验好和爱。A夫人在早期的哀悼过程中，一定程度上觉得自己的丧失是由心怀报复的父母造成的，而现在她可以在幻想中体验到父母（早已去世）的同情，以及他们支持和帮助她的愿望。她觉得他们也遭受了严重的丧失，而且他们分担了她的悲痛（如果他们还活着，他们会这样做的）。在她的内心世界里，敌意和猜疑已经减少了，而悲伤却增加了。她流的眼泪在某种程度上也是她内在的父母流的眼泪，她也想安慰他们，就像他们在她的幻想中安慰她一样。

如果哀悼者的内部世界逐渐恢复了更强的安全感，他的情感和内部客体因此被允许重新变得更有生命力，再创造过程就会开始，并重获希望。

正如我们所看到的，这种变化来源于构成抑郁心位的两组情感的某些发展：受迫害感减少了，哀悼者充分体验到对失去的所爱客体的挂念。换句话说：恨消退了，爱得到了释放。受迫害感中固有的一个特征是，仇恨导致了受迫害感，又反过来加强了仇恨。此外，被内在"坏"客体迫害和监视的感觉，以及随之而来的不断监视它们的必要性，导致了一种依赖，后者又进而加强了躁狂防御。那些主要用来对抗受迫害感（而不是用于对抗对所爱客体的挂念）的防御，具有一种强烈的施虐和强硬性质。当受迫害感减少时，哀悼者对客体的敌对依赖和仇恨也会减少，躁狂防御也会缓和。对失去的所爱客体的挂念也意味着对他的依赖，但这种依赖会成为一种修复和保护该客体的动力。这种依赖是建设性的，因为它由爱主导，而基于迫害和仇恨的依赖是非建设性的和破坏性的。

因此，当悲伤被充分地体验，绝望达到顶峰时，哀悼者对客体的爱会涌现。哀悼者会更强烈地感觉到，内在和外在的生活终究会继续，失去的所爱客体会被保留在内心。在哀悼的这个阶段，痛苦变得更有建设性。我们知道，各种痛苦的经历有时会激发升华，甚至给一些人带来全新的天赋，他们可能会在挫折和艰辛的压力下从事绘画、写作或其他建设性活动。另一些人则以不同的方式变得更有建设性，例如更有能力理解人和事，在与他人的关系中更宽容，变得更睿智。在我看来，这种收获是通过类似于我们刚刚研究的哀悼过程获得的。也就是说，任何由艰难的经历引起的痛苦，无论其性质如何，都与哀悼有一些共同之处。它会重新激活婴儿期抑郁心位，遭遇和克服任何一种逆境都需要类似于哀悼的心理工作。

似乎，在哀悼过程中的每一次进步，都会增进哀悼者与其内在客体的关系，并带来一种失而复得的幸福（天堂失落又重得），也会增强哀悼者对它们的信任和爱，因为最终它们被证明是好的和有帮助的。这类似于幼儿一步一步地与外在客体建立关系的方式，他们不仅从那些快乐的体验中获得信任，如果他们能克服那些挫败和痛苦的体验，还能保存好客体（外在的和内在的），这将更加增加他们的信任。当躁狂防御变得缓和、内部生命焕发生机，伴随着内部关系的深化，哀悼工作中的这个阶段非常类似于儿童早期发展中逐渐独立于外在客体和内在客体的阶段。

让我们回到A夫人的例子。她看到了心仪的房子，这让她感到安慰，因为她有了一些希望，可以重建她的儿子和她的父母。无论在她的内心，还是外部世界，生活得以重新开始。这时她又可以做梦了，并且无意识地开始面对自己的丧失。她现在更加渴望再次见到朋友，但每次只有一个，而且只有很短的时间。然而，这种更舒适的感觉再次与痛苦交织在一起（在哀悼过程和婴儿期发展过程中，内在安全感的发展是波浪式前进而非直线式的）。例如，在哀悼了几个星期后，A夫人和一位朋友在熟悉的街道上散步，试图重建旧日的关系。她突然感觉，街上的人似乎多得让她受不了，房子很奇怪，阳光绚丽而不真实。她不得不躲到一家安静的餐馆里。但在那里，她觉得天花板好像要塌下来，那里的人变得模糊起来。她自己的房子突然成了世界上唯一安全的地方。通过分析发现，周围人的可怕的冷漠代表着她的内在客体，在她看来，这些客体已经变成了许多"坏"的迫害性客体。她感觉外部世界是不真实的，这是因为她暂时失去了对内在的"好"的真正信任。

许多哀悼者只能缓慢地重建与外部世界的联结，因为他们正在与内心的混乱作斗争。出于类似的原因，婴儿一开始也只是与几个心爱的人建立联系，并逐渐发展出对客体世界的信任。毫无疑问，其他因素（例如智力的不成熟）也是婴儿客体关系逐渐发展的部分原因，但我认为其中的主要因素是内心世界的混乱状态。

早期抑郁心位和正常哀悼之间的区别之一是，当婴儿失去乳房或奶瓶（这对他来说是一个"好"的、有益的和保护性的客体）时，他会体验到悲伤，即使他的母亲在场，他也会有悲伤的体验。然而，对于成年人来说，悲伤来自一个真实的人的实际丧失。不过，在早年建立起来的内在"好"母亲的帮助下，他得以抵御这种巨大的丧失。然而，幼儿正处于与失去母亲（内在和外在）的恐惧进行斗争的高峰，因为他还没有成功地、安全地建立起内在好母亲。在这场斗争中，儿童与他的母亲——她真实存在的关系会提供最大的帮助。同样地，如果哀悼者有他所爱的人分担他的悲伤，如果他能接受他们的同情，他内心世界的和谐就会得到恢复，他的恐惧和痛苦就会更快地减轻。

在描述了我在哀悼和抑郁状态中观察到的一些过程后，我现在想把我的观点与弗洛伊德和亚伯拉罕的研究联系起来。

弗洛伊德和亚伯拉罕研究了在忧郁症中起作用的古老过程的性质，在此基础上，亚伯拉罕发现这些过程也在正常的哀悼工作中起作用。他的结论是，在正常的哀悼过程中，哀悼者成功地在自我中建立了丧失的所爱客体，而罹患忧郁症的人却未能做到这一点。亚伯拉罕还描述了哀悼成功或失败所依赖的一些基本因素。

我的经验表明，虽然在正常的哀悼中，哀悼者确实是在自己内心建立了丧失的所爱客体，但他并不是第一次这样做。实际上，通过哀悼的工作，他不仅恢复了那个客体，也恢复了所有的内在好客体（他感觉这些内在客体也丧失了）。因此，他正在恢复他在童年时已经获得的东西。

正如我们所知，在早期发展过程中，儿童在自我中建立了自己的内在父母。（我们知道，正是对忧郁症和正常哀悼过程的理解，使弗洛伊德认识到正常发展中超我的存在。）但是，关于超我的本质和超我形成的过程，我的结论则不同于弗洛伊德。正如我经常指出的那样，从生命之初就开始的内摄和投射过程帮助我们建立起内在的被爱和被恨的客体。我们感觉这些客体是"好"客体或"坏"客体，它们不仅相互关联，也分别与自我关联。也就是说，它们构成了一个内在世界。各种各样的内在客体被组织起来，伴随着自我的结构化，它们在心智的更高层次上发展为清晰可辨的超我。因此从广义上讲，我认为弗洛伊德所认识到的现象——形成于自我中的真实父母的声音和影响——其实是一个复杂的客体世界，在无意识的深层次上，我们感受这些客体具体地存在于自己内部，因此，我和我的一些同事使用了术语"内化客体"和"内部世界"。这个内部世界由自我所吸收的无数个客体组成，部分对应于父母（和其他人）在儿童发展的各个阶段出现在他无意识中的众多不同方面（好的和坏的）。此外，他们也代表了所有真实的人，大量不断变化的外部体验和幻想体验提供了各种情境，这些情境中的真实人物不断地被内化进来。此外，内部世界中的这些客体彼此之间，以及它们分别与自我之间都存在着复杂的关系。

如果现在将我刚才描述的超我形成理论（与弗洛伊德的超我相比）应用到哀悼的过程中，我关于该过程的观点在本质上就变得很清楚了。在正常的哀悼中，哀悼者既重新内摄和恢复了真实的丧失客体，也重新内摄了他深爱的父母——他的内在"好"客体。当实际的丧失发生时，他的内部世界，也就是他早年就开始建立的世界，在幻想中也被摧毁了。哀悼者必须重建这个内部世界，才能完成哀悼工作。

对这个复杂的内心世界的理解，使分析师能够发现并解决此前未被阐明的各种早期焦虑情境。因此，这种理解在理论上和治疗上都具有重要的意义，其价值目前尚难以完全估量。我还认为，只有考虑到这些早期的焦虑情境，才能更充分地理解哀悼问题。

现在我将结合哀悼来说明其中一种焦虑情境，该情境在躁郁状态中也非常重要。我指的是主体对自己的内化父母感到焦虑，因为他们在进行破坏性的性交，主体感觉他们（以及自我）不断受到被暴力摧毁的威胁。在下面的材料中，我将摘录一个病人D的几个梦，他是一个40岁出头的男人，有强烈的偏执和抑郁特征。我不打算对整个案例进行详细说明，但我想在这里指出，这位病人的母亲之死引发了病人某些特定的恐惧和幻想。她的健康每况愈下已有一段时间了，在我谈及此事的这个时候，她已经陷入半昏迷状态。

在某一次分析中，D带着仇恨和痛苦谈到了他的母亲，指责她让他的父亲不开心。他还提到他母亲家族里曾经有人自杀，还有人发疯。他说，他的母亲"糊涂"了一段时间。他也两次用"糊涂"这个词形容自己，然后说："我知道你会把我逼疯，然后把我关起来。"他谈到一只动物被关在笼子里。我对此的诠释是，他感觉疯亲戚和糊涂的母亲现在在自己的内部，而被关在笼子里的恐惧，部分暗示了他非常害怕自己要容纳这些疯子，因为这会使他自己变得疯狂。接着，他给我讲了前天晚上的一个梦：他看到一头公牛躺在一个农家院子里。它还没有完全死去，看上去非常诡异和危险。他站在公牛的一边，他的母亲站在公牛的另一边。他逃进了一所房子，他觉得自己不应该抛下母亲独自面对危险；但他隐约希望她会逃走。

D先生对这个梦的第一个联想是当天早上把他吵醒，让他感到不安的一只黑鸟。他对此也感到惊讶。然后他谈到了他出生地美国的水牛。他一直对水牛很感兴趣，一见到它们就被它们吸引住了。现在他说，人们可以射杀它们，用它们做食物，但它们正在灭绝，应该加以保护。然后他提到了一个故事，说有一个人躺在地上，因为有一头公牛在旁边，这个人害怕被牛踩到，所以一直不敢动弹。他还联想到朋友农场里有一头真正的公牛，他最近见过这头公牛，他说它看起来很可怕。这个农场带给他的联想是，它代表着他自己的家。他童年的大部分时间是在他父亲拥有的一个大农场里度过的。在这里他联想到，花的种子从乡村传播开来，并在城镇的花园中生根发芽。当天晚上D先生又见到了这个农场的主人，并强烈地建议他控制住公牛（D知道公牛最近损坏了农场的一些建筑）。就在那天晚上，病人收到了他母亲去世的消息。

在接下来的一节治疗里，D先生一开始并没有提到他母亲的去世，但表达了他对我的仇恨——我的治疗会害死他。然后我提醒他关于公牛的梦，并诠释说：在他心里，他的母亲和那头攻击他的公牛-父亲（也陷入半昏迷）混杂在一起，变得诡异和危险。我本人和分析治疗当时都代表着这个联合的父母形象（parent-figure）。我指出，最近他对母亲的仇恨增加，是为了抵御他对母亲即将死亡的悲痛和绝望。我接着说道，他通过自己的攻击幻想，把他的父亲变成了一头危险的公牛，会毁掉他的母亲。因此，他觉得自己对迫在眉睫的灾难负有责任，并且感到内疚。我也提到了病人关于吃水牛的评论，并诠释说：他已经吞并了联合的父母形象，所以害怕自己的内部被公牛摧毁。以前的材料表明，他害怕自己的内部被危险的生物控制和攻击，这种恐惧导致他有时表现出非常僵硬、保持不动的姿势。关于他前面提到的故事——有个人处于被公牛踩踏的危险之中，所以动弹不得并被公牛控制，我诠释说这代表着他感觉自己的内部受到威胁❸。

接下来，我向病人指出公牛攻击他母亲具有一种性的意义，并联系到他对那天早上吵醒他的鸟儿的愤怒（这是他关于公牛梦的第一个联想）。我提醒他，在他的联想中鸟儿常常代表人，所以鸟儿发出的声音代表着他父母危险的性交。在这个特别的早晨，由于做了公牛梦，由于他对母亲即将死去极度焦虑，对原本习惯的鸟叫声感到非常难以忍受。因此，他母亲的死对他来说意味着她被他内心的公牛摧毁了，由于哀悼工作已经开始了，所以他将母亲内化到了这个危险的境地里。

我还指出了这个梦中一些充满希望的方面。他的母亲可能会逃脱公牛的攻击。黑鸟和其他鸟都是他喜欢的。我也向他指出材料中呈现的修复和再创造的倾向。他的父亲（那些水牛）应该被保护起来，也就是说，不要让他的（病人自己的）贪婪得逞。我特别提醒他，他想要把种子从他所爱的乡下传播到镇上，这些种子代表着他和他父亲为修复他母亲而创造的新生命——这些活着的婴儿也是用来维持母亲生命的一种手段。

只有在我做了这些诠释之后，他才真正能够告诉我，他的母亲在前一天晚上去世了。然后他承认（这对他来说是不寻常的），他完全理解我向他诠释的内化过程。他说，在他收到母亲去世的消息后，他感到恶心，即使在当时，他也认为这不是因为身体上的原因。现在他似乎证实了我的诠释，即他已经把想象中关于互相伤害且即将死去的父母的情境全部内化了。

在这一节治疗期间，他表现出强烈的仇恨、焦虑和紧张，但几乎没有悲伤。然而，到最后，经过我的诠释，他的情绪缓和了下来，有些悲伤出现了，他感到了一些宽慰。

在他母亲葬礼后的那个晚上，D梦见X（一个父亲形象）和另一个人（代表着我的人）试图帮助他，他必须为自己的生命与我们抗争。就像他说的："死亡正在召唤我。"在这节治疗里，他再次痛苦地说分析使他崩溃。我对此的诠释是，他觉得外部的父母对他是有帮助的，同时也是会攻击和摧毁他的、好斗的、试图让他崩溃的父母（半死的公牛和他体内的濒死母亲），而我自己和分析已经开始代表他内心的危险人物和事件。他告诉我，在他母亲的葬礼上，他曾想过他的父亲是否也死了（事实上，父亲还活着），这证明他的父亲也被他内化了。

这一节分析快结束时，他的仇恨和焦虑减轻了，他又变得更合作了。他提到，前一天，他从父亲的房子的窗户望向花园，一种孤独感油然而生。他不喜欢他在灌木上看到的一只松鸦。他认为这只讨厌的、具有破坏性的鸟可能会扰乱另一个有蛋的鸟巢。然后他联想到，他在前段时间看到过一串串的野花被扔在地上，可能是孩子们摘下来扔掉的。我再次把他的仇恨和痛苦解读为某种程度上是对悲伤、孤独和内疚的一种防御。破坏性的鸟、破坏性的孩子——像以前一样——代表着他自己，他认为自己破坏了他父母的家庭和幸福，并通过摧毁她体内的婴儿杀死了他的母亲。在这方面，他的罪疚感与他在幻想中直接攻击了他母亲的身体有关。与公牛梦有关的是，他的罪疚感来自他对母亲的间接攻击，他把他的父亲变成了一头危险的公牛，从而实现了他自己的施虐愿望。

母亲葬礼后的第三天晚上，D先生又做了一个梦：

他看到一辆公共汽车失控地向他驶来，显然是车自己开过来的。它冲进了一个棚子。他看不见棚子里发生了什么事，但肯定地知道棚子"要着火了"。这时，有两个人从他身后走过来，打开棚顶往里看。D先生"不明白他们这么做有什么意义"，但他们似乎认为这样做会有帮助。

这个梦表现出他对被父亲阉割（通过病人也渴望的同性恋行为来实现）的恐惧，除此之外，这个梦还表达了与公牛梦相同的内心状况——他的母亲在他内部的死亡，以及他自己的死亡。棚子代表着他母亲的身体，代表着他自己，也代表着他内心的母亲。由公交车撞毁棚子所代表的危险性交在他的想象中既发生在他的母亲身上，也发生在他自己身上，但最重要的，也是他最主要的忧虑所在，是发生在他内在的母亲身上。

他看不见梦中发生的事情，这说明灾难正在他的内部发生。虽然没有看见，他也知道棚子"要着火了"。巴士"向他驶来"，除了代表性交和被他父亲阉割，也意味着"发生在他体内"❶。

从后面打开棚顶的两个人（他指了指我的椅子）是他自己和我，正在观察他的内心和他的思想（精神分析）。这两个人也代表着我自己，即我是一个"坏的"联合父母形象，我的内部容纳着危险的父亲——因此他怀疑观察小屋（即分析工作）是否能帮助他。这辆失控的巴士还代表了他与母亲发生危险性交的情境，并表达了他对自己的坏的生殖器的恐惧和内疚。在他母亲去世之前，但已患上重病时，他不小心开车撞到柱子上，虽然没有造成严重后果。这似乎是一种无意识的自杀尝试，意在摧毁内在的"坏"父母。这起事故也代表了他的父母在他体内进行危险的性交，因此是一次见诸行动，也是一场内部灾难的外化。

他关于在进行"坏的"性交的联合父母的幻想——或者更确切地说，是与之相关的各种情感、欲望、恐惧和内疚的累积——极大地扰乱了他与父母双方的关系，不仅造成了他的疾病，也严重影响了他的整个成长过程。通过分析与性交中的真实父母相关的这些情感，尤其是通过分析这些内化的情境，病人开始能够体验到对母亲的真正哀悼。但是，他一辈子都在回避失去母亲带来的沮丧和悲伤（这种沮丧和悲伤源于他的婴儿期抑郁情感），并否认了他对她强烈的爱。他无意识地加深了自己的仇恨和受迫害的感觉，因为他无法忍受失去心爱的母亲的恐惧。当他对自己的破坏性焦虑减少，对自己修复和保护她的能力的信心增强时，他的受迫害感减少了，对她的爱逐渐显现出来。但与此同时，他也越来越多地感受到了他从早年起就压抑和否认的对她的悲伤和渴望。当他带着悲伤和绝望经历这场哀悼时，他对母亲深埋的爱越来越呈现出来，他与父母的关系也发生了变化。有一次，当他联想到一段愉快的童年回忆时，他把他们称为"我亲爱的老爸老妈"——这是他的新起点。

我通过这篇和前一篇论文，阐述了个体无法成功克服婴儿期抑郁心位的深层原因。正是这方面的失败，导致了病人的抑郁症、躁狂或偏执问题。我指出了自我试图逃离与抑郁心位有关的痛苦的几种方法，即要么逃向内在好客体（这可能导致严重的精神病），要么逃向外部好客体（这可能导致神经症）。然而除此之外，还有许多基于强迫、躁狂和偏执防御而产生的方法，它们的相对比例因人而异。根据我的经验，这些方法都有相同的目的，那就是使个体能够逃离与抑郁心位有关的痛苦（我已指出，所有这些方法在正常发展中也都发挥着作用）。这一点在对那些没有经历过哀悼的人的分析中可以清楚地观察到。他们感到自己无法保存和安全地修复所爱的客体，因此必须比以前更远离这些客体，这导致他们否认了自己对客体的爱。这可能意味着他们的情感在总体上受到更严重的抑制。在其他情况下，被抑制的主要是爱的感觉，而仇恨增强了。与此同时，自我用各种方式来处理偏执性恐惧（仇恨越强，这种恐惧就会越强烈）。例如，内部的"坏"客体被躁狂性地制服、固定，同时被否认，并强烈地投射到外部世界。一些没有完成哀悼的人，可能必须通过严格限制他们的情感生活，来逃避躁郁症或偏执的爆发。然而，这导致他们的整个人格变得贫乏。

这种类型的个体能否保持某种程度的心理平衡，往往取决于这些不同方法相互作用的方式，以及他们是否有能力在其他方面保持一些他们所否认的对丧失客体的爱。他们与那些不太像丧失客体的人的关系，以及对事物和活动的兴趣，可能会承载一些属于丧失客体的爱。虽然这些关系和升华会有一些躁狂和偏执的性质，但它们可能会提供一些安慰和对内疚感的缓解，因为通过这些方式，丧失的所爱客体（之前被拒绝并因此再次遭到破坏）在某种程度上被修复，并被保留在无意识心灵中。

如果分析减少了病人对于破坏性和迫害性的内在父母的焦虑，仇恨就会随之减少，从而焦虑也会随之减少，病人便能够改变与父母的关系（无论他们已经去世或仍然健在），并在一定程度上修复他们，即使病人有怨恨父母的实际理由。病人因此获得了更大的容忍度，这使他们能够建立起比"坏"的内部客体更牢固的"好"的父母形象；或者更确切地说，通过对"好"客体的信任来减轻对这些"坏"客体的恐惧。这意味着他们能够体验情感（痛苦、内疚和悲伤，以及爱和信任），能够体验哀悼但最终克服它，并最终克服婴儿时期的抑郁心位，这是他们在童年时未能做到的。

总结一下。在正常哀悼、异常哀悼和躁狂抑郁状态下，婴儿期的抑郁心位会被重新激活。这个术语所包含的复杂的情感、幻想和焦虑的性质，证明了我的论点，即儿童在其早期发展过程中会经历短暂的躁郁状态和哀悼状态，这些状态会被婴儿期神经症所修正。随着婴儿神经症的消失，婴儿期的抑郁心位也得到了克服。

正常哀悼与异常哀悼、躁狂抑郁状态之间的根本区别在于：患有躁郁症的人和哀悼失败的人，尽管他们的防御方式可能大相径庭，但他们有一个共同点，那就是他们在童年早期就没有建立自己的内在好客体，也没有获得内在的安全感。他们从未真正克服过婴儿期的抑郁心位。然而，在正常的哀悼中，由于失去所爱客体而激活的早期抑郁心位，又会被修改，并通过类似于童年时使用的方法被克服。哀悼者正在修复他实际丧失的所爱客体，但同时，他也在自己内在重建他的第一个所爱客体（这归根结底是"好"父母）。因为在实际的丧失发生时，他也感觉面临着失去这些内在客体的危险。只有通过内在地修复刚刚丧失的人，以及内在"好"父母，并重建瓦解的和处于危险中的内在世界，哀悼者才能克服自己的悲伤，重获安全感，并实现真正的和谐与平静。

注　释

❶ 参见第17章。本论文是那篇论文的延续，我现在要阐述的观点必然以我之前的结论为前提。

❷ 在这里，我只能顺便提一下，这些焦虑对各种兴趣的发展和升华所起的巨大推动作用。但如果这些焦虑过于强烈，它们可能会干扰甚至阻碍智力的发展。参见第14章《关于智力抑制的理论》。

❸《儿童精神分析》（1932），特别是第八章。

❹ 在《儿童精神分析》（p.100-101）中，我提到了我的观点，即每个儿童都会经历不同程度的神经症，我补充道："我已经坚持了多年的这一观点，最近得到了宝贵的支持。"弗洛伊德在他的著作《业余精神分析的问题》（*The Question of Lay Analysis*）（《标准版》第20卷）中写道："既然我们已经学会了如何更敏锐地观察，我们就会忍不住说，儿童神经症不是特例，而是一种常态，因为在从婴儿期天性迈向文明社会的道路上，这几乎是不可避免的。"（p.215）

❺ 在每一个关键点上，儿童的情感、恐惧和防御都与他的力比多愿望和固着联系在一起，他童年时期的性发展结果总是与我在本文中描述的过程相互依存。我认为，如果我们把儿童的力比多发展与抑郁心位以及对抑郁心位的防御联系起来，我们就会对儿童的

力比多发展有新的认识。然而，这是一个需要充分讨论的重要问题，因此超出了本论文的范围。

❻ 参见第17章《论躁郁状态的心理成因》。

❼ 我曾在不同地方指出（首先是《俄狄浦斯冲突的早期阶段》，参见第9章），儿童对幻想中的"坏"迫害者的恐惧和对幻想中的"好"客体的信念是相互联系在一起的。理想化在幼儿的心智中是一个必不可少的过程，因为他还不能以任何其他方式处理他对迫害的恐惧（这种迫害是由他自己的仇恨所引发的）。直到早期的焦虑由于爱和信任的增强而得到充分缓解，他才有可能发展出一个非常重要的整合过程，把客体的各个面向（外在的与内在的、"好"与"坏"、爱与恨）更紧密地结合在一起，以这种方式，仇恨实际上被爱所缓和——这意味着儿童对客体的矛盾心理减少了。由于这些对立的面向（在无意识中被视为对立的客体）之间存在着极端的分离，所以仇恨和爱的感觉也彼此分离，这使得仇恨无法得到爱的缓和。

梅利塔·施密德伯格（1930）发现，向内化的"好"客体的逃避是精神分裂症的一种基本机制，这种机制也是幼儿在处理抑郁性焦虑时通常采用的理想化过程的一部分。梅利塔·施密德伯格也多次提请我们注意理想化和对客体的不信任之间的联系。

❽ 参见第17章《论躁郁状态的心理成因》。

❾ 《儿童精神分析》p.116、p.202。

❿ 同上，第九章。

⓫ 我认为这些事实在某种程度上有助于回答我在本文开头引用的弗洛伊德的问题："现实检验的命令就是通过这种妥协的方式来一点点执行的，然而为什么这个过程会如此令人痛苦，从经济学的角度来说似乎难以理解。而我们竟然将这种痛苦视为理所当然，实在令人惊讶。"

⓬ 亚伯拉罕（1924）曾描述过这样的情境："我们只需要推翻（弗洛伊德）关于'丧失的所爱客体的阴影笼罩着自我'的说法，并改为：在这种情况下，笼罩着哀悼者的不是他所爱的母亲的阴影，而是她明亮的光芒。"

⓭ 我经常发现，病人无意识地感觉到正发生在他内心的那些过程，被描绘成发生在他上面或周围。通过众所周知的相反表征原则，外部事件可以代表内部事件。从整个背景（联想的细节以及情感的性质和强度）可以清楚地看出重点是内部情境还是外部情境。例如，非常剧烈的焦虑的某些表现和对抗这种焦虑的特定防御机制（特别是进一步否认心理现实）表明当时的内部情境占主导地位。

⓮ 对身体外部的攻击通常被病人体验为发生在内部。我已经指出，那些被病人描绘成发生在身体顶部或紧紧围绕身体的东西，往往具有更深层的内部意义。

从早期焦虑看俄狄浦斯情结

The Oedipus Complex in the Light of Early Anxieties

（1945）

引子

我发表这篇论文有两个主要目的。我打算挑出一些典型的早期焦虑情境，并展示它们与俄狄浦斯情结的联系。因为在我看来，这些焦虑和防御是婴儿抑郁心位的一部分，我希望能对抑郁心位和力比多发展之间的关系做出一些解释。我的第二个目的是将我关于俄狄浦斯情结的结论与弗洛伊德在这个问题上的观点进行比较。

我将通过对两个案例的简短摘录来举例说明我的论点。关于这两个分析，关于病人的家庭关系和所使用的技术，我本可以引用更多的细节材料。然而，我将仅引用对本主题来说最重要的细节。

我将用几个孩子作为案例来说明我的论点，他们都患有严重的情感障碍。在以这些材料为基础，来论证我关于俄狄浦斯正常发展过程的结论时，我遵循了一种在精神分析中得到了很好验证的方法。弗洛伊德在他的许多著作中证明了这种方法的合理性。例如，在一个地方，他说："我们总是通过发现一些孤立和夸张的症状来辨识出精神病理，然而这些症状在正常状态下往往被遮盖起来了。"（《标准版》第22卷，p.121）

男孩俄狄浦斯发展的案例摘录

我要用来说明男孩俄狄浦斯发展的材料，取自对一个十岁男孩理查德（Richard）的分析。他的父母感到有必要为他寻求帮助，因为他的一些症状已经发展到了让他无法上学的程度。他非常害怕其他孩子，这种恐惧导致他越来越回避独自外出。此外，他的能力和兴趣几年来逐渐受到抑制，这引起了他父母的极大担忧。除了这些使他无法上学的症状外，他过分关注自己的健康，经常情绪低落。这些困难都呈现在他的外貌上，他看上去非常忧虑和不开心。然而，有时（这在分析过程中表现得很明显）他的抑郁会好转，他的眼睛会突然充满活力和光芒，这让他的表情变得很不同。

理查德在很多方面都是一个早熟而有天赋的孩子。他很有音乐天赋，在很小的时候就表现出来了。他对自然有着明显的热爱，但只爱自然的美好方面。他的艺术天赋表现在他用词的方式和对戏剧性的感觉上，这使他的表达显得很生动。他无法和其他孩子融洽地相处，只有在成年人的陪伴下他才表现得好一些，尤其是在女性的陪伴下。他试图用他的谈话天赋给他们留下深刻的印象，并以一种相当早熟的方式讨好他们。

理查德的哺乳期很短，也不令人满意。他是一个娇弱的婴儿，从小就经常感冒和生病。他在三年级到六年级之间接受了两次手术（包皮环切和扁桃体切除）。他的家庭生活得简朴但舒适。家里的气氛并不十分愉快。虽然没有公开的争吵，但他的父母之间缺乏热情和共同的兴趣。理查德在两个孩子中排行老二，他的哥哥比他大几岁。他的母亲具有一种抑郁特质，虽然没有达到临床意义上的疾病标准。她非常担心理查德的病情，毫无疑问，她的态度加深了他的疑病恐惧。她和理查德的关系在某些方面存在问题。虽然理查德的哥哥在学校很成功，是母亲的最爱，但理查德让她相当失望。虽然他很爱她，但他是一个极其难以相处的孩子。他没有什么兴趣爱好。他对他的母亲过于焦虑和迷恋，执着地依附在她身上，使人筋疲力尽。

他的母亲对他关怀备至，在某些方面甚至是溺爱。但她对他性格中不那么明显的方面，比如他与生俱来的强烈的爱和善良，却没有真正地理解。她没有认识到孩子很爱她，她对孩子未来的发展也没有信心。与此同时，她对他很耐心。例如，她没有试图强迫他和其他孩子在一起，也没有强迫他上学。

理查德的父亲很喜欢他，对他也很好，但他似乎把养育孩子的主要责任留给了母亲。分析显示，理查德觉得他的父亲对他过于宽容，在家庭圈子中太少行使自己的权威。总的来说，他的哥哥对理查德很友好，也很耐心，但这两个男孩几乎没有共同点。

战争的爆发大大增加了理查德的困难。他和母亲一起被疏散，为了进行分析，他和母亲一起搬到了我当时居住的小镇，而他的哥哥则跟学校一起离开了。离开家使理查德非常难过。此外，战争激起了他的强烈焦虑，他特别害怕空袭和炸弹。他密切关注新闻，对战争形势的变化非常在意，在分析过程中，这种关注一再出现。

虽然他的家庭情况存在困难（理查德的早期病史中也有严重的困难），但在我看来，仅用这些情况不足以解释他的病情严重程度。跟其他案例一样，我们必须考虑体质和环境因素导致的内部过程，以及这些因素之间的相互作用。但我无法在此对所有方面进行详细讨论。我将局限于展示某些早期焦虑对生殖期发展（genital development）的影响。

分析是在一个离伦敦很远的小镇上进行的，在一栋房子里，房主当时不在。这不是我应该选择的游戏室，因为我无法移走一些书籍、照片和地图等。理查德与这个房间和这所房子有一种特殊的、几乎是私人的关系，在他看来，这个房间和房子等同于我。例如，他经常深情地谈论它，并对它说话，例如在最后一节治疗结束后离开时和它说再见，有时还非常小心地安排家具，他觉得这会让房间感到"开心"。

在分析的过程中，理查德画了一系列的画❶。他画的第一张画是一只在水下植物附近盘旋的海星，他向我解释说，这是一个饥饿的婴儿想吃植物。一到两天后，他的画中出现了一只比海星大得多、长着一张人脸的章鱼。这只章鱼代表了他父亲和他父亲生殖器的危险方面，后来被无意识地等同于我们将在材料中遇到的"怪物"。海星的形状很快就演变为由不同颜色块组成的图案。四种主要颜色——黑色、蓝色、紫色和红色——分别象征着他的父亲、母亲、哥哥和他自己。在最早使用这四种颜色的一幅画中，他一边发出声音，一边用铅笔在图画上移动，这样画上了黑色和红色。他解释说，黑色是他的父亲，他随着铅笔的移动，同时模仿士兵行进的声音。接着是红色，理查说就是他自己，他一边唱着欢快的曲调，一边把铅笔往上挪。当给蓝色部分上色时，他说这是他的母亲，当填涂紫色部分时，他说他的哥哥很好，正在帮助他。

他画的图案代表一个帝国，不同的部分代表不同的国家。值得注意的是，他对战争事件的兴趣在他的联想中发挥了重要作用。他经常在地图上查找已经被希特勒征服的国家，地图上的国家与他自己绘制的帝国图案之间的联系显而易见。帝国图案中描绘了他的母亲，她正在被侵略和攻击。他的父亲通常以敌人的形象出现。理查德和他的哥哥在画中扮演着不同的角色，有时是他母亲的盟友，有时是他父亲的盟友。

这些图案虽然表面上相似，但在细节上却大相径庭——事实上，我们从未有过两幅一模一样的画。他画这些画的方式，或者说他大部分的画，都很有意义。他不会在一开始就预先计划，当看到完成的图案时他经常感到惊讶。

他使用了各种各样的游戏材料。例如，他用来作画的铅笔和蜡笔也作为人物出现在他的游戏中。此外，他还带来了自己的一套玩具船，其中两艘总是代表他的父母，而其他的船则以不同的角色出现。

为了便于阐述，我将材料的选择限制在几个例子中，主要是从六节分析中提取的。在这几节分析中，某种焦虑短暂地变得更加突出（部分是源于外部环境，我将在后面讨论）。我做出的诠释削弱了这些焦虑，由此带来的变化揭示了早期焦虑对生殖期发展的影响。这些变化只是朝着更充分的生殖力和稳定性迈出的一步，这在理查德的分析中早有伏笔。

毋庸多言，我选择了那些与我的主题最相关的诠释。我会清楚地说明哪些诠释是由病人自己给出的。除了我给病人的诠释外，这篇论文还包含了从材料中得出的一些结论，我不会在每一点上明确区分这两类内容。否则将导致许多重复，并会模糊主要议题。

阻碍俄狄浦斯发展的早期焦虑

我以中断十天后恢复分析时为讨论的起点。到那时，分析已经持续了六周。休息期间，我在伦敦，理查德去度假了。他从未经历过空袭，他对空袭的恐惧集中在伦敦，因为伦敦是最危险的地方。因此，对他来说，我去伦敦意味着毁灭和死亡。这就增加了由于分析的中断而在他心中激起的焦虑。

当我回来时，我发现理查德非常担心和沮丧。在头一节分析中，他几乎没看我一眼，一会儿僵硬地坐在椅子上，眼睛也不抬一下，一会儿烦躁不安地走到隔壁的厨房里，一会儿又到花园里去。尽管他表现出了明显的抵触情绪，但他还是向我提出了几个问题：我是不是看过很多伦敦"坏掉"的地方？我在那里遇到过空袭吗？伦敦有过雷雨吗？

他告诉我的第一件事是，他讨厌回到我们进行分析的小镇，并把这个小镇称为"猪圈"和"噩梦"。他很快就走到花园里去了，在那里他似乎可以自由地四处张望。他看到一些毒蘑菇，把它们拿给我看，颤抖着说它们有毒。回到房间，他从书架上拿起一本书，特别指给我看一幅画，画的是一个小个子男人正在与一个"可怕的怪物"搏斗。

我回来后的第二天，理查德很不情愿地告诉我，我离开期间他和他母亲的一次谈话。他告诉他的母亲，他很担心以后会有孩子，并问她这会不会很疼。作为对他的回答，她再度解释了男人在生殖方面所扮演的角色，他说他不愿意把自己的生殖器插到别人的生殖器上，那样会使他害怕，整个事情使他非常担心。

我对此做了诠释，我把这种恐惧与"猪圈"小镇联系在一起。他心里一直想着我的"内部"和他母亲的"内部"，因为雷雨和希特勒的炸弹，这两个地方变得很糟糕。这代表着他"坏"父亲的阴茎进入他母亲的身体，把它变成一个濒危的地方，同时也是一个危险的地方。同样象征着他母亲体内的"坏"阴茎的，还有我离开时花园里长出的毒蘑菇，以及小个子男人（代表他自己）正在与之搏斗的怪物。他幻想他的母亲拥有他父亲的破坏性的阴茎，这在一定程度上解释了他对性交的恐惧。这种焦虑因为我去了伦敦而被激起和加剧了。他自己对父母性交的攻击性愿望大大增加了他的焦虑和罪疚感。

理查德害怕"坏"父亲的阴茎在母亲体内，这与他对孩子的恐惧有密切的联系。这两种恐惧都与他母亲的"内部"是一个危险的地方的幻想密切相关。因为他觉得他攻击和伤害了他母亲体内被想象出来的婴儿，他们成了他的敌人。这种焦虑在很大程度上转移到了外部世界的孩子身上。

在这几节分析中，理查德对他的舰队做的第一件事就是制造一艘驱逐舰，他将其命名为"吸血鬼"，这艘战舰撞上了一直代表他母亲的战列舰"罗妮"。但他立刻表现出阻抗，他迅速重新安排了舰队。然而，当我问他"吸血鬼"代表谁时，他回答了——虽然很不情愿——并说那就是他自己。突然的阻抗让他中断了游戏，这揭示出他指向母亲的生殖器欲望的压抑。在他的分析中，一艘船与另一艘船的碰撞反复被证明是性交的象征。他压抑自己的生殖器欲望的主要原因之一，是他对性交的破坏性的恐惧，正如"吸血鬼"的名字所暗示的那样，他认为性交具有一种口腔施虐性质。

现在我来解释图1，它进一步说明了理查德在分析的这个阶段的焦虑状况。我们已经知道，在这些图案中红色代表理查德，黑色代表他的父亲，紫色代表他的哥哥，浅蓝色代表他的母亲。在给红色部分上色时，理查德说："这些是俄国人。"虽然俄国人已经成为他们的盟友，但他对他们非常怀疑。因此，他把红色

（自己）称为可疑的俄国人，是在向我表明他害怕自己的攻击性。正是这种恐惧让他停止了舰队游戏，当他意识到自己是一个"吸血鬼"在跟母亲性交。图一表达了他对母亲身体的焦虑，他母亲的身体受到坏的希特勒-父亲（炸弹、雷雨和毒蘑菇）攻击。之后当我们讨论他对图2的联想时，我们会看到整个帝国代表了他母亲的身体，被他自己的"坏"阴茎所刺穿。

然而在图一中，有三个阴茎参与了刺穿，代表了这个家庭中的三个男人：父亲、哥哥和他自己。我们知道在这节分析中理查德表达了他对性交的恐惧。除了"坏"父亲威胁他母亲的毁灭幻想之外，理查德的攻击也给她带来了危险，因为他自己认同了"坏"的父亲。他的哥哥也以攻击者的身份出现。在这幅画中，他的母亲（浅蓝色）体内容纳了坏男人，或归根结底是容纳了他们坏的阴茎，她的身体因此受到威胁，成为一个濒危的，也是危险的地方。

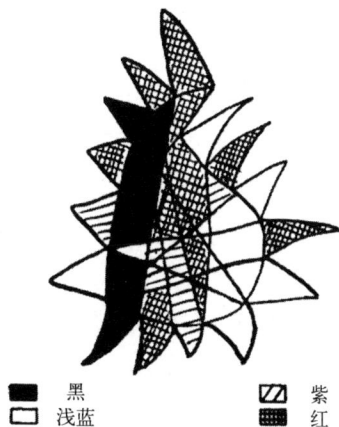

■ 黑　　　　　　▨ 紫
□ 浅蓝　　　　　▦ 红

图1

一些早期的防御

理查德对自己的攻击性，尤其是他的口腔施虐倾向，感到非常焦虑，这导致了他内心关于自己攻击性的激烈挣扎。这种挣扎有时是显而易见的。值得注意的是，在愤怒的时刻，他咬紧牙关，移动下巴，就像在咬人一样。由于他强烈的口头施虐冲动，他感到有伤害他母亲的极大危险。他经常问："我伤害了你的感情吗？"即使在对他的母亲或我说了一些相当无害的话之后，他也会问。与他的破坏性幻想有关的恐惧和内疚，塑造了他的整个情感生活。为了保持对母亲的爱，理查德一次又一次地试图克制自己的嫉妒和怨恨，甚至否认这些情感的明显诱因。

然而，他试图抑制仇恨和攻击性并否认自己的不满的尝试，并不成功。他对挫折（过去和现在的）的愤怒虽然被压抑，却通过移情情境清晰地表现出来——例如通过他对分析中断带给他的挫折的反应。我们知道，我到伦敦去之后，便在他心目中成了一个受了伤的客体。然而，我受伤并不仅仅是因为暴露在炸弹的危险中，还因为我让他失望，这激起了他的仇恨，结果他无意识地感觉他攻击了我。在反复的早期挫折情境中，他已经（通过他对我的幻想攻击）认同了炸弹和危险的希特勒-父亲，而且他害怕报复。因此，我变成了一个充满敌意的报复他的人。

作为一种处理矛盾心理的方式，早期的母亲形象分裂为好的"乳房母亲"和坏的"乳房母亲"，这一点在理查德身上非常明显。这一分裂进一步发展为好的"乳房母亲"和坏的"生殖器母亲"。在分析的这个阶段，他的真实母亲代表着

"好的乳房母亲"，而我则变成了"坏的生殖器母亲"，因此我在他心中激起了与那个形象有关的攻击和恐惧。我变成了在性交中被父亲伤害的母亲，或者和"坏"的希特勒-父亲结合在一起。

理查德对生殖器的兴趣在当时很活跃，这一点从他和母亲关于性交的对话中就可以看出来，尽管当时他主要表达的是恐惧。但正是这种恐惧让他远离我这个"生殖器"母亲，转向了他的真正的母亲，把她当作好客体。这是他通过回归口腔阶段实现的。我在伦敦时，理查德比以往任何时候都离不开他的母亲。就像他对我说的，他是"妈妈的小鸡"，"小鸡追着妈妈跑"。这种对乳房母亲的逃避，作为对生殖器母亲的焦虑的一种防御，并不成功。理查德补充说："但是小鸡们不得不离开妈妈，因为母鸡不再照顾它们了，也不关心它们了。"

由于分析的中断，在移情情境中所经历的挫折重新唤起了他以前的挫折和不满，从根本上说，唤起了他在母亲乳房方面所遭受的最早的被剥夺的体验。因此，对好母亲的信念无法维持。

"吸血鬼"（他自己）和"罗妮"（他的母亲）发生碰撞后，理查德立即将战舰"罗妮"和"纳尔逊"（他的母亲和父亲）并排放置，然后，在纵向上，一些战舰代表他的哥哥、他自己和他的狗，按照他所说的年龄顺序排列。在这里，舰队游戏表达了他希望通过让他的父母团聚，并让位于父亲和哥哥的权威，来恢复家庭的和谐与平静。这就意味着他需要克制自己的嫉妒和仇恨，因为他觉得只有这样，才能避免为了占有母亲而与父亲争斗。通过这种方式，他避开了他的阉割恐惧，而且还保住了好父亲和好哥哥。最重要的是，他还救了他的母亲，使其免于在父亲与自己的争斗中受伤。

因此，理查德不仅需要保护自己免受对手（他的父亲和哥哥）的攻击，而且还担心他的好客体。爱的感觉和修复损害（这是他在幻想中造成的）的冲动，以更大的力量表现出来。这是因为，如果他屈服于仇恨和嫉妒，这种损害将会重演。

然而，理查德只有压抑他的俄狄浦斯愿望，家庭中的和谐与宁静才能实现，嫉妒和仇恨才能得到遏制，所爱的客体才能得到保全。他对俄狄浦斯愿望的压抑暗示着他部分地回归到了婴儿期，但这种回归与母婴关系的理想化联系在一起。因为他希望把自己变成一个没有攻击性的婴儿，特别是回避口腔施虐冲动。对婴儿的理想化以对母亲的相应理想化为前提，首先是对她的乳房的理想化：一个永远不会让人失望的理想乳房，处于一种纯粹的爱恋关系中的母亲和孩子。坏乳房和坏母亲，在他心里与理想母亲远远分开。

图2说明了理查德处理矛盾心理、焦虑和内疚的一些方法。他指给我看"贯穿妈妈整个帝国的红色部分"，但很快纠正说："这不是妈妈的帝国，这只是一个帝国，我们每个人都有自己的领土。"我诠释说，他害怕意识到这是他母亲的帝国，因为那样红色部分就会刺穿他母亲的内部。于是，理查德又看了一眼这幅画，认

为这个红色部分看起来"像生殖器"。他指出，它把帝国分成了两部分：西部包含着属于每个人的领土，东部则没有包含他母亲，只有他自己、他的父亲和哥哥的领土。

这幅画的左边代表了与理查德关系密切的好母亲，因为画的左边几乎没有他的父亲，他哥哥也相对很少。相比之下，在右边（我以前在他的分析中见过的"危险的东方"），只有战斗的男人，或者更确切地说，他们的坏阴茎出现了。他的母亲没有出现在画的这一边，因为他觉得，她已经被那些坏男人征服了。这幅画表达了危险的坏妈妈（生殖器妈妈）和被爱的、安全的妈妈（乳房妈妈）的分裂。

黑　　紫红
浅蓝

图2

在我用来说明某些焦虑情境的图1中，我们已经可以看到一些防御机制，这些机制在图2中显示得更清楚。虽然在图1中，浅蓝色的母亲遍布整个画面，而且没有像在图2中那样被清楚地分为"生殖器"母亲和"乳房"母亲，但如果我们将最右边的部分独立出来，就可以看到这种划分的企图。

有启发性的一点是，图2中的分裂是由一个特别尖锐和细长的部分实现的，理查德将其诠释为阴茎。他用这种方式表达了他关于男性生殖器的信念——它是尖锐的和危险的。这个部分看起来像一颗又长又尖的牙齿，或者像一把匕首，在我看来，它同时表达了这两种意思：前者象征着来自口腔施虐冲动对所爱客体的威胁，后者则是关于生殖器功能的危险，就像他感觉的那样，因为它具有一种穿刺的特征。

这些恐惧促使他一次又一次地逃向"乳房"母亲。他只能在生殖器之前的水平上取得相对的稳定。力比多的向前发展受到阻碍，由于焦虑和内疚太强烈，导致自我无法进化出足够的防御能力。因此，生殖器水平上的心理组织不够巩固❷，这意味着他的自我面临着一个强大的退行趋势。在他成长的每一步，都可以看到固着和退行现象之间的相互作用。

俄狄浦斯欲望所受压抑的减弱

我所描述的对各种焦虑情境的分析，使理查德的俄狄浦斯欲望和焦虑更加凸显出来。但他的自我只能通过加强某些防御手段（我将在本节中讨论）来维持这些欲望。然而，这些防御措施之所以有效，是因为通过分析减轻了一些焦虑，这也意味着减轻了固着。

当理查德对生殖器欲望的压抑在某种程度上被解除时，他对阉割的恐惧得到了更充分的分析，并以各种方式表达出来，他的防御方法也相应地发生了变化。

在我回来后的第三节分析中，理查德走进花园，谈到他想去爬山，特别是他在分析过程中提到的斯诺登山（Snowdon）。在他说话的时候，他注意到天空中有云，他说一场危险的暴风雨正在形成。他说，每当遇到这样的天气，他就会为山感到难过，当暴风雨袭来时，这些山会过得很糟糕。这表达了他对坏父亲的恐惧，在早期的材料中以炸弹和雷雨为代表。攀登斯诺登山的愿望（象征着他对与母亲性交的渴望）立刻唤起了对被坏父亲阉割的恐惧，而即将到来的风暴意味着对他母亲和他自己的危险。

在同一节分析中，理查德告诉我他要画五幅画。他提到他看见过一只天鹅和四只"可爱"（sweet）的小天鹅在一起。在操纵舰队的过程中，理查德分配了一艘船给我，另一艘给他自己。我乘我的船去旅行，他也乘他的船去。起初他把他的船开走了，但很快就把它转过来，停在离我的船很近的地方。这种船只的接触在以前的材料中（尤其是在与他父母相关的材料中）反复象征着性交。因此通过这个游戏，理查德表达了他对生殖器的渴望以及对性能力的希望。他说他要给我的五幅画代表了他自己（天鹅）给了我——或者更确切地说，他的母亲——四个孩子（小天鹅）。

几天前，正如我们所看到的，在舰队游戏中也发生了类似的事件：吸血鬼（理查德）碰到了罗妮（他的母亲）。当时，理查德害怕他的生殖器欲望会被他的口腔施虐冲动所支配，这导致了游戏的突然变化。然而，在接下来的几天里，他的焦虑在某种程度上得到了缓解，攻击性减少了，同时一些防御手段得到了加强。因此，类似的游戏事件（他的船在愉快的旅行中撞到了我的船）现在可以发生，而不会引起焦虑和对他的生殖器欲望的压抑。

理查德越来越相信自己能获得性能力，这与他越来越相信母亲能被安全地保护有关。他现在可以幻想她会像爱一个男人一样爱他，允许他代替他父亲的位置。这给他带来了希望，希望她能成为他的盟友，保护他不受所有对手的伤害。例如，理查德拿着蓝蜡笔和红蜡笔（他妈妈和他自己），把它们并排放在桌子上。然后，黑色蜡笔（他的父亲）向他们走来，但被红色蜡笔赶走，而蓝色蜡笔赶走了紫色蜡笔（他的哥哥）。这个游戏表达了理查德的愿望，希望他的母亲能与他齐心协力，赶走他危险的父亲和哥哥。他的母亲作为一个坚强的人物，与坏人和他们危险的生殖器作斗争，也出现在图2的联想中，因为他说西方的蓝色母亲正在准备与东方作战，夺回她的领土。我们知道，在图2的右边，她已经被三个男人的阴茎攻击所征服，他们是他的父亲、他的哥哥和他自己。我稍后会描述，在第四幅图中，理查德通过将蓝色延伸到大部分的画上，表示他希望他的母亲能重新获得她失去的领土。这样，被修复的母亲就能帮助和保护他了。因为这种修复好客体的希望意味着他相信自己可以更成功地应对其攻击，所以，理查德能够更强烈地体验到他的生殖器欲望。而且，由于他的焦虑减轻了，他可以把他的攻击性转向外面，在幻想中与他的父亲和哥哥为占有他的母亲而争斗。在他的舰队游戏中，他把他的船排成一长排，最小的船在前面。这代表着，他把父亲和哥哥的阴茎附在自己的身上。通过这种幻想的战胜对手的胜利，他觉得自己获得了力量。

图3是由植物、海星、船只和鱼类以多种形式组合而成的系列图案，在分析过程中频繁出现。就像代表帝国的图案一样，它们在细节上有很大的差异，但某些元素总是代表相同的客体和情境。水下的植物代表着他母亲的生殖器；通常有两种植物，中间有一块空间。这些植物也代表他母亲的乳房，如果有一只海星在植物中间，这就必然意味着这个孩子占有了他母亲的乳房，或者和她发生了性关系。海星形状的锯齿状的点代表牙齿，象征着婴儿的口腔施虐冲动。

在开始绘制图3时，理查德首先画了两艘船，然后是大鱼和围绕着它的一些小

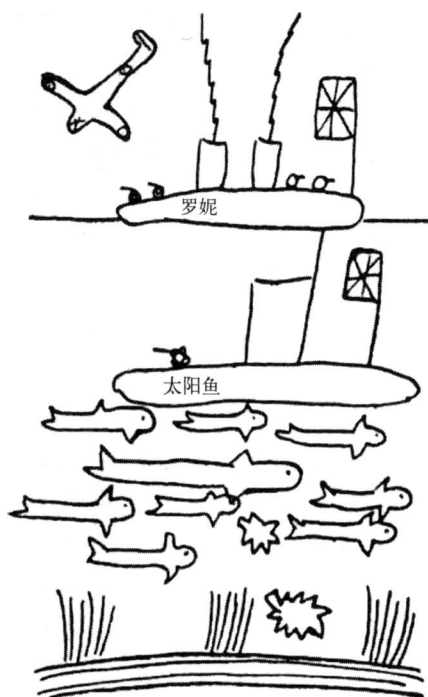

图3

鱼。在画这些的同时，他变得越来越热切和活跃，在空隙里画了许多小鱼。然后他让我注意到一条被"妈妈鱼"（Mum-fish）的鳍覆盖着的鱼宝宝，他说："这是最小的鱼宝宝。"这幅画呈现的是妈妈鱼正在喂养鱼宝宝。我问理查德他是否在小鱼中，但他说不在。他还告诉我，植物中间的那只海星是一个成年人，那只较小的海星是一个半成年的人，并解释说这是他的哥哥。他还指出，"太阳鱼"的潜望镜"卡在罗妮身上了"。我向他指出，"太阳鱼"代表他自己［太阳（sun）代表儿子（son）］，而插入"罗妮"（母亲）的潜望镜意味着他和母亲的性交。

理查德说植物之间的海星是一个成年人，这意味着它代表着他的父亲，而理查德由"太阳鱼"号代表，这艘船比"罗妮"（他的母亲）还要大。他用这种方式表达了父-子关系的逆转。同时，他把海星-父亲放在两株植物中间，给了他一个感到满足的孩子的位置，以此来表示他对父亲的爱和他想要补偿的愿望。

本节分析的材料表明，正向俄狄浦斯情境和生殖器位置已经更加突出。正如我们所看到的，理查德通过各种方法实现了这一目标。其中之一就是把他的父亲变成一个婴儿（这个婴儿没有被剥夺满足感，因此是"好的"），而他自己则占有了父亲的阴茎。

在此之前，在画中扮演各种角色的理查德一直认为自己也扮演着孩子的角色。这是因为在焦虑的压力下，他退行到了一个感到满足的、有爱心的理想婴儿角色。

现在，他第一次声明自己不在画中的婴儿之列。在我看来，这似乎是他生殖器位置加强的另一个迹象。他现在觉得自己可以长大，变得有性能力。因此，在他的幻想中，他可以和母亲生孩子，而不再需要把自己放在婴儿的角色中。

然而，这些生殖器欲望和幻想引发了各种焦虑，他试图通过不与父亲斗争而是取代父亲的位置来解决俄狄浦斯冲突，但只取得了部分成功。与上述相对和平的解决方案同时出现的恐惧证明了这一点，即理查德害怕父亲，因为他的父亲怀疑他对母亲有生殖器欲望，密切监视他并将其阉割。因为当我向理查德解释父-子关系的反转时，他告诉我，上面的飞机是英国飞机，正在巡逻。我们知道，潜艇的潜望镜插入"罗妮"代表了理查德与他的母亲性交的愿望。这意味着他试图驱逐他的父亲，因此预计他的父亲会对他产生怀疑。然后我向他诠释说，他不仅打算把他的父亲变成一个孩子，他还扮演着父性超我的角色。父亲监视着他，试图阻止他与母亲发生性关系，并威胁要惩罚他（巡逻的飞机）。

我进一步诠释说，理查德本人一直在"巡逻"他的父母，因为他不仅好奇他们的性生活，而且无意识地强烈想要干涉他们的性生活，把父母分开。

图4用不同的方式说明了相同的材料。在给蓝色的部分着色时，理查德一直在唱国歌，他解释说他的母亲是女王，而他是国王。理查德成为父亲，并获得了父亲强大的阴茎。当他作完这幅画并看着它时，他告诉我里面有"很多妈妈"和他自己，他们"真的可以打败爸爸"。他告诉我那里只有一点点坏父亲（黑色）。既然父亲已经变成了一个无害的婴儿，似乎就没有必要打他了。然而，理查德对这个全能的解决方案并没有太多的信心，他说过，如果有必要，他可以和母亲一起打父亲。焦虑的减轻使他能够面对与父亲的竞争，甚至是与他对抗。

理查德一边给紫色的部分涂上颜色，一边唱着挪威国歌和比利时国歌，并说："他没事。"紫色的部分很小（与蓝色和红色相比），这表明他的哥哥也被变成了一个婴儿。他唱的两个比较小的盟国的国歌让我明白，"他没事"指的是他的父亲和哥哥没事，他们都成了无害的孩子。在这个分析的关键点上，他之前压抑的对父亲的爱更加显露出来了❸。然而，理查德觉得他无法消除父亲危险的一面。此外，在他看来，他自己的粪便（此前一直无意识地被等同于黑色的父亲）是危险的来源，也无法被消除。这里体现了理查德对他的精神现实的承认，即黑色并没有被排除在画面之外，尽管理查

■ 黑　　□ 浅蓝　　▨ 紫　　▦ 红

图4

德安慰自己说，这里面只有一点点希特勒-父亲。

从这些用来加强理查德的生殖器位量的方式中，我们可以看到，自我试图在超我和本我的需求之间达成妥协。虽然理查德通过与母亲性交的幻想满足了他的本能冲动，但谋杀他父亲的冲动被绕过了，超我的谴责也因此减少了。然而，超我的要求只得到了部分满足，因为尽管父亲幸免于难，但他却被逐出了与母亲在一起的位置。

这种妥协是儿童正常发展的各阶段中的重要组成部分。每当不同的力比多位置之间发生巨大波动时，防御就会受到干扰，并且必须达成新的妥协。例如，在前面的章节中，我已经指出，当理查德的口头焦虑减少时，他试图通过把自己幻想成一个不会扰乱家庭安宁的理想婴儿的角色，来处理他的恐惧和欲望之间的冲突。然而，当生殖器位置得到加强，理查德可以更大程度地面对他的阉割恐惧时，一种不同的妥协产生了。理查德保持了他的生殖器欲望，但为了避免内疚，他把父亲和哥哥变成了他和母亲生下的婴儿。只有在焦虑和内疚的强度不超过自我力量的情况下，各发展阶段的这种妥协才能带来相对的稳定。

到目前为止，我非常详细地论述了焦虑和防御对生殖器发展的影响，因为在我看来，如果不考虑力比多组织（libidinal organization）不同阶段之间的波动以及这些阶段特有的焦虑和防御，就不可能完全理解性的发展。

与内化父母相关的焦虑

我需要就图5和图6做一些说明。前一天晚上，理查德出现了喉咙痛和轻微发烧的症状，但由于当时是温暖的夏季，他还是继续进行分析。正如我之前指出的，他出现了喉咙痛和感冒的症状，即使是轻微的症状，也会让他产生严重的疑病焦虑。在他开始画第五和第六幅画的时候，他非常焦虑和担心。他告诉我他的喉咙很热，鼻子后面有毒药。他的下一个联想，是害怕他的食物可能被下毒，这是一种他多年来一直出现的恐惧，尽管这次和以前一样，要他在分析中提出这种恐惧是很困难的。

在这一节分析中，理查德不时以一种怀疑的眼光望着窗外。当他看到两个人在交谈时，他说他们在监视他。这是他反复表现出的偏执恐惧之一，这种恐惧与他监视和迫害父亲和哥哥有关，但最重要的是，他的父母组成了一个秘密的、敌对的联盟来对付他。在我的诠释中，我把这种怀疑，与他害怕内部迫害者暗中监视和密谋对付他联系在一起，这种焦虑早在他的分析中就出现过。过了一会儿，理查德突然把手指尽可能地伸进喉咙，似乎非常担心。他向我解释说他在寻找细菌。我向他诠释说，细菌也代表着德国人（黑色的希特勒-父亲和我沆瀣一气），在他看来，细菌与那两个间谍（归根结底是他的父母）有关。因此，对细菌的恐惧与他对被下毒的恐惧密切相关，下毒的人在无意识中指的是他的父母，尽管他没有意识到这一点。感冒激起了这些偏执恐惧。

在这一节分析中，理查德一直在画第五和第六张图。那天我唯一能从他那里获得的联想是，第六和第五是同一个帝国。事实上，这两张图是在同一张纸上画的。

第二天，理查德的喉咙痛痊愈了，他的心情完全不同了。他生动地描述了他是多么享受他的早餐，特别是麦麸片，并向我展示了他是如何狼吞虎咽地吃完的（他前两天吃得很少）。他说，他的胃非常小，很薄，而且收缩了，直到他吃早饭，"里面的大骨头"都"长出来"了。这些"大骨头"代表他内化的父亲（或者他父亲的阴茎），在早期的材料中，用来代表他父亲的阴茎的有时是怪物，有时是章鱼。它们代表了他父亲阴茎坏的一面，而怪物的"美味的肉"则代表了他父亲阴茎好的一面。我把麦麸片解释为好母亲（好的乳房和乳汁），因为他在之前曾把它比作鸟巢。由于他对内在好母亲的信念增强了，所以他不再那么害怕内在的迫害者（骨头和怪物）。

对喉咙痛的无意识含义的分析，使他的焦虑减少了，防御方法也相应改变了。在这一节分析中，理查德的心情和联想清楚地表达了这种变化。对他来说，世界突然变得美丽起来。他欣赏乡村、我的衣服、我的鞋子，说我看起来很漂亮。谈到母亲时，他也充满了爱和崇拜。因此，随着对内部迫害者的恐惧减轻，外部世界似乎被改善了，对他来说更值得信赖了，他享受外部世界的能力也增强了。与此同时，值得注意的是，他的抑郁已经被一种轻躁狂心境所取代，即他否认了自己对迫害的恐惧。事实上，正是由于焦虑的减轻，才出现了对抑郁的躁狂防御。当然，理查德的轻躁狂心境并没有持续下去，在进一步的分析过程中，抑郁和焦虑又一再出现。

到目前为止，我主要讨论是理查德与作为一个外部客体的母亲的关系。然而，在他早期的分析中，很明显，她作为外部客体所扮演的角色与她作为内部客体所扮演的角色一直是相互关联的。清晰起见，我将其留到现在用图5和图6来说明，它们生动地展示了内化父母在理查德的心理生活中的作用。

在这一节分析中，理查德拿起了他前一天画的第五和第六幅画，并自由地对它们进行联想。现在，他的抑郁和疑病焦虑已经减轻，他能够面对隐藏在他抑郁背后的焦虑。他向我指出，图5看起来像一只鸟，是一只"非常可怕"的鸟。顶部的淡蓝色是一顶皇冠，紫色的部分是眼睛，鸟喙"张得很大"。可以看出，这个喙是由右边的红色和紫色部分组成的，也就是说，这是由一向代表他和他哥哥的颜色形成的。

我向他诠释说，这只浅蓝色的皇冠表明这只鸟是他的母亲（女王，以前材料中的理想母亲），但她现在看起来贪婪而具有破坏性。事实上，她的喙是由红色和紫色的部分组成的，这表明理查德将自己（和他哥哥）的口腔施虐冲动投射到了母亲身上。

从这个材料中可以看出，理查德在面对心理现实方面取得了重要进展，因为他已经能够将自己的口腔施虐冲动和食人冲动投射到母亲身上。此外，如图5所示，他允许母亲的"好"和"坏"的方面更紧密地结合在一起。这两个方面的原型通常彼此远离，它们分别是好的、受人喜爱的乳房和坏的、受人讨厌的乳房。事实上，在这张图中也可以看到分裂和隔离的防御方式，因为画面的左侧完全是蓝色的。然而，在图5的右边，母亲同时以可怕的鸟（张开的喙）和女王（浅蓝色的皇冠）的身份出现。随着对心理现实的否认程度的减少，理查德也变得更能面对外部现实，这使他有可能认识到，他的母亲在现实中的确曾让他受挫，从而激起了他的仇恨。

在我对图5做了诠释以后，理查德反复强调说，这只鸟看起来"可怕"。他接着对图6作了一些联想。他说，它看起来也像一只鸟，但没有头，而下面的黑色（译者注：此处依照原文翻译，存在图文不符的情况，可能是作者的笔误）则是从它身体里掉出来的"很大的东西"。他说这一切都"非常可怕"。

在我对图6的诠释中，我提醒他，他在前一天告诉我，这两个帝国是一样的。我认为图6代表了他自己，通过内化"可怕的鸟"（图5），他觉得自己变得像它一样了。张开的喙代表着他母亲贪婪的嘴巴，但也表达了他自己想要吞噬她的愿望，因为组成喙的颜色代表着他自己和他的哥哥（贪婪的婴儿）。在他心中，他把母亲当作一个破坏性的、吃人的东西来吞噬掉了。当他吃早餐的时候，他已经内化了一个好妈妈，他觉得她在保护他不受内在坏父亲的伤害，那个坏父亲是"他肚子里的骨头"。当他把"可怕的"鸟妈妈内化时，他觉得她已经和怪物父亲联合起来了，在他的心目中，这个可怕的联合父母形象从内部攻击他、吞噬他，同时也从外部攻击他、阉割他❹。

因此，理查德感到自己被内部和外部的坏父母所残害和阉割，他们报复理查德对他们的攻击，他在图6中表达了这些恐惧，因为鸟出现在那里而没有头。由于他在将父母内化的过程中对他们产生了口头虐待的冲动，所以他们在他的心中

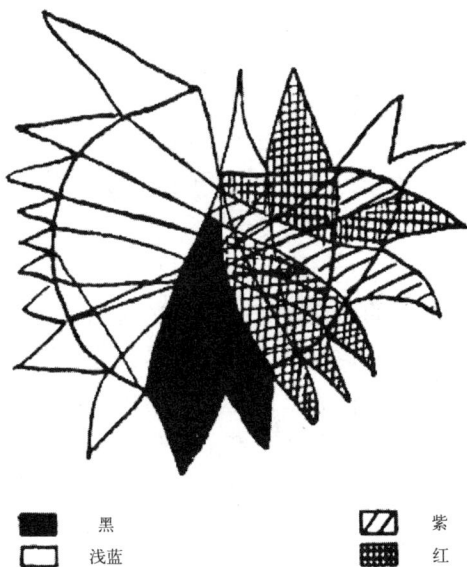

■ 黑　　　▨ 紫
□ 浅蓝　　▦ 红

图5

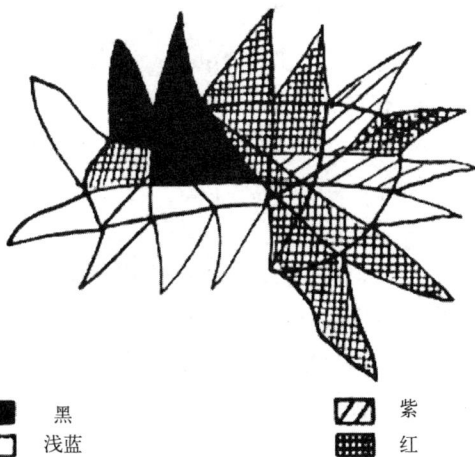

■ 黑　　　▨ 紫
□ 浅蓝　　▦ 红

图6

变成了相应的贪婪和毁灭性的敌人。此外，因为他觉得通过吞食他的父母，他把他们变成了怪物和鸟，所以他不仅对这些内在迫害者感到恐惧，而且感到内疚，这更是因为他害怕自己让内在好母亲受到内在怪物的攻击。他的罪疚感还与他对内外父母的肛门攻击有关，这一点通过从鸟身上掉下来的"可怕的大东西"来体现❺。

在之前的一节分析中，理查德画这些画的时候，他被焦虑所左右，根本无法对它们产生联想。现在，他的焦虑减轻了一些，便有可能产生联想了。

更早的一幅图（图7）比图5和图6更清楚地表达了他对客体的内化，这很有趣。当理查德完成这幅图后，他在它周围画了一条线，并用红色填充背景。我发现这代表了他的"内部"，包含他的父亲、母亲、哥哥和他自己，他们之间互相联系。在对这幅图的联想中，他对浅蓝色部分（他的母亲）的增加表示满意。他还表示，希望他的哥哥能成为他的盟友。他对哥哥的嫉妒经常使他怀疑和害怕哥哥。但此时此刻，他强调了与他哥哥的联盟。此外，他还指出，其中一个黑色区域完全被他的母亲、弟弟和他自己包围了。言下之意是，他与所爱的内在母亲结盟，对抗危险的内在父亲❻。

根据本节介绍的材料，似乎好母亲（常常被理想化）在理查德的情感生活中所扮演的角色既包括内在的母亲，也包括外在的母亲。例如，当他表达希望西方的蓝色母亲能够扩展她的领土时（参见图2），这种希望不仅适用于他的内心世界，也适用于他的外部世界。对内在好母亲的信念是他最大的支持。每当这种信念得到加强，就会产生希望、信心和更大的安全感。当这种信念被疾病或其他原因动摇时，他的抑郁和疑病焦虑就会增加❼。此外，当理查德对迫害者、坏母亲和坏父亲的恐惧增加时，他也觉得自己无法保护自己所爱的内在客体免遭毁灭和死亡的危险，他们的死必然意味着他自己生命的终结。在这里，我们触及了抑郁病人的根本焦虑，根据我的经验，这种焦虑正是来源于婴儿期的抑郁心位。

分析的一个重要细节说明了理查德对他的外在和内在客体死亡的恐惧。就像我前面说的，他和游戏室建立了一种亲密关系，这是移情情境的特征之一。我的伦敦之行强烈地激起了理查德对空袭和死亡的恐惧。在后来的好几节分析中，直到我们离开房子的那一刻，他才允许关掉暖炉。在我所描述的关于图3和图4的分析中，这种强迫消失了。在

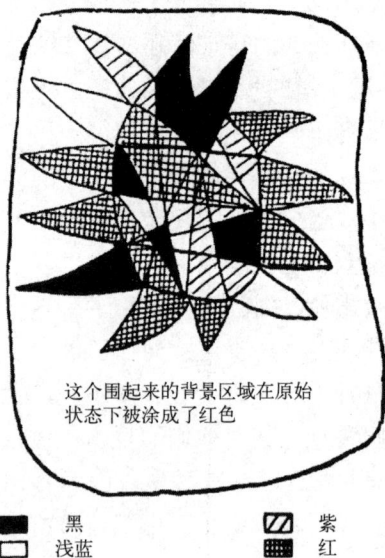

这个围起来的背景区域在原始状态下被涂成了红色

■ 黑　　　▨ 紫
□ 浅蓝　　▦ 红

图7

这几节分析中，伴随着他对生殖器的渴望的增强，以及焦虑和抑郁的减轻，他对自己能够给我和他的母亲"好"婴儿的幻想，以及他对婴儿的爱，在他的联想中扮演了越来越重要的角色。他强迫性地坚持让房间里的炉子尽可能长时间地亮着，这是他抑郁的一种体现❽。

该男孩案例的总结

理查德之所以未能安全地确立生殖器位置，主要是由于他在发展的早期阶段无法处理焦虑。坏乳房在理查德的情感生活中起到了很大的作用，这与他未得到满足的哺乳期以及由此引发的强烈的口腔、尿道和肛门施虐冲动和幻想有关。理查德对坏乳房的恐惧在一定程度上被对好乳房的理想化所抵消，这样他对母亲的一些爱就可以维持下去。乳房的坏品质和他对乳房的口腔施虐冲动在很大程度上转移到了他父亲的阴茎上。此外，他体验到强烈的指向父亲阴茎的口腔施虐冲动，这源于早期正向俄狄浦斯情境（positive Oedipus situation）中的嫉妒和仇恨。因此，他父亲的阴茎在他的幻想中变成了一个危险的、会咬人的、有毒的客体。他对阴茎作为外部和内部迫害者的恐惧非常强烈，因此无法发展对阴茎的好的、建设性的品质（productive qualities）的信任。这样，理查德早期的女性位置从根本上受到了迫害恐惧的扰乱。他在反向的俄狄浦斯情境（inverted Oedipus situation）中经历的这些困难，与他对母亲的生殖欲望所引发的阉割恐惧相互作用。伴随这些欲望而来的对父亲的仇恨，以咬掉父亲阴茎的冲动表现出来，这导致了对他可能以同样的方式被阉割的恐惧，因此增加了对生殖器欲望的压抑。

理查德的病征之一是他的活动和兴趣越来越受到抑制。这与他的攻击性倾向受到的严重压抑有关，这在他与母亲的关系中表现得尤为明显。在他与父亲和其他男人的关系中，他的攻击性没有那么受到压抑，虽然受到恐惧的很大抑制。理查德对男性的主要态度是要安抚潜在的攻击者和迫害者。

与其他孩子相处时，理查德的攻击性最不受抑制，尽管他非常害怕他们，不敢直接表达攻击性。他对其他孩子的憎恨和恐惧，部分来自他对父亲阴茎的态度。在他的心目中，具有破坏性的阴茎和具有破坏性的、贪婪的、会耗尽母亲并最终毁灭她的婴儿是密切相关的。因为他无意识地强烈地维持着"阴茎=孩子"的等式。他还觉得，坏的阴茎只会生出坏的孩子。

他害怕儿童的另一个决定性因素，是他嫉妒他的哥哥和他母亲未来可能有的任何孩子。他对母亲体内婴儿的无意识施虐攻击，与他对母亲体内父亲阴茎的仇恨有关。只有在一种情况下，他对儿童的爱才会不时地表现出来，那就是对婴儿的友好态度。

我们已经知道，只有将母婴关系理想化，他才能保持爱的能力。然而，由于他对自己的口腔施虐冲动无意识地感到恐惧和内疚，所以婴儿对他来说代表着一种口腔施虐的东西。这就是为什么他不能在幻想中实现他给予他母亲孩子的愿望。更基本的是，在他早期的发展中，口腔焦虑增加了与生殖器功能和自己阴茎的攻击性方面有关的恐惧。理查德担心他的口腔施虐冲动会支配他的生殖器欲望，而且他也担心自己的阴茎是一个破坏性的器官，这是他压抑生殖器欲望的主要原因之一。因此，他没有一种使他的母亲幸福、补偿他自以为毁掉的孩子的基本手段。通过所有这些不同的方式，他的口腔施虐冲动、幻想和恐惧一次又一次地干扰了他的生殖器发展。

在前面的几节中，我反复提到了退行到口腔阶段，是对生殖器位置产生的额外焦虑的防御。然而，重要的是不要忽视固着在这些过程中所起的作用。由于他的口腔、尿道和肛门施虐焦虑非常强烈，他对这些阶段的固着也非常强烈，这导致的结果是他生殖器水平上的组织非常脆弱，并存在明显的压抑倾向。不过，虽然存在抑制，他仍然发展出一些升华的生殖器趋势。此外，由于他的欲望主要指向他的母亲，他的嫉妒和仇恨主要指向父亲，所以他已经发展出了正向俄狄浦斯情境和异性恋的一些主要特征。然而，这种局面在某种程度上是个假象，因为他对母亲的爱只能通过加强他与母亲关系中的口腔元素，以及把"乳房"母亲理想化来维持。我们看到，在他的画中，蓝色的部分总是代表他的母亲。这种颜色的选择与他对蓝天的热爱有关，也表达了他对一个理想的、丰饶的、永不挫败他的乳房的渴望。

理查德因此在某种程度上保持了对母亲的爱，这一事实给了他些许稳定，也使他在一定程度上发展了自己的异性恋倾向。很明显，焦虑和罪疚感在很大程度上影响了他对母亲的固着。理查德对她非常投入，但方式有点幼稚。他几乎无法忍受离开她的视线，几乎没有表现出与她发展独立的、具有男子气概的关系的迹象。他对其他女人的态度——虽然远远没有真正的男子气概和独立——与他对母亲的大爱甚至盲目崇拜形成了鲜明的对比。他对待女人的态度非常早熟，在某些方面就像一个成年的唐·璜（Don Juan）。他试图用各种方法讨好自己，甚至公然拍马屁。与此同时，他经常批评和蔑视女性，如果她们被他的奉承所欺骗，他会觉得好笑。

在这里，我们看到了对女性的两种截然不同的态度，这让人想起弗洛伊德得出的一些结论。谈到在一些他所说的"精神阳痿"（即他们只在特定环境下才有性能力）的男人身上的"柔情与肉欲之间的不统一"时，弗洛伊德说："这些人的爱被分裂为两个方向，就像艺术中所描述的那样，分为神圣的爱和亵渎的（或动物的）爱。他们在有爱的地方就不会有欲望，在有欲望的地方就不会有爱。"（《标准版》第11卷，p.183）

弗洛伊德的描述和理查德对待母亲的态度有相似之处。他害怕和憎恨的是"生殖器"母亲，而把他的爱和温柔转向了"乳房"母亲。这两个层面之间的分隔，非常明显地体现在他对母亲和其他女性的不同态度上。虽然他对母亲的生殖器欲望被强烈压抑，因此她仍然是爱和崇拜的对象，但这些欲望在某种程度上可以转向母亲以外的女性。但这些女人后来成了他批评和蔑视的对象。她们代表着"生殖器"母亲，似乎他对生殖器的恐惧和压抑生殖器的冲动反映在他对激起他生殖器欲望的客体的蔑视上。

在导致他对"乳房"母亲的固着和退行的焦虑中，理查德对母亲"内部"的恐惧占了主导地位，因为那里充满了迫害者。因为"生殖器"母亲（在他看来是与父亲性交的母亲）也容纳着"坏"父亲的生殖器（或者更确切地说是大量的生殖器），因此与父亲结成了危险的联盟，来对抗儿子；她还控制了那些怀有敌意的婴儿。此外，他还担心自己的阴茎是一个危险的器官，会伤害他所爱的母亲。

这种干扰理查德生殖器发育的焦虑与他与内化父母的关系密切相关。他母亲的"内部"是一个危险的地方，这与他对自己的"内部"的感受是一致的。在前面的章节中，我们已经看到，好母亲（例如，美味的早餐）在保护他免受父亲的伤害，而父亲是他胃里"长出的骨头"。这幅母亲保护他不受内部父亲伤害的画面，与理查德被敦促去保护的母亲形象——一个被内在怪物的口腔施虐和生殖器攻击所威胁的母亲相对应。然而，最终，他觉得她受到了自己对她的口腔施虐攻击的威胁。图2显示出，坏人（他的父亲、兄弟和他自己）打败并吞噬了他的母亲。这种恐惧源于理查德的一种根本上的罪疚感，即他在内化母亲的过程中，用口腔施虐攻击摧毁（吞噬）了母亲和她的乳房。此外，他还表达了他对自己在图6中的肛门施虐攻击的罪疚感，因为他指出从鸟身上掉出来的是"可怕的大东西"。当他开始绘制帝国图时，他自己的粪便和黑色的希特勒-父亲之间的等同在他的分析中变得很明显。因为在最早的绘画中，理查德曾用黑色代表自己，但很快就觉得红色代表自己，黑色代表父亲。后来，他在整个绘画中都保持了这种安排。他对图5和图6的一些联想进一步说明了这种等同。在图5中，黑色部分代表了坏父亲。在图6中，黑色代表了从残缺不全的鸟身上掉出来的"可怕的大东西"。

理查德对自己的攻击性的恐惧与他对母亲（作为一个危险的、报复性的客体）的恐惧相对应。这只张开喙的"可怕的鸟"是他口腔施虐冲动在他母亲身上的投射。理查德被母亲挫败的实际经历本身并不能解释他如何形成了一个内在的吞噬性母亲的可怕形象。从图6中可以清楚地看出，他觉得这位"可怕的"鸟妈妈是多么危险。因为这只没有头的鸟代表了他自己，并对应着他对被危险的母亲阉割的恐惧，这位危险的母亲与作为外部敌人的怪物父亲联合起来。此外，在内部情境中，他感觉受到内化的可怕鸟妈妈和怪物爸爸的联盟的威胁。这些内部的危险情境是他疑病和受迫害恐惧的主要原因。

当理查德在他的分析中能够面对他爱的客体也是他恨的客体这一心理事实，即浅蓝色的母亲（带着皇冠的女王）在他心中与那只可怕的长着喙的鸟是密切相关的时，他便可以更安全地建立他对母亲的爱。他的爱的感觉和恨的感觉联系得更紧密了，他和母亲在一起的快乐体验和他的挫折体验也不再隔得那么远了。因此，他一方面不再强烈地把好母亲理想化，另一方面也不再把坏母亲塑造成可怕的形象。每当他允许自己把母亲的两方面结合在一起时，这就意味着好的方面减轻了坏的方面。这个让他更有安全感的好母亲可以保护他不受"怪物"父亲的伤害。这对他来说再次表明，她在这时并没有受到他的口腔贪婪和坏父亲的致命伤害，这反过来又意味着他和他的父亲都变得不那么危险了。这位好母亲又活过来了，理查德的抑郁也因此烟消云散。

他希望让分析师和他的母亲作为内在和外在的客体活着，这与他生殖器位置的加强和更强的体验俄狄浦斯欲望的能力有关。对他来说，繁殖后代（作为他无意识中对抗死亡和死亡恐惧的最重要的手段）现在在幻想中更有可能实现了。因为他不那么害怕被自己的施虐冲动冲垮，理查德相信他能生出好孩子。因为，男性生殖器（他父亲的和他自己的）的创造性和生产性（productive）方面更加突出。理查德越来越信任他自己的建设性和修复性倾向，也越来越信任他的内在和外在客体。他对于好母亲和好父亲的信念变得更加坚定了。他的父亲不再是一个危险的敌人，理查德不再将他作为一个可恨的对手进行斗争。因此，他朝着加强自己的生殖器位置和面对与其生殖器欲望有关的冲突和恐惧迈出了重要的一步。

女孩俄狄浦斯发展的案例摘录

我已经讨论了一些干扰男孩生殖器发育的焦虑，现在我将摘录一些关于小女孩丽塔（Rita）的病史材料，我已经在以前的论文中从不同的角度描述了这些材料❾。这个材料很适合在这里展示，因为它简洁明了。虽然大多数案例材料之前已经发表过，但我将补充一些之前未发表的细节，以及一些我当时无法做出的新解释。回顾起来，似乎已经有足够的材料来证实这些解释。

我的病人丽塔在分析开始时只有两岁零九个月，她是一个很难抚养的孩子。她受到各种焦虑的折磨，无法忍受挫折，经常处于不快乐的状态。她表现出明显的强迫特征，这种特征在一段时间内一直在增强，她坚持要举行复杂的强迫仪式。当她试图支配周围的每一个人时，她时而表现出一种夸张的"好"，伴随着悔恨之情，时而表现出一种"淘气"的状态。她也有进食困难，很挑食，经常食欲不振。虽然她是一个非常聪明的孩子，但她的神经症阻碍了她人格的发展和融合。

她经常无缘无故地哭，当她的母亲问她为什么哭时，她回答说："因为我太难过了。"若再问她："你为什么这么难过？"她会回答说："因为我在哭。"她的罪疚感和不快乐经常表现在她向母亲提的问题："我好不好？你爱我吗？"诸如此类。她不能忍受任何责备，如果被训斥，她不是大哭一场，就是不服气。她对父母的不安全感在她两岁时的一个事件中表现出来。有一次，她突然哭了起来，因为她的父亲对她绘本里的一只熊开玩笑地说了一句威胁的话，而她显然把自己和那只熊认同了起来。

丽塔在玩耍时明显受到抑制。例如，她唯一能做的事情就是强迫性地给她的玩偶娃娃洗澡和换衣服。一旦她引入任何想象元素，她就会爆发焦虑，并停止玩耍。

以下是一些她的成长经历。丽塔接受了几个月的母乳喂养，然后换成了奶瓶，起初她不愿意接受。从奶瓶到固体食物的断奶过程也很麻烦，当我开始对她进行分析时，她仍然存在进食困难。此外，当时她仍然晚上要喝一瓶奶。她的母亲告诉我，她已经放弃了让丽塔戒掉奶瓶的尝试，因为每次这样的尝试都会给她带来巨大的痛苦。关于丽塔在第二年初完成的习惯训练，我有理由认为她的母亲对此过于焦虑了。事实证明，丽塔的强迫症与她早期的习惯训练密切相关。

丽塔在快两岁之前一直和父母同住一间卧室，她多次目睹父母之间发生性关系。当她两岁的时候，她的弟弟出生了，那时她的神经症爆发了。另一个促成因素是，她的母亲自己也很神经质，对丽塔的态度显然是矛盾的。

她的父母告诉我，在她生命中的第一年结束之前，丽塔更喜欢她的母亲，而不是父亲。在第二年开始的时候，她明显地偏爱她的父亲，同时也明显地嫉妒她的母亲。十五个月大的时候，丽塔坐在父亲的膝盖上，反复且明确地表达了她的愿望，她希望能和父亲单独待在房间里。她已经能用语言表达出来了。在大约十八个月大的时候，她有了惊人的变化，这表现在她与父母的关系发生了反转，她也表现出各种症状，如夜惊和动物恐惧症（特别是狗）。她的母亲再次成为最受她欢迎的人，但丽塔与她的关系呈现出强烈的矛盾特征。她紧紧地黏着母亲，几乎不能让她离开自己的视线。与此同时，她还试图控制母亲，并常常毫不掩饰对她的恨。与此同时，丽塔对她的父亲也表现出公开的不喜欢。

她的父母当时清楚地观察到了这些事实，并告知了我。对于年龄较大的孩子，父母关于早年情况的报告往往是不可靠的，因为随着时间的推移，事实往往在他们的记忆中变得越来越不真实。在丽塔的案例中，她的父母对细节仍然记忆犹新，分析完全证实了他们报告的所有要点。

早期与父母的关系

从丽塔生命的第二年开始，她的俄狄浦斯情境的一些重要因素显而易见，比如她对父亲的偏爱和对母亲的嫉妒，她甚至希望取代母亲的位置与父亲在一起。在评估丽塔第二年的俄狄浦斯发展时，我们必须考虑一些特别的外部因素。丽塔和父母同住一间卧室，有太多机会目睹他们之间的性交。因此，这不断刺激了她的性欲、嫉妒、仇恨和焦虑。当她十五个月大的时候，她的母亲怀孕了，因此她无意识地了解了母亲的怀孕。因此，丽塔想从父亲那里得到一个孩子的愿望，以及她与母亲的竞争，得到了显著加强。结果，她的攻击性，和随之而来的焦虑和罪疚感也大幅增强，让她的俄狄浦斯欲望无法维持下去。

然而，仅靠这些外部刺激并不能解释丽塔成长中的困难。许多儿童遭遇类似的，甚至更不利的经历，而不会因此患上严重的疾病。因此，我们必须考虑导致丽塔生病和性发展障碍的内部因素，及其与外部因素的相互作用。

　　正如分析显示的那样，丽塔的口腔施虐冲动非常强烈，她对任何形式的紧张的容忍能力都异常低下。这些体质特征决定了她对早年遭受的挫折的反应，从一开始就强烈影响了她与母亲的关系。当丽塔生命中的第一年结束时，她的正向俄狄浦斯欲望显现出来，这种与父母双方的新关系强化了丽塔的挫败感、仇恨和攻击性，以及随之而来的焦虑和内疚。她无法处理各种各样的冲突，因此无法维持她的生殖器欲望。

　　丽塔和她母亲的关系受到两大焦虑来源的支配：迫害性恐惧和抑郁性焦虑。在一个方面，她的母亲代表了一个可怕和报复性的人物。另一方面，她是丽塔不可或缺的心爱的好对象，丽塔觉得自己的攻击性对所爱的母亲来说是一种危险。因此，她被失去母亲的恐惧压倒了。正是这些早期的焦虑和罪恶感的强烈程度，在很大程度上决定了丽塔无法忍受俄狄浦斯情感（对母亲的敌对和仇恨）带来的额外焦虑和罪疚感。为了防御它们，她压抑自己的仇恨，并用过度的爱来补偿它，这必然意味着向力比多早期阶段的退行。丽塔与父亲的关系也从根本上受到这些因素的影响。她对母亲的一些怨恨转移到了父亲身上，俄狄浦斯欲望的挫败加深了对他的仇恨，在她第二年的开始，这种仇恨明显地取代了她以前对父亲的爱。她未能与母亲建立令人满意的关系，这种失败也同样反复发生在她与父亲的口腔关系和生殖器关系中。在分析中，丽塔想阉割父亲的强烈欲望凸显出来（部分来自女性位置的受挫，部分来自她对男性位置的阴茎嫉羡）。

　　因此，丽塔的施虐幻想与她在各种力比多位置上的受挫而产生的不满密切相关，这些幻想在她的反向俄狄浦斯情境和正向俄狄浦斯情境中被体验到。父母之间的性交在她的施虐幻想中扮演了重要的角色，在她的心目中性交是一个危险而可怕的事件，她的母亲是父亲的残忍暴行的受害者。结果，她的父亲不仅在她心中变成了一个威胁到她母亲的人，而且——考虑到丽塔基于俄狄浦斯欲望而与她母亲的认同——也变成了一个威胁着她自己的人。丽塔对狗的恐惧可以追溯到她对父亲危险的阴茎的恐惧，因为她自己想阉割它，所以它会咬她作为报复。她和父亲的整个关系都被深深地扰乱了，因为他已经变成了一个"坏人"。他变得更加可恨，因为他成为她自己对母亲的施虐欲的化身。

　　下面这段由她母亲向我汇报的故事，说明了最后一点。第三年刚开始的时候，丽塔和妈妈出去散步，看到一个马车夫在毒打他的马。她的母亲非常气愤，小女孩也表达了强烈的愤慨。当天晚些时候，她说的话让母亲大吃一惊："我们什么时候再出去看坏人打马？"这揭示出一个事实，即她从这一经历中获得了施虐快乐，并希望这种快乐能重演。在她的无意识中，马车夫是她的父亲，马是她的母亲，而她的父亲在性交中实现了丽塔对她母亲的施虐幻想。对父亲坏生殖器的恐惧，加上母亲被丽塔的仇恨和坏父亲（车夫）所伤害和摧毁的幻想，干扰了她正向和反向的俄狄浦斯欲望。丽塔既不能认同这样一个被摧毁的母亲，也不能让自己在同性恋的位置上扮演父亲的角色。因此，在这些早期阶段，这两个位置都无法被有效地确立起来。

来自分析材料的一些例子

丽塔在目睹原初场景时所体验的焦虑表现在以下材料中。

有一次，在分析过程中，她把一块三角形积木放在一边，说："这是个小女人。"然后，她拿起一把她称之为"小锤子"的长方形积木，用它敲着积木盒，说："锤子重重地敲着，小女人吓坏了。"三角形积木代表了她自己，锤子代表了她父亲的阴茎，盒子代表了她母亲，整个情境代表了她目睹的原初场景。值得注意的是，她正好击中了积木盒子上只是用纸粘住的地方，所以她在盒子上打了一个洞。通过这个例子，丽塔象征性地向我展示了她对阴道的无意识知识，以及它在她的性理论中所扮演的角色。

接下来的两个例子与她的阉割情结和阴茎嫉羡有关。丽塔假装她正带着泰迪熊去一个"好"女人的家，在那里她将得到"美妙的款待"。然而，这一旅程并不顺利。丽塔赶走了火车司机，顶替了他的位置。但他一次又一次地回来威胁她，使她非常焦虑。她和司机争夺的一个对象是她的泰迪熊，但她认为它对这次旅行的成功至关重要。在这里，熊代表她父亲的阴茎，她和她父亲的竞争表现在对阴茎的争夺上。她夺走父亲的阴茎，一部分是出于嫉羡、仇恨和复仇情感，一部分是为了取代父亲与母亲在一起的位置，并利用父亲强有力的阴茎来弥补在幻想中她母亲所受的伤害。

下一个例子与她的睡前仪式有关，随着时间的推移，她的睡前仪式变得越来越复杂和具有强迫性，包括对她的娃娃的相应仪式。重点是，她（以及她的娃娃）必须被紧紧地塞进被子里，否则（正如她所说的）老鼠或"buzen"（她自己发明的一个词）会从窗户进来，咬掉她自己的"butzen"。"butzen"代表了她父亲的阴茎和她自己的生殖器，她父亲的阴茎会咬掉她自己的生殖器，就像她想要阉割他一样。在我现在看来，她害怕母亲攻击她身体的"内部"，也是她害怕有人从窗户进来的原因。这个房间也代表了她的身体，而袭击者是她的母亲，她在报复孩子对她的攻击。需要被精心呵护的强迫性需求是对所有这些恐惧的一种防御。

超我的发展

前两部分所描述的焦虑和罪疚感与丽塔的超我发展密切相关。我在她身上发现了一个残酷无情的超我，就像成人严重强迫症的根源一样。我可以在分析中明确地追溯到她生命第二年的开始。根据我后来的经验，我一定会得出这样的结论：丽塔的超我开始于生命的最初几个月。

在我描述的旅行游戏中，火车司机既代表了她的超我，也代表了她真正的父亲。我们也看到了她的超我在强迫性地玩洋娃娃时的作用，她进行了一项仪式，类似于她自己的睡前仪式，让洋娃娃入睡，并非常精心地为她掖好被子。有一次，在分析过程中，丽塔在娃娃的床边放了一头大象。她解释说，大象是为了防止"孩子"（娃娃）起来，否则"孩子"就会溜进父母的卧室，然后"伤害他们，或者夺走他们的东西"。大象代表了她的超我（她的父亲和母亲），它要阻止的对父母的攻击，反映了丽塔自己对父母性交和母亲怀孕的施虐冲动。超我的功能是让丽塔不可能从母亲那里夺走她体内的婴儿，不可能伤害或破坏母亲的身体，也不可能阉割父亲。

丽塔成长中的一个重要细节是，在她三岁的时候，当她在玩洋娃娃时，她反复声称自己不是洋娃娃的母亲。根据分析的背景来看，她似乎不能允许自己成为娃娃的母亲，因为娃娃代表她渴望的但又害怕从母亲手中夺走的弟弟。她的罪疚感还与她在母亲怀孕期间的攻击幻想有关。丽塔不能扮演她娃娃的母亲，这种抑制来源于她的罪疚感，以及她对一个残酷的母亲形象的恐惧，这个形象比她真实存在的母亲要严厉得多。丽塔不仅以这种扭曲的方式看待她真正的母亲，而且她不断地感受到可怕的内在母亲形象的威胁。我已经提到丽塔对她母亲身体的幻想攻击，以及相应的焦虑，即她的母亲会攻击她，抢走她想象中的婴儿，以及她害怕被她的父亲攻击和阉割。现在我要进一步深入诠释。在幻想中，与她的父母作为外部人物对她身体的攻击相呼应的是，她也害怕来自内在的迫害性父母形象的攻击，后者构成了她残酷超我的一部分❿。

在分析过程中，丽塔的超我的严酷性质常常在她的游戏中表现出来。例如，她常常残忍地惩罚她的娃娃，随之而来的是愤怒和恐惧。她既认同了施加严厉惩罚的父母，也认同了被残酷惩罚、暴怒的孩子。这不仅体现在她的游戏中，而且体现在她的行为举止上。有时她似乎是一个严厉无情的母亲的代言人，有时又像是一个无法控制的、贪婪的、具有破坏性的婴儿的代言人。她似乎没有多少自我力量来弥合这两个极端，并缓和冲突的激烈程度。她的超我逐渐整合的过程受到严重干扰，她无法发展出自己的个性。

干扰俄狄浦斯发展的受迫害焦虑和抑郁性焦虑

丽塔的抑郁情绪是她神经症的一个显著特征。她的悲伤和无缘无故的哭泣，她不断地问她母亲是否爱她——所有这些都是她抑郁性焦虑的迹象。这些焦虑源于她与母亲乳房的关系。由于她的施虐幻想，即她攻击了母亲的乳房和作为完整的一个人的母亲，丽塔被恐惧支配，这深刻地影响了她和她母亲的关系。一方面，她爱她的母亲，把母亲当作一个不可或缺的好客体，同时又因为对母亲的攻击幻想使其陷入危险而感到内疚；在另一方面，她对母亲又恨又怕，认为她是一个迫害性的坏母亲（首先是坏乳房）。这些恐惧和复杂的情感，既与作为外在客体的母亲有关，又与作为内在客体的母亲有关。这构成了她的婴儿期抑郁心位。丽塔无法处理这些严重的焦虑，也无法克服她的抑郁心位。

在这方面，她早期分析的一些材料很重要[11]。她在一张纸上乱涂乱画，使劲把它涂黑。然后她把它撕了，把碎片扔进一杯水里，她把杯子放在嘴边，好像要喝它一样。就在这时，她停了下来，低声说："死女人。"在另一个场合，她又重复了这句话。

这张被涂黑、撕破并扔进水里的纸，代表了她的母亲以口腔、肛门和尿道施虐的方式被破坏。而这个与死去的母亲有关的情境，不仅与她不在视线中的外部母亲有关，也与内部母亲有关。丽塔不得不放弃俄狄浦斯情境中与母亲的竞争，因为她对失去内在和外在客体的无意识恐惧成为她俄狄浦斯欲望的障碍，后者会增加她对母亲的仇恨，并进而会导致母亲的死亡。这些来自口腔位置的焦虑，是丽塔在母亲试图让她戒掉奶瓶时所产生的明显抑郁的基础。丽塔不愿喝杯子里的牛奶。她陷入绝望的状态，她总的来说没有食欲，不吃东西，比以往任何时候都更黏着她的母亲，一遍又一遍地问母亲是否爱她、她是否调皮，等等。她的分析显示，断奶对她来说是对她的攻击欲望和指向母亲的死亡愿望的残酷惩罚。因为奶瓶的失去意味着乳房的最终丧失，丽塔觉得当奶瓶被拿走时，她实际上毁掉了她的母亲。即使她母亲在场，也只能暂时减轻她的恐惧。由此可以推断，失去的奶瓶代表着丧失的好乳房，丽塔在断奶后的抑郁状态中拒绝的那杯牛奶代表了被摧毁和死亡的母亲，正如那杯有碎纸的水代表了"死去的女人"。

正如我所说的，丽塔对失去母亲的抑郁性焦虑与受迫害恐惧联系在一起，后者与报复性的母亲袭击丽塔的身体有关。事实上，在这个女孩看来，这样的攻击不仅是对她的身体的威胁，也是对她"内部"包含的一切珍贵事物（她潜在的孩子、好母亲和好父亲）的威胁。

无法保护这些心爱的客体免受来自外部和内部的迫害，是这个女孩最根本的焦虑情境的一部分[12]。

丽塔和父亲的关系很大程度上是由以母亲为中心的焦虑情境决定的。她对坏乳房的憎恨和恐惧已经转移到了她父亲的阴茎上。过度的内疚和对失去母亲的恐惧也转移到了父亲身上。所有这些，再加上她父亲直接给她带来的挫折，阻碍了她的正向俄狄浦斯情结的发展。

她对父亲的仇恨因阴茎嫉羡和在反向俄狄浦斯情境中与父亲的竞争而加剧。她试图处理她的阴茎嫉羡，这让她更加相信自己具有想象中的阴茎。然而，她觉得自己的这个阴茎会受到一个坏父亲的威胁，他会为了报复她想要阉割他的冲动，而反过来阉割她。丽塔害怕她父亲的"butzen"走进房间，咬掉她自己的"butzen"，这体现了她的阉割恐惧。

她渴望占有她父亲的阴茎，并取代他的位置和她母亲在一起，这明显表明她嫉羡他的阴茎。这一点在我引用的游戏材料中得到了说明：她带着代表阴茎的泰迪熊去找"好女人"，她要给他们"美妙的款待"。然而，正如她的分析所显示的那样，与她深爱的母亲会死亡有关的焦虑和内疚，强化了她想拥有自己的阴茎的愿望。这些焦虑在早期破坏了她与母亲的关系，现在又在很大程度上导致了正向俄狄浦斯发展的失败。它们还增强了丽塔拥有阴茎的欲望，因为她觉得，她只有通过拥有自己的阴茎来满足母亲并给予她孩子，才能修复对母亲造成的伤害，并弥补她在幻想中从母亲那里夺走的婴儿。

丽塔在处理她的反向和正向俄狄浦斯情结方面的严重困难，来自她的抑郁心位。随着这些焦虑的减轻，她变得能够容忍自己的俄狄浦斯欲望，并日益发展出女性和母性的态度。由于外部环境的原因，丽塔的分析被打断了。在分析快结束的时候，丽塔与父母以及哥哥的关系都有所改善。在此之前，她对父亲的反感是十分明显的，现在她对他的好感已经取代了这种反感。她对母亲的矛盾心理减轻了，一种更加友好和稳定的关系发展起来。

丽塔对她的泰迪熊和洋娃娃的态度的改变反映了她的力比多发展的程度，她的神经症困难和超我的严苛程度已经降低。有一次，在分析快结束的时候，她亲吻她的玩具熊，拥抱它，给它起昵称，她说："我没有不开心了，因为现在我有了这么可爱的小宝贝。"她现在可以允许自己成为她想象中的孩子的母亲了。这种变化并不完全是一种新的发展，在某种程度上，这是对早期力比多位置的回归。在之前的生命第二年，丽塔想要得到父亲的阴茎，想要从父亲那里要一个孩子的愿望，被与母亲有关的焦虑和内疚所干扰，她的正向俄狄浦斯发展崩溃了，她的神经症明显加重。当丽塔强调说她不是洋娃娃的妈妈时，她清楚地表明她在与自己想要一个孩子的欲望作斗争。在焦虑和内疚的压力下，她无法维持女性的位置，不得不加强男性的位置。因此，熊主要代表的是被渴望的阴茎。丽塔无法忍受自己想从父亲那里得到一个孩子的愿望，在俄狄浦斯情境下，她对母亲的认同也无法建立起来，直到她对父母双方的焦虑和内疚都减轻。

一般性理论总结

（a）两性的俄狄浦斯情结早期阶段

我在这篇文章中介绍的两个病例的临床图景在许多方面都不同。然而，这两个案例有一些共同的重要特征，如强烈的口腔施虐冲动，过度的焦虑和内疚，自我对任何类型的紧张的承受能力都很低。根据我的经验，这些因素在与外部环境的相互作用下，阻碍了自我逐渐建立起对焦虑的足够防御。其结果是，儿童修通早期焦虑情境的能力受损，他们的情感、力比多和自我的发展受到影响。由于焦虑和内疚占主导地位，儿童过分固着于力比多组织的早期阶段，二者的相互作用导致儿童产生严重的退行到早期阶段的倾向。因此，俄狄浦斯发展受到干扰，生殖器组织无法被安全地建立。这篇论文中提到的两个案例以及其他一些案例显示，当这些早期焦虑减轻时，俄狄浦斯情结便开始正常发展。

我给出的两个简短的案例，能够在一定程度上说明焦虑和内疚对俄狄浦斯发展过程的影响。然而，我下面即将阐述的关于俄狄浦斯发展某些方面的理论研究，是基于我对儿童和成人病例的全部分析工作，从正常儿童到患有严重疾病的儿童都被包含在研究范围内。

要全面阐述俄狄浦斯发展，就必须讨论每个发展阶段的外部影响和体验，以及它们对整个童年时期的影响。为了澄清最重要的问题，我刻意舍弃了对外部因素的详尽描述❸。

我的经验使我相信，从生命的一开始，力比多就与攻击性交织在一起，而力比多的发展在每个阶段都受到攻击性所引发的焦虑的严重影响。焦虑、内疚和抑郁的情感有时会驱动力比多向新的满足来源前进，有时它们会通过加强对先前目的（aim）和客体的固着，抑制力比多的发展。

与俄狄浦斯情结的后期阶段相比，其早期阶段的图景必然更加模糊，因为婴儿的自我还不成熟，完全处于无意识幻想的支配之下，他的本能生活也正处于最多样的阶段。这些早期阶段的特点是不同客体和目的之间的迅速变化，相应的是防御性质的波动。在我看来，俄狄浦斯情结在出生后的第一年就开始了，而且两性的发展都是以相似的方式开始的。婴儿与母亲乳房的关系是决定整个情感和性发育的基本因素之一。因此，在下面描述男女俄狄浦斯情结的开始时，我以婴儿与乳房的关系为出发点。

力比多的向前移动中似乎存在一个固有的本能，即不断寻找新的满足来源。在母亲乳房那里体验到的满足使婴儿将他的欲望转向新的客体，首先是父亲的阴茎。然而，乳房关系中的挫折给新的欲望带来了特别的动力。重要的是要记住，挫败感不仅取决于实际体验，还取决于内部因素。即使在最有利的条件下，婴儿对乳房的某种程度的失望也是不可避免的，因为婴儿实际上渴望的是无限的满足。在母亲的乳房那里体验到的挫折导致男孩和女孩都远离它，并刺激婴儿转而向父亲的阴茎寻求口腔的满足。因此，乳房和阴茎是婴儿口腔欲望的主要客体❹。

从一开始，挫折和满足就塑造了婴儿与所爱的好乳房和仇恨的坏乳房的关系。应对挫折和随之而来的攻击的需要，是导致婴儿对好乳房和好母亲进行理想化的原因之一，也相应地加剧了婴儿对坏乳房和坏母亲的仇恨和恐惧，这成为所有迫害性的、可怕的客体的原型。

对母亲乳房的两种矛盾态度延续到了婴儿与父亲阴茎的新关系中。在早期关系中所遭受的挫折增加了婴儿对新客体的要求和希望，并激发了对新客体的爱。在新关系中不可避免的失望，促使婴儿撤回到最初客体那里。这导致了婴儿的情感态度和力比多组织阶段的不稳定性和流动性。

此外，婴儿被挫折感所引发和加强的攻击冲动，将其攻击幻想指向的受害者转变为受伤的和报复性的人物，他们以同样的施虐攻击威胁他，就像他在幻想中对父母所做的一样❶。因此，为了满足婴儿对帮助和安全的渴望，婴儿越来越需要一个他爱的和爱他的客体——一个完美和理想的客体。因此，每一个客体都会变得时而好，时而坏。在原始意象的各个方面之间的这种往复运动，意味着反向和正向俄狄浦斯情结早期各阶段之间存在密切的相互作用。

由于在口腔力比多的支配下，婴儿从一开始就内摄他的客体，原始意象在他的内心世界形成了一个对应的客体。母亲的乳房和父亲的阴茎的意象在婴儿的自我中建立起来，形成了他的超我的核心。乳房和母亲被内摄为好的与坏的，相应地，阴茎和父亲也被内摄为好的与坏的。它们构成了婴儿内在最初的表征，一方面是保护的和有帮助的内在人物，另一方面是报复性和迫害性的内在人物。它们是自我发展出的最初的认同。

儿童和内部人物的关系，以多种方式，与儿童和作为外部客体的父母双方的矛盾关系相互作用。因为外部客体的每一步内摄，都对应着内部人物向外部世界的投射。这种相互作用奠定了儿童与实际父母的关系，以及超我的发展。作为这种相互作用（包含向外和向内两个方向）的结果，内在与外在的客体和情境之间存在着持续的波动。这些波动与力比多在不同目的和客体之间的运动联系在一起，因此俄狄浦斯情结的进程和超我的发展是紧密相连的。

虽然仍被口腔、尿道和肛门的性欲所掩盖，但生殖器欲望很快就会与孩子的口腔冲动混合在一起。早期的生殖器欲望，以及口腔欲望，都是指向父母的。这与我的假设是一致的，即两性都对阴茎和阴道的存在有一种固有的无意识的认识。对于男婴来说，生殖器感觉（genital sensations）让他预期父亲是拥有阴茎的，又由于"乳房＝阴茎"，所以男婴会渴望得到阴茎。与此同时，他对生殖器的感觉和冲动也暗示着他在寻找一个入口来插入他的阴茎，也就是说，这些感觉和冲动是指向他的母亲的。相应地，女婴的生殖器感觉为她的欲望做好了准备，即接受她父亲的阴茎进入她的阴道。因此，对父亲阴茎的生殖器欲望与口腔欲望混合在一起，是女孩的正向俄狄浦斯情结和男孩的反向俄狄浦斯情结的早期阶段的根源。

力比多发展的各个阶段都受到焦虑、内疚和抑郁情感的影响。在之前的两篇论文中，我反复提到婴儿期抑郁心位是早期发展的中心位置。我现在建议采用以下提法：婴儿期抑郁情感的核心（即害怕因他的仇恨和攻击而丧失所爱的客体）

从一开始就影响着他的客体关系和俄狄浦斯情结。

焦虑、内疚和抑郁情绪必然带来了儿童对修复的渴望。在罪疚感的支配下，婴儿被迫通过力比多的手段来消除他的施虐冲动的影响。因此，与攻击冲动并存的爱的感觉，会被修复的动力所强化。修复性幻想代表了施虐幻想的正面，这通常体现在非常细微的细节上。并且修复幻想与施虐幻想一样，都具有一种全能性质。例如，当孩子讨厌尿液和粪便时，它们代表着破坏，当他喜欢时，它们代表着礼物。当婴儿感到内疚并被推动做出修复时，他心目中的"好"排泄物就会成为他治愈"危险"排泄物造成的损害的手段。同样，尽管方式不同，但男孩和女孩都觉得在他们的施虐幻想中用来损坏和毁灭母亲的阴茎，在他们的修复幻想中却是用来恢复和治愈她的手段。因此，在修复冲动的推动下，婴儿给予和接受力比多满足的愿望得到增强。因为婴儿觉得，通过这种方式，受伤的客体可以被恢复，他的攻击冲动的力量被削弱，因此他的爱的冲动被释放，罪疚感被减轻。

因此，力比多发展的每一步都会受到修复冲动（归根结底是罪疚感）的刺激和加强。另一方面，引发修复的罪疚感也抑制了儿童的力比多欲望。因为，当他觉得自己的攻击性占主导地位时，力比多欲望对他所爱的客体来说是一种危险，因此必须加以抑制。

（b）男孩的俄狄浦斯发展

到目前为止，我已经概述了两性的俄狄浦斯情结的早期阶段，现在我将特别讨论男孩的发展。他的女性位置——这对他对两性的态度都有重要影响——是在口腔、尿道和肛门冲动和幻想的支配下达到的，并和他与母亲乳房的关系密切相关。如果男孩能把他的一些爱和力比多渴望从母亲的乳房转向父亲的阴茎，同时保持将乳房作为一个好的客体，那么父亲的阴茎就会在他的内心作为一个好的和创造性的器官出现，它提供给他力比多满足，也会给他孩子，就像给他母亲一样。这些女性欲望一直是男孩成长过程中的固有特征。它们是男孩的反向俄狄浦斯情结的根源，构成了最初的同性恋位置。父亲的阴茎是一个好的、有创造力的器官，这一令人安心的图景也是男孩发展正向俄狄浦斯欲望的先决条件。因为只有当男孩对男性生殖器（父亲的和他自己的）的"好"有足够的信念时，他才能允许自己体验到他对母亲的生殖器欲望。当他对阉割性的父亲的恐惧被对好父亲的信任减轻时，他就可以面对他的俄狄浦斯仇恨和竞争。因此，反向的俄狄浦斯倾向和正向的俄狄浦斯倾向同时发展，并存在着密切的相互作用。

有充分的理由认为，儿童一旦体验到生殖器感觉，阉割恐惧就会被激活。根据弗洛伊德的定义，男性的阉割恐惧是对生殖器受到攻击、伤害或切除的恐惧。在我看来，这种恐惧首先是在口腔力比多的支配下体验的。男孩对母亲乳房的口腔施虐冲动转移到了父亲的阴茎上，此外，早期俄狄浦斯情境中的敌对和仇恨也表现在男孩想要咬掉父亲阴茎的欲望上。这引起了他的恐惧，他害怕自己的生殖器将被他的父亲咬掉（作为报复）。

有许多早期的焦虑导致了儿童的阉割恐惧，这些焦虑有不同的来源。男孩对母亲的生殖器欲望从一开始就充满了幻想性的危险，因为他幻想通过自己的口腔、尿道和肛门攻击母亲的身体。男孩觉得她的"内部"受伤了、中毒了，并因此成为有毒的东西。母亲的"内部"还包含了他父亲的阴茎，由于他自己对父亲阴茎的施虐攻击，导致他感觉父亲的阴茎是一个充满敌意和阉割性的客体。这带来的结果是，母亲的"内部"也对他自己的阴茎构成毁灭的威胁。

与这个母亲"内部"的可怕图景（同时存在的还有能够提供好东西和满足的母亲形象）相对应的，是婴儿对自己身体内部的恐惧。其中最突出的是婴儿害怕受到危险的母亲、父亲或联合父母形象的内在攻击，以报复自己的攻击冲动。这种受迫害的恐惧决定性地导致了男孩对自己阴茎的焦虑。因为内化的迫害者对他的"内部"造成的每一次伤害，对他来说也意味着对他自己的阴茎的攻击，他担心自己的阴茎会从内部被肢解、毒害或吞噬。然而，他觉得他必须保存的不仅是他的阴茎，还有他身体里的好东西——好的粪便和尿液、他希望在女性位置上孕育的婴儿，以及他（认同好的和有创造力的父亲）希望在男性位置上制造（produce）的婴儿。同时，他感到有必要保护和保存他与迫害者同时内化的所爱客体。因此，阉割恐惧与儿童害怕所爱客体受到内部攻击的恐惧紧密联系在一起，并被后者所强化。

导致阉割恐惧的另一种焦虑来自施虐幻想，在这种幻想中，婴儿的排泄物变得有毒和危险。他自己的阴茎（也等同于这些危险的粪便）在他的心目中充满了坏的尿液，因此在他的性交幻想中成为一个毁灭性的器官。另一方面，婴儿觉得自己内部容纳着父亲的坏阴茎（因为他对坏父亲的认同），这种信念强化了上述恐惧。当这种特殊的认同力量更强时，婴儿会感觉自己与坏的内在父亲结盟来对抗他的母亲。这导致的结果是，男孩对其生殖器的生产性和修复性的信念受到削弱。他觉得自己的攻击冲动增强了，与母亲的性交将是残忍和破坏性的。

这种性质的焦虑对他实际的阉割恐惧、对他对生殖器欲望的压抑，以及对朝向早期阶段的退行有着重要的影响。如果这些不同的恐惧太过强烈，且抑制生殖器欲望的冲动过于强烈，那么以后一定会出现性能力方面的困难。通常情况下，男孩身上的这种恐惧会被他母亲身体是一切好东西（好的乳汁和婴儿）的源泉这一图景所抵消，也会被他对所爱客体的内摄所抵消。当他的爱的冲动占主导地位时，他身体所生产的东西和容纳的东西就具有了一种礼物的意义。他的阴茎也成为一种能够给予母亲满足感和孩子，并进行修复的工具。而且，如果男孩更强烈地感觉自己容纳了母亲的好乳房和父亲的好阴茎，他就会由此对自己产生更强的信任，这使他能够更自由地发挥自己的冲动和欲望。通过与好父亲的结合和认同，他觉得自己的阴茎获得了修复和创造的品质。所有这些情绪和幻想都让他能够面对自己的阉割恐惧，并安全地建立生殖器的位置。它们也是潜能升华的前提，对孩子的活动和兴趣有重要影响，同时也为他日后获得性能力奠定了基础。

（c）女孩的俄狄浦斯发展

我已经描述了女孩俄狄浦斯发展的早期阶段中与男孩发展一致的部分，现在我要指出女孩俄狄浦斯情结中一些特有的基本特征。

当女婴的生殖器感觉增强时，就会产生接受阴茎的渴望，这与她的生殖器的接受性质保持一致[16]。与此同时，她有一种无意识的知识，即她的身体里容纳着潜在的孩子，她觉得这些孩子是她最宝贵的财产。父亲的阴茎作为孩子的给予者，等同于孩子，成为小女孩渴望和崇拜的客体。她与阴茎（作为快乐和好礼物的源泉）的这种关系，会因为对好乳房的爱和感激而加强。

在无意识地知道她有可能生下孩子的同时，小女孩对自己未来的生育能力也产生了严重的怀疑。在许多方面，她觉得与她母亲相比自己处于劣势。在儿童的无意识中，母亲拥有一种魔力，因为所有的好都来自她的乳房，母亲也容纳了父亲的阴茎和婴儿。男孩希望通过拥有一个可以与父亲的阴茎相媲美的阴茎来获得力量，相比之下，女孩没有办法让自己对未来的生育能力感到放心。此外，与她身体内容物有关的焦虑也增加了她的担忧。这些焦虑加剧了她从母亲身上抢夺孩子和父亲阴茎的冲动，而这反过来又加剧了她的恐惧，她害怕自己的内部被报复性的外部母亲和内部母亲攻击，并掠夺她的"好"内容物。

以上这些因素，其中一些在男孩身上也起作用，但事实上，女孩生殖器发展的核心是接受父亲阴茎的女性欲望。而且，她主要无意识地关心的是她想象中的婴儿，这是女孩发展中的一个特殊特征。因此，她的幻想和情感主要围绕着她的内心世界和内在客体而建立。女孩的俄狄浦斯竞争，本质上表现为从母亲那儿抢夺的父亲阴茎和孩子的冲动。以下恐惧在她的焦虑中扮演着重要而持久的角色，那就是她害怕自己的身体受到攻击，害怕内在的好东西被报复性的坏母亲伤害或掠夺。在我看来，这是女孩最突出的焦虑情境。

此外，男孩对母亲的嫉羡（他认为母亲容纳了父亲的阴茎和婴儿）是他的反向俄狄浦斯情结中的一个元素，而对女孩来说，这种嫉羡构成了她的正向俄狄浦斯情境的一部分。在女孩的性发展和情感发展过程中，它仍然是一个重要的因素，并对她（在与父亲的性关系中和母性角色中的）对母亲的认同产生重要影响。

女孩对拥有阴茎和成为男孩的渴望是她双性恋的一种表现，这是女孩的固有特征，就像男孩想要成为女人一样。比起接受阴茎的欲望，女孩想拥有自己的阴茎的愿望是次要的，这种愿望由于她在女性位置上受挫以及在正向俄狄浦斯情境中经历的焦虑和内疚，而大大增强。在某种程度上，女孩的阴茎嫉羡掩盖了她想取代母亲（在与父亲关系中）的位置并从父亲那里接收孩子的愿望，后者注定会受挫。

在这里，我只能谈一谈女孩超我形成背后的特定因素。由于其内心世界在女孩的情感生活中扮演着重要角色，所以她强烈渴望用好的客体填满内心世界。这有助于增强她的内摄过程，该过程也被她的生殖器的接受性质所加强。她崇拜的内化父亲阴茎构成了她超我的内在组成部分。她在她的男性位置上认同了她的父亲，但这种认同建立在她拥有一个假想的阴茎基础之上。她对父亲的主要认同是与内化的父亲阴茎相联系的，这种联系既建立在女性位置的基础上，也建立在男性位置的基础上。在女性的位置上，她被她的性欲和对孩子的渴望所驱动，而内化了她父亲的阴茎。她有能力完全服从所崇拜的内在父亲。而在男性的位置上，她希望仿效父亲的所有男性抱负和升华。因此，她对父亲的男性认同与她的女性态度混合在一起，正是这种结合形成了女性超我的特征。

女孩超我形成中所崇拜的好父亲在某种程度上对应着坏的阉割性父亲。不过，女孩主要的焦虑客体是迫害性的母亲。如果好母亲的内化（她可以认同母亲的母性态度）能够抵消这种受迫害的恐惧，那么她与内化好父亲的关系就会因为她对他的母性态度而得到加强。

尽管内心世界在小女孩的情感生活中占据了突出的位置，但她对爱的需求和与人的关系却表现出对外部世界的极大依赖。然而，这种矛盾只是表面上的，实际上并不矛盾。女孩之所以依赖外部世界，是因为她需要确认她的内心世界。

（d）与俄狄浦斯情结经典概念的比较

现在，我打算就俄狄浦斯情结的某些方面，将我的观点与弗洛伊德的观点进行比较，并阐明我的经验如何引导我与他产生了一些分歧。我对俄狄浦斯情结的描述在某种程度上说明了俄狄浦斯情结的许多方面，在这些方面我的工作完全证实了弗洛伊德的发现。但是由于这个主题太过庞大，我无法详细讨论全部方面，我只能澄清某些分歧。在我看来，下面的概述代表了弗洛伊德关于俄狄浦斯发展的基本特征的核心观点❶。

根据弗洛伊德的说法，生殖器欲望的出现和明确的客体选择发生在性蕾期，即从大约三岁延伸到五岁，与俄狄浦斯情结同时发生。在这个阶段，"只有一个生殖器，即阴茎，被注意到。因此，现在占首要地位的不是生殖器（genitals），而是阴茎（phallus）"（《标准版》第19卷，p.142）。

对男孩来说，"阉割的威胁破坏了孩子的性蕾期组织"（《标准版》第19卷，p.175）。此外，作为俄狄浦斯情结的继承者，他的超我是通过父母权威的内化而形成的。罪疚感是自我和超我之间的张力的一种表达。只有当超我发展起来后，才有理由使用"罪疚"这个词。弗洛伊德着重强调了男孩的超我，认为这是被内化的父亲权威。尽管在某种程度上他承认母亲是男孩超我形成的一个因素，但他没有详细地表达他对超我的这一方面的看法。

关于女孩，在弗洛伊德看来，她对母亲的长期"前俄狄浦斯依恋"涵盖了她进入俄狄浦斯情境之前的一段时间。弗洛伊德还将这一时期描述为"对母亲的专属依恋阶段，这可以被称为前俄狄浦斯阶段"（《标准版》第21卷，p.230）。随后在女孩的性蕾期，她在与母亲的关系中的基本欲望聚焦于从她那里接收一个阴茎，并且这种欲望始终相当强烈。在小女孩心目中，阴蒂代表着她的阴茎，所以阴蒂手淫是她性蕾期欲望的一种表达。阴道此时还没有被发现，它只会在女孩长大后才发挥作用。当女孩发现她没有阴茎时，阉割情结就出现了。在这个关键点上，她对母亲的依恋随着怨怼和仇恨被打破了，因为她的母亲没有给她阴茎。她还发现她的母亲也没有阴茎，这促进了女孩从她的母亲转向她的父亲。她首先转向她的父亲，希望得到一个阴茎，随后又希望从他那里得到一个孩子，"也就是说，一个婴儿取代了阴茎，这符合古老的象征等同"（《标准版》第22卷，p.128）。她的俄狄浦斯情结是通过这些方式，由阉割情结所引入的。

女孩主要的焦虑情境是害怕失去爱，弗洛伊德将这种恐惧与对母亲死亡的恐惧联系起来。

女孩的超我发展与男孩的超我发展在许多方面有所不同，但它们有一个共同的本质特征，即超我和内疚是俄狄浦斯情结的续篇。

弗洛伊德谈到了女孩的母性情感，这种情感源于她在前俄狄浦斯阶段与母亲的早期关系。他还提到了女孩对母亲的认同，这源于她的俄狄浦斯情结。然而，他没有将这两种态度联系起来，也没有说明女孩在俄狄浦斯情境中对母亲的认同如何影响女孩的俄狄浦斯情结。在他看来，虽然女孩的生殖器组织正在成形（taking shape），但她对母亲的重视主要体现在性蕾期方面。

我现在将阐述我自己对这些基本问题的看法。在我看来，从婴儿早期开始，男孩和女孩的性发展和情感发展就包括生殖器官的感觉和趋势，这构成了反向和正向俄狄浦斯情结的第一阶段。它们是在口腔力比多的主导下被体验的，并与尿道和肛门的欲望和幻想混合在一起。力比多阶段从生命最初的几个月开始重叠。正向和反的俄狄浦斯倾向从一开始就密切地相互作用。正是在生殖器达到高峰的阶段，正向俄狄浦斯情境达到了高潮。

在我看来，无论男女，婴儿的生殖器欲望都是指向他们的母亲和父亲的，他们对阴道和阴茎都有无意识的认识⑱。因此，在我看来，弗洛伊德早期使用的"genital phase"（生殖器阶段）一词似乎比他后来提出的"phallic phase"（性蕾期）概念更恰当。

男孩和女孩的超我都是在口欲期形成的。在幻想生活和冲突情绪的支配下，儿童在力比多组织的每个阶段都会内摄他的客体（主要是他的父母），并在这些元素的基础上建立起超我。

因此，虽然超我在许多方面与幼儿世界中的现实人物相对应，但超我的许多成分和特征反映了幼儿心中的幻想形象。在超我的形成过程中，所有这些因素都影响着儿童与他的客体的关系，并且这些因素从一开始就发挥着作用。

儿童最初内摄的客体（母亲的乳房）构成了超我的基础。儿童与母亲乳房的关系，先于他们与父亲阴茎的关系，并强烈影响着后者。同时，儿童与内摄母亲的关系在很多方面影响着超我发展的整个过程。超我的一些最重要的特征，无论是爱和保护，还是破坏和吞噬，都源于超我早期的母性成分。

无论男女，最早的罪疚感都来自婴儿的口腔施虐欲望，即吞食母亲——主要是她的乳房（亚伯拉罕）。因此，罪疚感在婴儿期就产生了。罪疚感并非在俄狄浦斯情结结束时才出现，从一开始，它就是影响俄狄浦斯进程和结果的因素之一。

现在我想具体谈谈男孩的发展。在我看来，男孩的阉割恐惧从婴儿时期就开始了，那时候他已经体验到了生殖器的感觉。男孩想阉割父亲的早期冲动以希望咬掉他的阴茎的形式表现出来，相应地，男孩的阉割恐惧首先是他害怕自己的阴茎被咬掉。这些早期的"阉割"恐惧一开始就被来自许多其他来源的焦虑所掩盖，其中内在的危险情境扮演了重要的角色。越接近生殖器主导的发展，阉割恐惧就越突出。因此，虽然我完全同意弗洛伊德的观点，即阉割恐惧是男性的主要焦虑情境，但我不能同意他将其描述为决定俄狄浦斯情结压抑的单一因素。虽然阉割恐惧在俄狄浦斯情境的高潮发挥了核心作用，但各种不同来源的早期焦虑一直都参与其中。此外，由于男孩对所爱的父亲有阉割和谋杀的冲动，他因此体验到痛苦和悲伤。因为在好的方面，父亲是不可或缺的力量源泉、朋友和理想，是男孩寻求保护和指导的客体，因此他感到有必要保护父亲。他对自己指向父亲的攻击冲动感到内疚，这增加了他压抑自己的生殖器欲望的冲动。在对男孩和男人的分析中，我一次又一次地发现，与所爱的父亲有关的罪疚感是俄狄浦斯情结的一个组成部分，对其结果有着至关重要的影响。母亲也会因为儿子与父亲的竞争而受到威胁，父亲的死亡对她来说将是无法弥补的损失，这种感觉助长了男孩的罪疚感，从而导致了对俄狄浦斯欲望的压抑。

我们知道，弗洛伊德得出了一个理论观点，即父亲和母亲都是儿子力比多欲望的客体（参见他关于反向俄狄浦斯情结的概念）。此外，弗洛伊德在他的一些著作中（尤其是在他1909年《一个五岁男孩的恐惧症分析》一文的案例材料中），考虑到了对父亲的爱在男孩的正向俄狄浦斯冲突中所起的作用。然而，在俄狄浦斯竞争的发展和结束过程中，他都没有充分重视这些爱的情感所起的关键作用。根据我的经验，俄狄浦斯情境之所以逐渐减弱力量，不仅因为男孩害怕复仇性的父亲破坏他的生殖器，还因为他被爱和内疚的感觉所驱动，将他的父亲作为一个内在和外在的形象来保护。

现在我将简要地阐述我关于女孩的俄狄浦斯情结的观点。弗洛伊德所说的女孩完全依附于她的母亲的阶段，在我看来，已经包含了指向父亲的欲望，并涵盖了反向和正向俄狄浦斯情结的早期阶段。因此，虽然我认为在这一阶段，各种力比多位置上指向父母的欲望会发生波动，但在我看来，儿童与母亲关系的每一个方面都会对儿童与父亲的关系产生深远而持久的影响，这一点毫无疑问。

阴茎嫉羡和阉割情结在女孩的发展中起着至关重要的作用。然而，这两者由于女孩正向俄狄浦斯欲望的受挫，得到了极大的加强。虽然小女孩在某一阶段认为母亲也拥有男性特有的阴茎，但这一概念在她的发展中所起的作用远不如弗洛伊德所说的那么重要。根据我的经验，这种无意识的观念，即认为她的母亲容纳着父亲的令人崇拜和渴望的阴茎，是弗洛伊德所描述的许多现象的基础，这些现象展现了女孩与具有阴茎的母亲之间的关系。

女孩对她父亲阴茎的口腔欲望，与她最初的接受阴茎的生殖器欲望混合在一起。这些生殖器欲望意味着她希望从父亲那里得到孩子，这也符合"阴茎=孩子"的等式。女性想要内化阴茎和从父亲那里得到一个孩子的愿望，总是先于她拥有自己的阴茎的愿望。

虽然我同意弗洛伊德的观点，即失去爱和母亲死亡的恐惧在女孩的焦虑中占据突出地位，但我认为，对她的身体受到攻击和她所爱的内在客体被摧毁的恐惧，才是造成女孩的主要焦虑情境的根本原因。

结语

在我对俄狄浦斯情结的描述中，我一直试图说明发展的某些主要方面之间的相互依赖关系。儿童的性发展与他的客体关系和所有的情感是不可分割的，这些情感从一开始就塑造了他对父母的态度。焦虑、内疚和抑郁情绪是儿童情感生活的内在因素，因此渗透在儿童早期的客体关系中，这些客体关系既包括他们与真实人物的关系，也包括他们与内摄人物的关系。超我从这些内摄人物（儿童的认同）发展而来，并反过来影响儿童与父母的关系和整体的性发展。因此，情感和性的发展、客体关系和超我的发展从一开始就相互作用。

婴儿的情感生活，在爱、恨和内疚之间的冲突压力下建立起来的早期防御，以及认同的变化，在未来很长一段时间内，这些主题都可能是精神分析的研究内容。在这些方向上的进一步工作，将会使我们对人格有更全面的理解，后者意味着对俄狄浦斯情结和整体的性发展有更全面的理解。

注　释

❶ 本文的附图是原作的复制品，在尺寸上有所缩小。原作是用铅笔画的，并用蜡笔上色。我在这里尽可能用不同的花纹来表示不同的颜色。但是，图3中的潜艇应该是黑色的，旗帜是红色的，鱼和海星应该是黄色的。

❷ 弗洛伊德在他的《力比多的婴儿期生殖器组织》（*Infantile Genital Organization of the Libido*）（《标准版》第19卷）中将婴儿期的生殖器组织（发展阶段）描述为"性蕾期"（phallic phase）。他引入这个术语的主要原因是，他认为在婴儿期的生殖器阶段，女性的生殖器官还没有被发现或承认，因此所有的兴趣都集中在阴茎上。我的经验不能证实这一观点，我不认为使用"性蕾"这个术语会涵盖在本文中讨论的材料。因此，我坚持使用弗洛伊德最初的术语"生殖器阶段"（或"生殖器组织"）。我将在本文后面的一般性理论总结中，更充分地给出我选择这些术语的理由。

❸ 值得注意的是，与此同时，过去被强烈压抑的指向父亲阴茎的力比多欲望也出现了，而且是以最原始的形式出现。当理查德再次看了看那幅关于与小男孩搏斗的怪物的画后，他说："怪物看起来很可怕，但它的肉可能很好吃。"

❹ 在此值得一提的是，他在三岁时接受了包皮割除手术，自那以后，他便对医生和手术有着强烈的恐惧感。

❺ 尿道冲动和焦虑在他的幻想中同样重要，但并没有具体表现在这个材料中。

❻ 这幅画也代表了他母亲的"内部"，在那里，同样的斗争正在进行。理查德和他的哥哥扮演着她内部的保护性客体，他的父亲扮演着她内部的危险客体。

❼ 毫无疑问，这种焦虑反过来容易导致感冒或其他身体疾病，或者至少降低对它们的抵抗力。这意味着我们在这里面临着一个恶性循环，因为这些疾病反过来又加剧了他的恐惧。

❽ 让炉子一直亮着，还有一种无意识的意义，那就是向自己证明他没有被阉割，他的父亲也没有被阉割。

❾ 请参阅本书所附的病人名单和《儿童精神分析》p.292。

❿ 在本文后面的"一般性理论总结"部分，我讨论了女孩的超我发展，以及内在的好父亲在其中扮演的重要角色。对丽塔来说，她的超我形成的这一方面并没有出现在她的分析中。然而，在分析结束时，她与父亲的关系有所改善，这表明了这方面的进展。在我看来，与母亲有关的焦虑和内疚占据了她的情感生活，以至于她与外在父亲和内在父亲形象的关系都受到了干扰。

⓫ 这段素材在以前的论文中没有出现过。

⓬ 这种焦虑情境在某种程度上出现在丽塔的分析中，但当时我并没有完全意识到这种焦虑的重要性及其与抑郁的密切联系。根据后来的经验，这一点对我来说变得更加清楚了。

⓭ 在这篇总结中，我的主要目的是清晰地阐述我对俄狄浦斯情结某些方面的看法。我还打

算将我的结论与弗洛伊德关于这个问题的某些陈述进行比较。因此，我觉得不可能同时引用其他作者的话，也不可能同时引用有关这个主题的大量文献。不过，关于女孩的俄狄浦斯情结，我想提请大家注意我的书《儿童精神分析》（1932）第十一章，我在那里提到了不同作者对这个问题的看法。

❶ 在思考婴儿与母亲的乳房和父亲的阴茎的基本关系，以及随之而来的焦虑情境和防御时，我想到的不仅仅是与部分客体的关系。事实上，这些部分客体在婴儿的脑海中从一开始就与他的父母联系在一起。儿童与父母生活的日常经验，以及他们与作为内在客体的父母发展出的无意识关系，越来越多地围绕着这些原始的部分客体，并在儿童的无意识中变得愈加重要。

❶ 我们必须考虑到，用成人的语言表达幼儿的情感和幻想是非常困难的。因此，所有对早期无意识幻想的描述，以及对一般无意识幻想的描述，只能指向这些幻想的内容，而不是指向它们的形式。

❶ 对幼儿的分析毫无疑问地表明，阴道在儿童的无意识中确实是有所表征的。在儿童早期，实际的阴道手淫比人们想象的要频繁得多，这一点得到了许多文献作者的证实。

❶ 这段总结主要来源于弗洛伊德的以下著作：《自我与本我》（《标准版》第19卷）、《婴儿期生殖器组织》（*The Infantile Genital Organization*）（《标准版》第19卷）、《俄狄浦斯情结的消解》（*The Dissolution of the Oedipus Complex*）（《标准版》第19卷）、《两性生理差异导致的一些心理后果》（*Some Psychical Consequences of the Anatomical Distinction between the Sexes*）（《标准版》第19卷）、《女性性欲》（*Female Sexuality*）、（《标准版》第21卷）和《精神分析引论》（《标准版》第22卷）。

❶ 与此同时，婴儿无意识地（甚至在某种程度上有意识地）知道肛门的存在，后者在婴儿的性观念中扮演着更为常见的角色。

参考文献

Abraham, K. (1914). 'A Constitutional Basis of Locomotor Anxiety.' In: *Selected Papers on Psycho-Analysis* (London: Hogarth, 1927).

—— (1920). 'Manifestations of the Female Castration Complex.' *ibid.*

—— (1921). 'A Contribution to a Discussion on Tic.' *ibid.*

—— (1921–25). 'Psycho-Analytical Studies on Character Formation.' *ibid.*

—— (1924). 'A Short Study of the Development of the Libido, Viewed in the Light of Mental Disorders.' *ibid.*

Alexander, F. (1923). 'The Castration Complex and the Formation of Character.' *Int. J. Psycho-Anal.*, **4**.

Boehm, F. (1922). 'Beiträge zur Psychologie der Homosexualität: ein Traum eines Homosexuellen.' *Int. Z. f. Psychoanal.*, **8**.

Chadwick, M. (1925). 'Uber die Wurzel der Wissbegierde.' *Int. Z. f. Psychoanal.*, **11**. Abstract in *Int. J. Psycho-Anal.*, **6**.

Deutsch, H. (1925). 'The Psychology of Women in Relation to the Functions of Reproduction.' *Int. J. Psycho-Anal.*, **6**.

—— (1933). 'Zur Psychologie der manisch-depressiven Zustände.' *Int. Z. f. Psychoanal.*, **19**.

Fenichel, O. (1928). 'Über organlibinöse Begleiterscheinunger der Triebabwehr.' *Int. Z. f. Psychoanal.*, **14**.

Ferenczi, S. (1912a). 'On Transitory Symptom-Constructions during the Analysis.' In: *First Contributions to Psycho-Analysis* (London: Hogarth, 1952).

—— (1912b). 'Symbolic Representation of the Pleasure and Reality Principles in the Oedipus Myth.' *ibid.*

—— (1913). 'Stages in the Development of the Sense of Reality.' *ibid.*

—— (1921a). 'The Symbolism of the Bridge.' *Further Contributions to the Theory and Technique ofPsycho-Analysis* (London: Hogarth, 1926).

—— (1921b). 'Psycho-analytic Observations on Tic.' *ibid.*

—— (1924). *Thalassa: a Theory of Genitality* (New York: Psychoanalytic Quarterly, Inc., 1938).

Freud, A. (1927). *The Psychoanalytical Treatment of Children* (London: Imago, 1946).

Freud, S. (1900). *The Interpretation ofDreams. S.E.* **4–5**.

—— (1905). *Three Essays on the Theory ofSexuality. S.E.* **7**.

—— (1908). 'Hysterical Phantasies and their Relation to Bisexuality.' *S.E.* **9**.

—— (1909a). 'Analysis of a Phobia in a Five-Year-Old Boy.' *S.E.* **10**.

—— (1909b). 'Notes upon a Case of Obsessional Neurosis.' *S.E.* **10**.

Freud, S. (1910). *Leonardo da Vinci and a Memory ofhis Childhood. S.E.* **11**.

—— (1911). 'Formulations on the Two Principles of Mental Functioning.' *S.E.* **12**.

—— (1912). 'On the Universal Tendency to Debasement in the Sphere of Love.' *S.E.* **11**.

—— (1913). *Totem and Taboo. S.E.* **13**.

—— (1914). 'On Narcissism: an Introduction.' *S.E.* **14**.

—— (1915a). 'Repression.' *S.E.* **14**.

—— (1915b). 'The Unconscious.' *S.E.* **14**.

—— (1915c). 'Some Character-Types met with in Psycho-Analytic Work: III Criminals from a Sense of Guilt.' *S.E.* **14**.

—— (1916–17). *Introductory Lectures on Psycho-Analysis. S.E.* **15–16**.

—— (1917). 'Mourning and Melancholia.' *S.E.* **14**.
—— (1918). 'From the History of an Infantile Neurosis.' *S.E.* **17**.
—— (1920). *Beyond the Pleasure Principle. S.E.* **18**.
—— (1923). *The Ego and the Id. S.E.* **19**.
—— (1924). 'The Dissolution of the Oedipus Complex.' *S.E.* **19**.
—— (1925). 'Some Psychical Consequences of the Anatomical Distinction between the Sexes.' *S.E.* **19**.
—— (1926a). *Inhibitions, Symptoms and Anxiety. S.E.* **20**.
—— (1926b). *The Question ofLay Analysis. S.E.* **20**.
—— (1930). *Civilization and its Discontents. S.E.* **21**.
—— (1931). 'Female Sexuality.' *S.E.* **21**.
—— (1933). *New Introductory Lectures on Psycho-Analysis. S.E.* **22**.
Glover, E. (1932). 'A Psycho-Analytic Approach to the Classification of Mental Disorders.' In: *On the Early Development ofMind* (London: Baillière, 1956).
Groddeck, G. (1922). 'Der Symbolisierungszwang.' *Imago*, **8**.
Gross, O. (1902). *Die Cerebrale Sekundaerfunction.*
Hárnik, J. (1928). 'Die ökonomischen Beziehungen zwischen den Schuldgefühl und dem weiblichen Narzissmus.' *Int. Z. f. Psychoanal.*, **14**.
Hollós, I. (1922). 'Über das Zeitgefühl.' *Int. Z. f. Psychoanal.*, **8**.
Isaacs, S. (1934). 'Anxiety in the First Year of Life.' Unpublished paper read to the Brit. Psycho-Anal., Soc.
—— (1936). 'Habit.' In: *On the Bringing up of Children* ed. Rickman (London: Kegan Paul).
Jokl, R. (1922). 'Zur Psychogenese des Schreibkrampfes.' *Int. Z. f. Psychoanal.*, **8**.
Jones, E. (1916). 'The Theory of Symbolism.' In: *Papers on Psycho-Analysis* (London: Baillière, 2nd edn 1918–5th edn 1948).
Klein, M. [details of first publication of each paper/book are given here; the number of the volume in which they appear in *The Writings of Melanie Klein* is indicated in square brackets].
Klein, M. (1921). 'The Development of a Child' *Imago*, **7**. [I]
—— (1922). 'Inhibitions and Difficulties in Puberty.' *Die neue Erziehung*, **4**. [I]
—— (1923a). 'The Role of the School in the Libidinal Development of the Child.' *Int. Z. f. Psychoanal.*, **9**. [I]
—— (1923b). 'Early Analysis.' *Imago*, **9**. [I]
—— (1925). 'A Contribution to the Psychogenesis of Tics.' *Int. Z. f. Psychoanal.*, **11**. [I]
—— (1926). 'The Psychological Principles of Early Analysis.' *Int. J. Psycho-Anal.*, **7**. [I]
—— (1927a). 'Symposium on Child Analysis.' *Int. J. Psycho-Anal.*, **8**. [I]
—— (1927b). 'Criminal Tendencies in Normal Children.' *Brit. J. med. Psychol.*, **7**. [I]
—— (1928). 'Early Stages of the Oedipus Conflict.' *Int. J. Psycho-Anal.*, **9**. [I]
—— (1929a). 'Personification in the Play of Children.' *Int. J. Psycho-Anal*, **10**. [I]
—— (1929b). 'Infantile Anxiety Situations Reflected in a Work of Art and in the Creative Impulse.' *Int. J. Psycho-Anal.*, **10**. [I]
—— (1930a). 'The Importance of Symbol-Formation in the Development of the Ego.' *Int. J. Psycho-Anal.*, **11**. [I]
—— (1930b). 'The Psychotherapy of the Psychoses.' *Brit. J. med. Psychol.*, **10**. [I]
—— (1931). 'A Contribution to the Theory of Intellectual Inhibition.' *Int. J. Psycho-Anal.*, **12**. [I]
—— (1932). *The Psycho-Analysis of Children* (London: Hogarth). [II]
—— (1933). 'The Early Development of Conscience in the Child.' In: *Psychoanalysis Today* ed. Lorand (New York: Covici-Friede). [I]
—— (1934). 'On Criminality.' *Brit. J. med. Psychol.*, **14**. [I]

—— (1935). 'A Contribution to the Psychogenesis of Manic-Depressive States.' *Int. J. Psycho-Anal.*, **16**. [I]

—— (1936). 'Weaning.' In: *On the Bringing Up of Children* ed. Rickman (London: Kegan Paul). [I]

—— (1937). 'Love, Guilt and Reparation.' In: *Love, Hate and Reparation* with Riviere (London: Hogarth). [I]

—— (1940). 'Mourning and its Relation to Manic-Depressive States.' *Int. J. Psycho-Anal.*, **21**. [I]

—— (1945). 'The Oedipus Complex in the Light of Early Anxieties.' *Int. J. Psycho-Anal.*, **26**. [I]

—— (1946). 'Notes on some Schizoid Mechanisms.' *Int. J. Psycho-Anal.*, **27**. [III]

—— (1948a). *Contributions to Psycho-Analysis 1921–1945* (London: Hogarth). [I]

—— (1948b). 'On the Theory of Anxiety and Guilt.' *Int. J. Psycho-Anal.*, **29**. [III]

Klein, M. (1950). 'On the Criteria for the Termination of a Psycho-Analysis.' *Int. J. Psycho-Anal.*, **31**. [III]

—— (1952a). 'The Origins of Transference.' *Int. J. Psycho-Anal.*, **33**. [III]

—— (1952b). 'The Mutual Influences in the Development of Ego and Id.' *Psychoanal. Study Child.* **7**. [III]

—— (1952c). 'Some Theoretical Conclusions regarding the Emotional Life of the Infant.' In: *Developments in Psycho-Analysis* with Heimann, Isaacs and Riviere (London: Hogarth). [III]

—— (1952d). 'On Observing the Behaviour of Young Infants.' *ibid.* [III]

—— (1955a). 'The Psycho-Analytic Play Technique: Its History and Significence.' In: *New Directions in Psycho-Analysis* (London: Tavistock). [III]

—— (1955b). 'On Identification.' *ibid.* [III]

—— (1957). *Envy and Gratitude* (London: Tavistock) [III]

—— (1958). 'On the Development of Mental Functioning.' *Int. J. Psycho-Anal.*, **29**. [III]

—— (1959). 'Our Adult World and its Roots in Infancy.' *Hum. Relations*, **12**. [III]

—— (1960a). 'A note on Depression in the Schizophrenic.' *Int. J. Psycho-Anal.*, **41**. [III]

—— (1960b). 'On Mental Health.' *Brit. J. med. Psychol.*, **33**. [III]

—— (1961). *Narrative of a Child Psycho-Analysis* (London: Hogarth). [IV]

—— (1963a). 'Some Reflections on *The Oresteia*.' In: *Our Adult World and Other Essays* (London: Heinemann Medical). [III]

—— (1963b). 'On the Sense of Loneliness.' *ibid.* [III]

Lewin, B. (1933). 'The Body as Phallus.' *Psychoanal. Quart.*, **2**.

Middlemore, M. P. (1936). 'The Uses of Sensuality.' In: *On the Bringing up of Children* ed. Rickman (London: Kegan Paul).

van Ophuijsen, J. H. W. (1920). 'On the Origin of the Feeling of Persecution.' *Int. J. Psycho-Anal.*, **1**.

Radó, S. (1928). 'The Problem of Melancholia.' *Int. J. Psycho-Anal.*, **9**.

Rank, O. (1912). *Das Inzestmotiv in Dichtung und Sage* (Leïpzig und Vienna: Deutike).

Rank, O. and Sachs, H. (1913). *Die Bedeutung der Psychoanalyse für die Geisteswissenschaften* (Wiesbaden: Bergmann).

Reich, W. (1927). 'Die Funktion des Orgasmus.' In: *The Discovery of the Orgone* (New York: Orgone Inst.).

Reik, T. (1925). *Geständniszwang und Strafbedürfnis* (Vienna: Int. Psycho-anal. Vlg).

Riviere, J. (1937). 'Hate, Guilt and Aggression.' In: *Love, Hate and Reparation* with Klein (London: Hogarth).

Sadger, J. (1920). Über Prüfungsangst und Prüfungsträume.' *Int. Z. f. Psychoanal.*, **6**.

Schmideberg, M. (1930). 'The Rôle of Psychotic Mechanisms in Cultural Development.' *Int. J. Psycho-Anal.*, **11**.

—— (1931). 'A Contribution to the Psychology of Persecutory Ideas and Delusions.' *Int. J. Psycho-Anal.*, **12**.

Sharpe, E. (1930). 'Certain Aspects of Sublimation and Delusion.' In: *Collected Papers on Psycho-Analysis* (London: Hogarth, 1950).

—— (1936) Contribution to *On the Bringing up of Children* ed. Rickman (London: Kegan Paul).

Sperber, H. (1915). 'Über den Einfluss sexueller Momente auf Enstehung Entwicklung der Sprache.' *Imago*, **1**.

Spielrein, S. (1922). Die Entstehung der kindlichen Worte Papa und Mama.' *Imago.*, **8**.

Stärcke, A. (1919). 'Die Umkehrung des Libidovorzeichens beim Verfolgungswahn.' *Int. Z. f. Psychoanal.*, **5**.

Stekel, W. (1923). *Conditions ofNervous Anxiety and their Treatment* (London: Kegan Paul).

Strachey, J. (1930). 'Some Unconscious Factors in Reading.' *Int. J. Psycho-Anal.*, **11**.

Symposium on Child Analysis (1927). *Int. J. Psycho-Anal.*, **8**.